처음 만나는 전자기학

곽동주 지음

한빛아카데미
Hanbit Academy, Inc.

지은이 곽동주 djkwak@ks.ac.kr

1989년에 일본 큐슈대학에서 전기공학 박사학위를 받은 후, 1990년부터 경성대학교 전기공학과에서 전자기학, 물리전자, 방전플라즈마공학 등을 강의해 왔다. 주로 플라즈마의 물성과 응용에 관련된 연구를 하고 있으며, 특히 전자 디바이스에 적용되는 반도체 투명 전도막에 대한 연구를 하고 있다. 저서로는『기초 전자기학』(한빛아카데미, 2011)이 있다.

처음 만나는 전자기학

초판발행 2016년 6월 30일
8쇄발행 2024년 1월 5일

지은이 곽동주 / **펴낸이** 전태호
펴낸곳 한빛아카데미(주) / **주소** 서울시 서대문구 연희로2길 62 한빛아카데미(주) 2층
전화 02-336-7112 / **팩스** 02-336-7199
등록 2013년 1월 14일 제2017-000063호 / **ISBN** 979-11-5664-260-2 93560

총괄 박현진 / **책임편집** 김평화 / **기획·편집** 임은혜 / **진행** 송유림
디자인 표지 김연정 / **전산편집** 심기연 / **제작** 박성우, 김정우
영업 김태진, 김성삼, 이정훈, 임현기, 이성훈, 김주성 / **마케팅** 길진철, 김호철, 심지연

이 책에 대한 의견이나 오탈자 및 잘못된 내용에 대한 수정 정보는 아래 이메일로 알려주십시오.
잘못된 책은 구입하신 서점에서 교환해 드립니다. 책값은 뒤표지에 표시되어 있습니다.
홈페이지 www.hanbit.co.kr / 이메일 question@hanbit.co.kr

Published by HANBIT Academy, Inc. Printed in Korea
Copyright ⓒ 2016 곽동주 & HANBIT Academy, Inc.
이 책의 저작권은 곽동주와 한빛아카데미(주)에 있습니다.
저작권법에 의해 보호를 받는 저작물이므로 무단 복제 및 무단 전재를 금합니다.

지금 하지 않으면 할 수 없는 일이 있습니다.
책으로 펴내고 싶은 아이디어나 원고를 메일(writer@hanbit.co.kr)로 보내주세요.
한빛아카데미(주)는 여러분의 소중한 경험과 지식을 기다리고 있습니다.

전자기학의 핵심을 이해하고 활용 능력을 기르고 싶은 독자에게

전자기학은 전기, 전자, 정보통신, 메카트로닉스공학 등 IT 계열의 학문을 공부하는 데 가장 기초가 되는 중요한 교과목으로서 전기 및 자기적 여러 현상을 학문적으로 체계화한 교과목이다. 따라서 전자기학에는 전기·자기적 현상을 설명하기 위한 다양한 법칙과 이론이 등장하며, 이러한 법칙과 이론의 물리적 의미를 이해하여 전기 및 자기적 물리량에 대한 개념을 파악하고 활용하는 것을 목표로 한다.

전자기학은 정전계와 정자계 그리고 시가변 전자계로 대별된다. 이 책은 일반적으로 전자기학에서 다루어야 할 내용을 담았으며, 특히 최근 IT 기술의 진보와 함께 그 중요성이 강조되고 있는 전자계의 파동적 현상과 전송선로에 대한 설명도 함께 담았다. 지나친 개념 위주의 서술보다 실용적인 쓰임을 추구할 수 있도록 노력했으며, 이를 위하여 어떤 현상의 의미를 충분히 설명하고, 다양한 응용 예를 담았다.

이 책에서 다루는 내용

- 1장: 벡터 해석과 함께 어떤 물리량을 표현하기 위한 3차원 직교좌표계를 다룬다.
- 2장: 자유공간에서 쿨롱의 법칙과 가우스 법칙을 소개한다. 정전계에서의 전계의 세기, 전속밀도, 전위, 그리고 정전에너지를 설명한다.
- 3장: 도체와 유전체에서의 전기적 현상과 각종 도체계의 정전용량 및 두 물질의 경계에서의 문제를 다룬다.
- 4장: 자유공간에서 정자계에서의 비오-사바르 법칙과 앙페르의 주회법칙을 소개하고, 자계의 세기와 자속밀도를 설명한다.
- 5장: 자계의 본질인 자기력, 자화현상 및 자성체를 설명하고 자기회로 그리고 각종 도체계에 대한 인덕턴스를 구한다. 또한 정전계와 정자계에 대한 맥스웰 방정식을 얻어 전계와 자계의 정적상태를 조명한다.
- 6장: 시간에 따라 변화하는 전자계에서의 각종 현상을 패러데이 법칙과 변위전류의 개념을 도입하여 설명하며, 시가변 전자계에서의 맥스웰 방정식을 도출한다.
- 7장: 균일평면파의 전파 특성에 대해서 배운다. 자유공간과 유전체 그리고 도체의 매질 특성의 차이에 주목하여 전계와 자계의 파동적 특성을 공부한다.
- 8장: 전송선로를 다루고, 전송선로 방정식과 선로정수를 이해한다. 신호의 반사현상과 부하의 단락과 개방의 의미를 이해하고 전송선로를 효율적으로 운용하는 데 필요한 임피던스의 정합 문제를 논의한다.

감사의 글

끝으로 이 책이 전자기학을 공부하는 독자에게 소중한 지침서가 되기를 바라며, 이 책을 만드는 데 도움을 주신 주위의 모든 분들과 한빛아카데미(주) 관계자 여러분에게 감사의 마음을 전한다.

지은이 **곽동주**

CHAPTER

02

정전계

자유공간에 전하가 존재하면 전계와 전속밀도 그리고 전위가 발생한다. 이 장에서는 쿨롱의 법칙과 가우스의 법칙을 통해 전계와 전속밀도를 공부하고, 벡터의 발산과 맥스웰 방정식을 유도하여 전계와 전하 사이의 관계를 명확히 한다. 또한 전위를 공부하고 전위경도의 개념을 도입하여 전위와 전계 사이의 관계를 이해하며, 정전계에 축적되는 정전에너지의 개념을 파악한다. 한편 이 장에서는 자유공간과 정전계로 그 논의를 제한한다. 물질에서의 전기적 현상과 시가변 정자계에 대해서는 각각 3장과 6장에서 논의한다.

CONTENTS

| 장 도입글 |

해당 장의 내용을 왜 배우는지,
무엇을 배우는지 설명한다.

SECTION 02

회전력과 자기쌍극자모멘트

이 절에서는 자계에 의해 발생하는 회전력(토크)을 다룬다. 또한 자계에 의해 미소전류루프에 발생하는 회전력을 구하며 자기쌍극자모멘트를 정의한다.

Keywords | 회전력 | 토크 | 자기쌍극자모멘트 |

회전력

힘의 결과로 발생하는 운동에는 병진운동(translational motion)과 회전운동(rotational motion)이 있다. 병진운동의 경우 속도 v[m/s]로 시간 t[s] 동안 운동하면 이동한 거리 S[m]는 $S = vt$로 구한다. 같은 방법으로 회전운동의 경우 운동속도는 각속도 ω[rad/s]로 정의하며, 각속도로 시간 t[s] 동안 운동하였을 때, 물체의 위치를 θ라 하면 $\theta = \omega t$의 관계가 성립한다.

한편 회전운동에서 특히 중요한 물리량은 **토크**(torque)이다. 토크는 어떤 축에 대하여 힘이 물체를 회전시키고자 하는 경향을 나타내며, 일반적으로 **회전력** 또는 **힘의 능률**(moment)이라 한다. 예를 들어 [그림 5-4(a)]와 같이 원점 O에서 R만큼 떨어진 점 P에 힘 F를 가하였다고 하자.[1] 이때 회전력, 즉 토크 T는 다음과 같이 나타낸다.

$$\mathrm{T} = \mathrm{R} \times \mathrm{F} \tag{5.11}$$

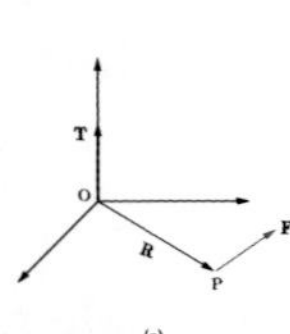

(a)

O, R₂, F₂, R₁, P₂, P₁, R₁₂, $F_1 = -F_2$

(b)

[그림 5-4] 회전력의 발생

계에 작용하는 힘이 $F_1 + F_2 = 0$으로 0이 되어도 회전력은 발생한다.

1 벡터 R의 크기 R을 힘 F의 모멘트 팔(moment arm)이라 한다.

| 학습목표 / Keywords |

학습하는 핵심 내용을 키워드로
정리하여 소개한다.

| 본문 |

전자기학의 핵심 내용을
그림을 활용하여
간결하게 설명한다.

| 각주 |

본문에 대한 보충설명이나
추가적인 내용을
페이지 하단에 제시한다.

이 책의 연습문제 답안은 다음 경로에서 다운로드할 수 있습니다.
http://www.hanbit.co.kr/exam/4260

한편 전기력선을 표현할 때는 전기력선의 방정식을 이용하면 편리하다. [그림 2-9]와 같이 $z = 0$인 평면에 전계가 형성되어 있을 때 전계의 x 성분과 y 성분을 각각 E_x, E_y라 하면, 기하학적으로 다음 관계가 성립한다. 이를 **전기력선의 방정식**이라 한다.

★ 전기력선의 방정식 ★

$$\frac{E_y}{E_x} = \frac{\Delta y}{\Delta x} = \frac{dy}{dx} \quad (2.27)$$

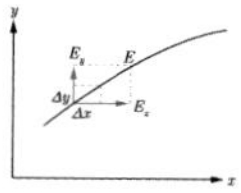

[그림 2-9] 전기력선의 방정식의 개념도
전기력선의 방정식은 $E_y/E_x = dy/dx$의 관계를 해석하여 구한다.

예제 2-9

전계 $\mathbf{E} = \frac{y}{\sqrt{x^2+y^2}}\mathbf{a}_x + \frac{x}{\sqrt{x^2+y^2}}\mathbf{a}_y$이고 점 P(1, 2, 3)을 통과한다. 이때 전기력선의 방정식을 구하라.

풀이 정답 $y^2 - x^2 = 3$

전기력선의 방정식은 식 (2.27)에서 $\frac{E_y}{E_x} = \frac{dy}{dx} = \frac{x}{y}$이므로 이를 주어진 전계에 적용하면 다음과 같다.

$$ydy - xdx = 0$$
$$\frac{1}{2}y^2 - \frac{1}{2}x^2 = C$$

별표 박스
본문 중 주요 수식을 강조하여 소개한다.

예제
본문에서 다룬 개념을 적용한 문제와 상세한 풀이를 제공한다.

CHAPTER 03 연습문제

3.1 1[A]의 전류를 형성하기 위해 단위시간당 임의의 면적을 통과해야 하는 전자의 개수를 계산하라.

3.2 $\mathbf{J} = 0.5y^2\mathbf{a}_y + z\mathbf{a}_z$[A/m²] 일 때, $-1 \le x \le 1$, $-2 \le y \le 2$, $-3 \le z \le 3$[m]의 체적에서 발산하는 전 전류를 구하라.

3.3 전류의 연속식을 도출하고 그 의미를 설명하라.

3.4 어떤 도체의 도전율 $\sigma = 3.2 \times 10^7$[S/m]이고 전자의 이동도 $\mu_e = 0.032$[m²/V·s]이다. 전자의 드리프트 속도가 $v_d = 1.2 \times 10^5$[m/s]일 때, 물질 내의 전류밀도를 구하라.

3.5 도전율 $\sigma = 3.2 \times 10^7$[S/m]인 도체의 반지름이 1[mm]이고 길이가 2×10^3[m]이다. 이 도체의 저항을 구하라.

3.6 지름 2[mm], 도전율 2×10^7[S/m]인 도선 내에 단위체적당 10^{27}[개]의 전자가 있다. 이 도선에 전계의 세기 5[mV/m]를 인가할 때, 전류밀도와 구동속도를 구하라.

3.7 순수한 Si 반도체의 전자 및 정공의 이동도는 상온에서 각각 0.12[m²/V·s], 0.025[m²/V·s]이다. 전자와 정공의 전하밀도를 각각 −2.9[mC/m³], 2.9[mC/m³]라 할 때, 이 반도체의 도전율을 구하라.

연습문제
해당 장에서 학습한 내용을 문제를 통해 확인한다.

학습 로드맵과 참고 문헌

학습 로드맵

이 책에서 다루는 내용이 무엇이고, 각 주제가 어떻게 연계되어 있는지 보여준다.

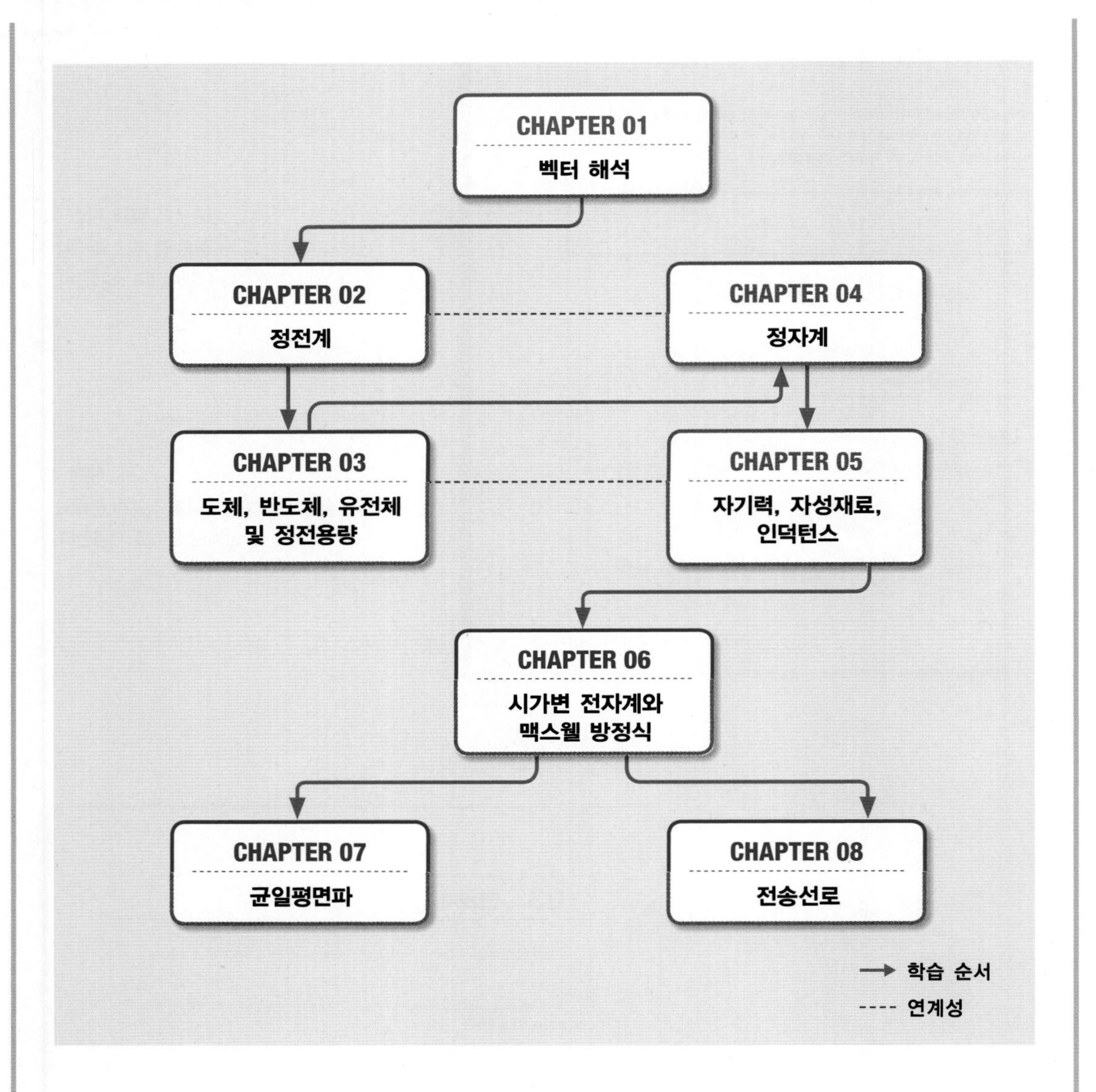

참고 문헌

- Fawwaz T. Ulaby, 『Fundamentals of Applied Electromagnetics』, Pearson Education, 2007
- David K. Cheng, 『Field and Wave Electromagnetics』, Addison Wesley, 1989

Contents

Contents

CHAPTER 05 자기력, 자성재료, 인덕턴스

CHAPTER 06 시가변 전자계와 맥스웰 방정식

CHAPTER 07 균일평면파

Contents

CHAPTER

01

벡터 해석

이 장에서는 전자기학을 공부하는 데 필요한 벡터에 대해 학습한다. 먼저 벡터를 표현하고 연산하는 방법을 알아보고, 직각, 원통, 구좌표계에서 벡터양을 표현하는 방법에 대해 배운다. 또한 각 좌표계에서 변수의 성질과 단위벡터들 사이의 관계를 살펴보고, 각 좌표계에서의 미소증분 결과 발생되는 미소체적, 미소면적, 미소길이를 표현하고 활용하는 방법을 학습한다.

CONTENTS

SECTION 01

벡터 대수

벡터는 각종 물리량을 표현하고 이해하기 위한 수학적 도구이다. 이 절에서는 벡터양과 스칼라양의 구분, 벡터의 표현 방법, 벡터의 덧셈과 뺄셈 등 벡터 연산을 공부한다.

Keywords | 벡터 | 스칼라 | 벡터 연산 |

스칼라와 벡터

스칼라와 벡터는 그 물리량의 방향성 유무에 따라 분류된다. 즉, **스칼라**는 크기만을 갖는 양으로 양(+) 혹은 음(−)의 실수로 표현하며, 단위를 포함하기도 한다. 스칼라양의 예로는 시간, 질량, 거리, 온도, 엔트로피, 전위 및 에너지 등을 들 수 있다. 반면, **벡터**는 크기와 방향을 가진다. 예를 들면 전기자기학에 등장하게 될 전하량이나 전하밀도, 전위(전압) 등은 방향을 갖지 않기 때문에 스칼라로 취급해야 하지만 방향성을 가지는 전계, 자계, 전속밀도, 자속밀도, 속도, 힘, 변위, 토크 등은 벡터로 취급해야 한다.

벡터의 경우 그 크기가 같더라도 방향이 다르면 완전히 다른 물리량으로 생각해야 한다. 한 가지 재미있는 것은 면적의 크기는 분명 스칼라양이지만 면적은 벡터양이라는 것이다. 그 이유는 [그림 1-1]의 (a)와 (b)처럼 두 면은 그 크기가 같더라도 서로 방향이 다르기 때문이다. 면벡터의 방향은 그 면에 수직한 방향을 양(+)의 방향으로 한다. 일반적으로 스칼라 값은 A, B 등으로 표현한다. 벡터양은 $\overrightarrow{A}$, $\overrightarrow{B}$ 및 $\mathbf{A}$, $\mathbf{B}$ 등 다양한 방법으로 표현하는데, 이 책에서는 $\mathbf{A}$, $\mathbf{B}$로 표현하기로 한다.

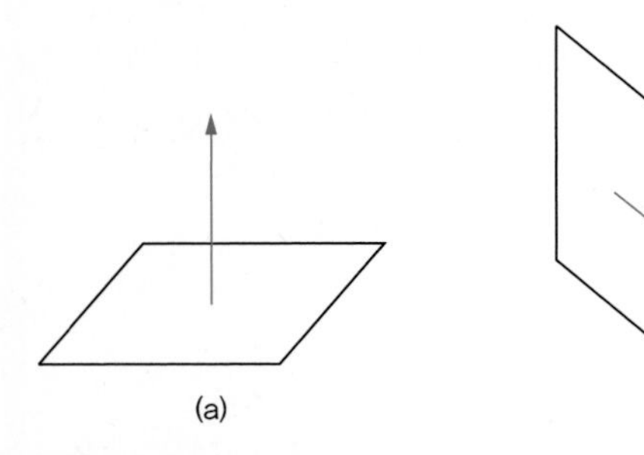

[그림 1-1] 면벡터의 방향

면벡터의 방향은 그 면에 수직한 방향이며, 두 면의 크기가 같아도 방향이 서로 다르면 두 면은 다른 양으로 취급된다.

벡터 연산

스칼라양과 마찬가지로 벡터도 덧셈과 뺄셈, 곱셈 등의 연산이 가능하여 교환법칙, 분배법칙, 그리고 결합법칙 등을 논할 수 있다. 즉, $\mathbf{A}$, $\mathbf{B}$, $\mathbf{C}$를 임의의 벡터라 하고, r을 스칼라라 하면 다음의 관계가 성립된다.

$$\begin{aligned} &(\text{교환법칙}) && \mathbf{A}+\mathbf{B}=\mathbf{B}+\mathbf{A} \\ &(\text{분배법칙}) && r(\mathbf{A}+\mathbf{B})=r\mathbf{A}+r\mathbf{B} \\ &(\text{결합법칙}) && (\mathbf{A}+\mathbf{B})+\mathbf{C}=\mathbf{A}+(\mathbf{B}+\mathbf{C}) \end{aligned} \tag{1.1}$$

또한 벡터 $\mathbf{A}$와 스칼라 r 및 s의 곱셈에도 다음과 같이 교환법칙과 결합법칙이 성립한다.

$$\begin{aligned} &(\text{교환법칙}) && r\mathbf{A}=\mathbf{A}r \\ &(\text{결합법칙}) && r(s\mathbf{A})=(rs)\mathbf{A} \end{aligned} \tag{1.2}$$

선분벡터 $\mathbf{A}$와 $\mathbf{B}$의 합을 그림으로 표시하면 [그림 1-2]와 같다. 또한 [그림 1-3(b)]와 같이 그 길이는 같지만 방향이 서로 다른 두 선분벡터 $\mathbf{A}$와 $\mathbf{B}$ 사이에는 $\mathbf{A}=-\mathbf{B}$의 관계가 있다고 하고, [그림 1-3(a)]와 같이 서로 다른 위치에 분포되어 있지만 크기와 방향이 서로 같으면 두 벡터는 동치의 관계에 있다고 말한다.[1]

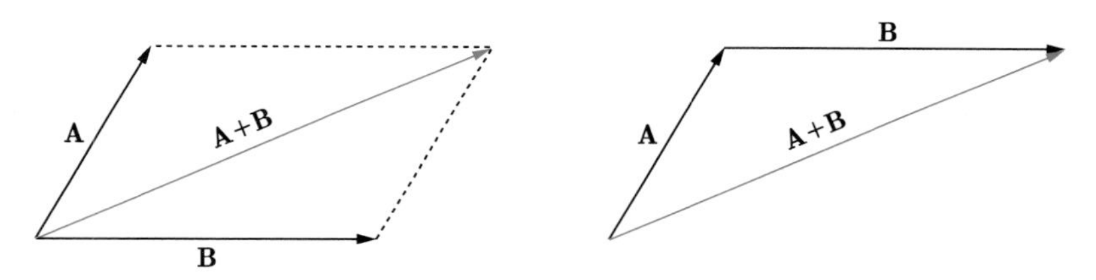

[그림 1-2] 벡터 A와 B의 합

두 벡터의 합은 그림과 같이 한 벡터의 끝을 다른 벡터의 기점으로 하여 도식화할 수 있다.

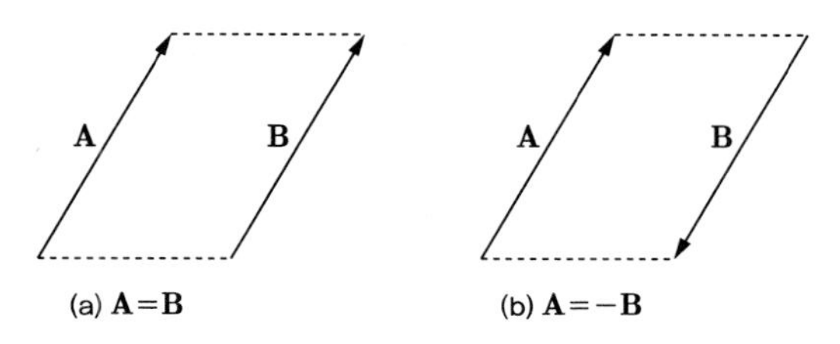

[그림 1-3] 동치인 벡터와 크기는 같고 방향이 다른 두 벡터

---

1 벡터는 서로 덧셈, 뺄셈, 곱셈을 할 수 있고, 벡터양에 스칼라양을 곱하거나 벡터양을 스칼라양으로 나눌 수 있다. 그러나 벡터양에 스칼라양을 더하거나 뺄 수는 없으며, 특히 벡터양을 다른 벡터양으로 나누는 연산은 불가능하다. 왜냐하면 벡터는 방향을 가지기 때문이다.

벡터를 정확하게 표현하려면 크기(magnitude, length)를 비롯하여, 방향(direction), 투영(projection)[2], 성분(component) 그리고 각(angle) 등이 정의되어야 하며, 이러한 벡터양은 일반적으로 좌표계에 나타낸다. 좌표계에는 직각좌표계를 비롯하여 원통좌표계와 구좌표계가 있으며, 공학계열의 학생들은 이 세 가지의 좌표계를 기본적으로 이해해야 한다. 이제 직각좌표계를 소개하고 벡터의 표현에 필요한 부가적인 사실들을 공부해보자.

2 투영은 어떤 벡터의 특정 방향에 대한 수직 성분을 말하며, 이는 그 방향으로의 성분스칼라 값과 같다.

SECTION 02

직각좌표계

이 절에서는 직각좌표계의 변수를 정의하고 변수의 미소증분의 결과 형성되는 미소길이, 미소면적 그리고 미소체적을 공부함으로써 직각좌표계를 명확히 이해한다.

Keywords | 직각좌표계 | 좌표계의 변수 | 미소증분 |

직각좌표계(cartesian/rectangular coordinate system)는 서로 직각인 세 개의 좌표축을 가지고 있으며, 임의의 한 점 P 는 변수 x, y, z를 사용하여 나타낸다.[3] 이를 표현하면, 점 P$(x,\ y,\ z)$이다. 이 경우 x, y, z축은 서로 직교하며, 오른손 법칙(right-handed rule)에 따라 표시한다. 이는 [그림 1-4(a)]와 같이 x축 방향에서 y축 방향으로 오른나사를 돌릴 때 나사가 진행하는 방향이 z축이 되며, 만약 x축과 y축을 서로 바꾸면 z는 [그림 1-4(b)]와 같이 반대 방향임에 유의해야 한다.

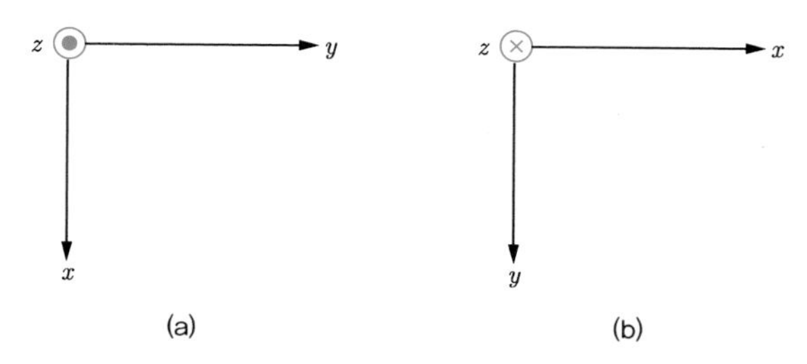

[그림 1-4] 오른손 법칙에 의한 직각좌표계

(a)의 ◉는 지면에서 나오는 방향을 나타내고, (b)의 □는 지면으로 들어가는 방향을 나타낸다.

또한 직각좌표계에서의 원점은, [그림 1-5(a)]와 같이 $x=0$인 yz평면과 $y=0$인 zx평면, 그리고 $z=0$인 xy평면이 교차하는 한 점으로 정의할 수 있다. 예를 들어 점 P$(1,\ 2,\ 3)$은 원점으로부터 각각 x가 증가하는 방향으로 1만큼, y가 증가하는 방향으로 2만큼, 그리고 z가 증가하는 방향으로 3만큼 진행한 교차점이며, 이는 $x=1$의 위치에서 yz평면에 평행한 면과 $y=2$의 위치에서 zx평면에 평행한 면, 그리고 $z=3$의 위치에서 xy평면에 평행한 세 면이 교차하는 점이라고 할 수 있다.

3 전기자기학에서 다루는 물리량은 일반적으로 위치와 시간의 함수이며, 그 물리량의 공간적 위치와 방향을 나타내기 위해 3차원 좌표계를 이용한다. 물론 좌표계에는 좌표축이 서로 수직하지 않는 비직교좌표계도 있지만, 우리가 접하는 문제들을 해결하는 데에는 직교좌표계면 충분하다.

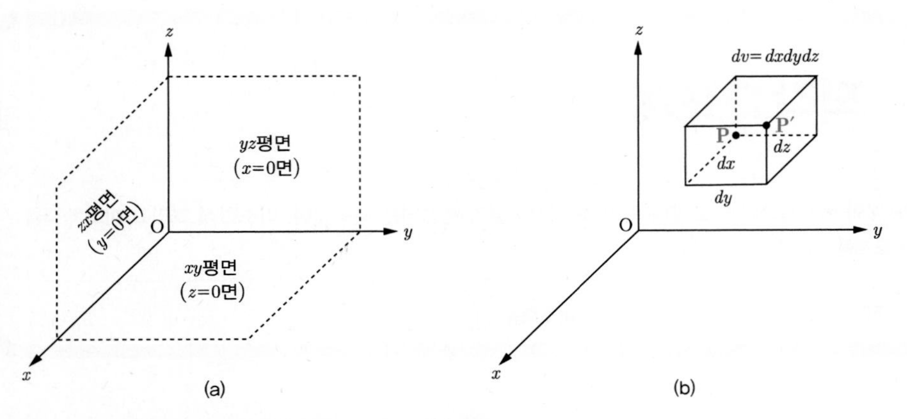

[그림 1-5] 직각좌표계와 직각좌표계에서의 미소증분

(a) 좌표계의 변수가 0인 세 면이 교차하는 점이 직각좌표계의 원점이다.

(b) 직각좌표계에서 미소증분의 결과 미소체적, 미소면적, 미소선분이 발생한다.

[그림 1-5(b)]에 나타낸 바와 같이 점 $P(x, y, z)$에서 좌표계의 변수가 증가하는 방향으로 각각 dx, dy, dz만큼 미소증분하면 점 $P'(x+dx, y+dy, z+dz)$를 얻을 수 있다. 그 결과, 세 개의 다른 미소면적 $dS_x = dydz$, $dS_y = dzdx$, $dS_z = dxdy$와 미소체적 $dv = dxdydz$를 얻을 수 있다. 또한 미소증분 이전의 한 점 $P(x, y, z)$에서 증분의 결과 형성된 점 $P'(x+dx, y+dy, z+dz)$로의 미소길이의 크기는 $dL = \sqrt{(dx)^2 + (dy)^2 + (dz)^2}$ 으로 계산한다.

SECTION 03

단위벡터

이 절에서는 단위벡터를 정의하고 이를 이용하여 벡터양을 표현한다. 또한 임의의 벡터는 성분벡터와 성분스칼라로 구성됨을 이해한다.

Keywords | 단위벡터 | 성분벡터 | 성분스칼라 | 방향각 | 방향코사인 |

벡터 표현

벡터는 단위벡터를 사용하면 좀 더 편리하게 표현할 수 있다. **크기가 1이고 그 방향만을 나타내는 벡터**를 **단위벡터**(unit vector)라 한다. 단위벡터를 나타내는 방법에는 여러 가지가 있지만 이 책에서 모든 단위벡터는 문자 $\mathbf{a}$로, 그리고 특정한 방향으로의 단위벡터는 아래첨자로 표현하기로 한다. 예를 들면 벡터 $\mathbf{B}$의 방향을 나타내는 단위벡터는 $\mathbf{a}_B$가 된다. 직각좌표계의 경우에는 [그림 1-6]에서와 같이 좌표축을 따라 그 값이 증가하는 방향으로 단위벡터 $\mathbf{a}_x$, $\mathbf{a}_y$, $\mathbf{a}_z$를 이용할 수 있다.

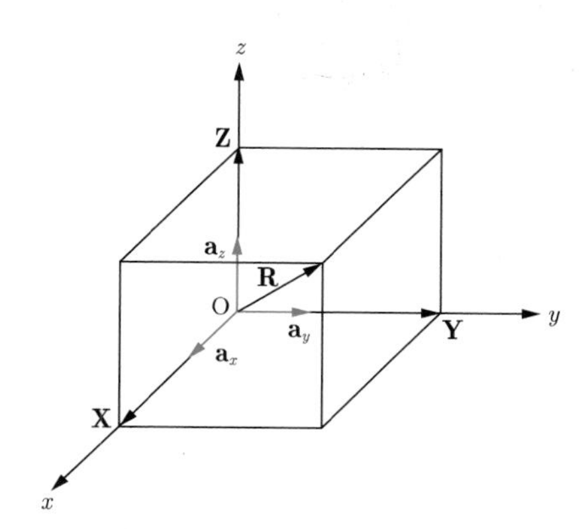

[그림 1-6] 직각좌표계의 단위벡터 및 성분벡터
단위벡터는 크기가 1이고 좌표계의 각 성분이 증가하는 방향으로 향하고 있다.

[그림 1-6]과 같이 원점에서 점 $\mathrm{P}(X, Y, Z)$로 향하는 선분벡터 $\mathbf{R}$을 생각해보자. 원점에서 x, y, z축으로 향하는 벡터를 각각 $\mathbf{X}$, $\mathbf{Y}$, $\mathbf{Z}$라 할 때, 원점에서 점 P로 향하는 선분벡터는 $\mathbf{R}=\mathbf{X}+\mathbf{Y}+\mathbf{Z}$ 이다. 이때 벡터 $\mathbf{X}$, $\mathbf{Y}$, $\mathbf{Z}$를 벡터 $\mathbf{R}$의 **성분벡터**(component vector)라 하며, 벡터 $\mathbf{R}$은 벡터 $\mathbf{X}$, $\mathbf{Y}$, $\mathbf{Z}$의 합성벡터가 된다.

이 벡터 $\mathbf{R}$을 단위벡터를 이용하여 표현하면 $\mathbf{R}=X\mathbf{a}_x+Y\mathbf{a}_y+Z\mathbf{a}_z$ 와 같다. 즉, 벡터 $\mathbf{R}$은 성분벡터 $X\mathbf{a}_x$, $Y\mathbf{a}_y$, $Z\mathbf{a}_z$의 합성벡터이며, 이때 $\mathbf{a}_x$, $\mathbf{a}_y$, $\mathbf{a}_z$ 방향으로의 크기 X, Y, Z를 $\mathbf{a}_x$, $\mathbf{a}_y$, $\mathbf{a}_z$

방향으로의 **성분스칼라**(component scalar)라 한다. 성분스칼라는 벡터 $\mathbf{R}$을 각각 x, y, z축에 직각으로로 투영하였을 때, 투영의 크기와도 같다.

이제 임의의 벡터 $\mathbf{A}$와 $\mathbf{B}$는 단위벡터를 이용하여 $\mathbf{A} = A_x\mathbf{a}_x + A_y\mathbf{a}_y + A_z\mathbf{a}_z$와 $\mathbf{B} = B_x\mathbf{a}_x + B_y\mathbf{a}_y + B_z\mathbf{a}_z$로 표현할 수 있으며, 벡터 $\mathbf{A}$의 경우 x, y, z 방향으로 각각 A_x, A_y, A_z의 성분스칼라 및 투영의 크기를 가진다고 볼 수 있다. 만약 벡터 $\mathbf{C}$, $\mathbf{D}$를 각각 $\mathbf{C} = \mathbf{A} + \mathbf{B}$, $\mathbf{D} = \mathbf{A} - \mathbf{B}$라 하면 단위벡터를 이용하여 다음과 같이 표현할 수 있다.

$$\mathbf{C} = (A_x + B_x)\mathbf{a}_x + (A_y + B_y)\mathbf{a}_y + (A_z + B_z)\mathbf{a}_z$$
$$\mathbf{D} = (A_x - B_x)\mathbf{a}_x + (A_y - B_y)\mathbf{a}_y + (A_z - B_z)\mathbf{a}_z$$

이러한 **단위벡터의 개념을 이용하여 앞에서 설명한 미소증분을 다시 생각해보자**. 점 $\mathrm{P}(x, y, z)$에서 좌표계의 변수가 증가하는 방향으로 각각 dx, dy, dz만큼 미소증분하였을 때, 증분의 결과 점 $\mathrm{P}'(x+dx, y+dy, z+dz)$를 얻을 수 있으며, 점 P에서 점 P′까지의 거리는 $d\mathrm{L} = \sqrt{(dx)^2 + (dy)^2 + (dz)^2}$ 이었다. 이를 점 P에서 P′까지의 미소길이벡터를 $d\mathbf{L}$로 표현하면, x에서 $x+dx$, y에서 $y+dy$, z에서 $z+dz$로 증분하였으므로 x, y, z의 각 방향으로 각각 dx, dy, dz만큼 증분한 결과가 된다. 따라서 벡터 $d\mathbf{L}$은 $\mathbf{a}_x$, $\mathbf{a}_y$, $\mathbf{a}_z$의 각 방향으로 dx, dy, dz 만큼의 성분을 가지므로 다음과 같이 표현할 수 있다.

★ 직각좌표계에서의 미소길이 ★

$$d\mathbf{L} = dx\mathbf{a}_x + dy\mathbf{a}_y + dz\mathbf{a}_z \tag{1.3}$$

또한 1.3절의 직각좌표계에서 논의한 미소증분의 결과 세 개의 다른 미소면적 $dS_x = dydz$, $dS_y = dzdx$, $dS_z = dxdy$를 벡터로 표현하면 다음과 같다.

★ 직각좌표계에서의 미소면적 ★

$$\begin{aligned} d\mathbf{S}_x &= dydz\mathbf{a}_x \\ d\mathbf{S}_y &= dzdx\mathbf{a}_y \\ d\mathbf{S}_z &= dxdy\mathbf{a}_z \end{aligned} \tag{1.4}$$

예제 1-1

직각좌표계에서의 한 점 $P_1(3,\ 4,\ -2)$ 에서 점 $P_2(5,\ 2,\ 2)$ 로 향하는 선분벡터를 **R**이라 할 때, 이를 단위벡터를 이용하여 직각좌표계로 나타내라.

풀이 **정답** $2\mathbf{a}_x - 2\mathbf{a}_y + 4\mathbf{a}_z$

벡터 **R**의 x, y, z 방향으로의 성분의 크기를 각각 R_x, R_y, R_z라 하면 구하고자 하는 선분벡터는 다음과 같다.

$$\mathbf{R} = R_x\mathbf{a}_x + R_y\mathbf{a}_y + R_z\mathbf{a}_z$$

이제 각 방향으로의 성분의 크기 R_x, R_y, R_z를 구해 보자. 선분벡터 **R**은 x 방향으로는 3에서 5로 2만큼, y 방향으로는 4에서 2로 -2만큼, 그리고 z 방향으로는 -2에서 2로 4만큼 각각 증분된 결과이므로 벡터 **R**은 다음과 같이 쓸 수 있다.

$$\begin{aligned}\mathbf{R} &= (5-3)\mathbf{a}_x + (2-4)\mathbf{a}_y + [2-(-2)]\mathbf{a}_z \\ &= 2\mathbf{a}_x - 2\mathbf{a}_y + 4\mathbf{a}_z\end{aligned}$$

한편 임의의 벡터 $\mathbf{B} = B_x\mathbf{a}_x + B_y\mathbf{a}_y + B_z\mathbf{a}_z$ 에서 이 벡터의 크기는

$$|\mathbf{B}| = \sqrt{B_x^2 + B_y^2 + B_z^2} \tag{1.5}$$

이며, 벡터 **B** 방향의 단위벡터는 다음과 같이 표현된다.

★ B 방향의 단위벡터 ★

$$\mathbf{a}_B = \frac{\mathbf{B}}{|\mathbf{B}|} = \frac{\mathbf{B}}{\sqrt{B_x^2 + B_y^2 + B_z^2}} \tag{1.6}$$

또한 **벡터의 성분은 [그림 1-7]과 같이 방향각**(direction angle)**을 정의함으로써 이해할 수도 있다.** 즉, 임의의 벡터 **A**가 세 좌표축 x, y, z와 이루는 각을 각각 α, β, γ라 할 때, 이 각을 벡터 **A**의 **방향각**이라 한다.

벡터 **A**를 x축에 수직으로 투영하였을 때 x 방향으로의 성분의 크기 A_x는 $A_x = A\cos\alpha$이며 A_y 및 A_z는 $A_y = A\cos\beta$ 및 $A_z = A\cos\gamma$이므로 다음 관계를 얻을 수 있으며, 이를 **방향코사인**(direction cosine)이라 한다. 즉 방향코사인이란 임의의 벡터가 각 좌표축의 양의 방향과 이루는 각의 코사인값으로, 그 벡터의 방향을 결정하는 단위벡터의 각 성분을 의미한다.

★ 방향코사인 ★

$$l_x = \cos\alpha = \frac{A_x}{A}$$

$$l_y = \cos\beta = \frac{A_y}{A} \tag{1.7}$$

$$l_z = \cos\gamma = \frac{A_z}{A}$$

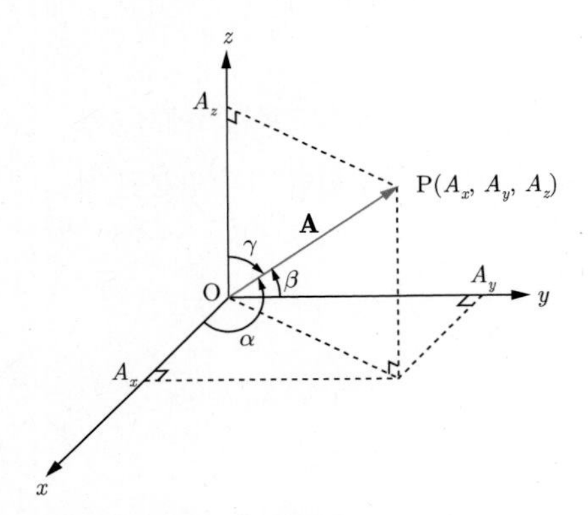

[그림 1-7] 직각좌표계에서의 방향각

방향코사인의 의미를 고려하면 벡터 **A** 의 단위벡터는

$$\mathbf{a} = l_x \mathbf{a}_x + l_y \mathbf{a}_y + l_z \mathbf{a}_z \tag{1.8}$$

가 되므로 다음 관계가 성립한다.

$$l_x^{\ 2} + l_y^{\ 2} + l_z^{\ 2} = 1 \tag{1.9}$$

예제 1-2

점 $P_1(1,\ 0,\ 2)$에서 점 $P_2(3,\ 3,\ 6)$로 향하는 선분벡터를 벡터 **A**라 할 때, 다음 물음에 답하라.

(a) 벡터 **A**를 구하라.

(b) x, y, z 방향으로의 방향코사인과 단위벡터 $\mathbf{a}_A$를 구하라.

(c) 벡터 **A**와 x, y, z축이 이루는 각을 구하라.

풀이 **정답** (a) $\mathbf{A}=2\mathbf{a}_x+3\mathbf{a}_y+4\mathbf{a}_z$

(b) $\frac{2}{\sqrt{29}}$, $\frac{3}{\sqrt{29}}$, $\frac{4}{\sqrt{29}}$, $\mathbf{a}_A=\frac{2}{\sqrt{29}}\mathbf{a}_x+\frac{3}{\sqrt{29}}\mathbf{a}_y+\frac{4}{\sqrt{29}}\mathbf{a}_z$

(c) $68.2°$, $56.2°$, $42.1°$

(a) 벡터 $\mathbf{A}$는 x, y, z 방향으로 각각 2, 3, 4만큼 증분되었으므로 $\mathbf{A}=2\mathbf{a}_x+3\mathbf{a}_y+4\mathbf{a}_z$이다.

(b) 먼저 벡터 $\mathbf{A}$의 크기를 식 (1.5)를 이용하여 구하면 $|\mathbf{A}|=\sqrt{2^2+3^2+4^2}=\sqrt{29}$이다.

x, y, z 방향으로의 방향코사인은 식 (1.7)을 이용하여 다음과 같이 계산할 수 있다.

$$l_x=\cos\alpha=\frac{A_x}{A}=\frac{2}{\sqrt{29}}$$

$$l_y=\cos\beta=\frac{A_y}{A}=\frac{3}{\sqrt{29}}$$

$$l_z=\cos\gamma=\frac{A_z}{A}=\frac{4}{\sqrt{29}}$$

단위벡터 $\mathbf{a}_A$는 식 (1.6)과 식 (1.8)을 이용하여 다음과 같이 계산할 수 있다.

$$\mathbf{a}_A=l_x\mathbf{a}_x+l_y\mathbf{a}_y+l_z\mathbf{a}_z=\frac{2}{\sqrt{29}}\mathbf{a}_x+\frac{3}{\sqrt{29}}\mathbf{a}_y+\frac{4}{\sqrt{29}}\mathbf{a}_z$$

(c) 벡터 $\mathbf{A}$와 x축이 이루는 각은 식 (1.7)을 이용하여 다음과 같이 계산할 수 있다.

$$\alpha=\cos^{-1}\frac{A_x}{A}=\cos^{-1}\frac{2}{\sqrt{29}}=68.2°$$

같은 방법으로 β, γ를 얻을 수 있다.

$$\beta=\cos^{-1}\frac{A_y}{A}=\cos^{-1}\frac{3}{\sqrt{29}}=56.2°$$

$$\gamma=\cos^{-1}\frac{A_z}{A}=\cos^{-1}\frac{4}{\sqrt{29}}=42.1°$$

SECTION
04 벡터계

이 절에서는 벡터양과 비교하여 위치함수로 정의되는 벡터계에 대한 개념을 이해하며 이를 이용하여 문제를 해결한다.

Keywords | 스칼라계 | 벡터계 |

지금부터 많이 접하게 될 **계**(界, field)라는 표현은 종종 **장**(場)으로도 혼용하여 사용된다. 대표적으로 가장 많이 사용하게 될 전계 또는 자계는 종종 전장 또는 자장이라 표현하기도 한다.

전기자기학에서는 이러한 몇 가지의 계(field)를 공부하게 된다. 계나 장 모두 어떤 공간을 의미하는 것으로, 일반적으로 하나의 함수로 정의된다. 이 함수는 어떤 영역 내의 특별한 위치에서의 양(quantity)을 규정한다. 즉, 길이나 시간과 같이 하나의 수에 의해 표현되는 것이 스칼라양이라면, 위치에 따라 변화하는 값들을 도식화한 것을 **스칼라계** 혹은 스칼라장이라 한다. 지도상에서 한 점의 높이는 스칼라량이지만 등고선은 위도의 스칼라계이다.

벡터의 경우도 이와 마찬가지이다. 즉, 벡터가 임의의 한 점에서 다른 한 점까지의 크기 및 방향을 나타내는 물리량이라면, **벡터계란 원하는 모든 점 및 선분을 포함하는 공간을 의미한다**. 이는 위치벡터의 경우 변수를 포함하는 벡터함수로 정의할 수 있으며, 직각좌표계에서는 좌표계의 변수인 x, y, z의 함수로써 그 벡터가 표현될 때, 그 벡터를 **벡터계**라 부른다.

예를 들어 원점에서 $\mathrm{P}(2,\ 2,\ 2)$로 향하는 벡터 $\mathbf{R} = 2\mathbf{a}_x + 2\mathbf{a}_y + 2\mathbf{a}_z$는 하나의 선분벡터이지만 $\mathbf{R} = 2x^2y\mathbf{a}_x + 2xyz\mathbf{a}_y + 2yz^3\mathbf{a}_z$로 표현되는 벡터계는 변수 x, y, z의 변화에 의해 일정한 공간을 표시할 수 있음을 알 수 있다.

예제 1-3

$\mathbf{F} = 2xy\,\mathbf{a}_x + xy^2\mathbf{a}_y + 2y^2z\,\mathbf{a}_z$의 벡터계에서 다음을 구하라.

(a) 점 $\mathrm{P}(1,\ -2,\ -1)$에서의 벡터 $\mathbf{F}$

(b) 점 $\mathrm{P}(1,\ -2,\ -1)$에서 벡터 $\mathbf{F}$의 단위벡터

풀이 **정답** (a) $-4\mathbf{a}_x + 4\mathbf{a}_y - 8\mathbf{a}_z$ (b) $-\dfrac{4}{\sqrt{96}}\mathbf{a}_x + \dfrac{4}{\sqrt{96}}\mathbf{a}_y - \dfrac{8}{\sqrt{96}}\mathbf{a}_z$

(a) 주어진 벡터계에 점 $\mathrm{P}(1,\ -2,\ -1)$을 대입하면 벡터 $\mathbf{F}$는 다음과 같다.

$$\mathbf{F} = 2 \cdot 1 \cdot (-2) \cdot \mathbf{a}_x + 1 \cdot (-2)^2 \cdot \mathbf{a}_y + 2 \cdot (-2)^2 \cdot (-1) \cdot \mathbf{a}_z$$
$$= -4\mathbf{a}_x + 4\mathbf{a}_y - 8\mathbf{a}_z$$

(b) 단위벡터 $\mathbf{a}_F = \frac{\mathbf{F}}{|\mathbf{F}|}$ 에서 $|\mathbf{F}| = \sqrt{(-4)^2 + 4^2 + (-8)^2} = \sqrt{96}$ 이므로 벡터 $\mathbf{F}$의 단위벡터를 구하면 다음과 같다.

$$\mathbf{a}_F = -\frac{4}{\sqrt{96}}\mathbf{a}_x + \frac{4}{\sqrt{96}}\mathbf{a}_y - \frac{8}{\sqrt{96}}\mathbf{a}_z$$

SECTION 05

벡터의 곱셈

이 절에서는 벡터의 내적과 외적 등 벡터의 곱셈 연산을 정의하고 내적과 외적을 이용하여 문제를 해결한다.

Keywords | 내적 | 외적 | 삼중적 |

내적

내적(스칼라곱 혹은 dot product)**은 두 벡터의 크기와 두 벡터 사이의 각의 코사인**(cosine) **값을 곱한 것으로 정의한다.** 따라서 결과는 항상 스칼라양이 되어야 한다. 이를 A 도트(dot) B라고 읽으며, 두 벡터 **A**와 **B**의 내적은 다음과 같다.

★ 벡터의 내적 ★

$$\mathbf{A} \cdot \mathbf{B} = |A||B| \cos\theta \tag{1.10}$$

이 식에서 각의 부호가 반대가 되어도 각의 코사인 값은 변하지 않으며, 또한 내적의 결과가 스칼라양이므로 교환법칙 및 분배법칙이 성립한다.

$$\begin{aligned} &(\text{교환법칙}) \quad \mathbf{A} \cdot \mathbf{B} = \mathbf{B} \cdot \mathbf{A} \\ &(\text{분배법칙}) \quad \mathbf{A} \cdot (\mathbf{B} + \mathbf{C}) = \mathbf{A} \cdot \mathbf{B} + \mathbf{A} \cdot \mathbf{C} \end{aligned} \tag{1.11}$$

이제 $\mathbf{A} = A_x\mathbf{a}_x + A_y\mathbf{a}_y + A_z\mathbf{a}_z$, $\mathbf{B} = B_x\mathbf{a}_x + B_y\mathbf{a}_y + B_z\mathbf{a}_z$로 표현되는 두 벡터의 내적을 구해보자. 이를 위해 우선 단위벡터들의 내적을 생각해보면 직각좌표계에서 서로 다른 두 단위벡터들 사이의 각은 서로 직각이며, 같은 방향의 단위벡터들 사이의 각은 0이므로

$$\mathbf{a}_x \cdot \mathbf{a}_y = \mathbf{a}_y \cdot \mathbf{a}_z = \mathbf{a}_z \cdot \mathbf{a}_x = 0$$

$$\mathbf{a}_x \cdot \mathbf{a}_x = \mathbf{a}_y \cdot \mathbf{a}_y = \mathbf{a}_z \cdot \mathbf{a}_z = 1$$

이 된다. 따라서 두 벡터의 내적은 다음과 같다.

★ 벡터 A와 B의 내적 ★

$$\mathbf{A} \cdot \mathbf{B} = A_xB_x + A_yB_y + A_zB_z \tag{1.12}$$

물론 동일한 두 벡터의 내적은 다음과 같다.

$$\mathbf{A} \cdot \mathbf{A} = A^2 \tag{1.13}$$

벡터의 내적은 임의의 벡터의 특정 방향으로의 성분의 크기를 아는 데 요긴하게 사용된다. 예를 들어 임의의 벡터 $\mathbf{A} = 3\mathbf{a}_x + 4\mathbf{a}_y + 5\mathbf{a}_z$를 생각해보자. 이 벡터의 z 방향으로의 성분의 크기는 5임이 분명하다. 이는 z 방향으로의 성분을 알고 싶을 때, 벡터의 내적을 이용하여 $\mathbf{A} \cdot \mathbf{a}_z = 5$로 구할 수 있다는 것이다.

이러한 개념을 확장해서 생각해보면 [그림 1-8]과 같이 어떤 벡터 $\mathbf{F}$의 단위벡터 $\mathbf{a}$ 방향의 성분의 크기(성분스칼라) F_a는

$$F_a = \mathbf{F} \cdot \mathbf{a} = F\cos\theta$$

로 알 수 있으며, 이 방향으로의 성분벡터 $\mathbf{F}_a$는 다음과 같다.[4]

$$\mathbf{F}_a = (\mathbf{F} \cdot \mathbf{a})\mathbf{a}$$

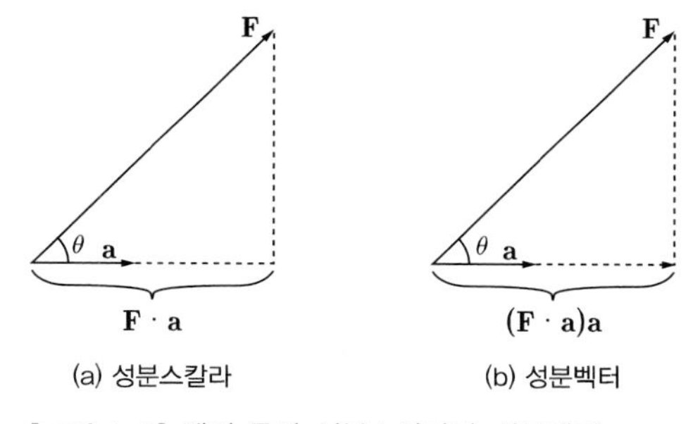

[그림 1-8] 벡터 F의 성분스칼라와 성분벡터

예제 1-4

원점에서 점 $P_1(3, 3, 1)$으로 향하는 벡터 $\mathbf{R}_1$과 원점에서 점 $P_2(4, -2, -3)$로 향하는 벡터 $\mathbf{R}_2$가 있을 때, 다음을 구하라.

(a) 두 벡터의 내적

(b) 벡터 $\mathbf{R}_1$에서 $\mathbf{R}_2$로 향하는 벡터 $\mathbf{R}_{12}$의 단위벡터

(c) 벡터 $\mathbf{R}_{12}$의 벡터 $\mathbf{C} = \mathbf{a}_x - 2\mathbf{a}_y$ 방향으로의 성분의 크기

(d) 두 벡터 사이의 각

---

4 $(\mathbf{F} \cdot \mathbf{a})$는 $\mathbf{F}$의 $\mathbf{a}$ 방향으로의 성분스칼라 또는 투영의 크기이며 $(\mathbf{F} \cdot \mathbf{a})\mathbf{a}$는 같은 방향으로의 성분벡터이다. 이 경우 벡터의 내적을 표현하는 $\mathbf{F} \cdot \mathbf{a}$는 두 벡터 사이에 " · " 부호가 있어야 하지만 $(\mathbf{F} \cdot \mathbf{a})\mathbf{a}$의 경우에는 $(\mathbf{F} \cdot \mathbf{a})$가 스칼라량이므로 $(\mathbf{F} \cdot \mathbf{a})$와 단위벡터 $\mathbf{a}$ 사이에는 어떠한 연산 기호도 필요 없음에 유의하라.

풀이 **정답** (a) 3 (b) $\frac{1}{\sqrt{42}}\mathbf{a}_x - \frac{5}{\sqrt{42}}\mathbf{a}_y - \frac{4}{\sqrt{42}}\mathbf{a}_z$ (c) $\frac{3}{\sqrt{5}}$ (d) 82.7°

(a) 두 벡터 $\mathbf{R}_1$, $\mathbf{R}_2$는 $\mathbf{R}_1 = 3\mathbf{a}_x + 3\mathbf{a}_y + \mathbf{a}_z$, $\mathbf{R}_2 = 4\mathbf{a}_x - 2\mathbf{a}_y - 3\mathbf{a}_z$로 표현된다. 벡터의 내적은 식 (1.12)를 이용하여 다음과 같이 계산할 수 있다.

$$\mathbf{R}_1 \cdot \mathbf{R}_2 = 3\times 4 + 3\times(-2) + 1\times(-3) = 12 - 6 - 3 = 3$$

(b) $\mathbf{R}_1$에서 $\mathbf{R}_2$로 향하는 벡터는 $\mathbf{R}_{12} = \mathbf{R}_2 - \mathbf{R}_1 = \mathbf{a}_x - 5\mathbf{a}_y - 4\mathbf{a}_z$이므로, $\mathbf{R}_{12}$의 단위벡터 $\mathbf{a}_R$은 식 (1.6)을 이용하여 다음과 같이 계산할 수 있다.

$$\mathbf{a}_R = \frac{\mathbf{R}_{12}}{|\mathbf{R}_{12}|} = \frac{1}{\sqrt{42}}\mathbf{a}_x - \frac{5}{\sqrt{42}}\mathbf{a}_y - \frac{4}{\sqrt{42}}\mathbf{a}_z$$

(c) 벡터 $\mathbf{C} = \mathbf{a}_x - 2\mathbf{a}_y$의 단위벡터를 식 (1.6)을 이용하여 계산하면 $\mathbf{a}_C = \frac{1}{\sqrt{5}}\mathbf{a}_x - \frac{2}{\sqrt{5}}\mathbf{a}_y$이다. 따라서 벡터 $\mathbf{R}_{12}$의 벡터 $\mathbf{C}$ 방향으로의 성분의 크기를 $\mathbf{R}_{12}$와 $\mathbf{a}_C$의 내적으로 다음과 같이 계산할 수 있다.

$$\begin{aligned}\mathbf{R}_{12} \cdot \mathbf{a}_C &= (\mathbf{a}_x - 5\mathbf{a}_y - 4\mathbf{a}_z) \cdot \left(\frac{1}{\sqrt{5}}\mathbf{a}_x - \frac{2}{\sqrt{5}}\mathbf{a}_y\right) \\ &= \frac{1}{\sqrt{5}} + \frac{10}{\sqrt{5}} = \frac{11}{\sqrt{5}}\end{aligned}$$

(d) 두 벡터 사이의 각을 식 (1.10)을 이용하여 계산하면 $\mathbf{R}_1 \cdot \mathbf{R}_2 = |\mathbf{R}_1||\mathbf{R}_2|\cos\theta$다. 이 식을 $\cos\theta$에 대하여 정리하면 다음과 같다.

$$\cos\theta = \frac{\mathbf{R}_1 \cdot \mathbf{R}_2}{|\mathbf{R}_1||\mathbf{R}_2|} = \frac{3}{\sqrt{19}\sqrt{29}}$$

따라서 구하고자 하는 두 벡터 사이의 각은 다음과 같다.

$$\theta = \cos^{-1}\frac{3}{\sqrt{19}\sqrt{29}} = 82.7°$$

예제 1-5

원점에서 점 A(1, 0, 3)으로 향하는 벡터 **A**와 원점에서 점 B(1, 0, x)로 향하는 벡터 **B**가 수직이 되기 위한 x를 구하라.

풀이 정답 $-\frac{1}{3}$

우선 두 벡터를 구하면 $\mathbf{A}=\mathbf{a}_x+3\mathbf{a}_z$, $\mathbf{B}=\mathbf{a}_x+x\mathbf{a}_z$이다. 두 벡터가 서로 수직이려면 내적이 0이어야 하므로

$$\mathbf{A}\cdot\mathbf{B}=1+3x=0$$

이 되어 구하고자 하는 x는 다음과 같다.

$$x=-\frac{1}{3}$$

외적

벡터곱은 내적 이외에도 외적이 있다. 외적의 결과는 항상 벡터양이 되므로 벡터곱(vector product 혹은 cross product)이라 하며, 두 벡터 A와 B의 외적은 다음과 같이 정의한다.

★ 벡터 A와 B의 외적 ★

$$\mathbf{A}\times\mathbf{B}=\mathbf{a}_N|\mathbf{A}||\mathbf{B}|\sin\theta \tag{1.14}$$

즉 **벡터 A, B의 외적 A×B는 A, B의 크기와 사잇각의 사인(sine) 값에 비례**하지만 두 벡터 A, B와는 전혀 다른 방향을 가진다. 벡터의 방향을 나타내는 **단위벡터 $\mathbf{a}_N$은 [그림 1-9]와 같이 A와 B에 수직하고 벡터 A에서 B로 오른나사를 돌릴 때 나사가 진행하는 방향을 양(+)의 방향**으로 한다. 따라서 A×B와 B×A는 서로 반대 방향이 되며, 벡터 외적의 분배법칙은 성립되나 교환법칙은 성립되지 않는다.

$$\begin{aligned}\mathbf{A}\times\mathbf{B}&=-\mathbf{B}\times\mathbf{A}\\ \mathbf{A}\times(\mathbf{B}+\mathbf{C})&=\mathbf{A}\times\mathbf{B}+\mathbf{A}\times\mathbf{C}\end{aligned} \tag{1.15}$$

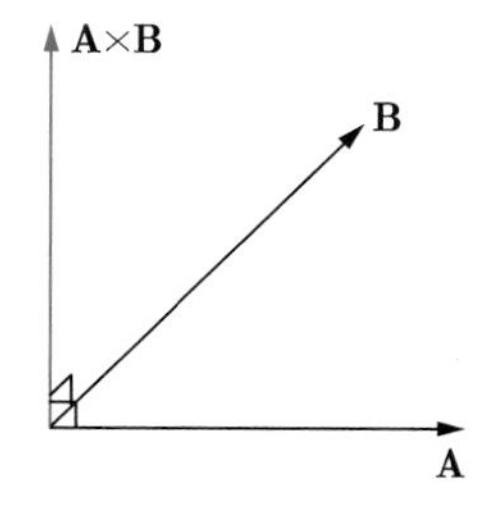

[그림 1-9] 벡터 A, B의 외적 A×B의 정의

두 벡터의 외적에 대한 구체적인 연산을 위해 단위벡터들의 외적을 먼저 알아보자. 직각좌표계의 변수 x, y, z축은 서로 직교하며, 오른손 법칙(right-handed rule)에 따르고 또한 같은 방향의 단위벡터들 사이의 각은 0이므로 다음 관계가 성립한다.

$$\mathbf{a}_x \times \mathbf{a}_y = \mathbf{a}_z,\ \mathbf{a}_y \times \mathbf{a}_z = \mathbf{a}_x,\ \mathbf{a}_z \times \mathbf{a}_x = \mathbf{a}_y$$

$$\mathbf{a}_x \times \mathbf{a}_x = \mathbf{a}_y \times \mathbf{a}_y = \mathbf{a}_z \times \mathbf{a}_z = 0$$

즉, [그림 1-10(a)]에 표현한 바와 같이 두 단위벡터를 반시계 방향으로 연산하면 $\mathbf{a}_x \times \mathbf{a}_y = \mathbf{a}_z$가 되며, [그림 1-10(b)]처럼 시계 방향으로 연산하면 $\mathbf{a}_y \times \mathbf{a}_z = -\mathbf{a}_x$가 된다.

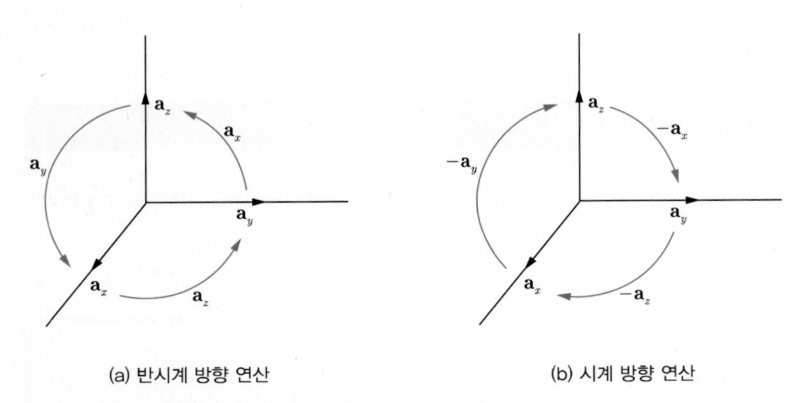

[그림 1-10] 직각좌표계에서의 단위벡터의 연산

이제 $\mathbf{A} = A_x\mathbf{a}_x + A_y\mathbf{a}_y + A_z\mathbf{a}_z$ 및 $\mathbf{B} = B_x\mathbf{a}_x + B_y\mathbf{a}_y + B_z\mathbf{a}_z$로 표현되는 두 벡터 $\mathbf{A}$, $\mathbf{B}$의 외적을 구해보자.

$$\begin{aligned}\mathbf{A} \times \mathbf{B} = & A_xB_x\mathbf{a}_x \times \mathbf{a}_x + A_xB_y\mathbf{a}_x \times \mathbf{a}_y + A_xB_z\mathbf{a}_x \times \mathbf{a}_z \\ & + A_yB_x\mathbf{a}_y \times \mathbf{a}_x + A_yB_y\mathbf{a}_y \times \mathbf{a}_y + A_yB_z\mathbf{a}_y \times \mathbf{a}_z \\ & + A_zB_x\mathbf{a}_z \times \mathbf{a}_x + A_zB_y\mathbf{a}_z \times \mathbf{a}_y + A_zB_z\mathbf{a}_z \times \mathbf{a}_z\end{aligned}$$

단위벡터들의 외적에 대한 연산의 결과를 반영하여 정리하면

$$\mathbf{A} \times \mathbf{B} = (A_yB_z - A_zB_y)\mathbf{a}_x + (A_zB_x - A_xB_z)\mathbf{a}_y + (A_xB_y - A_yB_x)\mathbf{a}_z \tag{1.16}$$

가 되며, 이를 간단히 행렬식으로 정리하면 다음과 같다.

★ 벡터 A, B의 외적 ★

$$\mathbf{A}\times\mathbf{B} = \begin{vmatrix} \mathbf{a}_x & \mathbf{a}_y & \mathbf{a}_z \\ A_x & A_y & A_z \\ B_x & B_y & B_z \end{vmatrix} \tag{1.17}$$

물론 동일한 두 벡터의 외적은 다음과 같다.

$$\mathbf{A}\times\mathbf{A} = 0 \tag{1.18}$$

벡터 외적은 평행사변형이나 삼각형의 면적을 구하는 데 응용할 수 있다. [그림 1-11]과 같은 원리에 의해 평행사변형의 면적은 서로 인접하는 두 변의 길이와 그 사잇각의 사인값을 곱한 것과 같기 때문에 간단히 $|\mathbf{A}\times\mathbf{B}|$로 표시할 수 있다. 즉, $|\mathbf{A}\times\mathbf{B}| = |\mathbf{A}||\mathbf{B}|\sin\theta$이며 그림에서 음영의 면적 또한 $AB\sin\theta$이다.

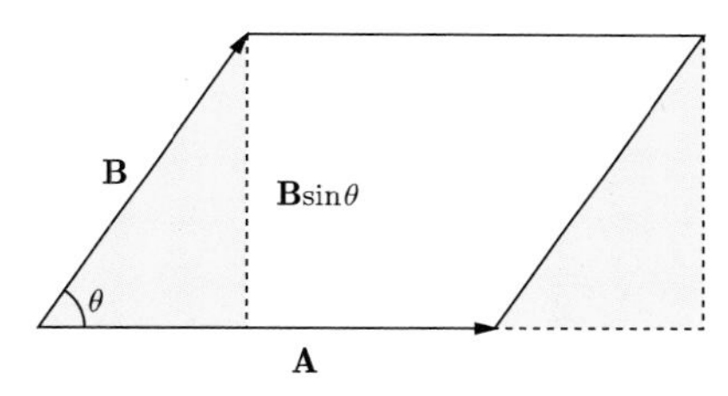

[그림 1-11] 벡터 외적을 이용한 평행사변형의 면적
평행사변형의 면적은 벡터의 외적의 절댓값과 같다.

예제 1-6

두 벡터가 $\mathbf{R}_1 = \mathbf{a}_x + 2\mathbf{a}_y - 2\mathbf{a}_z$, $\mathbf{R}_2 = 2\mathbf{a}_x + \mathbf{a}_y - 3\mathbf{a}_z$일 때, 다음을 구하라.

(a) 두 벡터의 외적

(b) 두 벡터 $\mathbf{R}_1$, $\mathbf{R}_2$로 이루어지는 평행사변형의 면적

(c) 두 벡터 $\mathbf{R}_1$, $\mathbf{R}_2$ 사이의 각

(d) 두 벡터 $\mathbf{R}_1$, $\mathbf{R}_2$에 수직인 단위벡터

풀이 **정답** (a) $-4\mathbf{a}_x-\mathbf{a}_y-3\mathbf{a}_z$ (b) 5.1 (c) 27° (d) $\pm(-0.8\mathbf{a}_x-0.2\mathbf{a}_y-0.6\mathbf{a}_z)$

(a) 두 벡터의 외적은 식 (1.17)을 이용하여 다음과 같이 계산할 수 있다.

$$\mathbf{R}_1\times\mathbf{R}_2=\begin{vmatrix}\mathbf{a}_x & \mathbf{a}_y & \mathbf{a}_z\\ 1 & 2 & -2\\ 2 & 1 & -3\end{vmatrix}$$

$$=[(2)(-3)-(-2)(1)]\mathbf{a}_x+[(-2)(2)-(1)(-3)]\mathbf{a}_y+[(1)(1)-(2)(2)]\mathbf{a}_z$$

$$=-4\mathbf{a}_x-\mathbf{a}_y-3\mathbf{a}_z$$

(b) 두 벡터로 이루어지는 평행사변형의 면적은 두 벡터의 외적의 크기와 같으므로 다음과 같이 계산할 수 있다.

$$S=|\mathbf{R}_1\times\mathbf{R}_2|=\sqrt{26}=5.1$$

(c) 식 (1.14)의 $\mathbf{A}\times\mathbf{B}=\mathbf{a}_N|\mathbf{A}||\mathbf{B}|\sin\theta$로부터 두 벡터 사이의 각은 $\sin\theta=\dfrac{\mathbf{A}\times\mathbf{B}}{|\mathbf{A}||\mathbf{B}|}$이다. 따라서 두 벡터 사이의 각은 다음과 같이 계산한다.

$$\theta=\sin^{-1}\frac{|\mathbf{R}_1\times\mathbf{R}_2|}{|\mathbf{R}_1||\mathbf{R}_2|}=\sin^{-1}\frac{\sqrt{26}}{\sqrt{9}\times\sqrt{14}}\doteq 27°$$

(d) 두 벡터에 수직하는 단위벡터를 구하기 위해 식 (1.14)를 $\mathbf{a}_N$에 대해 정리하면 $\sin\theta=1$ 이므로 다음과 같다.

$$\mathbf{a}_N=\pm\frac{\mathbf{R}_1\times\mathbf{R}_2}{|\mathbf{R}_1\times\mathbf{R}_2|}=\pm\frac{-4\mathbf{a}_x-\mathbf{a}_y-3\mathbf{a}_z}{\sqrt{26}}$$

$$=\pm(-0.8\mathbf{a}_x-0.2\mathbf{a}_y-0.6\mathbf{a}_z)$$

삼중적

벡터 $\mathbf{A}$, $\mathbf{B}$, $\mathbf{C}$ 사이에는 다음 관계가 성립한다. 이는 연산의 결과가 스칼라양이므로 **스칼라 삼중적**(scalar triple product)이라 한다.

★ 스칼라 삼중적 ★

$$\mathbf{A}\cdot(\mathbf{B}\times\mathbf{C})=\mathbf{B}\cdot(\mathbf{C}\times\mathbf{A})=\mathbf{C}\cdot(\mathbf{A}\times\mathbf{B}) \quad (1.19)$$

식 (1.19)의 좌변 $\mathbf{A}\cdot(\mathbf{B}\times\mathbf{C})$에서 두 벡터 $\mathbf{B}\times\mathbf{C}$가 벡터양이고 이를 벡터 $\mathbf{A}$와 내적을 취한 것이므로 그 결과가 스칼라양이 됨은 분명하다. 벡터 $\mathbf{A}$, $\mathbf{B}$, $\mathbf{C}$를 각각 $\mathbf{A}=A_x\mathbf{a}_x+A_y\mathbf{a}_y+A_z\mathbf{a}_z$, $\mathbf{B}=B_x\mathbf{a}_x+B_y\mathbf{a}_y+B_z\mathbf{a}_z$, $\mathbf{C}=C_x\mathbf{a}_x+C_y\mathbf{a}_y+C_z\mathbf{a}_z$라 할 때, 이 연산의 결과는 다음과 같다.

$$\mathbf{A}\cdot(\mathbf{B}\times\mathbf{C})=\begin{vmatrix}A_x & A_y & A_z\\ B_x & B_y & B_z\\ C_x & C_y & C_z\end{vmatrix} \tag{1.20}$$

한편 벡터 $\mathbf{A}$, $\mathbf{B}$, $\mathbf{C}$에 대하여 $\mathbf{A}\times(\mathbf{B}\times\mathbf{C})$의 연산의 결과는 벡터양으로 **벡터 삼중적**(vector triple product)이라 한다.[5]

★ 벡터 삼중적 ★

$$\mathbf{A}\times(\mathbf{B}\times\mathbf{C})=\mathbf{B}(\mathbf{A}\cdot\mathbf{C})-\mathbf{C}(\mathbf{A}\cdot\mathbf{B}) \tag{1.21}$$

예제 1-7

벡터 $\mathbf{A}$, $\mathbf{B}$, $\mathbf{C}$가 각각 $\mathbf{A}=\mathbf{a}_x+\mathbf{a}_y$, $\mathbf{B}=2\mathbf{a}_x+2\mathbf{a}_z$ 그리고 $\mathbf{C}=\mathbf{a}_y+3\mathbf{a}_z$일 때, $(\mathbf{A}\times\mathbf{B})\times\mathbf{C}$와 $\mathbf{A}\times(\mathbf{B}\times\mathbf{C})$를 구하여 그 결과를 비교하라.

풀이 **정답** $(\mathbf{A}\times\mathbf{B})\times\mathbf{C}=-4\mathbf{a}_x-6\mathbf{a}_y+2\mathbf{a}_z$, $\mathbf{A}\times(\mathbf{B}\times\mathbf{C})=2\mathbf{a}_x-2\mathbf{a}_y-4\mathbf{a}_z$

먼저 $(\mathbf{A}\times\mathbf{B})\times\mathbf{C}$를 구하면 다음과 같다.

$$\begin{aligned}(\mathbf{A}\times\mathbf{B})\times\mathbf{C}&=[(\mathbf{a}_x+\mathbf{a}_y)\times(2\mathbf{a}_x+2\mathbf{a}_z)]\times(\mathbf{a}_y+3\mathbf{a}_z)\\&=(2\mathbf{a}_x-2\mathbf{a}_y-2\mathbf{a}_z)\times(\mathbf{a}_y+3\mathbf{a}_z)\\&=-4\mathbf{a}_x-6\mathbf{a}_y+2\mathbf{a}_z\end{aligned}$$

다음으로 $\mathbf{A}\times(\mathbf{B}\times\mathbf{C})$를 구하면 다음과 같다.

$$\begin{aligned}\mathbf{A}\times(\mathbf{B}\times\mathbf{C})&=(\mathbf{a}_x+\mathbf{a}_y)\times[(2\mathbf{a}_x+2\mathbf{a}_z)\times(\mathbf{a}_y+3\mathbf{a}_z)]\\&=(\mathbf{a}_x+\mathbf{a}_y)\times(-2\mathbf{a}_x-6\mathbf{a}_y+2\mathbf{a}_z)\\&=2\mathbf{a}_x-2\mathbf{a}_y-4\mathbf{a}_z\end{aligned}$$

따라서 벡터의 외적은 연산의 순서에 따라 그 결과가 다름을 알 수 있다.

5 내적과 외적 그리고 벡터의 삼중적(vector triple product) 이외에도 벡터의 미분과 적분 등의 연산이 있다. 이 연산들은 다음 장부터 필요에 따라 소개될 것이다.

SECTION 06

좌표계

전자기학에서 배울 각종 물리량은 원인과 결과의 대칭 관계를 고려할 때, 원통좌표계 및 구좌표계에서의 표현을 요구하는 경우가 많다. 따라서 이러한 물리량의 성질을 공부하기 위해서는 원통좌표계와 구좌표계를 명확히 이해해야 한다. 이 절에서는 이들 좌표계의 변수를 정의하고, 각 좌표계에서의 단위벡터와 미소증분 그리고 좌표변환의 관계를 공부한다.

Keywords | 원통좌표계 | 구좌표계 | 미소증분 | 좌표변환 |

원통좌표계

원통좌표계(cylindrical coordinate system)**는 길이와 각으로 표현되는 좌표계이다.** 원통좌표계는 직각좌표계와 달리 좌표축이 없으며, 좌표계의 변수에 각의 개념이 포함되어 있기 때문에 직각좌표계에 비해 더 많은 공간적인 상상력이 요구된다.

원통좌표계에서의 점 P는 $P(\rho,\ \phi,\ z)$로 지정되며, 편의상 직각좌표계의 z축을 중심으로 원통을 가정할 때, 원통 표면의 한 점이라 생각하면 된다. ρ는 z축으로부터 원통 표면까지의 수직거리를 나타내며, ϕ는 $\phi=0$으로 가정한 임의의 면(직각좌표계의 zx평면)과 $\phi=\phi$로 일정한 평면 사이의 각, 그리고 z는 $z=0$으로 가정한 면(xy평면)에서 점 P까지의 길이이다. 다시 말해 [그림 1-12]에서 보는 바와 같이 ρ는 원통의 반지름이며, z는 원통의 높이, 그리고 ϕ는 점 P를 xy평면에 투영하였을 때 원점과 투영점을 연결한 선과 x축이 만드는 각이라 생각하면 편리하다.

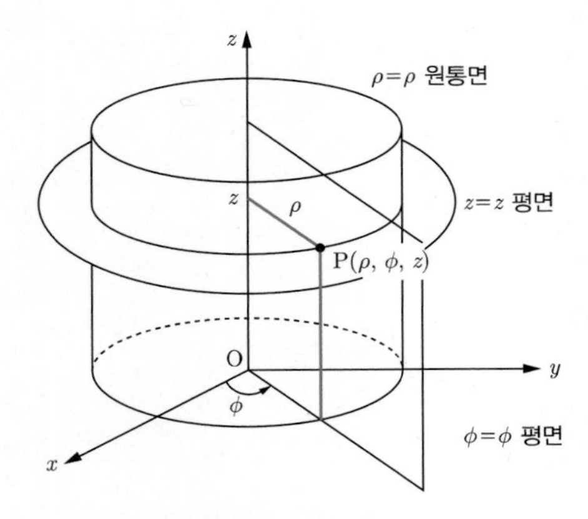

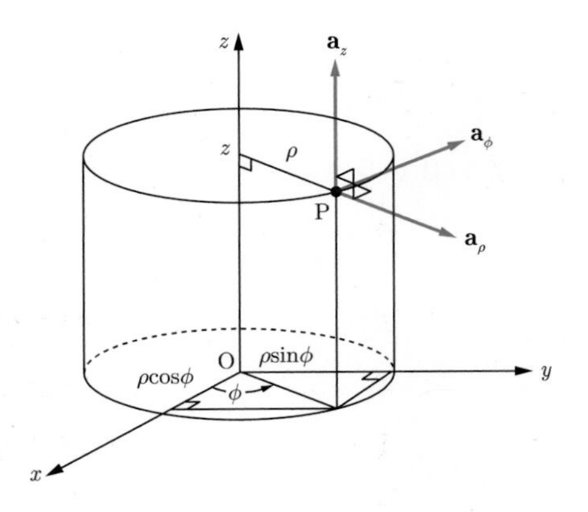

[그림 1-12] 원통좌표계의 변수 및 단위벡터

좀 더 정확한 이해를 위하여 [그림 1-13]에서 벽면에 붙어 있는 문의 운동 궤적을 생각해 보자. 벽면과 문이 접하는 축을 z축, 그리고 문이 열리기 이전의 벽면이 $y=0$인 zx 평면이며, 문을 열 때 문의 운동 궤적의 바깥 측면이 원통의 표면이다. 문이 임의의 위치에 정지해 있을 경우, 문의 가로 길이는 ρ, 문의 높이가 z, 그리고 벽면과 문 사이의 각은 ϕ가 되는 것이다.

즉, 문의 가로 길이가 길면 좌표계의 변수 ρ가 증가하고, 문을 계속해서 열면 변수 ϕ가 증가하며, 문의 세로 높이가 길면 z가 증가한다. 따라서 원통좌표계에서의 점 P 또한 세 개의 면이 만나는 점으로 정의할 수 있다. 즉, **ρ가 항상 일정한 원통의 측면과 ϕ가 일정한 평면, 그리고 z가 일정한 원통의 윗면(평면)이 교차하는 점**임을 쉽게 이해할 수 있다.

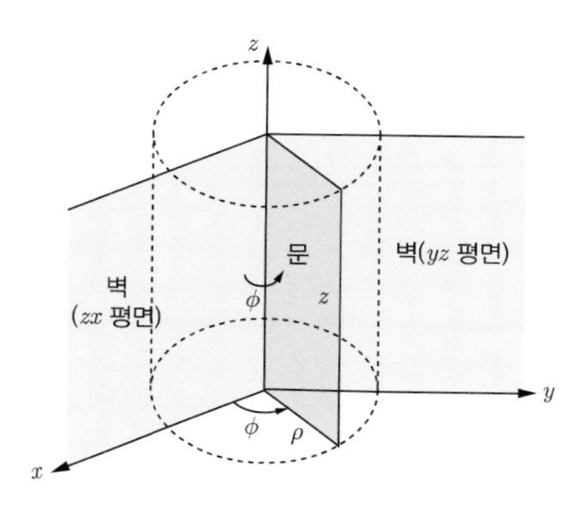

[그림 1-13] 원통좌표계의 변수에 대한 이해

단위벡터

원통좌표계는 좌표계의 축은 없지만 크기가 1이고 좌표계의 변수가 증가하는 방향이라는 단위벡터의 정의에 입각하여 **점 P에서 단위벡터를 정의할 수 있다.** [그림 1-12]에서와 같이 ρ 방향으로의 단위벡터 $\mathbf{a}_\rho$는 ρ가 일정한 원통의 측면에는 항상 수직이고, ϕ 및 z가 일정한 평면에 접하고 있다는 것을 알 수 있으며, $\mathbf{a}_\phi$ 또한 ϕ가 일정한 평면에 수직이고 z 및 ρ가 일정한 평면에 접하고 있다는 것을 알 수 있다. 이와 마찬가지로 단위벡터 $\mathbf{a}_z$도 z가 일정한 면에는 수직이고, 다른 변수 ρ 및 ϕ가 일정한 평면에는 접하고 있으므로 원통좌표계도 직각좌표계처럼 단위벡터들 사이의 각은 정확히 $90°$이다.[6] 따라서 다음 관계가 성립한다.

$$\mathbf{a}_\rho \times \mathbf{a}_\phi = \mathbf{a}_z$$

$$\mathbf{a}_\phi \times \mathbf{a}_z = \mathbf{a}_\rho$$

$$\mathbf{a}_z \times \mathbf{a}_\rho = \mathbf{a}_\phi$$

6 단위벡터는 모든 방향으로 정의될 수 있으며, 좌표계의 축 방향으로의 단위벡터만 존재하는 것은 아니다. 원통좌표계의 경우 비록 좌표축이 존재하지는 않지만 주어진 공간상에서 단위벡터의 정의에 따라 좌표계의 변수가 증가하는 방향으로 크기가 1인 벡터를 설정하면 된다.

미소증분

다음으로 미소증분에 대하여 생각해보자. [그림 1-14]와 같이 점 $P(\rho, \phi, z)$에서 원통좌표계의 변수 ρ, ϕ, z를 그 변수가 증가하는 방향으로 $d\rho$, $d\phi$, dz만큼 미소증분하면 점 $P'(\rho+d\rho, \phi+d\phi, z+dz)$와 쐐기 모양을 한 미소체적을 얻을 수 있다.

이 체적은 매우 작은 증분의 결과이므로 직육면체라고 가정하여 생각해보자. 육면체는 길이가 각각 ρ와 $\rho+d\rho$로 일정한 두 면과 각이 ϕ와 $\phi+d\phi$로 일정한 방사상의 평면, 그리고 높이가 z와 $z+dz$로 일정한 6개의 평면으로 구성된다. 또한 $d\phi$만큼의 각의 증분의 결과 얻어지는 길이가 $\rho d\phi$임을 유의하고, 변의 길이가 매우 작다고 가정하면 이 미소체적은 $d\rho$, $\rho d\phi$, dz의 세 변으로 구성된다고 생각할 수 있다. 따라서 미소증분의 결과 점 P에서 점 P′으로 향하는 미소길이벡터 $d\mathbf{L}$은 다음과 같다.

★ 원통좌표계에서의 미소길이 ★

$$d\mathbf{L} = d\rho\mathbf{a}_\rho + \rho d\phi\mathbf{a}_\phi + dz\mathbf{a}_z \tag{1.22}$$

또한 세 개의 다른 미소면적은 다음과 같이 표현할 수 있다.

★ 원통좌표계에서의 미소면적 ★

$$\begin{aligned} d\mathbf{S}_\rho &= \rho d\phi dz\mathbf{a}_\rho \\ d\mathbf{S}_\phi &= dz d\rho\mathbf{a}_\phi \\ d\mathbf{S}_z &= \rho d\rho d\phi\mathbf{a}_z \end{aligned} \tag{1.23}$$

세 변을 곱하여 미소체적 dv를 구하면 다음과 같다.

★ 원통좌표계에서의 미소체적 ★

$$dv = \rho d\rho d\phi dz \tag{1.24}$$

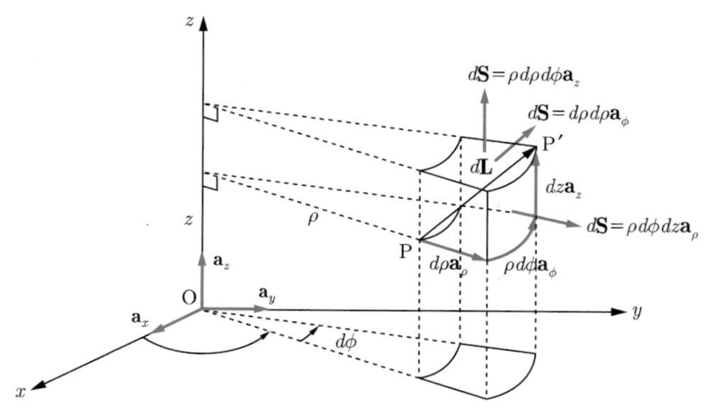

[그림 1-14] 원통좌표계에서의 미소증분

미소체적은 $d\rho$, $\rho d\phi$, dz의 세 변으로 구성된다. $d\phi$만큼의 각의 증분의 결과 얻어지는 길이가 $\rho d\phi$임을 유의해야 한다.

좌표변환

마지막으로 직각좌표계와 원통좌표계 사이의 좌표변환의 관계를 고찰해보자. 우선 [그림 1-15]로부터

$$
\begin{aligned}
x &= \rho\cos\phi \\
y &= \rho\sin\phi \\
z &= z
\end{aligned}
\tag{1.25}
$$

의 관계가 성립함을 쉽게 이해할 수 있으며, 이들의 관계로부터 역변환의 관계도 다음과 같이 성립한다.

$$
\begin{aligned}
\rho &= \sqrt{x^2+y^2} \\
\phi &= \tan^{-1}\frac{y}{x} \\
z &= z
\end{aligned}
\tag{1.26}
$$

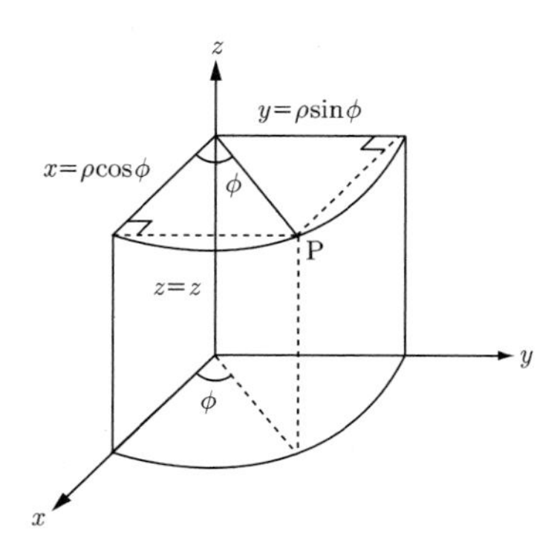

[그림 1-15] 원통좌표계와 직각좌표계의 변수들의 상호관계

이를 이용하여 직각좌표계로 표현된 벡터 $\mathbf{A} = A_x \mathbf{a}_x + A_y \mathbf{a}_y + A_z \mathbf{a}_z$를 원통좌표계로 변환해보자. 우선 원통좌표계로 변환된 벡터는 $\mathbf{A} = A_\rho \mathbf{a}_\rho + A_\phi \mathbf{a}_\phi + A_z \mathbf{a}_z$의 형태가 될 것이다. ρ, ϕ, z 방향으로의 성분의 크기인 A_ρ, A_ϕ, A_z를 알기 위해서 이미 배운 바와 같이 벡터 내적을 이용하여 계산하면 다음과 같다.

$$A_\rho = \mathbf{A} \cdot \mathbf{a}_\rho = (A_x \mathbf{a}_x + A_y \mathbf{a}_y + A_z \mathbf{a}_z) \cdot \mathbf{a}_\rho = A_x \mathbf{a}_x \cdot \mathbf{a}_\rho + A_y \mathbf{a}_y \cdot \mathbf{a}_\rho$$

$$A_\phi = \mathbf{A} \cdot \mathbf{a}_\phi = (A_x \mathbf{a}_x + A_y \mathbf{a}_y + A_z \mathbf{a}_z) \cdot \mathbf{a}_\phi = A_x \mathbf{a}_x \cdot \mathbf{a}_\phi + A_y \mathbf{a}_y \cdot \mathbf{a}_\phi$$

$$A_z = \mathbf{A} \cdot \mathbf{a}_z = (A_x \mathbf{a}_x + A_y \mathbf{a}_y + A_z \mathbf{a}_z) \cdot \mathbf{a}_z$$

위 식에서 단위벡터들끼리의 연산이 구해지면 좌표변환이 완성된다. 단위벡터의 크기는 1이므로 [그림 1-16]과 같은 각의 관계로부터 다음과 같이 나타낸다.

$$\begin{aligned} \mathbf{a}_x \cdot \mathbf{a}_\rho &= \cos\phi \\ \mathbf{a}_x \cdot \mathbf{a}_\phi &= \cos\left(\frac{\pi}{2} + \phi\right) = -\sin\phi \\ \mathbf{a}_x \cdot \mathbf{a}_z &= 0 \end{aligned} \tag{1.27}$$

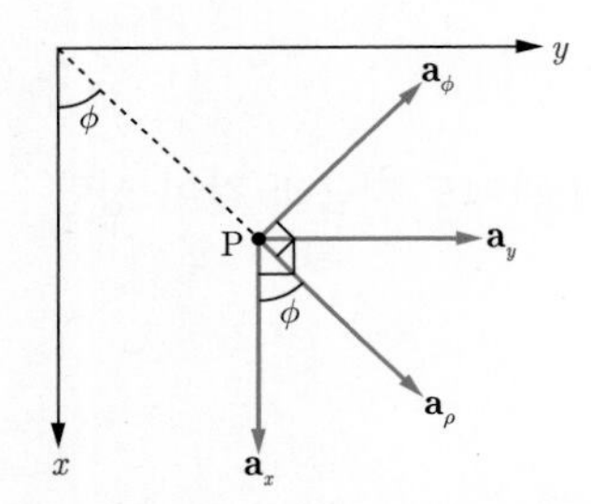

[그림 1-16] 직각좌표계와 원통좌표계의 단위벡터들의 상호관계

단위벡터 $\mathbf{a}_\phi$는 $\mathbf{a}_\rho$와 수직이므로 $\mathbf{a}_\phi$와 $\mathbf{a}_x$ 사이의 각은 $\left(\frac{\pi}{2} + \phi\right)$이고 $\mathbf{a}_\phi$와 $\mathbf{a}_y$ 사이의 각은 ϕ가 된다.

같은 방법으로 $\mathbf{a}_y$와 원통좌표계의 단위벡터를 내적하면 다음과 같다.

$$\begin{aligned} \mathbf{a}_y \cdot \mathbf{a}_\rho &= \cos\left(\frac{\pi}{2} - \phi\right) = \sin\phi \\ \mathbf{a}_y \cdot \mathbf{a}_\phi &= \cos\phi \\ \mathbf{a}_y \cdot \mathbf{a}_z &= 0 \end{aligned} \tag{1.28}$$

직각좌표계와 원통좌표계의 단위벡터들을 내적 연산한 결과를 정리하면 [표 1-1]과 같다. 즉, 식 (1.25)와 단위벡터들의 연산 결과를 이용하여 좌표변환을 수행할 수 있다.

[표 1-1] 직각좌표계와 원통좌표계의 단위벡터들의 내적 연산의 결과

구분	$\mathbf{a}_\rho$	$\mathbf{a}_\phi$	$\mathbf{a}_z$
$\mathbf{a}_x \cdot$	$\cos\phi$	$-\sin\phi$	0
$\mathbf{a}_y \cdot$	$\sin\phi$	$\cos\phi$	0
$\mathbf{a}_z \cdot$	0	0	1

예제 1-8

반경 5[cm]이고, 높이 10[cm]인 원통의 전 면적과 체적을 구하라.

풀이 **정답** $150\pi[\text{cm}^2]$, $250\pi[\text{cm}^3]$

원통은 윗면, 아랫면, 측면 등 3개의 면으로 구성된다. 식 (1.23)에 의해 윗면과 아랫면의 미소면적은 $dS_z = \rho d\rho d\phi$이며, 측면은 $dS_\rho = \rho d\phi dz$이므로 각 면적을 계산하면 다음과 같다.

$$S_z = \int_{\phi=0}^{2\pi}\int_{\rho=0}^{5} \rho d\rho d\phi = \frac{25}{2} \cdot 2\pi = 25\pi[\text{cm}^2]$$

$$S_\rho = \int_{z=0}^{10}\int_{\phi=0}^{2\pi} 5 d\phi dz = 5 \cdot 2\pi \cdot 10 = 100\pi[\text{cm}^2]$$

따라서 면적 S는 다음과 같다.

$$S = 2S_z + S_\rho = 2\times(25\pi) + 100\pi = 150\pi[\text{cm}^2]$$

또한 식 (1.24)의 $dv = \rho d\rho d\phi dz$를 이용하여 체적 V를 구하면 다음과 같다.

$$V = \int_{z=0}^{10}\int_{\phi=0}^{2\pi}\int_{\rho=0}^{5} \rho d\rho d\phi dz = \frac{25}{2} \cdot 2\pi \cdot 10 = 250\pi[\text{cm}^3]$$

예제 1-9

직각좌표계로 표현된 벡터 $\mathbf{B} = x\mathbf{a}_x + y\mathbf{a}_y + z\mathbf{a}_z$를 원통좌표계로 변환하라.

풀이 **정답** $\mathbf{B}=\rho\mathbf{a}_\rho+z\mathbf{a}_z$

우선 원통좌표계로 변환된 벡터 B가 ρ, ϕ, z 방향으로 각각 B_ρ, B_ϕ, B_z의 성분을 갖는다면 $\mathbf{B}=B_\rho\mathbf{a}_\rho+B_\phi\mathbf{a}_\phi+B_z\mathbf{a}_z$로 나타낼 수 있다. 이 식에서 B_ρ를 구하면 다음과 같다. 이때 $x=\rho\cos\phi$, $y=\rho\sin\phi$이다.

$$\begin{aligned}B_\rho&=\mathbf{B}\cdot\mathbf{a}_\rho=(x\mathbf{a}_x+y\mathbf{a}_y+z\mathbf{a}_z)\cdot\mathbf{a}_\rho\\&=x\mathbf{a}_x\cdot\mathbf{a}_\rho+y\mathbf{a}_y\cdot\mathbf{a}_\rho+z\mathbf{a}_z\cdot\mathbf{a}_\rho\\&=x\cos\phi+y\sin\phi\\&=\rho\cos\phi\cos\phi+\rho\sin\phi\sin\phi=\rho\end{aligned}$$

같은 방법으로 B_ϕ, B_z를 구하면 다음과 같다.

$$\begin{aligned}B_\phi&=\mathbf{B}\cdot\mathbf{a}_\phi=x\mathbf{a}_x\cdot\mathbf{a}_\phi+y\mathbf{a}_y\cdot\mathbf{a}_\phi+z\mathbf{a}_z\cdot\mathbf{a}_\phi\\&=x(-\sin\phi)+y(\cos\phi)\\&=\rho\cos\phi(-\sin\phi)+\rho\sin\phi\cos\phi=0\\B_z&=z\end{aligned}$$

따라서 원통좌표계로 변환된 벡터 B는 다음과 같다.

$$\mathbf{B}=\rho\mathbf{a}_\rho+z\mathbf{a}_z$$

구좌표계

구좌표계(spherical coordinate system)에는 직각좌표계와 같은 세 개의 축이 존재하지는 않지만 구좌표계를 좀 더 정확하게 이해하기 위하여 [그림 1-17]과 같이 **직각좌표계 위에 구를 그려보자**. 이때 직각좌표계의 원점이 구의 중심이라고 생각하면 편리하다.

구좌표계의 변수는 r, θ, ϕ로 임의의 한 점은 $\mathrm{P}(r, \theta, \phi)$로 나타낸다. 우선 좌표계의 변수 r은 구의 중심에서부터 구 표면상의 점 P까지의 거리를 나타낸다. 변수 r이 증가하는 것은 구가 탁구공에서 축구공, 축구공에서 다시 농구공으로 커지는 것과 같다. 따라서 r이 일정한 면은 구의 표면이 된다. 다음으로 θ는 구의 중심에서부터 구 표면상의 점 P를 잇는 선과 z축 사이의 각이다. 구의 맨 위 정점에서 아래쪽으로 내려올수록 θ는 점점 증가하게 되며, θ가 일정한 면은 그림에서 보는 바와 같이 원추(cone) 모양을 하고 있다. 구좌표계의 마지막 변수 ϕ는 원통좌표계와 같다. 즉, 원통좌표계와 마찬가지로 구 표면상의 한 점 P를 xy평면에 투영할 때 원점에서 투영점을 잇는 선과 x축 사이의 각을 ϕ라 생각하면 된다.[7] 따라서 ϕ가 일정한 면은 평면이 된다.

---

7 구좌표계에서 변수 ϕ의 범위는, $0\le\phi\le2\pi$이지만 변수 θ의 범위는 $0\le\theta\le\pi$가 됨에 유의해야 한다.

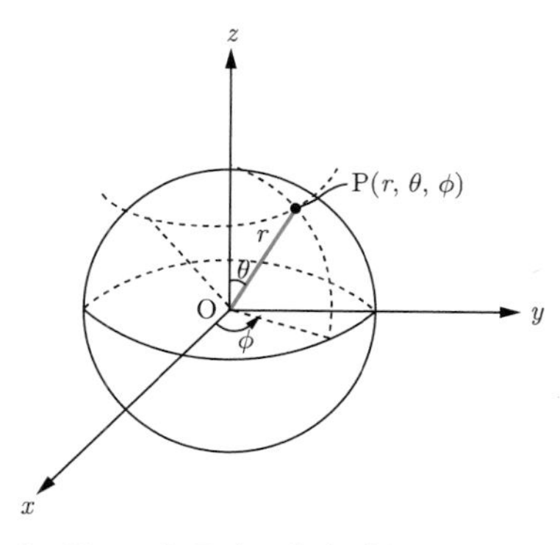

[그림 1-17] 구좌표계의 변수

결국 **구좌표계의 점** P(r, θ, ϕ)**는** r **이 일정한 구면과** θ**가 일정한 원추면, 그리고** ϕ**가 일정한 평면 등 세 면의 교차점이 된다.**

단위벡터

다음으로 **구좌표계의 단위벡터에 대하여 고찰해보자.** 원통좌표계에서와 같이 좌표축이 존재하지 않으므로 단위벡터를 점 P 에서 그려 보기로 한다. 단위벡터 $\mathbf{a}_r$은 r이 증가하는 방향이므로 θ 또는 ϕ의 변화에 관계없이 r이 일정한 구의 표면에 수직인 방향이며, θ 및 ϕ가 일정한 원추면과 평면에 접하게 된다. $\mathbf{a}_\theta$와 $\mathbf{a}_\phi$ 역시 θ, ϕ가 일정한 원추면과 평면에 각각 수직인 방향이며, $\mathbf{a}_\theta$의 경우 r, ϕ가 일정한 구면과 평면에 접하고 $\mathbf{a}_\phi$도 r과 θ가 일정한 면에 접한다. 즉, 구좌표계도 변수 자신이 일정한 면에는 수직이며 다른 변수의 값이 일정한 면에는 접한다는 사실은 직각좌표계나 원통좌표계의 경우와 다르지 않다. 따라서 $\mathbf{a}_r$, $\mathbf{a}_\theta$, $\mathbf{a}_\phi$는 서로 수직이며 오른손 법칙에 의하여 다음 관계가 성립한다.

$$\mathbf{a}_r \times \mathbf{a}_\theta = \mathbf{a}_\phi$$

$$\mathbf{a}_\theta \times \mathbf{a}_\phi = \mathbf{a}_r$$

$$\mathbf{a}_\phi \times \mathbf{a}_r = \mathbf{a}_\theta$$

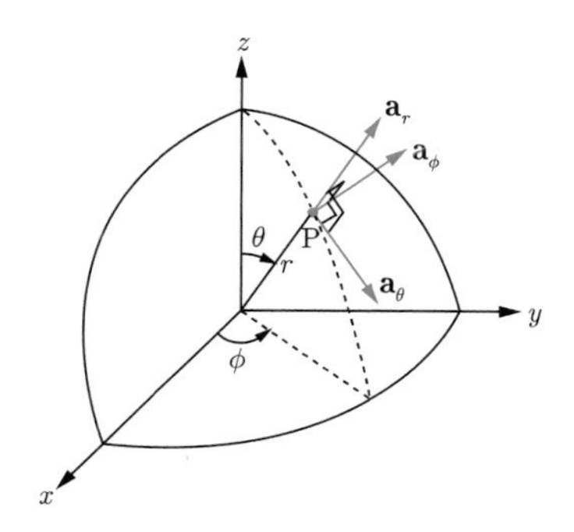

[그림 1-18] 구좌표계에서의 단위벡터

구좌표계에서의 단위벡터는 크기가 1이고 좌표계의 변수가 증가하는 방향으로 정의할 수 있다.

미소증분

이제 **미소증분에 대하여 생각해보자**. 구좌표계의 변수 r, θ, ϕ를 그 변수가 증가하는 방향으로 각각 dr, $d\theta$, $d\phi$만큼 미소증분하면 [그림 1-19]와 같이 점 $P'(r+dr,\ \theta+d\theta,\ \phi+d\phi)$와 쐐기 모양을 한 미소체적 dv를 얻을 수 있다.

원통좌표계에서 설명한 바와 같이 이 체적은 매우 작은 증분의 결과이므로 직육면체로 가정하면, 육면체는 길이가 각각 r과 $r+dr$로 일정한 두 면과 각이 θ와 $\theta+d\theta$로 일정한 두 면, 그리고 ϕ와 $\phi+d\phi$로 일정한 방사상의 두 평면, 즉 6개의 평면으로 구성된다. 구좌표계에서 r은 길이를 나타내므로 dr만큼 증분하면 그 크기 또한 dr이 된다. 그러나 θ와 ϕ의 경우 $d\theta$와 $d\phi$만큼 미소증분한 결과, 길이는 각각 $rd\theta$와 $r\sin\theta d\phi$임을 유의하자. 또한 변의 길이가 매우 작다고 가정하면 점 $P(r,\ \theta,\ \phi)$에서 증분 이후 형성되는 점 $P'(r+dr,\ \theta+d\theta,\ \phi+d\phi)$로 향하는 미소길이벡터는 다음과 같다.

★ 구좌표계에서의 미소길이 ★

$$d\mathbf{L} = dr\mathbf{a}_r + rd\theta\mathbf{a}_\theta + r\sin\theta d\phi\mathbf{a}_\phi \qquad (1.29)$$

또한 세 개의 미소면적은 다음과 같다.

★ 구좌표계에서의 미소면적 ★

$$\begin{aligned} dS_r &= r^2\sin\theta d\theta d\phi\mathbf{a}_r \\ dS_\theta &= r\sin\theta dr d\phi\mathbf{a}_\theta \\ dS_\phi &= r dr d\theta\mathbf{a}_\phi \end{aligned} \qquad (1.30)$$

미소체적의 크기는 이들 세 선분의 곱으로 다음과 같이 나타낸다.

★ 구좌표계에서의 미소체적 ★

$$dv = r^2\sin\theta dr d\theta d\phi \qquad (1.31)$$

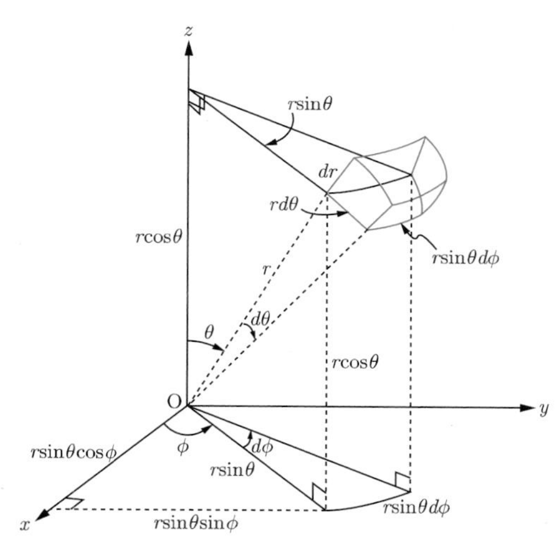

[그림 1-19] 구좌표계에서의 미소증분 및 직각좌표계의 변수와의 상호관계

좌표변환

마지막으로 **직각좌표계와 구좌표계와의 변환관계**를 생각해보면 [그림 1-19]로부터

$$
\begin{aligned}
x &= r\sin\theta\cos\phi \\
y &= r\sin\theta\sin\phi \\
z &= r\cos\theta
\end{aligned}
\tag{1.32}
$$

임을 알 수 있으며, 이들의 관계를 이용하면 다음과 같이 유도된다.

$$
\begin{aligned}
r &= \sqrt{x^2+y^2+z^2} \\
\theta &= \cos^{-1}\frac{z}{\sqrt{x^2+y^2+z^2}} \\
\phi &= \tan^{-1}\frac{y}{x}
\end{aligned}
\tag{1.33}
$$

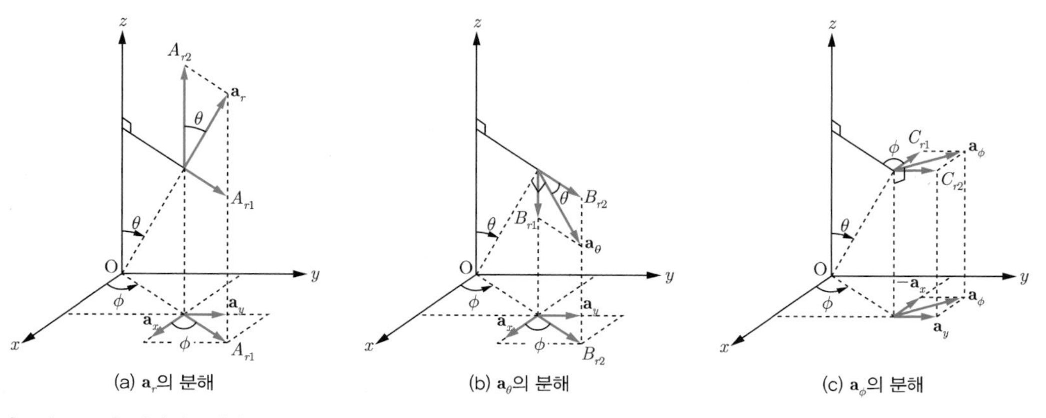

(a) $\mathbf{a}_r$의 분해 (b) $\mathbf{a}_\theta$의 분해 (c) $\mathbf{a}_\phi$의 분해

[그림 1-20] 직각좌표계와 구좌표계의 단위벡터들의 연산관계

좌표변환을 위하여 두 좌표계의 단위벡터들의 연산 관계를 고찰해보자. [그림 1-20]에서와 같이 단위벡터 $\mathbf{a}_r = \mathbf{A}_{r1} + \mathbf{A}_{r2}$로 나누어 생각할 수 있고 $\mathbf{A}_{r1} = \mathbf{a}_r \sin\theta$, $\mathbf{A}_{r2} = \mathbf{a}_r \cos\theta$이므로,[8]

$$\begin{aligned}
\mathbf{a}_x \cdot \mathbf{a}_r &= \mathbf{a}_x \cdot (\mathbf{A}_{r1} + \mathbf{A}_{r2}) = \mathbf{a}_x \cdot \mathbf{A}_{r1} = \sin\theta\cos\phi \\
\mathbf{a}_y \cdot \mathbf{a}_r &= \mathbf{a}_y \cdot (\mathbf{A}_{r1} + \mathbf{A}_{r2}) = \mathbf{a}_y \cdot \mathbf{A}_{r1} = \sin\theta\sin\phi \\
\mathbf{a}_z \cdot \mathbf{a}_r &= \mathbf{a}_z \cdot (\mathbf{A}_{r1} + \mathbf{A}_{r2}) = \mathbf{a}_z \cdot \mathbf{A}_{r2} = \cos\theta
\end{aligned} \tag{1.34}$$

이다. 같은 방법을 이용하여 $\mathbf{a}_\theta$와 $\mathbf{a}_\phi$와의 연산도 가능하며, 이들 연산의 결과를 정리하면 [표 1-2]와 같다.

[표 1-2] 직각좌표계와 구좌표계의 단위벡터들의 내적 연산의 결과

구분	$\mathbf{a}_r$	$\mathbf{a}_\theta$	$\mathbf{a}_\phi$
$\mathbf{a}_x \cdot$	$\sin\theta\cos\phi$	$\cos\theta\cos\phi$	$-\sin\phi$
$\mathbf{a}_y \cdot$	$\sin\theta\sin\phi$	$\cos\theta\sin\phi$	$\cos\phi$
$\mathbf{a}_z \cdot$	$\cos\theta$	$-\sin\theta$	0

예제 1-10

구좌표계에서 미소면적 및 미소체적을 이용하여 반경 $r=2[\mathrm{m}]$인 구의 표면적 및 체적을 구하라.

풀이 **정답** $16\pi[\mathrm{m}^2]$, $10.7\pi[\mathrm{m}^3]$

구의 표면상의 미소면적 dS는 좌표계의 변수 θ 및 ϕ의 증분, 즉 $d\theta$와 $d\phi$의 증분의 결과이므로 식 (1.30)에 의해 $dS = r^2\sin\theta\, d\theta\, d\phi$이다. 따라서 전체의 면적 S는 다음과 같다.

$$\begin{aligned}
S &= \int_{\phi=0}^{2\pi}\int_{\theta=0}^{\pi} r^2\sin\theta\, d\theta\, d\phi \\
&= r^2 2\pi[-\cos\theta]_0^\pi = 4\pi r^2 \\
&= 16\pi[\mathrm{m}^2]
\end{aligned}$$

또한 미소체적은 식 (1.31)에 나타낸 바와 같이 $dv = r^2\sin\theta\, dr\, d\theta\, d\phi$이므로 구의 체적 V는 다음과 같다.

$$V = \int_0^{2\pi}\int_0^{\pi}\int_0^{r} r^2\sin\theta\, dr\, d\theta\, d\phi$$

8 [그림 1-20(a)]에서 $\mathbf{a}_r$은 단위벡터이지만 이를 분해한 $\mathbf{A}_{r1}$과 $\mathbf{A}_{r2}$는 단위벡터가 아님에 유의하라.

$$= \left[\frac{r^3}{3}\right]_0^r [-\cos\theta]_0^\pi \cdot 2\pi = \frac{4}{3}\pi r^3$$

$$= 10.7\pi[\mathrm{m}^3]$$

예제 1-11

구좌표계로 표현된 벡터 $\mathbf{A} = r\cos\phi\,\mathbf{a}_r$을 직각좌표계로 변환하라.

풀이 **정답** $\mathbf{A} = \dfrac{x}{\sqrt{x^2+y^2}}(x\mathbf{a}_x + y\mathbf{a}_y + z\mathbf{a}_z)$

직각좌표계와 구좌표계의 변수 사이의 관계는 다음과 같다.

$$x = r\sin\theta\cos\phi,\ y = r\sin\theta\sin\phi,\ z = r\cos\theta$$

위 식의 첫 번째와 두 번째 항에서 $x^2 + y^2 = r^2\sin^2\theta(\sin^2\phi + \cos^2\phi) = r^2\sin^2\theta$이며, 따라서 $\sin\theta = \dfrac{\sqrt{x^2+y^2}}{r}$이고, $\cos\theta = \dfrac{z}{r}$이다.

같은 방법으로 $\sin\phi = \dfrac{y}{r\sin\theta} = \dfrac{y}{\sqrt{x^2+y^2}}$, $\cos\phi = \dfrac{x}{r\sin\theta} = \dfrac{x}{\sqrt{x^2+y^2}}$를 얻을 수 있다.

이제 변환된 직각좌표계의 벡터 $\mathbf{A}$를 $\mathbf{A} = A_x\mathbf{a}_x + A_y\mathbf{a}_y + A_z\mathbf{a}_z$라 할 때, 각 방향으로의 성분의 크기를 구하면 다음과 같다.

$$A_x = \mathbf{A} \cdot \mathbf{a}_x = (r\cos\phi\,\mathbf{a}_r) \cdot \mathbf{a}_x = r\sin\theta\cos^2\phi = \frac{x^2}{\sqrt{x^2+y^2}}$$

$$A_y = \mathbf{A} \cdot \mathbf{a}_y = (r\cos\phi\,\mathbf{a}_r) \cdot \mathbf{a}_y = r\sin\theta\sin\phi\cos\phi = \frac{xy}{\sqrt{x^2+y^2}}$$

$$A_z = \mathbf{A} \cdot \mathbf{a}_z = (r\cos\phi\,\mathbf{a}_r) \cdot \mathbf{a}_z = r\cos\theta\cos\phi = \frac{xz}{\sqrt{x^2+y^2}}$$

따라서 직각좌표계로 변환된 벡터 $\mathbf{A}$는 다음과 같다.

$$\mathbf{A} = \frac{x}{\sqrt{x^2+y^2}}(x\mathbf{a}_x + y\mathbf{a}_y + z\mathbf{a}_z)$$

CHAPTER

01 연습문제

1.1 점 $P_1(-2, 3, 2)$와 점 $P_2(3, -2, 5)$가 있다. 다음을 구하라.

(a) 점 P_1에서 점 P_2로 향하는 선분벡터 $\mathbf{R}_{12}$

(b) $\mathbf{R}_{12}$를 x축에 투영하였을 때, 투영의 크기

1.2 점 $P_1(x_1, y_1, z_1)$에서 $P_2(x_2, y_2, z_2)$로 향하는 선분벡터를 단위벡터를 이용하여 직각좌표계로 표현하라.

1.3 벡터 $\mathbf{A} = 4\mathbf{a}_x - 3\mathbf{a}_y - 2\mathbf{a}_z$와 벡터 $\mathbf{B} = \mathbf{a}_x - 2\mathbf{a}_y - 3\mathbf{a}_z$가 있다. $\mathbf{C} = \mathbf{A} - 2\mathbf{B}$일 때, 벡터 $\mathbf{C}$를 구하고, 벡터 $\mathbf{C}$의 단위벡터를 구하라.

1.4 두 벡터 $\mathbf{A} = -7\mathbf{a}_x - \mathbf{a}_y$, $\mathbf{B} = -3\mathbf{a}_x - 4\mathbf{a}_y$ 사이의 각을 구하라.

1.5 두 벡터 $\mathbf{A} = 4\mathbf{a}_x - 2\mathbf{a}_y - \mathbf{a}_z$와 $\mathbf{B} = \mathbf{a}_x + 4\mathbf{a}_y - 4\mathbf{a}_z$가 서로 수직함을 보여라.

1.6 원점에서 점 $A(2, -1, 3)$으로 향하는 벡터 $\mathbf{A}$와 원점에서 점 $B(3, 0, x)$로 향하는 벡터 $\mathbf{B}$가 수직이 되기 위한 x를 구하라.

1.7 벡터 $\mathbf{A} = A_x\mathbf{a}_x + 2\mathbf{a}_y + A_z\mathbf{a}_z$, 벡터 $\mathbf{B} = 2\mathbf{a}_x + 3\mathbf{a}_y + 4\mathbf{a}_z$가 있다. $\mathbf{A}$와 $\mathbf{B}$가 평행하기 위한 조건을 구하라.

1.8 두 벡터 $\mathbf{A} = \mathbf{a}_x - \mathbf{a}_y - \mathbf{a}_z$와 $\mathbf{B} = \mathbf{a}_x - 2\mathbf{a}_z$가 있다. 이때 크기가 6이고 벡터 $\mathbf{A}$ 및 $\mathbf{B}$에 모두 수직인 벡터 $\mathbf{C}$를 구하라.

1.9 점 $P(x, y, z)$에서의 어떤 물체에 $\mathbf{F}_1 = -2\mathbf{a}_x + 5\mathbf{a}_y - 3\mathbf{a}_z$, $\mathbf{F}_2 = 7\mathbf{a}_x + 3\mathbf{a}_y - \mathbf{a}_z$, 그리고 $\mathbf{F}_3$가 작용하여 0이 되었다. $\mathbf{F}_3$를 구하라.

1.10 벡터계 $\mathbf{B} = (3x^2 + 2y)\mathbf{a}_x + xy\mathbf{a}_y + 2x\mathbf{a}_z$일 때, 점 P(1, −2, 2)에서 벡터 **B**에 평행한 단위벡터를 구하라.

1.11 벡터계 $\mathbf{F} = (y-1)\mathbf{a}_x + 2x\mathbf{a}_y$일 때, 점 P(2, 2, 1)에서의 벡터 **F**를 구하고 벡터 **B**에 대한 투영을 구하라. 단, 벡터 **B**는 $\mathbf{B} = 5\mathbf{a}_x - \mathbf{a}_y + 2\mathbf{a}_z$이다.

1.12 벡터 $\mathbf{A} = 3\mathbf{a}_x - 2\mathbf{a}_y + 4\mathbf{a}_z$, $\mathbf{B} = 2\mathbf{a}_x + 2\mathbf{a}_y - \mathbf{a}_z$가 있다. 벡터 $\mathbf{A} \times \mathbf{B}$를 구하고 벡터 $\mathbf{C} = \mathbf{a}_x + \mathbf{a}_y$에 대한 투영의 크기 및 성분벡터를 구하라.

1.13 벡터 $\mathbf{A} = 4\mathbf{a}_x - 3\mathbf{a}_y - 2\mathbf{a}_z$, $\mathbf{B} = 2\mathbf{a}_x - 2\mathbf{a}_y - \mathbf{a}_z$는 평행사변형의 두 변을 표시하는 벡터이다. 평행사변형의 면적의 크기를 구하라.

1.14 벡터 **A**, **B**, **C**가 각각 $\mathbf{A} = 2\mathbf{a}_x + \mathbf{a}_y$, $\mathbf{B} = \mathbf{a}_x + 2\mathbf{a}_z$ 그리고 $\mathbf{C} = \mathbf{a}_y + \mathbf{a}_z$일 때, $(\mathbf{A} \times \mathbf{B}) \times \mathbf{C}$와 $\mathbf{A} \times (\mathbf{B} \times \mathbf{C})$를 구하여 그 결과를 비교하라.

1.15 [연습문제 1.14]에서 $\mathbf{A} \cdot \mathbf{B} \times \mathbf{C}$와 $\mathbf{A} \times \mathbf{B} \cdot \mathbf{C}$의 결과를 비교하라.

1.16 $\mathbf{A} \cdot (\mathbf{A} \times \mathbf{B}) = 0$임을 증명하라.

1.17 어떤 삼각형의 꼭짓점이 $P_1(2, 1, 3)$, $P_2(-4, 3, 1)$, $P_3(-1, 4, -2)$에 있을 때, 삼각형 둘레의 길이를 구하라.

1.18 $0 \le \rho \le 4$[m], $30° \le \phi \le 60°$, $2 \le z \le 5$[m]인 폐곡면이 있다. 다음을 구하라.

(a) 폐곡면의 체적

(b) 폐곡면의 전 면적

(c) 폐곡면 내의 최대 직선거리

1.19 z축상의 한 점 h에서 $z = 0$인 원통 표면의 한 점 $P(\rho, \phi, 0)$으로 향하는 선분벡터의 단위벡터를 구하라.

1.20 반경 a, 길이 d인 원통 측면의 면적과 체적을 구하라.

1.21 $\mathbf{R} = \rho\sin\phi\mathbf{a}_\rho + \rho\cos\phi\mathbf{a}_\phi + z\mathbf{a}_z$의 벡터계가 있다. 점 $P\left(3, \frac{\pi}{2}, 4\right)$에서 원통의 측면에 수직인 성분벡터와 평행한 성분벡터를 구하라.

1.22 반경 4[m]인 구의 표면적 및 체적을 구하라.

1.23 $0 < r < 2$, $0 < \theta < \pi$, $0 < \phi < \pi$인 구의 체적을 구하라.

1.24 $2 < r < 4[\text{m}]$, $30° < \theta < 90°$, $30 < \phi < 60°$인 폐곡면이 있다. 다음을 구하라.

(a) 폐곡면의 체적

(b) 폐곡면의 표면의 면적

1.25 직각좌표계로 표현된 벡터 $\mathbf{B} = y\mathbf{a}_x - x\mathbf{a}_y + z\mathbf{a}_z$를 원통좌표계로 변환하라.

1.26 구좌표계로 표현된 벡터 $\mathbf{B} = \frac{1}{r}\mathbf{a}_r$을 직각좌표계로 변환하라.

CHAPTER

02

정전계

자유공간에 전하가 존재하면 전계와 전속밀도 그리고 전위가 발생한다. 이 장에서는 쿨롱의 법칙과 가우스의 법칙을 통해 전계와 전속밀도를 공부하고, 벡터의 발산과 맥스웰 방정식을 유도하여 전계와 전하 사이의 관계를 명확히 한다. 또한 전위를 공부하고 전위경도의 개념을 도입하여 전위와 전계 사이의 관계를 이해하며, 정전계에 축적되는 정전에너지의 개념을 파악한다. 한편 이 장에서는 자유공간과 정전계로 그 논의를 제한하며, 물질에서의 전기적 현상과 시가변 정자계에 대해서는 각각 3장과 6장에서 논의한다.

CONTENTS

SECTION 01

쿨롱의 법칙과 전계의 세기

이 절에서는 전하 사이에 발생하는 힘에 대한 정성적·정량적 정보를 제공하는 쿨롱의 법칙을 소개하고 이를 이용하여 전계를 정의한다. 또한 자유공간[1]과 정전계에서의 점전하에 의한 전계의 세기를 구한다.

Keywords | 점전하 | 쿨롱의 법칙 | 전계의 세기 |

쿨롱의 법칙

두 물질이 충돌하거나, 물질들을 서로 문지르면 전기가 발생한다. 이는 충돌 및 마찰에 의해 물체에 전하(electric charge)가 발생한다는 의미이다. 전하에는 동극성의 전하(homo charge)와 이극성의 전하(hetero charge)가 존재해, 같은 극성의 전하에는 밀치는 힘(척력)이, 그리고 다른 극성의 전하들에는 당기는 힘(인력)이 발생한다.

이러한 힘의 기본적 성질은 쿨롱(Coulomb)에 의해 정량화되어, **두 전하가 위치한 거리 R[m]의 제곱에 역비례하고, 두 전하 Q_1, Q_2의 곱에 비례한다**고 알려져 있다. 즉, 힘 F는 다음과 같이 표현하며, 이를 **쿨롱의 법칙**(Coulomb's Law)이라 한다.

★ 쿨롱의 법칙 ★

$$F = k\frac{Q_1 Q_2}{R^2} \tag{2.1}$$

- 쿨롱의 힘은 두 전하를 연결한 연장선상에 존재하며, 같은 부호의 전하들 사이에는 척력이, 반대 부호의 전하들 사이에는 인력이 작용한다.
- 힘의 크기는 두 전하의 곱에 비례하고, 떨어진 거리의 제곱에 반비례한다.
- 점전하의 경우, 다수의 전하에 의해 특정 전하가 받는 힘은 각 전하가 미치는 힘의 선형적인 합과 같다.

1 자유공간(free space)이란 지금부터 공부하게 될 전하(원인)가 있어 전기적 힘(결과)이 발생하는데 이들의 인과관계에 미치는 다른 원인을 완전히 배제한 공간을 의미하며 진공(vacuum)이라 표현하기도 한다. 정전계(electrostatic field)란 그 원인 및 결과가 시간에 따라 변화하지 않는 계를 의미한다.

이 결과는 물론 이론적으로 증명될 수는 없으며, 실험의 결과를 표현한 실험식이다. 식 (2.1)에서 k는 비례상수로 SI단위계[2]를 이용하면

$$k = \frac{1}{4\pi\epsilon_0}$$

이며, ϵ_0는 자유공간에서의 유전율이다. 유전율(electrical permittivity)의 단위는 일반적으로 패럿/미터(farad/meter, [F/m])를 사용한다.[3] 그 값은 다음과 같다.

$$\epsilon_0 = 8.854 \times 10^{-12} \simeq \frac{1}{36\pi} 10^{-9} [\mathrm{F/m}] \tag{2.2}$$

쿨롱의 힘

한편 이러한 쿨롱의 힘은 방향을 갖는 벡터양이므로 벡터로 표현할 수 있다. [그림 2-1]과 같이 Q_1, Q_2가 원점에서 각각 r_1, r_2만큼 떨어져 있으면 두 전하 사이의 거리를 나타내는 벡터 $\mathbf{R}_{12}$는 $\mathbf{R}_{12} = \mathbf{r}_2 - \mathbf{r}_1$이며, Q_1에 의해 Q_2가 받는 힘 $\mathbf{F}_2$는 다음과 같다.

$$\mathbf{F}_2 = \frac{Q_1 Q_2}{4\pi\epsilon_0 R_{12}^2} \mathbf{a}_{12} \tag{2.3}$$

여기서 $\mathbf{a}_{12}$는 $\mathbf{R}_{12}$의 단위벡터로

$$\mathbf{a}_{12} = \frac{\mathbf{R}_{12}}{|\mathbf{R}_{12}|} = \frac{\mathbf{r}_2 - \mathbf{r}_1}{|\mathbf{r}_2 - \mathbf{r}_1|} \tag{2.4}$$

이므로 힘 $\mathbf{F}_2$는 다음과 같다.

★ Q_1에 의해 Q_2가 받는 힘 F_2 ★

$$\mathbf{F}_2 = \frac{Q_1 Q_2}{4\pi\epsilon_0 |\mathbf{r}_2 - \mathbf{r}_1|^2} \frac{\mathbf{r}_2 - \mathbf{r}_1}{|\mathbf{r}_2 - \mathbf{r}_1|} \tag{2.5}$$

2 SI단위계는 미터법에 따른 측정 단위를 국제적으로 통일한 체계. 길이, 질량, 시간, 전류, 온도, 물질량, 광도 등 물상 상태의 양을 결정할 때 적용해야 할 기준이다. 일반적으로 전기적 물리량을 논의할 때 사용하는 **SI 단위계**는 길이, 질량, 시간, 온도, 전류, 물질량, 그리고 광도 등 7개의 기본 **차원**을 가지고 있으며, 각각 미터(meter), 킬로그램(kilogram), 초(second), 켈빈(kelvin), 암페어(ampere), 몰(mole), 칸델라(candela)등의 **단위**를 사용한다.

3 물질의 3대 정수로 유전율(ϵ), 투자율(μ), 그리고 도전율(σ)이 있다. 도전율 및 투자율은 각각 전도현상 및 자계현상을 이해하는데 필요하며, 각각 3장과 4장에서 배우게 될 것이다.

또한 식 (2.3)에서 거리의 제곱항은 $R_{12}^2 = R_{21}^2$ 으로, 이는 방향과 무관하다. 그러므로 전하 Q_2에 의해 전하 Q_1이 받는 힘을 구할 때는 단위벡터만 $\mathbf{a}_{21}$로 바꾸면 된다. 이때 $\mathbf{a}_{12} = -\mathbf{a}_{21}$이므로 힘의 크기 또한 $\mathbf{F}_1 = -\mathbf{F}_2$의 관계가 성립된다.

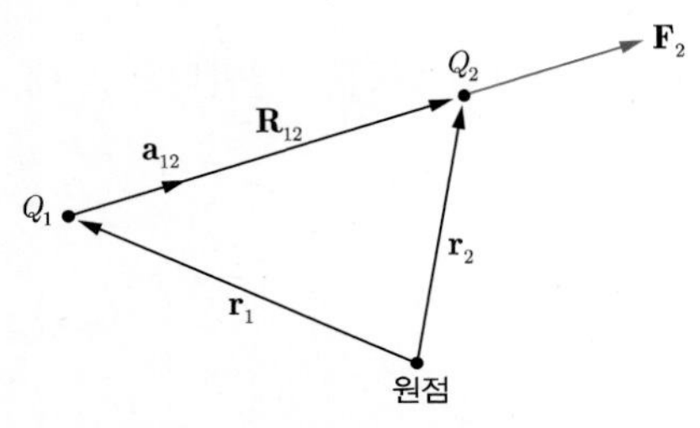

[그림 2-1] 전하 사이에 작용하는 쿨롱의 힘
같은 부호의 전하인 경우 쿨롱의 힘은 서로 밀치는 방향으로 작용한다.

예제 2-1

점 $\mathrm{P}_1(1,\ 2,\ 3)$[m]에 2[C], 점 $\mathrm{P}_2(2,\ 0,\ 4)$[m]에 3[C]의 전하가 놓여 있다. 점 P_2에서 3[C]의 전하가 받는 힘 $\mathbf{F}_2$와 점 P_1에서 2[C]의 전하가 받는 힘 $\mathbf{F}_1$을 구하라.

풀이 **정답** $\mathbf{F}_2 = 3.7\mathbf{a}_x - 7.4\mathbf{a}_y + 3.7\mathbf{a}_z$[GN], $\mathbf{F}_1 = -3.7\mathbf{a}_x + 7.4\mathbf{a}_y - 3.7\mathbf{a}_z$[GN]

2[C]의 전하에 의해 3[C]의 전하가 받는 힘 $\mathbf{F}_2$는 식 (2.3)을 이용하여 구할 수 있다.

$$\mathbf{F}_2 = \frac{Q_1 Q_2}{4\pi\epsilon_0 R_{12}^2}\mathbf{a}_{12}$$

이 식에서 거리 $\mathbf{R}_{12}$는 점 P_1에서 P_2로 향하는 선분벡터이므로 $\mathbf{R}_{12} = \mathbf{a}_x - 2\mathbf{a}_y + \mathbf{a}_z$를 위 식에 대입하면 다음과 같다. 이때 $\mathrm{R}_{12} = \sqrt{1^2 + (-2)^2 + 1^2} = \sqrt{6}$ 이고, $\mathbf{a}_{12} = \frac{1}{\sqrt{6}}(\mathbf{a}_x - 2\mathbf{a}_y + \mathbf{a}_z)$이다.

$$\mathbf{F}_2 = \frac{Q_1 Q_2}{4\pi\epsilon_0 R_{12}^2}\mathbf{a}_{12} = \frac{2\times 3}{4\pi\epsilon_0 \times (\sqrt{6})^2}\left(\frac{1}{\sqrt{6}}\mathbf{a}_x - \frac{2}{\sqrt{6}}\mathbf{a}_y + \frac{1}{\sqrt{6}}\mathbf{a}_z\right)$$
$$= 3.7\mathbf{a}_x - 7.4\mathbf{a}_y + 3.7\mathbf{a}_z$$

한편 P_1에서의 전하 2[C]이 받는 힘 $\mathbf{F}_1$은 $\mathbf{F}_2$와 크기가 같고 방향이 반대이므로 다음과 같다.

$$\mathbf{F}_1 = -3.7\mathbf{a}_x + 7.4\mathbf{a}_y - 3.7\mathbf{a}_z\text{[GN]}$$

여러 개의 전하가 존재하는 경우, 특정 전하가 받는 쿨롱의 힘은 각 전하에 의한 힘의 합으로 계산할 수 있다. 만약 [그림 2-2]와 같이 원점으로부터 $\mathbf{r}_1$의 위치에 Q_1, $\mathbf{r}_2$의 위치에 Q_2가 있을 때 원점으로부터 $\mathbf{r}$만큼 떨어진 전하 Q가 받는 힘은 Q_1에 의한 힘 $\mathbf{F}_1$과 Q_2에 의한 힘 $\mathbf{F}_2$의 선형적인 합으로 계산된다.

$$\mathbf{F} = \mathbf{F}_1 + \mathbf{F}_2 = \frac{Q_1 Q_2}{4\pi\epsilon_0 |\mathbf{r}-\mathbf{r}_1|^2} \frac{\mathbf{r}-\mathbf{r}_1}{|\mathbf{r}-\mathbf{r}_1|} + \frac{Q_1 Q_2}{4\pi\epsilon_0 |\mathbf{r}-\mathbf{r}_2|^2} \frac{\mathbf{r}-\mathbf{r}_2}{|\mathbf{r}-\mathbf{r}_2|} \tag{2.6}$$

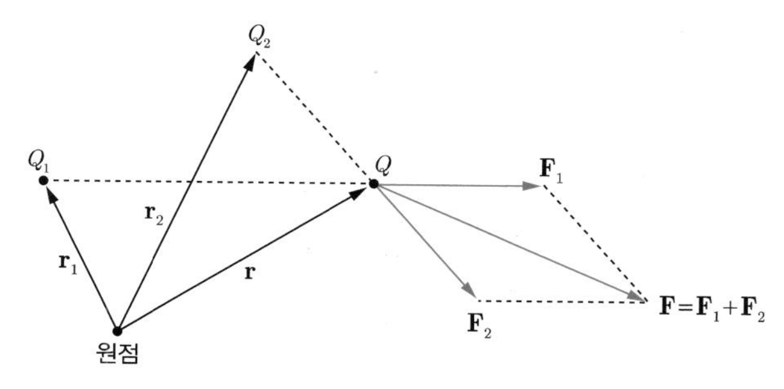

[그림 2-2] 두 전하에 의한 쿨롱의 힘
점전하의 선형적 성질에 의해 쿨롱의 힘은 두 힘의 합으로 계산된다.

Note 전하와 전하량

전기를 띄는 입자를 전하 혹은 하전입자(charge carrier)라 하고 전하가 가지는 전기량을 전하량이라 한다. 전자는 $e = -1.602 \times 10^{-19}$[C]의 전하량을 가지며, 따라서 -1.602×10^{-19}[C]$\times n$[개]$= 1$[C]의 관계에서 약 6.24×10^{18}개의 전자가 모이면 1[C]의 전하량이 된다. 이는 하전입자가 가지는 전하량의 최소 양으로써 모든 하전입자는 이 양의 정수배의 전하량을 가지게 된다. 예를 들면 원자번호가 2인 헬륨(He)원자의 경우, 두 개의 궤도전자가 존재하며, 각 전자는 $-e$[C]의 전하량을 가지므로 헬륨원자의 전자가 갖는 총 전하량은 $-2e$[C]이 된다. 따라서 중성원자인 헬륨의 원자핵은 $+2e$[C]의 전하를 가진다.

만약 어떠한 방법으로 전자 1개를 떼어내면 헬륨원자의 원자핵은 $+2e$[C]이지만, 전자가 하나 부족하므로 $-e$[C]이 되어 전체로써 헬륨원자는 $+e$[C]의 전하를 갖는다. 이때 헬륨원자는 더 이상 중성원자가 아니라 $+1$가의 양이온이 된다. 또한 적절한 상황이 되어 중성의 헬륨원자에 $-e$[C]의 전자가 부착(attachment)되면, 헬륨원자는 $-e$[C]의 음이온이 된다. 따라서 전하에는 **전자**를 비롯해 각종 원자 혹은 분자들이 만드는 **양이온**과 **음이온**이 있으며, 앞으로 등장하게 될 모든 종류의 전하는 이러한 개념으로 이해하면 된다.

전계의 세기

쿨롱의 법칙에서 전하 Q_1에 의해 전하 Q_2가 받는 쿨롱의 힘은 다음과 같다.

$$\mathbf{F}_2 = \frac{Q_1 Q_2}{4\pi\epsilon_0 R_{12}^2}\mathbf{a}_{12}$$

이 식의 양변을 Q_2로 나누면 다음과 같다.

$$\frac{\mathbf{F}_2}{Q_2} = \frac{Q_1}{4\pi\epsilon_0 R_{12}^2}\mathbf{a}_{12} \qquad (2.7)$$

여기서 양변을 Q_2로 나눈 것은 단위전하(unit charge)가 받는 힘을 의미한다. 예를 들어 사과 12개를 학생 3명에게 나누어줄 때, $12/3 = 4$로 사과 4개가 학생 1인당 가질 수 있는 몫이 되는 것과 같은 의미이다. 즉, 식 (2.3)이 Q_1에 의해 Q_2가 받는 힘이라면 식 (2.7)은 Q_1에 의해 1[C]의 전하가 받는 힘을 나타내는 것이다. 이는 위 식의 분자에 1[C]이 곱해져 있다고 생각하면 쉽게 이해할 수 있을 것이다.

이를 전계의 세기(electric field intensity)로 정의한다. 즉, **전계의 세기란 단위양전하에 미치는 힘이다**. 만약 어떤 전하에 의한 다른 한 점의 전계를 구하고자 한다면 전계를 구하고자 하는 그 위치에 단위양전하, 즉 +1[C]이 있다고 가정하고 두 전하 사이의 쿨롱의 힘을 구하면 된다.

전하 Q로부터 R만큼 떨어진 위치에서 점전하 Q에 의한 전계의 세기 $\mathbf{E}$를 표현하면 다음과 같다.

★ 전계의 세기 ★

$$\mathbf{E} = \frac{Q}{4\pi\epsilon_0 R^2}\mathbf{a}_R \qquad (2.8)$$

결국 전계의 세기란 그 기본적인 성질이 쿨롱의 법칙에 기인하므로 이 식의 거리 R과 단위벡터 $\mathbf{a}_R$도 쿨롱의 법칙에서 사용한 거리, 단위벡터와 같다. 전계는 단위전하에 미치는 힘으로 정의되므로 그 단위는 뉴턴/쿨롱(Newton/Coulomb, N/C)을 사용하며, 실용단위로 볼트/미터(Volt/meter, V/m)를 사용한다.

전계에 대한 기본적인 성질을 정리하면 우선 전계의 방향은 원천전하와 전계점을 연결하는 직선 방향이며, 전계의 세기는 원천전하의 크기에 비례하고 떨어진 거리의 제곱에 반비례한다. 또한 원천전하가 양(+)전하인 경우 바깥 방향의 전계가 발생하며, 음(−)전하일 경우에는 반대 방향의 전계가 발생한다.

예제 2-2

[그림 2-3]과 같이 점 $P'(x', y', z')$에 점전하 Q가 있을 때, 점 $P(x, y, z)$에서의 전계의 세기를 직각좌표계를 이용해 표현하라.

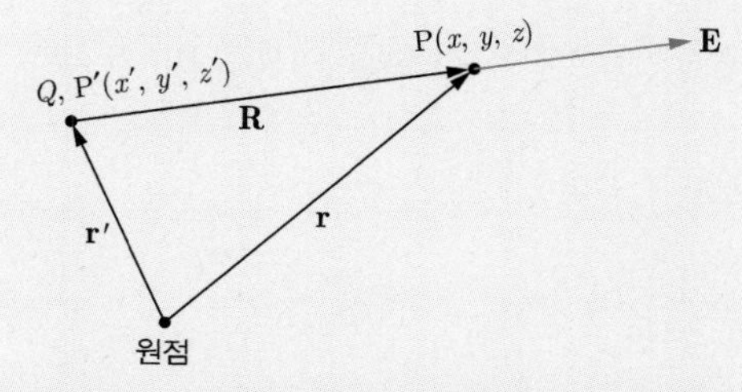

[그림 2-3] 전하점 Q에 의한 전계점 P에서의 전계의 벡터 표현

풀이 **정답** $\dfrac{Q[(x-x')\mathbf{a}_x+(y-y')\mathbf{a}_y+(z-z')\mathbf{a}_z]}{4\pi\epsilon_0[(x-x')^2+(y-y')^2+(z-z')^2]^{3/2}}$

[그림 2-3]과 같이 원점에서 전하가 존재하는 점 P'까지의 거리벡터를 $\mathbf{r}'$, 전계를 구하는 점 P까지의 거리벡터를 $\mathbf{r}$이라 하면, 두 벡터는 각각 다음과 같다.

$$\mathbf{r}' = x'\mathbf{a}_x + y'\mathbf{a}_y + z'\mathbf{a}_z$$

$$\mathbf{r} = x\mathbf{a}_x + y\mathbf{a}_y + z\mathbf{a}_z$$

전하점[4]에서 전계점으로 향하는 벡터 $\mathbf{R} = \mathbf{r} - \mathbf{r}'$이므로 전계의 세기는 식 (2.8)을 이용하여 다음과 같이 계산한다.

$$\begin{aligned}\mathbf{E}(r) &= \frac{Q}{4\pi\epsilon_0 R^2}\mathbf{a}_R \\ &= \frac{Q}{4\pi\epsilon_0|\mathbf{r}-\mathbf{r}'|^2}\frac{\mathbf{r}-\mathbf{r}'}{|\mathbf{r}-\mathbf{r}'|} \\ &= \frac{Q[(x-x')\mathbf{a}_x+(y-y')\mathbf{a}_y+(z-z')\mathbf{a}_z]}{4\pi\epsilon_0[(x-x')^2+(y-y')^2+(z-z')^2]^{3/2}}\end{aligned}$$

4 전하점은 전하가 존재하는 위치이며, 전원점이라고도 한다. 전계점은 전계를 구하고자 하는 지점을 말한다.

예제 2-3

점 $P_1(1,\ 1,\ 2)$[m]에 6[nC]의 전하가 있다. 점 $P(3,\ -1,\ 1)$[m] 에서의 전계의 세기를 구하라.

풀이 **정답** $4\mathbf{a}_x-4\mathbf{a}_y-2\mathbf{a}_z$[V/m]

전계를 나타내는 식 (2.8)에서 벡터 $\mathbf{R}$은 전하점에서 전계점으로 향하는 선분벡터이므로 $\mathbf{R}=\mathbf{R}_{12}$라 하면 다음과 같이 나타낼 수 있다.

$$\begin{aligned}\mathbf{R}_{12}&=\mathrm{P}-\mathrm{P}_1\\&=(3-1)\mathbf{a}_x+[(-1)-1]\mathbf{a}_y+(1-2)\mathbf{a}_z\\&=2\mathbf{a}_x-2\mathbf{a}_y-\mathbf{a}_z\end{aligned}$$

이때 $\dfrac{1}{4\pi\epsilon_0}=9\times10^9$이며, $\mathbf{R}_{12}^2=\left[\sqrt{(2)^2+(-2)^2+(-1)^2}\right]^2=9$이므로 식 (2.9)를 이용해 전계를 계산하면 다음과 같다.

$$\begin{aligned}\mathbf{E}&=\frac{Q}{4\pi\epsilon_0\mathbf{R}_{12}^2}\mathbf{a}_R\\&=6\times10^{-9}\times9\times10^9\times\frac{1}{9}\left(\frac{2}{3}\mathbf{a}_x-\frac{2}{3}\mathbf{a}_y-\frac{1}{3}\mathbf{a}_z\right)\\&=4\mathbf{a}_x-4\mathbf{a}_y-2\mathbf{a}_z\,[\mathrm{V/m}]\end{aligned}$$

점전하의 선형적 성질로 인해 여러 개의 전하가 모여 만든 한 점의 전계의 세기는 각 전하가 만든 점의 전계의 합과 같다. 즉, 원점으로부터 $r_1,\ r_2,\ r_3,\ \cdots,\ r_n$의 위치에 각각 $Q_1,\ Q_2,\ Q_3,\ \cdots,\ Q_n$의 전하가 있을 때, r 만큼 떨어진 점의 전계는 다음 식으로 표현될 수 있다.[5]

$$\mathbf{E}(r)=\frac{Q_1}{4\pi\epsilon_0|\mathbf{r}-\mathbf{r}_1|^2}\mathbf{a}_1+\frac{Q_2}{4\pi\epsilon_0|\mathbf{r}-\mathbf{r}_2|^2}\mathbf{a}_2+\cdots+\frac{Q_n}{4\pi\epsilon_0|\mathbf{r}-\mathbf{r}_n|^2}\mathbf{a}_n \tag{2.9}$$

★ 다수의 점전하에 의한 전계의 세기 ★

$$\mathbf{E}(r)=\sum_{i=1}^{n}\frac{Q_i}{4\pi\epsilon_0|\mathbf{r}-\mathbf{r}_i|^2}\mathbf{a}_i \tag{2.10}$$

5 다수의 점전하에 의한 전계와 다음에 등장하는 연속적인 전하분포에 의한 전계를 구하는 과정 및 방법론의 차이점을 유심히 고찰해 보라.

예제 2-4

점 $P_1(1, 1, 0)$, $P_2(-1, 1, 0)$, $P_3(-1, -1, 0)$, $P_4(1, -1, 0)$[m]에 $Q=2\pi\epsilon_0$[C]의 전하가 놓여 있다. 점 $P(1, 1, 1)$[m]에서의 전계의 세기를 구하라.

풀이 **정답** $0.126\mathbf{a}_x + 0.126\mathbf{a}_y + 0.652\mathbf{a}_z$[V/m]

먼저 점 P_1, P_2, P_3, P_4에서 점 P까지의 거리를 각각 $\mathbf{R}_1$, $\mathbf{R}_2$, $\mathbf{R}_3$, $\mathbf{R}_4$라 하자. $\mathbf{R}_1$은 점 P_1에서 P로 향하는 선분벡터이므로 $\mathbf{R}_1 = \mathbf{a}_z$가 된다. 같은 방법으로 $\mathbf{R}_2$, $\mathbf{R}_3$, $\mathbf{R}_4$를 구하면 다음과 같다.

$$\mathbf{R}_2 = 2\mathbf{a}_x + \mathbf{a}_z$$

$$\mathbf{R}_3 = 2\mathbf{a}_x + 2\mathbf{a}_y + \mathbf{a}_z$$

$$\mathbf{R}_4 = 2\mathbf{a}_y + \mathbf{a}_z$$

따라서 전계는 점 P_1, P_2, P_3, P_4에 위치한 전하들에 의한 전계의 합이므로 식 (2.9)를 이용해 다음과 같이 계산한다.

$$\begin{aligned}\mathbf{E} &= \frac{2\pi\epsilon_0\mathbf{R}_1}{4\pi\epsilon_0|\mathbf{R}_1|^3} + \frac{2\pi\epsilon_0\mathbf{R}_2}{4\pi\epsilon_0|\mathbf{R}_2|^3} + \frac{2\pi\epsilon_0\mathbf{R}_3}{4\pi\epsilon_0|\mathbf{R}_3|^3} + \frac{2\pi\epsilon_0\mathbf{R}_4}{4\pi\epsilon_0|\mathbf{R}_4|^3} \\ &= \frac{2\pi\epsilon_0}{4\pi\epsilon_0}\left[\frac{\mathbf{a}_z}{1^3} + \frac{2\mathbf{a}_x + \mathbf{a}_z}{(\sqrt{5})^3} + \frac{2\mathbf{a}_x + 2\mathbf{a}_y + \mathbf{a}_z}{3^3} + \frac{2\mathbf{a}_y + \mathbf{a}_z}{(\sqrt{5})^3}\right] \\ &= 0.126\mathbf{a}_x + 0.126\mathbf{a}_y + 0.652\mathbf{a}_z \text{[V/m]}\end{aligned}$$

SECTION 02

연속적인 전하분포에 의한 전계

이 절에서는 선전하밀도, 표면전하밀도, 체적전하밀도 등의 연속적인 전하분포를 이해하고, 이러한 전하분포하에서 쿨롱의 법칙을 이용해 전계를 구한다.

Keywords | 연속적인 전하분포 | 선전하밀도 | 표면전하밀도 | 체적전하밀도 |

전하분포와 전하밀도

전극을 통해 전압을 인가하면 전극에는 많은 양의 전하가 축적된다. 일반적으로 금속 물질인 전극에는 전하가 공간적으로 매우 균일하게 분포하는 특징이 있다. 만약 어떠한 원인에 의해 특정 위치에 더 많은 전하가 일시적으로 분포한다 하더라도 극히 짧은 시간 내에 다시 공간적으로 균일한 분포를 취하게 된다. 이 경우 그 많은 양의 전하를 개개의 점전하로 취급해 이들 전하에 의한 전계의 세기를 구하는 것은 비효율적이다. 전하분포가 균일할 경우, **전하밀도**의 개념을 도입하면 이러한 문제를 쉽게 해결할 수 있다. 전하분포는 도체의 형상에 따라 선전하밀도, 표면전하밀도, 그리고 체적전하밀도로 나누어 생각할 수 있다.

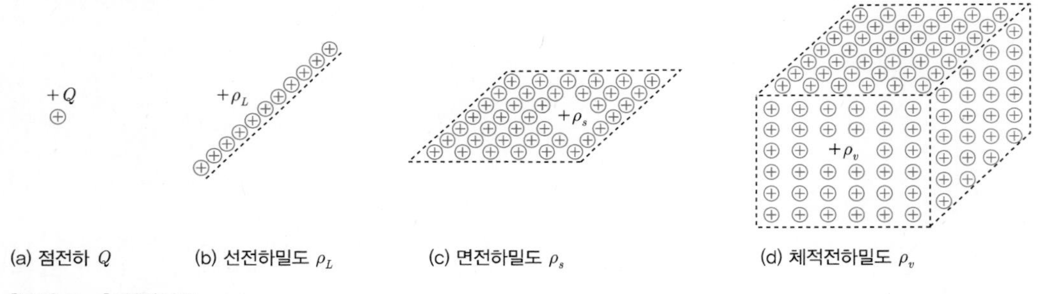

(a) 점전하 Q (b) 선전하밀도 ρ_L (c) 면전하밀도 ρ_s (d) 체적전하밀도 ρ_v

[그림 2-4] 전하분포

선전하분포에 의한 전계

선전하밀도

매우 가늘고 긴 필라멘트와 같은 도선에 전하가 균일하게 축적된 경우 **선전하밀도**(line charge density) $\rho_L[\mathrm{C/m}]$ 의 개념을 이용해 전계를 구하면 편리하다. 길이가 $L[\mathrm{m}]$ 인 매우 긴 도선에 균일하게 분포하는 총 전하량이 $Q[\mathrm{C}]$ 이라면, 미소길이 $\Delta L[\mathrm{m}]$ 에 분포하는 미소전하량 $\Delta Q[\mathrm{C}]$ 은 다음과 같다.

$$\Delta Q = \rho_L \Delta L \tag{2.11}$$

이를 이용하여 선전하밀도 ρ_L은 다음과 같이 정의한다.

$$\rho_L = \lim_{\Delta L \to 0} \frac{\Delta Q}{\Delta L} \tag{2.12}$$

따라서 길이가 L인 도선에 축적되는 총 전하량은 다음과 같다.

$$Q = \int_L \rho_L dL \tag{2.13}$$

한편, 원점에서 ΔQ까지의 거리를 $\mathbf{r}'$, 원점에서 전계를 구하고자 하는 점(전계점)까지의 거리를 $\mathbf{r}$이라 하면 ΔQ에 의한 미소전계 $\Delta\mathbf{E}$는

$$\Delta\mathbf{E}(r) = \frac{\Delta Q}{4\pi\epsilon_0 |\mathbf{r}-\mathbf{r}'|^2} \frac{\mathbf{r}-\mathbf{r}'}{|\mathbf{r}-\mathbf{r}'|}$$

으로 표현할 수 있으며, 이 식의 ΔQ를 ρ_L로 바꾸면 다음과 같다.

$$\Delta\mathbf{E}(r) = \frac{\rho_L \Delta L}{4\pi\epsilon_0 |\mathbf{r}-\mathbf{r}'|^2} \frac{\mathbf{r}-\mathbf{r}'}{|\mathbf{r}-\mathbf{r}'|}$$

따라서 선전하밀도 ρ_L에 의한 전계는 위 식을 적분해 다음과 같이 표현할 수 있다.

★ 선전하밀도 ρ_L에 의한 전계 ★

$$\mathbf{E}(r) = \int_L \frac{\rho_L}{4\pi\epsilon_0 |\mathbf{r}-\mathbf{r}'|^2} \frac{\mathbf{r}-\mathbf{r}'}{|\mathbf{r}-\mathbf{r}'|} d\mathbf{L} \tag{2.14}$$

무한 선전하에 의한 전계

이러한 개념을 이용해 선전하밀도 $\rho_L[\mathrm{C/m}]$이 분포된 무한히 긴 도선에 의한 전계의 세기를 구해 보자. 전계의 세기는 전하에 비례하므로 무한대의 양의 전하가 존재하면 전계 또한 무한대의 크기가 될 것이라 생각하기 쉽다. 그러나 이 문제는 대칭성의 관계를 고찰해 보면 쉽게 해결할 수 있으며, 매우 흥미로운 결과도 얻을 수 있다.

우선 전계의 원인인 무한히 긴 선전하가 z축상에 분포하고 있고, 원통 표면의 한 점에서 전계의 세기를 구한다고 생각하면 원통좌표계를 이용하는 것이 편리하다. 즉, [그림 2-5]와 같이 z축의 $-\infty$에서 $+\infty$까지 전하가 균일하게 분포하고 있을 때, y축상의 한 점 P에서 전계의 세기를 구

해 보자. 문제를 풀기 전에 대칭성과 관련해 두 가지 사항을 우선 고려해 보자.

① **발생되는 전계는 어느 방향인가?**

② **이 전계는 어떤 변수의 함수인가?**

첫 번째 질문에 대한 답은 쿨롱의 법칙을 생각하면 쉽게 해결될 수 있다. 우선 무한히 긴 선전하를 점전하로 생각할 수 있을 정도로 작은 미소전하로 분할한다. 미소전하 ΔQ에 의한 미소전계 $d\mathbf{E}$를 생각해 보면 미소전계는 쿨롱의 법칙에 의해, 미소전하와 전계를 구하는 점 P를 연결하는 연상선 상에 있다는 것을 알 수 있으며, 이는 [그림 2-5]와 같다.

또한 미소전계 $d\mathbf{E}$는 [그림 2-5]와 같이 원통좌표계의 변수인 ρ 성분과 z 성분으로 나눌 수 있고, 방위각 방향의 dE_ϕ 성분은 없음을 알 수 있다. dE_z 성분도 그림에 제시한 미소전하와 z좌표상의 반대 위치에 있는 미소전하를 고려하면 서로 상쇄되어 없어지므로, 발생되는 전계는 ρ 성분뿐이다.

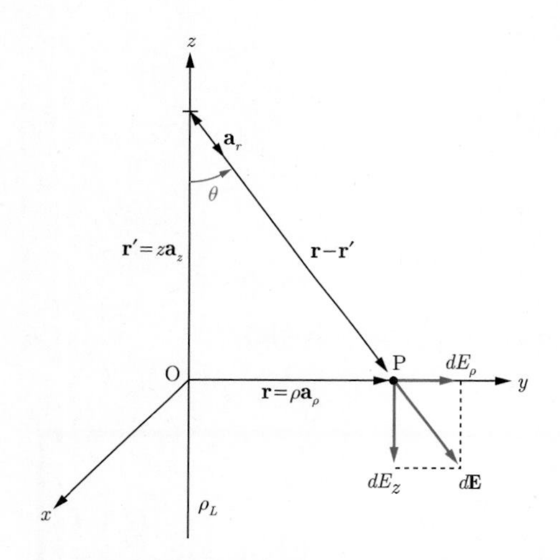

[그림 2-5] 무한 선전하밀도 ρ_L에 의한 전계의 계산

다음으로 두 번째 질문에 대해 생각해보자. 전하는 z축상에 무한대로 존재하기 때문에 z값을 변화시켜도 발생되는 전계는 변하지 않으며, ρ와 z를 일정하게 두고 ϕ를 변화시켜도 전계는 항상 일정함을 알 수 있다. 이는 쿨롱의 법칙에 의해 전계는 전하로부터 떨어진 거리에 따라 변한다는 사실에서 쉽게 이해할 수 있다. 결국 전하가 분포되어 있는 z축으로부터의 거리의 변화 즉, ρ의 변화에 따라 전계의 세기가 변화하고 있음을 알 수 있다. 따라서 미소전계는 $d\mathbf{E} = dE_\rho(\rho)\mathbf{a}_\rho$ 이다.

상황을 충분히 이해하였으므로 이제 수학적인 계산을 통해 전계를 구해보자. 우선 미소전하 $dQ = \rho_L dL = \rho_L dz$에 의한 미소전계 $d\mathbf{E}$는

$$dE = \frac{\rho_L dz(\mathbf{r} - \mathbf{r}')}{4\pi\epsilon_0 |\mathbf{r} - \mathbf{r}'|^3}$$

으로 표현되며, 이 식에서 $\mathbf{r} = \rho\mathbf{a}_\rho$, $\mathbf{r}' = z\mathbf{a}_z$ 이므로 $\mathbf{r} - \mathbf{r}' = \rho\mathbf{a}_\rho - z\mathbf{a}_z$ 를 대입하면 다음과 같다.

$$d\mathbf{E} = \frac{\rho_L dz(\rho\mathbf{a}_\rho - z\mathbf{a}_z)}{4\pi\epsilon_0(\rho^2 + z^2)^{3/2}}$$

그러나 이미 고찰한 바와 같이 대칭성의 원리에 따라 전계의 z 방향 성분은 상쇄되어 없어지고 다음과 같이 dE_ρ 성분만이 존재한다.

$$dE_\rho = \frac{\rho_L \rho dz}{4\pi\epsilon_0(\rho^2 + z^2)^{3/2}}$$

따라서 z축의 $-\infty$ 에서 $+\infty$ 까지 분포하는 모든 전하의 기여를 고려하면 전계의 세기는

$$E_\rho = \int_{-\infty}^{+\infty} \frac{\rho_L \rho}{4\pi\epsilon_0(\rho^2 + z^2)^{3/2}} dz$$

가 되며, 결국 이 식을 적분하여 다음 결과를 얻는다.

$$E_\rho = \frac{\rho_L}{2\pi\epsilon_0\rho} \tag{2.15}$$

이 식의 적분의 편의를 위해 변수 z를 θ의 적분변수로 바꾸면 [그림 2-5]에서 $\frac{\rho}{z} = \tan\theta$로부터 $z = \rho\cot\theta$이며, 이를 미분하면 $dz = -\rho\csc^2\theta d\theta$이다.[6] 또한 거리는 $R = \sqrt{\rho^2 + z^2} = \rho\csc\theta$이고, [그림 2-5]에서 $dE_\rho = dE\sin\theta$이므로

$$dE_\rho = \frac{\rho_L dz}{4\pi\epsilon_0 R^2}\sin\theta = -\frac{\rho_L \sin\theta}{4\pi\epsilon_0\rho} d\theta$$

가 되며, 변수 θ에 대해 적분하면

$$E_\rho = -\frac{\rho_L}{4\pi\epsilon_0\rho}\int_\pi^0 \sin\theta\, d\theta = \frac{\rho_L}{2\pi\epsilon_0\rho}$$

이 된다. 결국 무한히 긴 선전하에 의한 전계는 다음과 같이 정리할 수 있다.[7]

---

6 $\tan\theta$의 역수는 $\cot\theta$이며, $\cot\theta$의 θ에 대한 미분은 $-\mathrm{cosec}^2\theta d\theta$임을 이용하였다.
또한 $R = \sqrt{\rho^2 + z^2} = \sqrt{\rho^2 + \rho^2\cot^2\theta} = \sqrt{\rho^2(1 + \cot^2\theta)}$ 에서 $1 + \cot^2\theta = \mathrm{cosec}^2\theta$이므로 $R = \rho\,\mathrm{cosec}\theta$가 된다.

★ 무한 선전하에 의한 전계 ★

$$\mathbf{E} = \frac{\rho_L}{2\pi\epsilon_0\rho}\mathbf{a}_\rho \qquad (2.16)$$

이를 점전하에 의한 전계의 결과와 비교해보자. 점전하에 의한 전계는 전하량에 비례하고 전하와의 거리의 제곱에 반비례하였지만, 무한 선전하의 경우 전하와의 수직거리에 반비례함을 알 수 있다. 즉, 점전하는 전하로부터 멀어질수록 전계가 급격하게 약해진다. 이는 조명의 경우와 비교하면 더욱 재미있다. 매우 작은 점광원의 광의 세기는 떨어진 거리의 제곱에 반비례해 급격히 약해지지만, 긴 형광등 같은 경우 거리에 반비례해 약해질 뿐이다.

예제 2-5

$y=2$, $z=0$인 점을 통과하며, x축에 평행한 24[nC/m]의 무한 선전하가 있다. 점 P(−4, 1, 2)[m]에서 전계의 세기를 구하라.

풀이 **정답** $-86.4\mathbf{a}_y + 172.8\mathbf{a}_z$[V/m]

전하가 $y=2$, $z=0$인 점을 통과하며, x축에 평행하므로 전원점은 P′(−4, 2, 0)가 된다. 따라서 무한 선전하에 의한 전계에 대한 식 (2.16)에서 전하로부터 전계를 구하는 점으로 향하는 수직거리 ρ를 벡터 $\mathbf{R}$로 표현하면 다음과 같다.

$$\mathbf{R} = [(-4)-(-4))\mathbf{a}_x + (1-2)\mathbf{a}_y + (2-0)\mathbf{a}_z = -\mathbf{a}_y + 2\mathbf{a}_z$$

이로부터 단위벡터 $\mathbf{a}_R$은 다음과 같이 계산한다.

$$\mathbf{a}_R = \frac{\mathbf{R}}{|\mathbf{R}|} = \frac{\mathbf{R}}{\sqrt{(-1)^2+(2)^2}} = \frac{1}{\sqrt{5}}(-\mathbf{a}_y + 2\mathbf{a}_z) = -\frac{1}{\sqrt{5}}\mathbf{a}_y + \frac{2}{\sqrt{5}}\mathbf{a}_z$$

따라서 식 (2.16)을 이용하여 전계를 계산하면 다음과 같다. 이때 $\frac{1}{2\pi\epsilon_0} = 2\times 9\times 10^9$ 이다.

$$\mathbf{E} = \frac{\rho_L}{2\pi\epsilon_0 R}\mathbf{a}_R = 2\times 9\times 10^9 \times \frac{24\times 10^{-9}}{\sqrt{5}}\left(-\frac{1}{\sqrt{5}}\mathbf{a}_y + \frac{2}{\sqrt{5}}\mathbf{a}_z\right)$$
$$= -86.4\mathbf{a}_y + 172.8\mathbf{a}_z\,[\mathrm{V/m}]$$

---

7 사실 무한히 긴 직선 도체란 있을 수 없으며, 일정한 유한 길이의 도체라 하더라도 매우 가까운 위치에서 보면 양 끝을 볼 수 없는 무한한 길이가 될 수 있다는 점을 생각해보라. 따라서 이러한 전계에 대한 해는 직선 도체의 가까운 부근에서 성립되는 결과로 생각해야 한다.

예제 2-6

y 축상에 30[nC/m]의 균일한 무한 선전하가 분포하고 있다. 점 P(4, −5, −3)[m]에서 전계의 세기를 구하라.

풀이 **정답** $86.4\mathbf{a}_x - 64.8\mathbf{a}_z$[V/m]

무한 선전하에 의한 전계의 세기를 구하는 문제는 전계의 표현식인 식 (2.16)에서 분모의 ρ를 정확히 정의하고, 단위벡터 $\mathbf{a}_\rho$를 구함으로써 쉽게 해결할 수 있다.

즉 ρ는 전하로부터 전계를 구하는 점으로 향하는 수직거리이므로 이를 벡터 $\mathbf{R}$이라 하면, 전원점은 점 P′(0, −5, 0) 이 된다. 따라서 벡터 $\mathbf{R}$과 단위벡터 $\mathbf{a}_R$을 계산하면 다음과 같다.

$$\mathbf{R} = (4-0)\mathbf{a}_x + [-5-(-5)]\mathbf{a}_y + (-3-0)\mathbf{a}_z = 4\mathbf{a}_x - 3\mathbf{a}_z$$

$$\mathbf{a}_R = \frac{\mathbf{R}}{|\mathbf{R}|} = \frac{\mathbf{R}}{\sqrt{4^2+(-3)^2}} = \frac{1}{5}(4\mathbf{a}_x - 3\mathbf{a}_z) = \frac{4}{5}\mathbf{a}_x - \frac{3}{5}\mathbf{a}_z$$

식 (2.16)을 이용하여 전계의 세기를 계산하면 다음과 같다. 이때 $\frac{1}{2\pi\epsilon_0} = 2\times 9\times 10^9$이다.

$$\mathbf{E} = \frac{\rho_L}{2\pi\epsilon_0 R}\mathbf{a}_R = 2\times 9\times 10^9 \times \frac{30\times 10^{-9}}{5}\times\left(\frac{4}{5}\mathbf{a}_x - \frac{3}{5}\mathbf{a}_z\right)$$
$$= 86.4\mathbf{a}_x - 64.8\mathbf{a}_z\,[\text{V/m}]$$

면전하분포에 의한 전계

표면전하밀도

다음으로 표면전하에 대해 고찰해보자. 평행평판 콘덴서나 무한히 긴 스트립 전송선로와 같은 도체계의 전하분포는 **표면전하밀도**(surface charge density) $\rho_s\,[\text{C/m}^2]$를 정의해 해석하기로 한다. 즉, 넓이가 $S[\text{m}^2]$인 도체판의 총 전하량을 Q[C]이라 하고, 이 면적 중 미소면적 ΔS에 분포하고 있는 미소전하량을 ΔQ[C]이라 하면

$$\Delta Q = \rho_s \Delta S \tag{2.17}$$

이고, 표면전하밀도 ρ_s는 다음과 같이 정의한다.

$$\rho_s = \lim_{\Delta S\to 0}\frac{Q}{\Delta S} \tag{2.18}$$

따라서 면적 S 내에 축적되는 총 전하량을 생각해보면 다음과 같다.

$$Q=\int_S \rho_s\, dS \tag{2.19}$$

한편 $\Delta Q=\rho_s \Delta S$ 에 의한 미소전계 ΔE는

$$\Delta\mathbf{E}(r)=\frac{\rho_s \Delta S}{4\pi\epsilon_0|\mathbf{r}-\mathbf{r}'|^2}\frac{\mathbf{r}-\mathbf{r}'}{|\mathbf{r}-\mathbf{r}'|}$$

이므로 ρ_s 분포를 갖는 총 전하 Q에 의한 전계는 위 식을 적분해 다음과 같이 표현할 수 있다.

★ 표면전하밀도 ρ_s에 의한 전계 ★

$$\mathbf{E}(r)=\int_S \frac{\rho_s}{4\pi\epsilon_0|\mathbf{r}-\mathbf{r}'|^2}\frac{\mathbf{r}-\mathbf{r}'}{|\mathbf{r}-\mathbf{r}'|}dS \tag{2.20}$$

무한 면전하에 의한 전계

지금 [그림 2-6]과 같이 yz 평면에 존재하는 무한히 넓은 표면전하에 의한 전계를 x축상에서 구해보자. 우선 대칭성의 문제를 고려하기 위해 무한히 넓은 표면전하를 매우 많은 선전하로 분할해 이 선전하에 의한 전계를 생각해보자. 전계는 전하점에서 전계점으로 향하는 방향이므로 그림에 표현된 바와 같이 $d\mathbf{E}$의 방향이 되며, 이는 dE_x와 dE_y로 분할할 수 있다. 그러나 지금 고려하고 있는 선전하와 y축상의 반대위치에 있는 선전하에 의한 전계를 고려하면 dE_y 성분은 상쇄되어 y 혹은 z 방향으로의 전계 성분은 없으며, x 성분만이 존재함을 쉽게 알 수 있다.

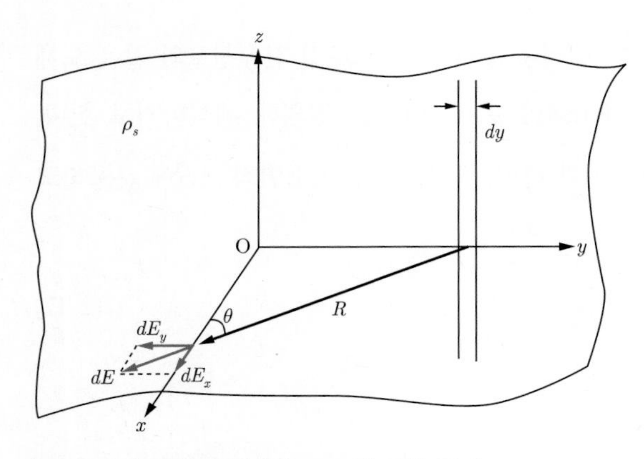

[그림 2-6] 무한 면전하밀도 ρ_s에 의한 전계

다음으로 무한 선전하에 의한 전계의 식 (2.16)을 이용해 이 문제를 해결해보자. 우선 무한히 넓은 표면전하를 매우 많은 선전하로 분할한 무한 선전하의 폭을 dy라 하면, 선전하밀도 ρ_L과 표면전하밀도 ρ_s 사이에는 $\rho_L = \rho_s dy$의 관계가 성립한다. 또한 이 선전하로부터 x축상의 한 점 P까지의 직선거리는 $R= \sqrt{x^2+y^2}$ 이다. 따라서 이 선전하로부터 발생되는 점 P에서의 전계 dE_x는

$$dE_x = \frac{\rho_s dy}{2\pi\epsilon_0 R}\cos\theta$$

이며, 거리 $R= \sqrt{x^2+y^2}$ 과 $\cos\theta = \dfrac{x}{\sqrt{x^2+y^2}}$를 대입하면

$$dE_x = \frac{\rho_s}{2\pi\epsilon_0}\frac{x dy}{x^2+y^2}$$

가 된다. 모든 분할된 선전하들의 전계에 대한 기여분을 고려해 적분하면 전계의 세기는 다음과 같다.

$$E_x = \frac{\rho_s}{2\pi\epsilon_0}\int_{-\infty}^{+\infty}\frac{x}{x^2+y^2}dy = \frac{\rho_s}{2\epsilon_0}$$

전계의 방향을 고려해 정리하면 무한 표면전하에 의한 전계는 다음과 같이 정리할 수 있다.

★ 무한 표면전하에 의한 전계 ★

$$\mathbf{E} = \frac{\rho_s}{2\epsilon_0}\mathbf{a}_N \tag{2.21}$$

이 식에서 $\mathbf{a}_N$은 전하가 존재하는 판에서 전계를 구하고자 하는 점으로 향하는 법선 단위벡터이다. 식 (2.21)에서 알 수 있는 특징은 무한히 넓은 표면전하에 의한 전계는 위치함수가 아니라는 것이다. 즉, 점전하에 의한 전계가 거리의 제곱에 반비례해 약해지며, 무한 선전하에 의한 전계는 거리에 반비례하지만 **무한히 넓은 표면전하에 의한 전계는 위치에 관계없이 일정하다.** 이를 다시 조명에 비유하면 매우 넓은 면광원의 경우 광의 세기는 떨어진 거리에 무관하게 일정함을 알 수 있다. 물론 무한히 넓은 조명원이나 표면전하는 있을 수 없으며 광원이나 전원으로부터 매우 멀리 떨어진 위치에서 보면 하나의 점으로 보일 수도 있다. 그러나 평판전하나 면광원의 매우 가까운 위치에서는 이러한 전계의 성질은 유효하다고 생각해도 무방할 것이다.

이러한 결과는 평행평판 콘덴서 내의 전계를 구하는 데 매우 유용하다. 평행평판 콘덴서란 [그림 2-7]과 같이 평판전극 사이에 매우 얇은 유전체를 삽입해 사용하므로, 유전체 내부의 한 점에서

보면 전극판은 무한히 넓은 면전하의 분포로 생각할 수 있다.[8]

즉 [그림 2-7]과 같은 전극 배치하에 전압을 인가하면 각 전극에는 전하 $+Q$와 $-Q$가 축적되며, 이를 유한한 전극의 면적 S로 나눈 값, 즉 $+\rho_s$와 $-\rho_s$의 면전하밀도가 분포하는 전하계가 된다. 따라서 전계의 세기는 $+\rho_s$와 $-\rho_s$에 의한 전계의 합으로 주어진다. 이를 각각 $\mathbf{E}_1$, $\mathbf{E}_2$라 하고, 전극 사이의 거리를 d라 할 때, 각 영역에서의 전계는 다음과 같다.

★ 평형평판 콘덴서의 각 영역에서의 전계 ★

- $x > d$: $\mathbf{E} = \mathbf{E}_1 + \mathbf{E}_2 = \dfrac{\rho_s}{2\epsilon_0}\mathbf{a}_x + \dfrac{-\rho_s}{2\epsilon_0}\mathbf{a}_x = 0$
- $x < 0$: $\mathbf{E} = \mathbf{E}_1 + \mathbf{E}_2 = \dfrac{\rho_s}{2\epsilon_0}(-\mathbf{a}_x) + \dfrac{-\rho_s}{2\epsilon_0}(-\mathbf{a}_x) = 0$
- $0 < x < d$: $\mathbf{E} = \mathbf{E}_1 + \mathbf{E}_2 = \dfrac{\rho_s}{2\epsilon_0}\mathbf{a}_x + \dfrac{-\rho_s}{2\epsilon_0}(-\mathbf{a}_x) = \dfrac{\rho_s}{\epsilon_0}$

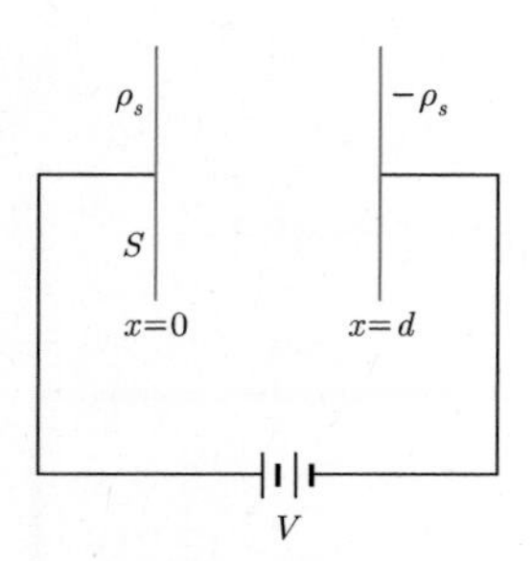

[그림 2-7] 평행평판 콘덴서

물론 이미 언급한 바와 같이 전극판은 사실상 유한한 넓이를 가지고 있으므로 전극의 가장자리 부근에서는 성립하지 않지만, 이는 대체적으로 성립하는 유용한 결과이다.

예제 2-7

yz 평면에 평행하며 점 $P_1(2, 0, 0)$, $P_2(-3, 0, 0)$, $P_3(5, 0, 0)$[m]를 통과하는 무한평면에 각각 균일한 표면전하밀도 3, 5, -4[C/m^2]이 분포하고 있다. 점 $P(3, 4, -5)$[m] 에서의 전계 $\mathbf{E}$를 구하라.

---

8 평행평판 콘덴서도 전극의 가장자리 부분에서의 전계분포는 다를 수 있으나 이를 제외하면 무한 평면전하의 전형적인 예로 생각할 수 있다.

풀이 **정답** $\frac{12}{2\epsilon_0}\mathbf{a}_x\,[\mathrm{V/m}]$

전계는 세 표면전하밀도가 만드는 전계들의 합이다. 또한 전계의 방향은 전하가 yz평면에 존재하므로 이 면에 수직 방향인 $\mathbf{a}_x$ 방향이거나 $-\mathbf{a}_x$ 방향이다. 따라서 각각의 전하밀도에 의한 전계의 방향에 유의해 식 (2.21)을 이용하여 전계를 계산하면 다음과 같다.

$$\begin{aligned}\mathbf{E} &= \mathbf{E}_1 + \mathbf{E}_2 + \mathbf{E}_3 \\ &= \frac{3}{2\epsilon_0}\mathbf{a}_x + \frac{5}{2\epsilon_0}\mathbf{a}_x + \frac{-4}{2\epsilon_0}(-\mathbf{a}_x) = \frac{12}{2\epsilon_0}\mathbf{a}_x\,[\mathrm{V/m}]\end{aligned}$$

체적전하분포에 의한 전계

마지막으로 **체적전하밀도**에 대해 고찰해보자. 일반적으로 도체에 전압을 인가해 전하를 부여할 경우, 전하는 도체 내부보다는 도체 표면에 주로 존재한다. 이는 도체 내부로 들어갈수록 전하가 표피효과[9]에 의해(7장 참고) 급격히 감쇠하고, 어떠한 이유로 도체 내부에 전하가 발생하였다 하더라도 쿨롱의 힘에 의해 도체 표면까지 밀려나가기 때문이다. 따라서 전하의 분포를 체적전하밀도로 해석하는 경우는 매우 제한적이며, 이에 대한 응용의 예도 찾아보기 힘들다. 그러나 아무리 균일한 면전하분포를 가진 도체계라 하더라도 면과 수직 방향으로 약간의 전하층이 생긴다고 가정할 수 있다. 이 경우의 전하분포는 **체적전하밀도**(volume charge density) $\rho_v\,[\mathrm{C/m^3}]$를 정의해 해석하기로 한다. 즉, 체적 $V[\mathrm{m^3}]$에 축적된 총 전하량이 $Q[\mathrm{C}]$라 하고, 미소체적 Δv에 들어 있는 미소전하량을 $\Delta Q[\mathrm{C}]$라 하면

$$\Delta Q = \rho_v \Delta v \tag{2.22}$$

체적전하밀도 ρ_v는 다음과 같이 정의한다.

$$\rho_v = \lim_{\Delta v \to 0} \frac{Q}{\Delta v} \tag{2.23}$$

또 주어진 체적 내에서 균일하고 연속적인 전하분포를 생각하면

$$Q = \int_v \rho_v\, dv \tag{2.24}$$

이며, 따라서 체적전하밀도 ρ_v에 의한 전계는 다음과 같이 표현할 수 있다.[10]

9 표피효과란 도체에 전류가 흐를 때, 전류는 도체의 단면을 균일하게 흐르지 않고 도체의 표면층에 집중적으로 흐르는 현상을 말한다.

★ 체적전하밀도 ρ_v에 의한 전계 ★

$$\mathbf{E}(r) = \int_v \frac{\rho_v}{4\pi\epsilon_0 |\mathbf{r}-\mathbf{r}'|^2} \frac{\mathbf{r}-\mathbf{r}'}{|\mathbf{r}-\mathbf{r}'|} dv \tag{2.25}$$

예제 2-8

$0 \le x \le 1$, $0 \le y \le 2$, $0 \le z \le 3$[m]로 이루어진 직육면체 내에 체적전하밀도 $\rho_v = 8x^2yz$[C/m^3]의 전하가 분포되어 있다. 이때 직육면체 내의 총 전하량 Q를 구하라.

풀이 **정답** 24[C]

체적전하밀도에 의한 전하량은 식 (2.24)에 직각좌표계에서의 미소체적소 $dv = dxdydz$를 대입해 다음과 같이 구할 수 있다.

$$Q = \int_v \rho_v dv = \int_0^3 \int_0^2 \int_0^1 8x^2 yz\, dx\, dy\, dz$$

$$= 8\left[\frac{x^3}{3}\right]_0^1 \left[\frac{y^2}{2}\right]_0^2 \left[\frac{z^2}{2}\right]_0^3 = 24[\mathrm{C}]$$

10 점전하와 선전하, 면전하, 체적전하에 대해 공부했지만 이들의 단위를 계산해보면 이해가 분명해진다. 즉 $Q = \rho_L L = \rho_s S = \rho_v V$가 모두 [C]의 차원을 가지게 됨을 유의하라.

SECTION 03

전기력선

전기력선은 전계가 분포된 모양을 나타내는 선이다. 이 절에서는 전기력선을 이용해 전계의 공간적 분포를 이해하고, 전기력선의 방정식을 도출해 전계를 표현한다.

Keywords | 전기력선 | 전기력선의 방정식 |

전기력선과 전기력선의 방정식

점전하, 무한 선전하, 무한 표면전하와 같이 전하의 분포가 매우 균일한 경우에는 전계의 크기와 방향을 쉽게 상상할 수 있다. 그러나 실제 상황에서는 전극 표면에 발생하는 상처나 돌기 등으로 인해 전하의 분포가 완전히 균일하기는 어려우며, 항상 전계의 분포를 상상하기 쉬운 것은 아니다. 이러한 전계의 방향이나 위치에 대한 전계분포를 그려 놓은 가상적인 선을 **전기력선**(electric streamline, line of electric force)이라 한다. 따라서 전기력선의 방향은 전계의 방향과 같으며, 반드시 양전하에서 시작해 음전하에서 끝난다. [그림 2-8]에 그 한 예를 나타낸다.

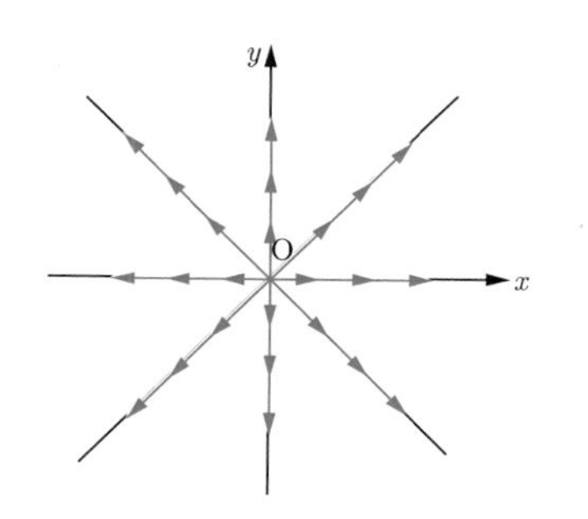

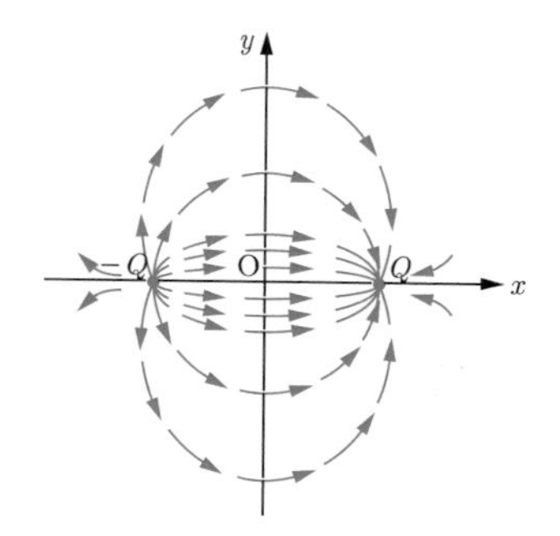

[그림 2-8] 전기력선의 예

한편 전계의 세기는 단위면적당의 전기력선의 수로 정의한다. 즉, 주어진 전계분포에서 미소면적 ΔS 당 전기력선의 수가 ΔN이라면 전계의 세기 E는 다음과 같다.

$$E = \lim_{\Delta S \to 0} \frac{\Delta N}{\Delta S} \tag{2.26}$$

이러한 개념을 활용하면 [그림 2-8]의 점전하에 의한 전기력선은 점전하에 가까울수록 일정 면적하의 전기력선의 수가 많으므로 전계가 강하다고 볼 수 있다.

한편 전기력선을 표현할 때는 전기력선의 방정식을 이용하면 편리하다. [그림 2-9]와 같이 $z = 0$인 평면에 전계가 형성되어 있을 때, 전계의 x 성분과 y 성분을 각각 E_x, E_y라 하면 기하학적으로 다음 관계가 성립한다. 이를 **전기력선의 방정식**이라 한다.

★ 전기력선의 방정식 ★

$$\frac{E_y}{E_x} = \frac{\Delta y}{\Delta x} = \frac{dy}{dx} \tag{2.27}$$

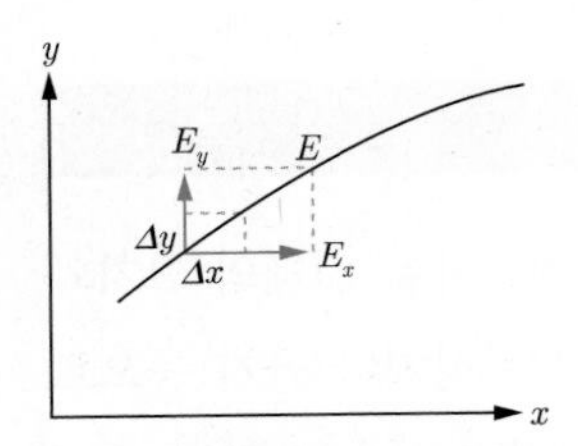

[그림 2-9] 전기력선의 방정식의 개념도

전기력선의 방정식은 $E_y/E_x = dy/dx$의 관계를 해석하여 구한다.

예제 2-9

전계 $\mathbf{E} = \dfrac{y}{\sqrt{x^2+y^2}}\mathbf{a}_x + \dfrac{x}{\sqrt{x^2+y^2}}\mathbf{a}_y$가 점 P(1, 2, 3)을 통과한다. 이때 전기력선의 방정식을 구하라.

풀이 **정답** $y^2 - x^2 = 3$

전기력선의 방정식은 식 (2.27)에서 $\dfrac{E_y}{E_x} = \dfrac{dy}{dx} = \dfrac{x}{y}$이므로 이를 주어진 전계에 적용하면 다음과 같다.

$$ydy - xdx = 0$$

$$\frac{1}{2}y^2 - \frac{1}{2}x^2 = C$$

이때 전계가 점 P(1, 2, 3)을 통과하므로 이를 위 식에 대입하면 $C = \dfrac{3}{2}$이다. 따라서 전기력선의 방정식은 다음과 같다.

$$y^2 - x^2 = 3$$

예제 2-10

Q[C]의 점전하로부터 발생하는 전기력선의 수를 계산하라.

풀이 **정답** $\dfrac{Q}{\epsilon_0}$[개]

점전하 Q로부터 거리 r만큼 떨어진 점의 전계의 세기는 $E = \dfrac{Q}{4\pi\epsilon_0 r^2}$ 이며, 반경 r인 구 도체의 표면적은 $S = 4\pi r^2$ 이므로 전기력선의 수 $N = ES = \dfrac{Q}{\epsilon_0}$[개]의 전기력선이 발생한다.

SECTION 04

전속과 전속밀도

패러데이의 실험을 통하여 전속과 전속밀도의 개념을 공부하고 이를 이용하여 가우스 법칙을 유도한다. 또한 가우스 법칙을 이용하여 각종 전하분포하의 전속밀도와 전계를 구한다.

Keywords | 패러데이의 실험 | 전속 | 전속밀도 | 가우스 법칙 | 가우스 법칙의 응용 |

전속과 전속밀도

19세기 중반 영국의 마이클 패러데이(Michael Faraday)는 [그림 2-10]과 같이 동심 구 도체 사이에 임의의 절연물을 삽입해 내구에 전하량 Q[C]을 주었을 때, 외구에 $-Q$[C]의 전하가 유도된다는 사실을 알게 되었다. 내구의 전하량을 증가시키면 외구에도 양이 같고 극성이 반대인 전하가 유도되며, 이는 두 도체 구 사이에 삽입한 절연물의 종류에 상관없이 일정하게 나타나는 현상임을 발견했다.

이러한 현상은 내구에서 외구로 어떤 전기적 물리량의 위치 변화, 즉 **전기적 변위**(electric displacement)가 있음을 의미하는 것으로 이를 **전속**(電束, electric flux)이라 한다. 패러데이의 실험의 결과 전속은 전하량에 비례하며, 국제단위계에서 비례상수가 1이므로 전속 Ψ[C]은 다음과 같다.

★ 전속 ★

$$\Psi = Q \tag{2.28}$$

이러한 현상은 단지 동심 구 도체에서만 발생되는 것은 아니며, 두 도체 사이에 절연체가 삽입된 커패시터에서 일어나는 중요한 현상이다.[11]

11 패러데이의 실험에서 사용된 동심 구 도체를 비롯해 동축케이블, 평행평판 콘덴서, 평행한 왕복 도선 등은이 모두 도체-절연체-도체의 구조이다. 이를 커패시터(콘덴서)라 하며, 전기절연의 관점에서는 절연계라 하기도 한다.

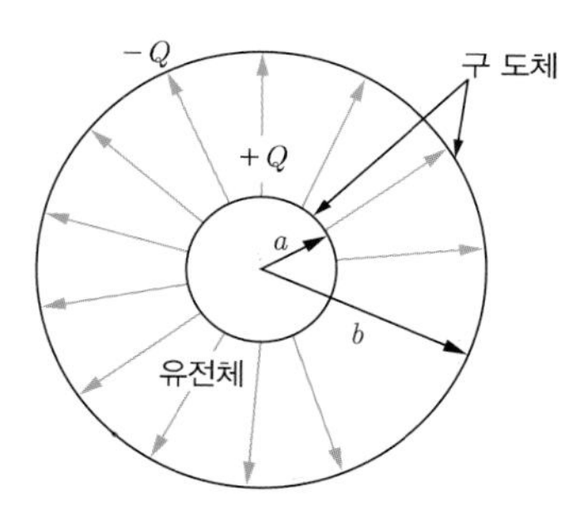

[그림 2-10] 패러데이의 실험

외구에는 내구의 전하와 크기가 같고 부호가 반대인 전하가 유도된다.

한편 반지름이 a인 구 도체에 전하가 균일하게 분포되어 있으므로, 전속 또한 내구의 전 표면을 통해 균일하게 발생된다. 따라서 전속의 면적밀도를 **전속밀도**(electric flux density)라 정의하면 내구 및 외구 표면에서의 전속밀도 $\mathbf{D}$는 각각 다음과 같다.

$$\mathbf{D} = \frac{Q}{4\pi a^2}\mathbf{a}_r \qquad (r = a)$$

$$\mathbf{D} = \frac{Q}{4\pi b^2}\mathbf{a}_r \qquad (r = b)$$

매우 작은 구 도체에 점전하 Q가 있을 때 거리 r만큼 떨어진 곳에서의 전속밀도는 다음과 같다.

$$\mathbf{D} = \frac{Q}{4\pi r^2}\mathbf{a}_r \tag{2.29}$$

이때 점전하로부터 Q개의 전속선이 $4\pi r^2$인 구 표면을 통과한다. 점전하 Q에 의한 전계의 세기가

$$\mathbf{E} = \frac{Q}{4\pi\epsilon_0 r^2}\mathbf{a}_r$$

이므로 다음과 같은 중요한 관계가 성립된다.

★ 전계와 전속밀도의 관계 ★

$$\mathbf{D} = \epsilon_0\mathbf{E} \tag{2.30}$$

이 관계를 이용해 선전하밀도와 표면전하밀도에 의한 전속밀도를 표현하면 다음과 같다. 결국 전계와 전속밀도는 그 크기에 있어 차이가 있을 뿐 방향과 성질이 동일하다.

★ 선전하밀도와 표면전하밀도에 의한 전속밀도 ★

$$\mathbf{D} = \frac{\rho_L}{2\pi\rho}\mathbf{a}_\rho \tag{2.31}$$

$$\mathbf{D} = \frac{\rho_s}{2}\mathbf{a}_N \tag{2.32}$$

예제 2-11

다음 전하분포에 대해 $\rho=5$, $z=\pm 3.5[\text{m}]$ 인 원통 표면을 통과하는 총 전속을 구하라.

(a) $x=0,\ \pm 1,\ \pm 2,\ \pm 3,\ \cdots$에 있는 $3[\text{C}]$의 점전하

(b) x축에 분포하는 $\rho_L = 4\cos 0.2x[\text{C/m}]$의 선전하

(c) $z=0$의 평면에 분포하는 $\rho_s = 2\rho^2[\text{C/m}^2]$의 면전하

풀이 **정답** (a) 33[C] (b) 0.07[C] (c) 1962.5[C]

(a) 식 (2.28)에서 임의의 면을 통과하는 전속은 $\Psi = Q$로 그 내부의 총 전하량과 같다. 또한 $\rho=5[\text{m}]$인 원통 내에는 $x=0,\ \pm 1,\ \pm 2,\ \pm 3,\ \pm 4,\ \pm 5$에 $3[\text{C}]$의 전하가 있으므로 총 전속은 다음과 같이 계산한다.

$$\Psi = 3\times 11 = 33[\text{C}]$$

(b) 같은 방법으로 x 축에 분포하는 선전하의 경우 식 (2.13)에서 $Q=\int_L \rho_L dL$이므로 원통 표면 내에 존재하는 전속은 다음과 같이 계산한다.

$$\Psi = \int \rho_L dL = \int_{-5}^{5} 4\cos 0.2x dx = \frac{4}{0.2}\left[\sin 0.2x\right]_{-5}^{5} = 0.07[\text{C}]$$

(c) 식 (2.19)의 $Q=\int_S \rho_s dS$의 관계를 이용하여 전속을 다음과 같이 계산한다.

$$\Psi = \int \rho_s dS = \int_0^{2\pi}\int_0^5 2\rho^2 \rho d\rho d\phi = 2\cdot 2\pi\cdot\left[\frac{\rho^4}{4}\right]_0^5 = 1962.5[\text{C}]$$

예제 2-12

자유공간에서 y 축에 평행하며 $x=-1$, $z=3[\mathrm{m}]$ 를 통과하는 무한 선전하 $\rho_L=30[\mathrm{nC/m}]$가 있다. 점 $\mathrm{P}(2,\ 3,\ -1)[\mathrm{m}]$ 에서의 전속밀도를 구하라.

풀이 **정답** $0.57\mathbf{a}_x-0.76\mathbf{a}_z[\mathrm{nC/m^2}]$

무한 선전하에 의한 전속밀도 $\mathbf{D}=\dfrac{\rho_L}{2\pi\rho}\mathbf{a}_\rho$에서 ρ는 전원점에서 전계점으로 향하는 수직거리이다. 전원점은 $\mathrm{P}'(-1,\ 3,\ 3)$이므로 수직거리 $\mathbf{R}$은 다음과 같다.

$$\mathbf{R}=\mathrm{P}-\mathrm{P}'=[2-(-1)]\mathbf{a}_x+(3-3)\mathbf{a}_y+[(-1)-3]\mathbf{a}_z=3\mathbf{a}_x-4\mathbf{a}_z$$

따라서 식 (2.31)을 이용해 전속밀도를 계산하면 다음과 같다. 이때 $\mathbf{R}=\sqrt{3^2+4^2}=5$이다.

$$\mathbf{D}=\frac{\rho_L}{2\pi R}\mathbf{a}_R=\frac{30\times10^{-9}}{2\pi\times5}(0.6\mathbf{a}_x-0.8\mathbf{a}_z)=0.57\mathbf{a}_x-0.76\mathbf{a}_z[\mathrm{nC/m^2}]$$

가우스 법칙

패러데이의 실험 결과로부터 어떤 도체의 $Q[\mathrm{C}]$의 전하가 인근 도체에 $-Q[\mathrm{C}]$의 전하를 유도할 수 있고, 두 도체계 사이에는 전속 Ψ가 존재함을 알았다. 이는 두 도체 사이에 삽입된 유전체와 도체의 형상에 관계없이 일정하게 발생하는 현상으로, 패러데이의 실험에서 만약 내·외부 도체 사이에 임의의 폐곡면을 가정하면 이 폐곡면의 넓이나 모양에 상관없이 $\Psi=Q$ 만큼의 전속이 폐곡면을 통과해 외부 도체로 향할 것이며, 이는 결국 **"어떤 폐곡면[12]을 통과하는 전속은 그 폐곡면 내에 존재하는 총 전하량과 같다."**라는 말이다. 이것이 유명한 **가우스**(Gauss) **법칙**이다.

이제 [그림 2-11]과 같이 폐곡면 내부에 있는 총 전하량 $Q[\mathrm{C}]$에 의한 전속 및 전속밀도를 생각해 보자. 이 전하분포에 의해 곡면상에는 전속밀도가 형성될 것이다.

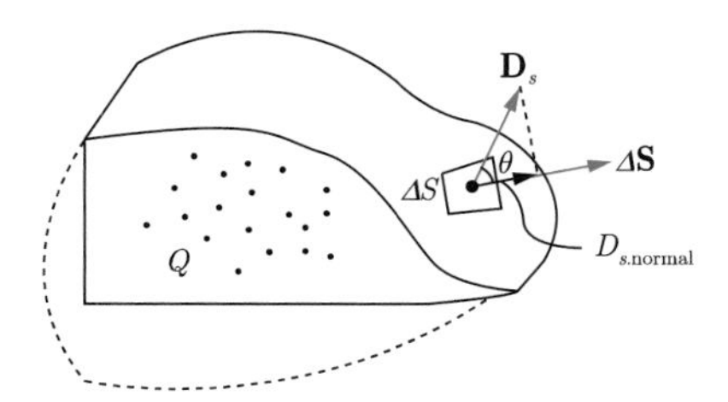

[그림 2-11] 전하에 의한 전속밀도의 발생

12 폐곡면은 내부에 공간의 일부를 완전히 내포하고 있으며, 경계가 없는 유한한 곡면이다. 따라서 폐곡면은 항상 임의의 체적을 둘러싸고 있다.

우선 넓은 곡면의 한 점 P를 중심으로 한 미소면적 $\Delta\mathbf{S}$를 통과하는 전속을 $\Delta\Psi$라 하고, $\Delta\mathbf{S}$에서의 전속밀도를 $\mathbf{D}_s$라 하자. 이때 면적 $\Delta\mathbf{S}$는 벡터양으로 그 면적에 수직한 바깥으로 향하는 방향을 그 면적벡터의 정방향으로 정의한다. 또한 $\mathbf{D}_s$를 $\Delta\mathbf{S}$에 대해 수직 방향과 접선 방향의 두 성분으로 나누어 생각해보면 $\Delta\mathbf{S}$를 통과하는 전속 $\Delta\Psi$는 다음과 같다.

$$\Delta\Psi = D_{s,\ normal}\Delta S = D_s \cos\theta \Delta S = \mathbf{D}_s \cdot \Delta\mathbf{S}$$

이제 폐곡면을 통과하는 모든 전속을 고려하면 전속 Ψ는

$$\Psi = \int d\Psi = \oint \mathbf{D}_s \cdot d\mathbf{S}$$

가 되며, 이때 전속 Ψ는 폐곡면 내에 존재하는 총 전하량 Q와 같으므로 다음과 같은 결과를 얻는다.

★ 가우스 법칙 ★

어떤 폐곡면을 통과하는 전속은 그 폐곡면 내에 존재하는 총 전하량과 같음을 의미한다.

$$\oint \mathbf{D} \cdot d\mathbf{S} = Q \tag{2.33}$$

물론 전하분포에 따라 위 식의 우변은 다음과 같이 계산할 수 있다.

$$Q = \sum Q_i = \int \rho_L dL = \int \rho_s dS = \int \rho_v dv$$

가우스 법칙을 활용해 전하량을 구할 수 있는 예로 반지름 ρ, 길이 L의 매우 긴 직원통의 중심축상에 선전하밀도 ρ_L의 전하가 분포되어 있는 경우를 생각해보자. 선전하밀도 ρ_L에 의한 전계의 세기는 이미 공부한 바와 같이

$$\mathbf{E} = \frac{\rho_L}{2\pi\epsilon_0\rho}\mathbf{a}_\rho$$

이므로 전속밀도는 다음과 같다.

$$\mathbf{D} = \epsilon_0\mathbf{E} = \frac{\rho_L}{2\pi\rho}\mathbf{a}_\rho$$

또한 원통 측면의 미소면적은 $d\mathbf{S} = \rho d\phi dz\,\mathbf{a}_\rho$이다. 이 결과와 가우스 법칙을 이용해 원통 내의 총 전하량을 구해보면 다음과 같다.

$$\oint \mathbf{D} \cdot d\mathbf{S} = \oint \frac{\rho_L}{2\pi\rho}\mathbf{a}_\rho \cdot \rho d\phi dz \mathbf{a}_\rho = \frac{\rho_L}{2\pi}\int_{\phi=0}^{\phi=2\pi}\int_{z=0}^{z=L} d\phi dz = \rho_L L$$

한편 원통 내부의 총 전하량은 다음과 같이 폐곡면 내의 전하량과 일치하게 됨을 알 수 있다.

$$Q = \int_{z=0}^{z=L} \rho_L dL = \rho_L L$$

이상에서 알 수 있듯이 **가우스 법칙은 임의의 전계 및 전속밀도를 만드는 원인이 되는 전하를 구하는 데 활용할 수 있다.**

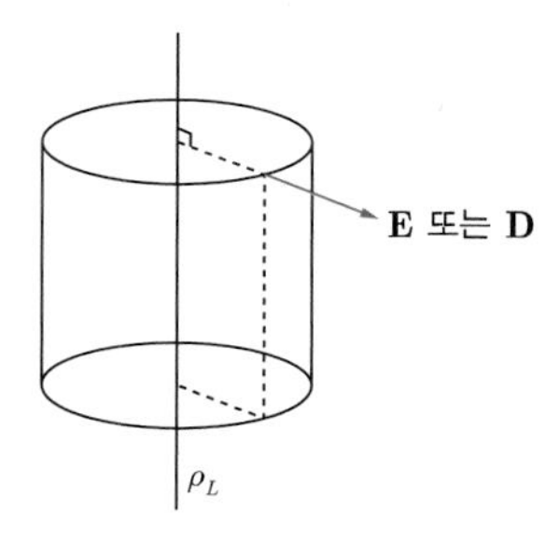

[그림 2-12] 선전하분포에 의한 원통면에서의 전계 및 전속밀도

예제 2-13

원점에서 r[m] 떨어진 곳의 전속밀도는 $\mathbf{D} = \frac{Q}{4\pi r^2}\mathbf{a}_r$이다. 가우스 법칙을 이용해 원점에 점전하 Q[C]가 있음을 증명하라.

풀이

구 표면의 한 점에서의 전속밀도는 $\mathbf{D}_r = \frac{Q}{4\pi r^2}\mathbf{a}_r$이고, 구면상의 미소면적은 $d\mathbf{S} = r^2\sin\theta d\theta d\phi \mathbf{a}_r$이므로 가우스 법칙을 이용하여 계산하면 다음과 같다.

$$\oint \mathbf{D} \cdot d\mathbf{S} = \int \frac{Q}{4\pi r^2}\mathbf{a}_r \cdot r^2 \sin\theta d\theta d\phi \mathbf{a}_r = \int_{\phi=0}^{2\pi}\int_{\theta=0}^{\pi} \frac{Q}{4\pi}\sin\theta d\theta d\phi$$[13]

$$= \frac{Q}{4\pi}[-\cos\theta]_0^\pi \cdot 2\pi = Q$$

13 [예제 2-13]에서 구좌표계에서 변수 ϕ의 범위는, $0 \le \phi \le 2\pi$이지만 변수 θ는 $0 \le \theta \le \pi$이 됨에 유의해야 한다.

가우스 법칙의 응용

지금까지 가우스 법칙은 전계 및 전속밀도를 알고 있을 때, 이들의 원인이 되는 전하량을 구하는 데 활용되었다. 이제 이와는 반대로 주어진 전하분포를 이용해 전계 및 전속밀도를 구하는 경우를 생각해보자. 즉, 가우스 법칙

$$\oint \mathbf{D} \cdot d\mathbf{S} = Q$$

에서 미지수인 전속밀도 $\mathbf{D}$를 구하자는 것이다. 이는 $\mathbf{D}$가 적분기호 내에 포함되어 있으므로 적분방정식의 해를 구하는 것과 같아 매우 어려워 보이지만, 위 식에서 적절한 $d\mathbf{S}$를 선택함으로 간단히 해결할 수 있다. 즉, 위 식의 적분함수에서 미지수 $\mathbf{D}$를 구하는 것이 목표이므로 $d\mathbf{S}$와의 내적의 관계를 풀어 정리하면

$$\oint \mathbf{D} \cdot d\mathbf{S} = \oint D\,dS\cos\theta = Q$$

가 되는데 이때 $\cos\theta = 1$ 혹은 0이 될 수 있도록 미소면적 $d\mathbf{S}$를 선택해야 한다.[14] $\cos\theta = 0$ 이면 그 항이 0이 되지만, $\cos\theta = 1$이면 위 식은 다음과 같이 간단해진다.

$$\oint \mathbf{D} \cdot d\mathbf{S} = \oint D\,dS$$

또한 선택한 $d\mathbf{S}$에서 $\mathbf{D}$가 항상 일정하다면

$$\oint \mathbf{D} \cdot d\mathbf{S} = \oint D\,dS = D\oint dS = Q$$

가 되어 결국 구하고자 하는 전속밀도 $\mathbf{D}$는 다음과 같이 계산할 수 있다.

$$D = \frac{Q}{\oint dS}$$

결국 이 문제의 관건은 미지수 $\mathbf{D}$에 대해 $\cos\theta = 1$ 또는 0이 될 수 있는 미소면적, 즉 가우스 면 $d\mathbf{S}$를 어떻게 선택하느냐에 있으며, 이는 주어진 전하분포에 의한 $\mathbf{D}$의 방향과 성질(변수 의존성)을 쿨롱의 법칙으로부터 예상함으로써 해결된다.[15]

---

14 만약 $\cos\theta = 1$, 즉 $\theta = 0$ 인 경우는 주어진 전하분포로부터 예상되는 전속밀도의 방향과 같은 방향의 $d\mathbf{S}$를 선택함을 의미하며, $\cos\theta = 0$, 즉 $\theta = \frac{\pi}{2}$ 의 경우 예상되는 전속밀도의 방향에 수직한 $d\mathbf{S}$를 선택함을 의미한다. 이는 주어진 전하분포로부터 전속밀도의 방향을 쿨롱의 법칙에서 예상해 $d\mathbf{S}$를 선택해야 한다.

15 $\mathbf{D}$가 일정한 $d\mathbf{S}$를 선택하려면 '주어진 전하분포로부터 구하고자 하는 전속밀도 $\mathbf{D}$가 어떠한 변수의 함수인가?'를 고찰함으로써 쉽게 해결될 수 있다.

점전하

우선 우리에게 가장 친숙한 점전하에 의한 전속밀도 또는 전계를 구해보자. 원점에 점전하 Q가 있을 때의 전계 및 전속밀도는 이미 그 결과를 잘 알고 있지만, 가우스 법칙의 응용에 대한 숙련을 위해 위에서 설명한 대로 문제에 접근해 보도록 한다.

먼저 점전하 Q에 의한 전속밀도는 쿨롱의 법칙으로부터 방사상 방향, 즉 $\mathbf{a}_r$ 방향이고, 전속밀도는 방사상의 거리 r만의 함수임을 알고 있으므로 **가우스 면 $d\mathbf{S}$는 r이 일정한 구의 표면이 적합할 것이다**. 이는 구의 표면의 방향이 $\mathbf{a}_r$ 방향이며, 반경 r이 일정한 구의 모든 점에서 전속밀도는 일정하기 때문이다.[16]

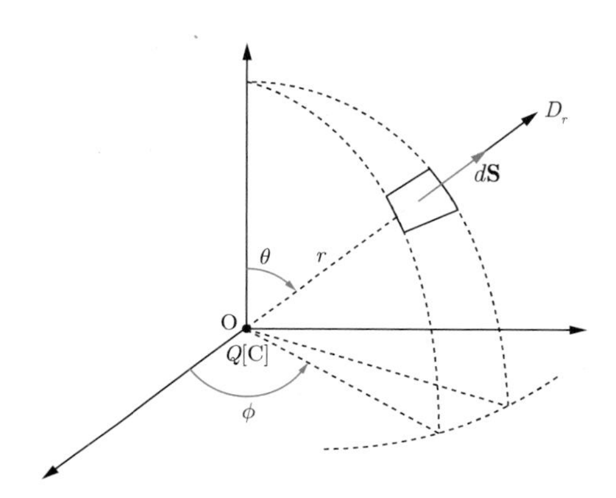

[그림 2-13] 전속밀도를 구하기 위한 가우스 법칙의 응용 예(점전하)

구좌표계에서 구 표면상의 미소면적은 $d\mathbf{S} = r^2 \sin\theta d\theta d\phi \mathbf{a}_r$이며, $\mathbf{D}$는 $\mathbf{a}_r$ 방향, 즉 D_r 성분만을 가지므로 다음과 같이 계산한다.

$$\oint \mathbf{D} \cdot d\mathbf{S} = \oint D_r \mathbf{a}_r \cdot r^2 \sin\theta d\theta d\phi \mathbf{a}_r = \oint D_r r^2 \sin\theta d\theta d\phi$$

D_r은 r만의 함수로 변수 θ와 ϕ에 의존하지 않으므로

$$\oint \mathbf{D} \cdot d\mathbf{S} = D_r \oint r^2 \sin\theta d\theta d\phi = D_r \int_0^{2\pi} \int_0^{\pi} r^2 \sin\theta d\theta d\phi = 4\pi r^2 D_r$$

이 되며, 이는 가우스 법칙에 의해 표면 내에 들어 있는 총 전하량과 같으므로,

$$4\pi r^2 D_r = Q$$

이다. 따라서 구하고자 하는 전속밀도와 전계는 다음과 같다.

---

16 만약 가우스 면으로 반경 r이 일정한 면을 선택하지 않으면 변수 θ 혹은 ϕ가 변화함에 따라 전속밀도의 크기가 달라짐에 유의해야 한다.

★ 점전하에 의한 전속밀도와 전계 ★

$$\mathbf{D} = \frac{Q}{4\pi r^2}\mathbf{a}_r$$

$$\mathbf{E} = \frac{Q}{4\pi\epsilon_0 r^2}\mathbf{a}_r$$

무한 선전하

다음으로 z축에 선전하밀도 $\rho_L[\mathrm{C/m}]$이 균일하게 분포하는 무한 길이의 선전하에 의한 전계 및 전속밀도를 가우스 법칙을 이용해 구해보자. 이 문제는 이미 쿨롱의 법칙을 이용해 매우 복잡한 계산 과정을 거쳐 해결한 바 있다(SECTION 02 참고). 그러나 가우스 법칙을 이용할 때는 몇 가지의 고찰을 통해 적절한 가우스 면 $d\mathbf{S}$만 선택하면 간단한 계산으로 결과를 얻을 수 있다.

가우스 면을 선택하기 위해 우선 대칭성에 대한 고찰, 즉 '**전속밀도는 어떤 성분을 가지며, 그 성분은 어떤 변수의 함수인가?**'에 대한 고찰이 선행되어야 한다. 균일한 선전하의 경우, 이미 쿨롱의 법칙에서 생각해 본 바와 같이 전계의 세기나 전속밀도는 D_ρ 성분만을 가지게 되고, 또한 변수 z 및 ϕ의 변화에 무관함을 알고 있다. 즉, z축 및 ϕ 방향의 방위각 대칭성이 성립해 D_ρ 성분 역시 ρ만의 함수임을 알 수 있으므로 전속밀도는 다음과 같다.

$$\mathbf{D} = D_\rho(\rho)\mathbf{a}_\rho$$

따라서 가우스 면은 반경이 ρ로 일정한 직원통을 선택하면 된다.[17] 물론 선택한 직원통은 윗면과 아랫면, 원통의 측면으로 이루어지므로 가우스 법칙을 적용하면 다음과 같다.

$$\oint \mathbf{D} \cdot d\mathbf{S} = \int_{\text{측면}} + \int_{\text{윗면}} + \int_{\text{아랫면}}$$

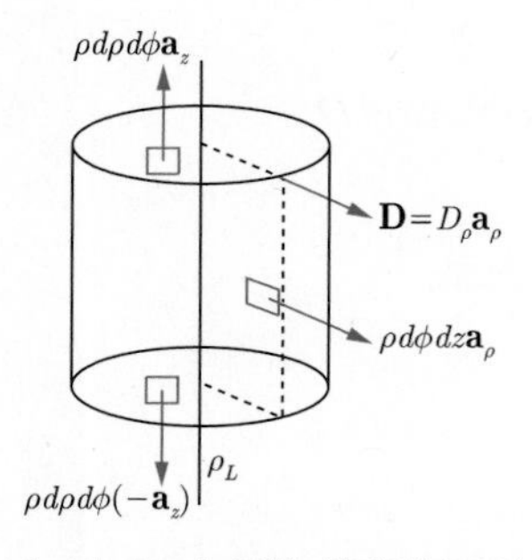

[그림 2-14] 무한 선전하분포의 경우 가우스 면으로 선택된 직원통

17 만약 가우스 면으로 반경이 일정한 면을 선택하지 않으면 변수 ϕ가 변화함에 따라 전속밀도의 크기가 달라짐에 유의해야 한다.

[그림 2-14]의 윗면과 아랫면의 경우, 전속밀도는 $\mathbf{a}_\rho$ 방향이나 면벡터의 방향이 각각 $\mathbf{a}_z$와 $-\mathbf{a}_z$ 방향이므로, 이들의 내적은 0이 된다. 따라서 측면에 대한 적분만을 수행하면 되고, 측면에서의 미소면적은 $d\mathbf{S}=\rho d\phi dz\mathbf{a}_\rho$이므로

$$\oint \mathbf{D}\cdot d\mathbf{S}=\mathbf{D}\int d\mathbf{S}=\mathbf{D}\int_{z=0}^{L}\int_{\phi=0}^{2\pi}\rho d\phi dz=2\pi\rho LD$$[18]

가 되며, 가우스 법칙에 의해 이 결과가 선택한 가우스 면 내의 총 전하량 Q와 같으므로 다음과 같이 나타낼 수 있다.

$$D=D_\rho=\frac{Q}{2\pi\rho L}$$

한편 선전하밀도 ρ_L과 총 전하량 Q의 관계, 즉 $Q=\rho_L L$을 위 식에 대입하면 다음과 같다.

★ 무한 선전하에 의한 전속밀도와 전계 ★

$$D_\rho=\frac{\rho_L}{2\pi\rho}$$

$$E_\rho=\frac{\rho_L}{2\pi\epsilon_0\rho}$$

무한 면전하

다음으로 yz 평면에 균일하게 분포하는 무한 면전하밀도 $\rho_s\,[\mathrm{C/m^2}]$에 의한 전계 및 전속밀도를 가우스 법칙을 이용해 구해보자.

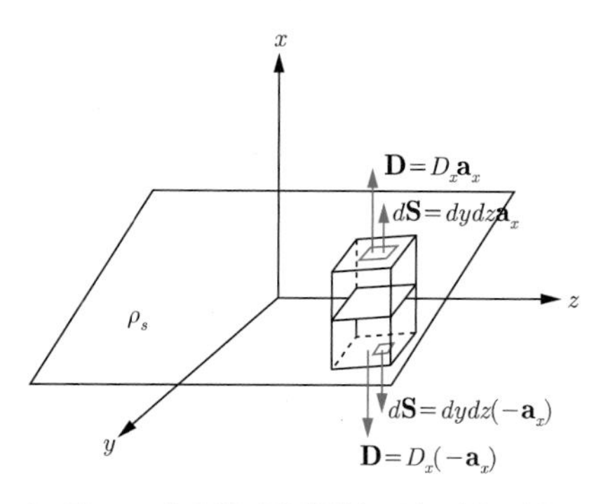

[그림 2-15] 무한 면전하분포의 경우 가우스 면으로 선택된 육면체

18 가우스 법칙에서 $\oint$는 폐면을 의미하므로 원통의 경우 원통의 측면만을 의미하는 것은 아니다. 윗면, 아랫면을 포함한 폐곡면에서 적분이 수행되어야 한다.

이 경우 전속밀도 및 전계는 전하가 존재하는 평면에 수직한 방향이므로 가우스 면 $d\mathbf{S}$를 [그림 2-15]와 같은 육면체를 선택해 가우스 법칙을 적용하면 다음과 같다.

$$\oint \mathbf{D} \cdot d\mathbf{S} = \int_{\text{앞면}} + \int_{\text{뒷면}} + \int_{\text{좌면}} + \int_{\text{우면}} + \int_{\text{윗면}} + \int_{\text{아랫면}}$$

전하가 존재하는 yz 평면에 수직한 전속밀도와 면벡터의 방향을 고려하면 윗면과 아랫면을 제외한 나머지 면에서는 $\mathbf{D} \cdot d\mathbf{S} = 0$ 이 되어 가우스 법칙은

$$\oint \mathbf{D} \cdot d\mathbf{S} = \int_{\text{윗면}} D_x \mathbf{a}_x \cdot dydz\mathbf{a}_x + \int_{\text{아랫면}} D_x(-\mathbf{a}_x) \cdot dydz(-\mathbf{a}_x)$$

가 되고, 선택한 가우스 면의 면적을 S라 하면

$$\oint \mathbf{D} \cdot d\mathbf{S} = D_x \left[\int_{\text{윗면}} dS + \int_{\text{아랫면}} dS \right] = 2SD_x = Q = \rho_s S$$

가 된다. 따라서 구하고자 하는 전속밀도 및 전계는 다음과 같다.

★ 무한 면전하에 의한 전속밀도와 전계 ★

$$\mathbf{D} = \frac{\rho_s}{2}\mathbf{a}_x$$

$$\mathbf{E} = \frac{\rho_s}{2\epsilon_0}\mathbf{a}_x$$

동축케이블

다음으로 가장 많이 사용하는 도체 중 하나인 **동축케이블**(coaxial cable)에 대해 생각해보자. 동축케이블은 [그림 2-16]과 같이 하나의 축을 가지는 내·외 도체의 반지름이 각각 a, b이고 두 도체 사이는 공기로 절연되어 있는 형태이다.[19] 내·외 도체에 각각 $\rho_{s_{\text{in}}}$ 및 $-\rho_{s_{\text{out}}}$의 표면전하밀도로 대전되어 있는 동축케이블의 위치별 전속밀도를 구해보자.

19 TV용 케이블은 매우 가는 내부 도체와 절연용 고분자 물질, 그리고 외부 도체에 해당하는 망사형의 구리선으로 구성되어 있다. 따라서 절연체를 사이에 둔 두 도체가 같은 중심축을 갖는 동축케이블의 예이다. 단지 사람의 손이 닿지 않게 절연재료로 한 번 더 피복되어 있을 뿐이다.

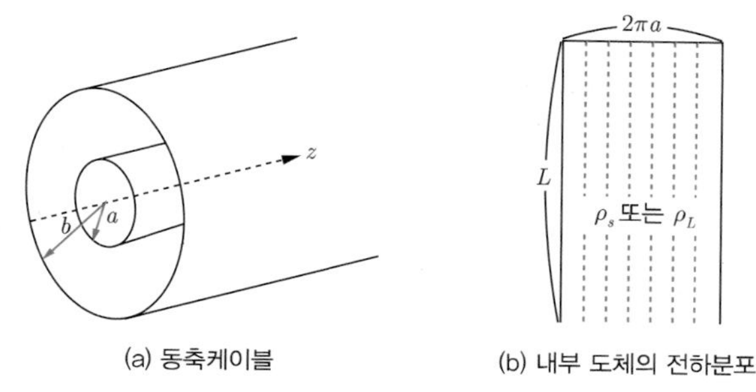

(a) 동축케이블 (b) 내부 도체의 전하분포

[그림 2-16] 동축케이블과 내부 도체의 전하분포

동축케이블의 경우 대칭성을 고려하면 매우 긴 선전하분포에서의 전계와 유사하다.

우선 $a < \rho < b$에서 가우스 법칙을 적용해 보자. 전하가 분포되어 있는 $\rho = a$의 임의의 한 점에서 z축을 따라 잘라 펼쳐 보면, [그림 2-16(b)]와 같이 가로 $2\pi a$, 세로는 무한히 긴 L의 도체에 전하가 균일하게 ρ_s의 밀도로 분포되어 있는 형태라는 것을 알 수 있다. 만약 전속밀도를 구하는 점까지의 거리에 비해 $2\pi a$가 매우 작다고 가정하거나, ρ_s의 전하분포를 매우 많은 ρ_L의 분포로 나누어 각 선전하가 한 점의 전속밀도의 형성에 기여하는 부분을 고찰해 보아도 매우 긴 무한 선전하의 문제와 사실상 동일하다는 사실을 쉽게 알 수 있다. 따라서 전속밀도는 무한 선전하밀도에 의한 전속밀도와 같이 D_ρ 성분만을 가지게 되고 이 또한 ρ만의 함수이므로 다음과 같이 표현한다.

$$\mathbf{D} = D_\rho(\rho)\mathbf{a}_\rho$$

즉, 가우스 면은 내부 도체와 외부 도체 사이의 한 점을 중심으로 반경이 ρ로 일정한 직원통을 선택하면 된다. 원통의 윗면과 아랫면에서는 전속밀도와 면벡터의 방향이 수직해 $\mathbf{D} \cdot d\mathbf{S} = 0$ 이 되므로, 측면에 대한 계산 결과만 고려하면

$$\oint \mathbf{D} \cdot d\mathbf{S} = D_\rho \int dS = D_\rho \int_{z=0}^{z=L} \int_{\phi=0}^{\phi=2\pi} \rho d\phi dz = 2\pi\rho L D_\rho$$

가 된다. 그리고 이 결과가 가우스 면 내의 총 전하량과 같으므로 전하량 Q는

$$Q = \int \rho_s dS = \int_{z=0}^{z=L} \int_{\phi=0}^{\phi=2\pi} \rho_s a d\phi dz = 2\pi a L \rho_s$$

가 되고 따라서 위의 두 식으로부터 구하고자 하는 전속밀도와 전계는 다음과 같다.

$$\mathbf{D} = \frac{a\rho_s}{\rho}\mathbf{a}_\rho$$

$$\mathbf{E} = \frac{a\rho_s}{\epsilon_0 \rho}\mathbf{a}_\rho$$

한편 표면전하밀도 ρ_s와 선전하밀도 ρ_L 사이에는

$$\rho_s = \frac{\rho_L}{2\pi a}$$

의 관계가 있으므로 이를 이용해 다시 표현하면 다음과 같다.

★ 동축케이블의 전속밀도와 전계$(a < \rho < b)$ **★**

$$\mathbf{D} = \frac{a\rho_s}{\rho}\mathbf{a}_\rho = \frac{\rho_L}{2\pi\rho}\mathbf{a}_\rho$$

$$\mathbf{E} = \frac{a\rho_s}{\epsilon_0\rho}\mathbf{a}_\rho = \frac{\rho_L}{2\pi\epsilon_0\rho}\mathbf{a}_\rho$$

다음으로 $\rho < a$의 영역에서는 내부 도체의 내부에 전하가 없으므로 전계는 다음과 같이 0이다.

$$\oint \mathbf{D} \cdot d\mathbf{S} = Q = 0$$

따라서 좌변의 계산 결과에 관계없이 $\mathbf{D} = 0$ 이 되며, 전계의 세기도 $\mathbf{E} = 0$ 이다. 이는 외부 도체의 바깥에서도 마찬가지로 외부 도체의 바깥에서의 한 점 P를 중심으로 반경이 ρ, 길이가 L인 직원통을 가우스 면으로 선택하면

$$\oint \mathbf{D} \cdot d\mathbf{S} = Q + (-Q) = 0$$

이 되어 전속밀도 및 전계는 모두 0이 된다. 이상의 결과로부터 전계는 항상 한 점에서 시작되어 다른 한 점에서 끝나는 성질이 있음을 알 수 있다.

예제 2-14

내·외 도체의 반경이 각각 $a = 0.4[\mathrm{m}]$, $b = 0.8[\mathrm{m}]$ 이고 길이가 $L = 5[\mathrm{m}]$인 동축케이블이 있다. 내부 도체의 표면에 $\rho_{s,\ inner} = 20[\mathrm{C/m^2}]$의 면전하가 분포되어 있을 때, $\rho = 0.5[\mathrm{m}]$에서의 전속밀도와 외부 도체의 표면전하밀도 $\rho_{s,\ outer}$를 구하라.

풀이 **정답** $16\mathbf{a}_\rho[\mathrm{C/m^2}]$, $-10[\mathrm{C/m^2}]$

동축케이블에서의 전속밀도는 $\mathbf{D}=\frac{a\rho_s}{\rho}\mathbf{a}_\rho$ 를 이용해 다음과 같이 표현할 수 있다.

$$\mathbf{D}=\frac{a\rho_s}{\rho}\mathbf{a}_\rho=\frac{0.4\times20}{0.5}\mathbf{a}_\rho=16\mathbf{a}_\rho[\mathrm{C/m^2}]$$

또한 내부 도체와 외부 도체의 표면전하밀도를 비교하기 위해 식 (2.19)의 $Q=\int_S \rho_s dS$의 관계와 가우스 법칙으로부터 내부 도체의 전하량을 다음과 같이 계산한다.

$$\oint \mathbf{D}\cdot d\mathbf{S}=Q=\int \rho_{s,\ inner}dS=\int_0^L\int_0^{2\pi}\rho_{s,\ inner}ad\phi dz$$
$$=2\pi aL\rho_{s,\ inner}$$

한편 외부 도체의 표면전하밀도를 $\rho_{s,\ outer}$라 할 때, 외부 도체에 유도되는 반대 극성의 전하 $-Q$는 내부 도체에서와 같은 방법으로 계산할 수 있다.

$$-Q=\int -\rho_{s,\ outer}dS=\int_0^L\int_0^{2\pi}-\rho_{s,\ outer}bd\phi dz$$
$$=-2\pi bL\rho_{s,\ outer}$$

따라서 내부 도체와 외부 도체의 전하량이 서로 같아야 하므로

$$2\pi aL\rho_{s,\ inner}=-2\pi bL\rho_{s,\ outer}$$

의 관계로부터 외부 도체의 표면전하밀도는 다음과 같다.

$$\rho_{s,\ outer}=-\frac{a}{b}\rho_{s,\ inner}=-\frac{0.4}{0.8}\times20=-10[\mathrm{C/m^2}]$$

SECTION 05

벡터의 발산

이 절에서는 벡터의 발산의 개념을 도입하여 맥스웰의 제1방정식을 도출한다. 이를 이용하여 발산하는 전계의 성질을 이해하고 전속밀도의 원인이 되는 체적전하밀도를 구한다.

Keywords | 전속밀도의 발산 | 맥스웰 제1방정식 | 발산의 정리 |

전속밀도의 발산

지금까지는 가우스 법칙을 이용해 전속밀도를 구하고 $\mathbf{D} = \epsilon_0 \mathbf{E}$ 의 관계로부터 전계를 구하는 것을 배웠다. 가우스 법칙을 이용하면 쿨롱의 법칙을 계산하는 어려움 없이 간단하게 전계를 구할 수 있다. 그러나 전계를 구하는 데 가우스 법칙을 이용하는 것은 전하분포로부터 전계나 전속밀도의 기본적인 성질에 대한 이해 없이는 불가능하며, 이는 전적으로 쿨롱의 법칙이 제공하는 것이다. 따라서 항상 균일한 전하분포에만 적용하였다.

만약 전하분포가 불균일해 전하분포로부터 전계 및 전속밀도에 대한 예측이 불가능할 경우에는 어떻게 될까? 이 경우 가우스 법칙을 아무리 잘 이용해도 전계를 구할 수 없다. 전하분포가 불균일하면 전계의 방향도 예측할 수 없어 적절한 가우스 면을 선택할 수 없기 때문이다. 그러나 이 절에서는 매우 작은 미소체적소에 가우스 법칙을 적용해 전속밀도와 관련된 새로운 발산의 개념을 얻고자 한다.

특별한 경우를 제외하면 전속밀도는 위치함수이다. 지금까지 공부한 부분 중 무한히 넓은 표면전하밀도에 의한 전계를 제외하면, 전계는 위치에 따라 달라지는 것이 분명하다. 즉 위치가 변하면 전속밀도도 변한다. 따라서 [그림 2-17]과 같이 매우 작은 미소체적소라 하더라도 앞면과 뒷면, 위·아랫면, 좌·우면에서의 전속밀도의 값은 다를 수 있다. 다만 전하분포가 불균일해 어떤 변수에 어느 정도로 의존하는지를 모를 뿐이다.

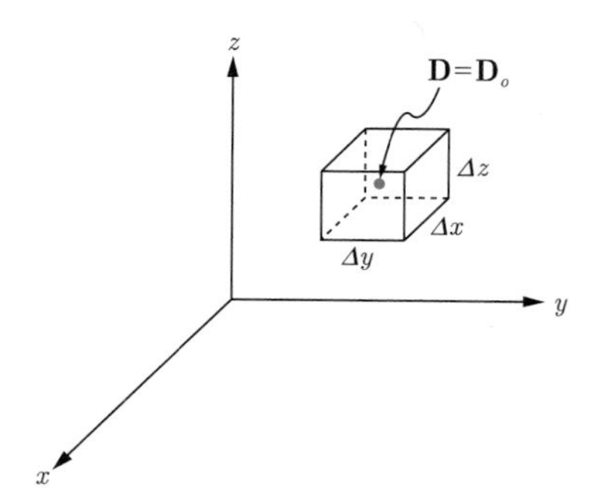

[그림 2-17] 가우스 법칙의 적용을 위한 미소체적소

이제 [그림 2-17]과 같이 각 변의 길이가 Δx, Δy, Δz 인 미소체적소에 가우스 법칙을 적용해보자. 즉, 적분은 폐면에 대해 수행되어야 하므로 다음 6개 적분의 합이다.

$$\oint \mathbf{D} \cdot d\mathbf{S} = Q = \int_{\text{앞면}} + \int_{\text{뒷면}} + \int_{\text{좌면}} + \int_{\text{우면}} + \int_{\text{윗면}} + \int_{\text{아랫면}}$$

또한 이미 강조한 바와 같이 전속밀도는 위치함수이므로 각 면에서의 전속밀도의 값은 서로 다를 수 있다. 따라서 미소체적소의 중앙 점 $\mathrm{P}(x_0,\ y_0,\ z_0)$에서의 전속밀도를 $\mathbf{D}_0 = D_{0x}\mathbf{a}_x + D_{0y}\mathbf{a}_y + D_{0z}\mathbf{a}_z$로 표현해 각 면에서의 전속밀도와 비교해보기로 한다.

우선 앞면의 적분부터 고찰해보기로 하자. 앞면에서의 $\mathbf{D}$를 $\mathbf{D}_f$라 하면 $\mathbf{D}_f = D_{fx}\mathbf{a}_x + D_{fy}\mathbf{a}_y + D_{fz}\mathbf{a}_z$이고, 그 미소면적은 $\Delta\mathbf{S}_f = \Delta y \Delta z \mathbf{a}_x$이므로 앞면의 적분은 다음과 같다.

$$\begin{aligned}\int_{\text{앞면}} &= \mathbf{D}_f \cdot \Delta\mathbf{S}_f = (D_{fx}\mathbf{a}_x + D_{fy}\mathbf{a}_y + D_{fz}\mathbf{a}_z) \cdot \Delta y \Delta z \mathbf{a}_x \\ &= D_{fx}\Delta y \Delta z\end{aligned}$$

앞면에서의 전속밀도의 x 성분의 크기 D_{fx}를 육면체의 중앙점에서의 x 성분의 크기인 D_{x0}와 비교해보면 다음과 같다.

$$\begin{aligned}D_{fx} &\doteq D_{0x} + \frac{\Delta x}{2} \times (x \text{ 변화에 대한 } D_x \text{의 변화율}) \\ &\doteq D_{0x} + \frac{\Delta x}{2}\frac{\partial D_x}{\partial x}\end{aligned}$$

물론 D_x는 일반적으로 x, y, z의 함수로 생각해야 하므로 x에 대한 변화율은 편미분이 되어야 한다. 따라서 다음과 같다.

$$\int_{\text{앞면}} \doteq \left(D_{0x} + \frac{\Delta x}{2}\frac{\partial D_x}{\partial x}\right)\Delta y \Delta z$$

이제 뒷면에 대해 생각해보자. 뒷면에서의 면적은 $\Delta \mathbf{S}_b = \Delta y \Delta z(-\mathbf{a}_x)$이고 또한 뒷면에서의 $\mathbf{D}$를 $\mathbf{D}_b$라 하면 $\mathbf{D}_b = D_{bx}\mathbf{a}_x + D_{by}\mathbf{a}_y + D_{bz}\mathbf{a}_z$ 이므로 뒷면의 적분은 다음과 같다.

$$\int_{\text{뒷면}} = \mathbf{D}_b \cdot \Delta \mathbf{S}_b = (D_{bx}\mathbf{a}_x + D_{by}\mathbf{a}_y + D_{bz}\mathbf{a}_z) \cdot (-\Delta y \Delta z)\mathbf{a}_x$$

$$= -D_{bx}\Delta y \Delta z$$

또한 D_{bx}를 육면체의 중앙점에서의 x 성분의 크기인 D_{0x}와 비교해보면

$$D_{bx} \doteq D_{0x} - \frac{\Delta x}{2} \times \frac{\partial D_x}{\partial x}$$

이므로 다음과 같이 나타낼 수 있다.

$$\int_{\text{뒷면}} \doteq \left(-D_{0x} + \frac{\Delta x}{2}\frac{\partial D_x}{\partial x}\right)\Delta y \Delta z$$

두 적분의 결과를 합하면 다음과 같다.

$$\int_{\text{앞면}} + \int_{\text{뒷면}} \doteq \frac{\partial D_x}{\partial x}\Delta x \Delta y \Delta z$$

같은 방법으로 좌면과 우면, 상·하면에 대한 적분의 결과는

$$\int_{\text{좌면}} + \int_{\text{우면}} \doteq \frac{\partial D_y}{\partial y}\Delta x \Delta y \Delta z$$

$$\int_{\text{윗면}} + \int_{\text{아랫면}} \doteq \frac{\partial D_z}{\partial z}\Delta x \Delta y \Delta z$$

와 같고, 이들의 적분을 모두 합하면 다음과 같다.

$$\oint \mathbf{D} \cdot d\mathbf{S} \doteq \left(\frac{\partial D_x}{\partial x} + \frac{\partial D_y}{\partial y} + \frac{\partial D_z}{\partial z}\right)\Delta x \Delta y \Delta z$$

이 식에서 $\Delta x \Delta y \Delta z$는 Δv 이므로

$$\oint \mathbf{D} \cdot d\mathbf{S} = Q \doteq \left(\frac{\partial D_x}{\partial x} + \frac{\partial D_y}{\partial y} + \frac{\partial D_z}{\partial z}\right)\Delta v \tag{2.34}$$

가 된다. 양변을 Δv로 나누고 극한을 취하면 위 식의 근삿값은 없어지며 다음 관계가 성립한다.

$$\left(\frac{\partial D_x}{\partial x}+\frac{\partial D_y}{\partial y}+\frac{\partial D_z}{\partial z}\right)=\lim_{\Delta v\to 0}\frac{\oint \mathbf{D}\cdot d\mathbf{S}}{\Delta v}=\lim_{\Delta v\to 0}\frac{Q}{\Delta v}$$

이 식의 세 번째 항은 체적전하밀도를 나타내므로 다음과 같다.

$$\left(\frac{\partial D_x}{\partial x}+\frac{\partial D_y}{\partial y}+\frac{\partial D_z}{\partial z}\right)=\lim_{\Delta v\to 0}\frac{\oint \mathbf{D}\cdot d\mathbf{S}}{\Delta v}=\rho_v \tag{2.35}$$

또한 이 식의 두 번째 항은 어떤 **벡터의 발산**(divergence)을 나타내는 식으로 알려져 있다. 벡터 **A**의 발산은 다음과 같이 정의한다.

★ 벡터의 발산 ★

$$\mathbf{A}\text{의 발산} = div\,\mathbf{A}=\lim_{\Delta v\to 0}\frac{\oint \mathbf{A}\cdot d\mathbf{S}}{\Delta v} \tag{2.36}$$

이는 속도나 힘 등 임의의 벡터량의 여러 가지 물리적 성질을 규명하는 데 유용하게 활용되고 있다. 다른 종류의 물리량보다 우리가 관심을 가지고 있는 전속밀도를 이용해 설명하면 다음과 같이 설명할 수 있다.

"선속밀도를 나타내는 벡터 D의 발산은 미소체적소의 크기가 0일 때, 폐곡면 밖으로 나오는 단위 체적당 선속 수와 같다."

발산의 개념을 이용해 전속밀도의 발산을 표현하면 다음과 같다.

★ 전속밀도의 발산 ★

$$div\,\mathbf{D}=\left(\frac{\partial D_x}{\partial x}+\frac{\partial D_y}{\partial y}+\frac{\partial D_z}{\partial z}\right)=\lim_{\Delta v\to 0}\frac{\oint \mathbf{D}\cdot d\mathbf{S}}{\Delta v} \tag{2.37}$$

임의의 벡터의 발산을 계산하였을 때, 결과가 양(+)이면 그 점에 이 물리량의 원천(source)이 있으며, 음(−)이면 음의 원천 또는 흡수(sink)가 있다고 한다.[20] 위 식으로부터 분명히 알 수 있듯이 전속밀도의 경우 발산의 결과는 그 점의 체적전하밀도를 나타낸다.

---

20 여기서 한 가지 유의해야 할 점은 어떤 물리량의 발산은 반드시 스칼라값이 된다는 사실이다. 이는 다음 장에서 배울 임의의 물리량의 경도(gradient)의 결과가 벡터량이 된다는 사실과 대비된다.

직각좌표계 및 원통좌표계 그리고 구좌표계에 대한 발산의 표현식은 다음과 같다.

★ 발산의 표현식 ★

$$div\,\mathbf{D} = \frac{\partial D_x}{\partial x} + \frac{\partial D_y}{\partial y} + \frac{\partial D_z}{\partial z} \quad \text{(직각좌표계)} \quad (2.38)$$

$$div\,\mathbf{D} = \frac{1}{\rho}\frac{\partial}{\partial \rho}(\rho D_\rho) + \frac{1}{\rho}\frac{\partial D_\phi}{\partial \phi} + \frac{\partial D_z}{\partial z} \quad \text{(원통좌표계)} \quad (2.39)$$

$$div\,\mathbf{D} = \frac{1}{r^2}\frac{\partial}{\partial r}(r^2 D_r) + \frac{1}{r\sin\theta}\frac{\partial}{\partial \theta}(\sin\theta D_\theta) + \frac{1}{r\sin\theta}\frac{\partial D_\phi}{\partial \phi} \quad \text{(구좌표계)} \quad (2.40)$$

예제 2-15

전속밀도 $\mathbf{D} = 2x^2y\mathbf{a}_x + 2xy^2\mathbf{a}_y + 4xyz\mathbf{a}_z$[C/m^2] 에 대해 점 P(1, 1, 0)[m]에서의 체적전하밀도와 2[μm^3]의 체적 내의 전하량을 구하라.

풀이 **정답** 24[μC]

먼저 식 (2.38)을 이용해 전속밀도의 발산을 계산하면 다음과 같다.

$$\begin{aligned} div\,\mathbf{D} &= \frac{\partial D_x}{\partial x} + \frac{\partial D_y}{\partial y} + \frac{\partial D_z}{\partial z} \\ &= \frac{\partial}{\partial x}(2x^2y) + \frac{\partial}{\partial y}(2xy^2) + \frac{\partial}{\partial z}(4xyz) \\ &= 4xy + 4xy + 4xy = 12xy \end{aligned}$$

따라서 점 P(1, 1, 0)에서의 전속밀도의 발산은

$$div\,\mathbf{D}_P = 12 \times 1 \times 1 = 12[\text{C/m}^3]$$

이 되며, 구하고자 하는 2[μm^3]의 체적 내의 총 전하량은 다음과 같다.

$$\triangle v \text{ 내의 전하량} = \left(\frac{\partial D_x}{\partial x} + \frac{\partial D_y}{\partial y} + \frac{\partial D_z}{\partial z}\right) \times \Delta v = 12 \times 2 = 24[\mu\text{C}]$$

맥스웰 방정식과 발산의 정리

맥스웰의 제1방정식

가우스 법칙

$$\oint \mathbf{D} \cdot d\mathbf{S} = Q$$

의 양변을 $\triangle v$로 나누고 극한을 취하면 다음과 같다.

$$\lim_{\Delta v \to 0} \frac{\oint \mathbf{D} \cdot d\mathbf{S}}{\Delta v} = \lim_{\Delta v \to 0} \frac{Q}{\Delta v}$$

이 식에서 좌변은 정의에 의해 벡터 $\mathbf{D}$의 발산을, 그리고 우변은 체적전하밀도를 의미한다. 즉, 다음의 관계가 성립하며, 이를 **맥스웰의 제1방정식**(Maxwell's the 1st equation)이라 한다.

★ 멕스웰의 제1방정식 ★

$$div\,\mathbf{D} = \rho_v \tag{2.41}$$

물론 이 관계는 가우스 법칙으로부터 비롯되었으므로 가우스 법칙과 식 (2.41)은 사실상 동일한 의미를 가지며, **가우스 법칙을 맥스웰의 제1방정식의 적분형, 그리고 $div\,\mathbf{D} = \rho_v$를 맥스웰의 제1방정식의 미분형이라 부른다.**

한 가지 중요하면서도 흥미로운 사실이 있다. 가우스 법칙의 양변을 Δv로 나누고 극한값을 취하였을 때, 우변은 분명 체적전하밀도를 나타낸다. 그것도 미소체적을 무한히 작게 하였으므로 바로 한 점의 체적전하밀도가 된다. 재미있는 사실은 예를 들어 z축에 밀도가 ρ_L인 무한 선전하가 있을 때 거리 ρ만큼 떨어진 곳에는 분명 전계와 전속밀도가 존재하지만 전속밀도의 발산은 0이다. 왜냐하면 발산의 결과 식 (2.35)는 바로 그 점에서의 원천(체적전하밀도)을 의미하며, 원천이 되는 전하는 z축상에 존재하고, 이로부터 ρ만큼 떨어진 곳엔 존재하지 않기 때문이다. 물론 구체적인 계산으로 이 사실을 입증할 수도 있을 것이다.

즉, 전속밀도 $\mathbf{D} = \dfrac{\rho_L}{2\pi\rho}\mathbf{a}_\rho$이므로 벡터의 발산을 구하면 다음과 같다.

$$div\,\mathbf{D} = \frac{1}{\rho}\frac{\partial}{\partial\rho}(\rho D_\rho) + \frac{1}{\rho}\frac{\partial D_\phi}{\partial\phi} + \frac{\partial D_z}{\partial z} = \frac{1}{\rho}\frac{\partial}{\partial\rho}\left(\rho\frac{\rho_L}{2\pi\rho}\right) = 0$$

전하는 z축상에만 존재하므로 z축을 벗어난 그 어떤 위치에도 전계 및 전속밀도의 원천은 존재할 수 없다.

그러나 만약 무한 선전하가 분포하는 매우 가늘고 예리한 직선도체를 편의상 [그림 2-18]과 같이 반경 a인 원주형 도체라 가정해보자.

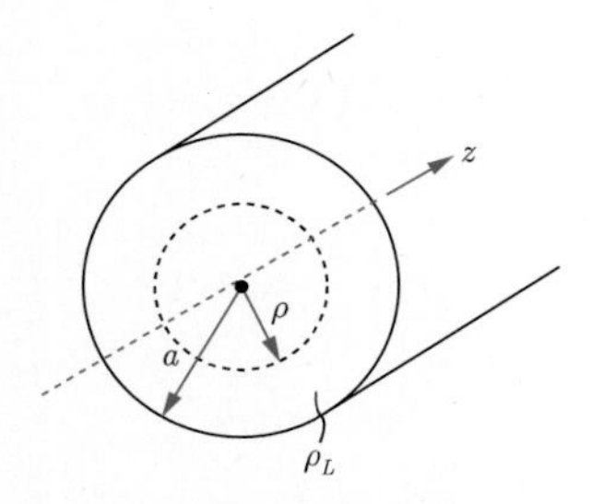

[그림 2-18] 전하가 균일하게 분포한 원주형 도체

반경 a인 원주형 도체에 무한 선전하밀도 ρ_L이 균일하게 분포하며, 도체 내의 한 점에서 전속밀도를 이용해 발산을 구하면 그 결과는 그 점의 체적전하밀도가 된다.

물론 실제로 a는 매우 작기 때문에 도체 단면의 모든 점에서 전하가 균일하게 분포한다고 가정할 수 있다. 원주형 도체 내부의 한 점에서 전속밀도를 구하고, 그 점에서 발산을 구해보자. 먼저 가우스 법칙에 의해

$$\oint \mathbf{D} \cdot d\mathbf{S} = D_\rho \int_0^L \int_0^{2\pi} \rho d\phi dz = 2\pi\rho L D_\rho$$

가 되고, 이는 폐곡면 내의 전하량과 같다. 따라서 원주 도체 내의 전하가 체적전하밀도 ρ_v로 분포되어 있으므로 다음과 같이 표현한다.

$$Q = \int \rho_v dv = \int_0^L \int_0^{2\pi} \int_0^\rho \frac{\rho_L}{\pi a^2} \rho d\rho d\phi dz = \frac{\rho_L \rho^2 L}{a^2}$$

즉 위 식과의 관계에 의해

$$D_\rho = \frac{\rho_L \rho}{2\pi a^2}$$

를 얻을 수 있으며, 이 식에 발산을 취하면

$$\begin{aligned} div\,\mathbf{D} &= \frac{1}{\rho}\frac{\partial}{\partial \rho}(\rho D_\rho) + \frac{1}{\rho}\frac{\partial D_\phi}{\partial \phi} + \frac{\partial D_z}{\partial z} \\ &= \frac{1}{\rho}\frac{\partial}{\partial \rho}\left(\rho \frac{\rho_L \rho}{2\pi a^2}\right) = \frac{\rho_L}{\pi a^2} = \rho_v \end{aligned}$$

가 되어, z축상의 한 점에는 발산하는 전속밀도의 원천이 체적전하밀도 ρ_v로 존재하고 있음을 알 수 있다.

예제 2-16

원점에 점전하 Q[C] 이 있을 때, 이로부터 r[m] 떨어진 점 P(r, π, 0) 에서의 전속밀도를 구하고, 그 점에서 체적전하밀도가 0 임을 보여라.

풀이

우선 가우스 법칙을 이용해 전속밀도를 구하면 점전하 Q에 의한 전속밀도는 D_r 성분만이 존재하므로 식 (2.33)에서

$$\oint \mathbf{D} \cdot d\mathbf{S} = D_r \int_0^{2\pi} \int_0^{\pi} r^2 \sin\theta d\theta d\phi = 4\pi r^2 D_r = Q$$

가 되고, 이로부터 전속밀도는 다음과 같다.

$$\mathbf{D} = \frac{Q}{4\pi r^2} \mathbf{a}_r$$

한편 전속밀도와 체적전하밀도 사이에는 식 (2.41)에서와 같이 $div\,\mathbf{D} = \rho_v$ 의 관계가 성립하며, 구좌표계로 표현된 발산 식 (2.39)를 이용해 전속밀도의 발산을 계산하면 다음과 같다.

$$\begin{aligned} div\,\mathbf{D} &= \frac{1}{r^2}\frac{\partial}{\partial r}\left(r^2 D_r\right) + \frac{1}{r\sin\theta}\frac{\partial}{\partial\theta}(\sin\theta D_\theta) + \frac{1}{r\sin\theta}\frac{\partial D_\phi}{\partial\phi} \\ &= \frac{1}{r^2}\frac{\partial}{\partial r}\left(r^2 \frac{Q}{4\pi r^2}\right) = 0 \end{aligned}$$

따라서 그 위치에서는 체적전하밀도가 0 이 됨을 알 수 있다.

벡터 연산자

이제 계산 및 표현의 편의를 위해 벡터 연산자 ∇ 을 도입해보자. ∇ 은 'del'로 읽기로 하며 다음과 같이 표현되는 벡터 미분 연산자이다.

★ 벡터 연산자 ★

$$\nabla = \frac{\partial}{\partial x}\mathbf{a}_x + \frac{\partial}{\partial y}\mathbf{a}_y + \frac{\partial}{\partial z}\mathbf{a}_z \qquad (2.42)$$

이 연산자를 이용해 벡터 $\mathbf{D} = D_x\mathbf{a}_x + D_y\mathbf{a}_y + D_z\mathbf{a}_z$ 를 연산하면 다음과 같다.

$$\begin{aligned}\nabla \cdot \mathbf{D} &= \left(\frac{\partial}{\partial x}\mathbf{a}_x + \frac{\partial}{\partial y}\mathbf{a}_y + \frac{\partial}{\partial z}\mathbf{a}_z\right) \cdot (D_x\mathbf{a}_x + D_y\mathbf{a}_y + D_z\mathbf{a}_z) \\ &= \frac{\partial D_x}{\partial x} + \frac{\partial D_y}{\partial y} + \frac{\partial D_z}{\partial z}\end{aligned}$$

이는 곧 발산의 결과와 같다.

$$div\,\mathbf{D} = \nabla \cdot \mathbf{D} = \frac{\partial D_x}{\partial x} + \frac{\partial D_y}{\partial y} + \frac{\partial D_z}{\partial z}$$

따라서 앞으로 어떤 벡터의 발산은 $div\,\mathbf{D}$ 또는 $\nabla \cdot \mathbf{D}$를 혼용해서 사용할 수 있으나 물리적 개념을 설명하기에는 $div\,\mathbf{D}$를, 수학적 표현의 편의성을 추구할 때에는 $\nabla \cdot \mathbf{D}$를 사용하는 것이 편리하다.

발산의 정리

마지막으로 우리가 이미 알고 있는 가우스 법칙과 맥스웰의 제1방정식[21]을 조합하면

$$\oint \mathbf{D} \cdot d\mathbf{S} = Q = \int \rho_v dv = \int \nabla \cdot \mathbf{D} dv$$

를 얻는다. 여기에서 면적적분과 체적적분과의 관계를 **발산의 정리**(divergence theorem)라 한다.

★ 발산의 정리 ★

$$\oint \mathbf{D} \cdot d\mathbf{S} = \int \nabla \cdot \mathbf{D}\, dv \qquad (2.43)$$

발산의 정리는 물론 전속밀도가 아닌 다른 벡터계에도 적용할 수 있지만 전속밀도의 경우 그 결과는 전하가 된다. 이는 주어진 벡터계에서 면적적분과 체적적분 중 유리한 것을 선택해 문제를 해결할 수 있어 편리하며, 앞으로 많은 전기 및 자기적 현상을 이해하기 위한 논법의 전개에도 유용하다.

21 전자기학에는 정전계 및 정자계에서의 네 개의 맥스웰 방정식이 등장한다. 이들은 전계와 전속밀도, 그리고 자계와 자속밀도의 기본적 성질을 정의한 것으로 매우 중요하다.

예제 2-17

전속밀도 $\mathbf{D}=2\rho\mathbf{a}_\rho[\mathrm{C/m^2}]$ 에 대해 길이 L이고 반지름 a인 직원통의 표면에서 발산의 정리가 성립함을 보여라.

풀이

식 (2.43)의 $\oint \mathbf{D}\cdot d\mathbf{S}=\int \nabla\cdot\mathbf{D}\,dv$에서 좌변을 먼저 계산하면 다음과 같다.

$$\oint \mathbf{D}\cdot d\mathbf{S}=\int_0^L\int_0^{2\pi}2\rho^2 d\phi dz=4\pi\rho^2L=4\pi a^2L[\mathrm{C}]$$

한편 우변의 계산을 위해 $\mathbf{D}=2\rho\mathbf{a}_\rho$의 발산을 구하면

$$\begin{aligned}\nabla\cdot\mathbf{D}&=\frac{1}{\rho}\frac{\partial}{\partial\rho}(\rho D_\rho)+\frac{1}{\rho}\frac{\partial D_\phi}{\partial\phi}+\frac{\partial D_z}{\partial z}\\&=\frac{1}{\rho}\frac{\partial}{\partial\rho}(2\rho^2)=4[\mathrm{C/m^3}]\end{aligned}$$

이다. 이를 이용해 식 (2.43)의 우변을 계산하면 다음과 같다.

$$\int\nabla\cdot\mathbf{D}\,dv=\int_0^L\int_0^{2\pi}\int_0^a 4\rho d\rho d\phi dz=4\pi a^2L[\mathrm{C}]$$

따라서 이 벡터계에 대한 발산의 정리는 성립하며, 이 결과는 전하량을 나타낸다.

예제 2-18

전속밀도 $\mathbf{D}=(3y+z^2)\mathbf{a}_x+2xy\mathbf{a}_y+z\mathbf{a}_z[\mathrm{C/m^2}]$ 가 있을 때 다음을 구하라.

(a) 점 $\mathrm{P}(1,\ 0,\ 3)[\mathrm{m}]$에서의 체적전하밀도 ρ_v

(b) $0\le x\le 1,\ 0\le y\le 1,\ 0\le z\le 1[\mathrm{m}]$의 체적 내의 총 전하량

(c) $0\le x\le 1,\ 0\le y\le 1,\ 0\le z\le 1[\mathrm{m}]$의 체적을 통해 발생하는 전속

풀이 **정답** (a) $3[\mathrm{C/m^3}]$ (b) $2[\mathrm{C}]$ (c) $2[\mathrm{C}]$

(a) 체적전하밀도는 전속밀도 $\mathbf{D}=(3y+z^2)\mathbf{a}_x+2xy\mathbf{a}_y+z\mathbf{a}_z[\mathrm{C/m^2}]$로부터 $div\mathbf{D}$를 구하면 된다. 따라서

$$\nabla\cdot\mathbf{D}=\frac{\partial}{\partial x}(3y+z^2)+\frac{\partial}{\partial y}(2xy)+\frac{\partial}{\partial z}(z)=2x+1$$

이 되고, 점 P(1, 0, 3)에서는 $\nabla \cdot \mathbf{D} = \rho_v = 3[\mathrm{C/m^3}]$ 이다.

(b) 발산의 정리의 결과는 다음과 같이 전하량으로 나타난다. 즉 식 (2.43)에 주어진 값을 대입하면 다음과 같다.

$$\oint \mathbf{D} \cdot d\mathbf{S} = \int \nabla \cdot \mathbf{D}\, dv = \int_0^1 \int_0^1 \int_0^1 (2x+1)\, dx dy dz = 2[\mathrm{C}]$$

(c) $0 \le x \le 1, 0 \le y \le 1, 0 \le z \le 1[\mathrm{m}]$의 체적 내에 2[C]의 전하량이 있으므로 이 체적을 통해 나오는 전속은 $\Psi = 2[\mathrm{C}]$ 이다.

SECTION
06

전위

이 절에서는 전계로부터 힘을 받고 있는 하전입자를 움직이는 데 필요한 일을 구하고 이로부터 전위 및 전위차를 정의하며, 각종 전하분포로부터 전위를 구한다.

Keywords | 전하를 움직이는 데 필요한 에너지 | 전위 | 전위차 | 선적분 | 보존계 | 맥스웰의 제2방정식 | 전위계수 |

전하를 움직이는 데 필요한 에너지

지금까지 우리는 쿨롱의 법칙과 가우스 법칙을 이용해 각종 전하분포에 의한 전계와 전속밀도를 구하였다. 그러나 이러한 쿨롱의 힘과 전계 및 전속밀도에 비해 우리에게 좀 더 유용한 전기적 양은 역시 에너지일 것이다. 이 절에서는 하전입자를 움직이는 데 필요한 에너지와 전위에 대해 공부해 보자.

정지하고 있는 물체의 속도는 0이므로 운동에너지도 0이다. 그러나 이 물체에 힘을 가해 일정 거리만큼 이동하면, 이 물체는 운동속도 및 에너지를 가지게 되며, 우리는 이 물체에 일을 해 준 셈이 된다. 즉, 물체는 우리가 해 준 일에 상응하는 운동에너지를 가지게 되며, 우리가 해 준 일은 힘과 이동거리에 비례함을 알 수 있다.

쿨롱의 법칙에서 두 점전하 사이에 발생하는 힘 $\mathbf{F}$와 점전하 Q에 의한 전계 $\mathbf{E}$는 다음과 같다.

$$\mathbf{F} = \frac{QQ}{4\pi\epsilon_0 R^2}\mathbf{a}_R$$

$$\mathbf{E} = \frac{Q}{4\pi\epsilon_0 R^2}\mathbf{a}_{\mathrm{R}}$$

따라서 두 식으로부터 다음과 같은 중요한 관계가 성립한다.

★ 쿨롱의 힘과 전계와의 관계 ★

$$\mathbf{F} = Q\mathbf{E} \tag{2.44}$$

만약 하전입자가 $Q= +e$[C]의 전하량을 가지는 양이온이라면 하전입자는 전계로부터 $\mathbf{F}= +e\mathbf{E}$의 힘을 받으며, 전자와 같이 $Q= -e$[C]의 전하를 가진다면 $\mathbf{F}= -e\mathbf{E}$가 되어 전자는 전계와 반대 방향으로 힘을 받는다는 것을 알 수 있다.

식 (2.44)와 같이 전하가 전계로부터 힘을 받고 있다는 사실은 전하는 전계라는 힘에 속박되어 있음을 의미한다. 이는 마치 모든 물체가 중력장으로부터 힘을 받고 있는 것과 마찬가지이다. 따라서 이러한 전하를 움직이게 하려면 우선 전하를 전계의 속박에서 자유롭게 해야 하며, 이를 위해 $\mathbf{F}= +Q\mathbf{E}$의 힘을 외부에서 가해야 한다. 이러한 힘을 가해 미소거리 $d\mathbf{L}$만큼 전하를 움직이는 데 필요한 일 dW는 다음과 같이 표현할 수 있다.

$$dW= -Q\mathbf{E}\cdot d\mathbf{L} \tag{2.45}$$

따라서 주어진 전계에서 전하 Q를 어떤 시점에서 종점까지 옮기는 데 필요한 일 W는 다음과 같다.

★ 전계 내의 전하를 옮기는 데 필요한 일 ★

$$W= -Q\int_{\text{시점}}^{\text{종점}} \mathbf{E}\cdot d\mathbf{L} \tag{2.46}$$

여기에서 한 가지 재미있는 사실은 전계 $\mathbf{E}$와 $d\mathbf{L}$이 서로 수직이면, 즉 전계의 방향에 수직한 방향으로 전하를 움직인다면 $\mathbf{E}\cdot d\mathbf{L}= EdL\cos 90°=0$이 되어 전하를 움직이는 데 필요한 일은 0이라는 사실이다. 이 경우 전계(전기장)와 중력장과의 유사성이 나타난다. 어떤 물체를 지상에서 5층 높이까지 옮기는 데에는 일이 필요하다. 이 물체도 중력장으로부터 속박당하고 있으므로 이를 극복해 옮기기 위해 우리는 일을 해 주어야 한다. 또한 이와는 반대로 5층 높이에서 이 물체를 땅으로 떨어뜨리는 데에도 역시 일이 필요하다. 이때는 음(−)의 일이 필요하며, 사실상 이 일은 우리가 하지 않고 중력장이 하게 된다. 그러나 중력의 방향에 대해 수직으로 즉, 지표면에 수평한 면을 따라 물체를 옮기는 데는 일이 필요치 않음을 잘 알고 있다.[22] 이와 마찬가지로 식 (2.45) 또는 식 (2.46)에서 전계에 대항해 전하를 옮기는 데 필요한 일의 계산 결과가 양(+)이면 우리가 일을 해 주어야 하며, 음(−)의 값인 경우에는 전계가 일을 하는 셈이 된다.

22 만약 마찰이 없는 완전한 평면을 구현할 수 있다면, 마찰이 없는 그리고 대지에 수평한 면에 공을 굴리면 공은 정지하지 않고 영원히 굴러갈 것이다. 이는 공이 이동하는 방향과 중력의 방향이 수직이므로 공이 이동하는 데 필요한 일이 0임을 의미한다.

예제 2-19

전계 $\mathbf{E}=3\mathbf{a}_x+\mathbf{a}_y-4\mathbf{a}_z$[V/m] 내의 전하 2[$\mu$C]을 $\Delta\mathbf{L}=\mathbf{a}_x-2\mathbf{a}_y+3\mathbf{a}_z$[$\mu$m]만큼 옮기는 데 필요한 일을 구하고 이 일이 수행되는 주체를 판단하라.

풀이 **정답** 22[pJ], 외부

우선 주어진 전계 내의 전하 2[μC]을 $\Delta\mathbf{L}$만큼 옮기는 데 필요한 일은 식 (2.45)를 이용해 다음과 같이 구할 수 있다.

$$\begin{aligned}\Delta W &= -Q\mathbf{E}\cdot\Delta\mathbf{L}\\ &= -2\times10^{-6}\times(3\mathbf{a}_x+\mathbf{a}_y-4\mathbf{a}_z)\cdot(\mathbf{a}_x-2\mathbf{a}_y+3\mathbf{a}_z)\times10^{-6}\\ &= 22\times10^{-12}=22[\text{pJ}]\end{aligned}$$

이 일은 양의 값이므로 외부에서 일을 해 주어야 한다.

전위와 전위차

식 (2.46)은 주어진 전계 내에서 전하 Q를 시점에서 종점까지 옮기는 데 필요한 에너지였다. 이 식의 양변을 전하 Q로 나누어 보면

$$\frac{W}{Q}=-\int_{\text{시점}}^{\text{종점}}\mathbf{E}\cdot d\mathbf{L}$$

이 되는데, 이는 전계 내에서 **단위양전하**(+1[C])**를 시점에서 종점까지 옮기는 데 필요한 에너지로** 설명될 수 있다. 이를 **전위**(electric potential)[23]라 하며, 다음과 같이 표현된다.

★ 전위 ★

$$V=-\int_{\text{시점}}^{\text{종점}}\mathbf{E}\cdot d\mathbf{L} \qquad (2.47)$$

따라서 전위는 줄/쿨롱(Joule/Coulomb, J/C)의 단위를 사용하며, 실용단위로 볼트(volt, V)를 사용한다.

전계 내에서 단위양전하를 B점에서 A점까지 옮기는 데 외부에서 가해주어야 할 일(필요한 에너지)

23 전기공학에서는 전위를 비롯해 전압(voltage), 기전력(electromotive force), 그리고 전압강하(voltage drop) 등 다양한 용어를 사용하고 있으나 전위가 그 물리적 개념을 가장 잘 나타내는 용어라 생각할 수 있다.

은 다음과 같으며, 이를 **A, B 사이의 전위차**(potential difference)라 부르기도 한다.

$$V_{AB} = -\int_B^A \mathbf{E} \cdot d\mathbf{L} \tag{2.48}$$

키가 170[cm]인 사람을 생각해보자. 이는 발끝의 좌표를 0이라 할 때, 머리끝의 좌표가 170[cm]임을 의미하는 것으로, $170-0=170$[cm]에 의해 키의 실질적 크기를 나타낸다. 만약 사람이 30[cm]의 단상 위에 서 있다고 가정하면 머리끝의 좌표값은 200[cm]가 될 것이다. 그러나 사람의 키는 $200-30=170$[cm]으로, 사람의 키에 대한 크기에는 변함이 없다. 이때 0과 30[cm]는 결국 사람의 키를 결정하는 기준값이 된다.

전위의 경우도 마찬가지이다. 궁극적으로 전위 및 전위차는 단위양전하를 옮기는 데 필요한 일의 양으로 정의되며, 이는 곧 '단위양전하를 옮기는 데 필요한 일이 얼마인가?'의 의미이다. 이를 확장해 설명하면 '전기적으로 이만큼의 일을 하는 데 몇 볼트가 필요한가?'와 동일한 문제이므로 같은 200[V]의 전위라 하더라도 200[V]의 전위를 결정하는 기준전위에 따라 일의 양은 달라질 수 있다.

예를 들어 [그림 2-19]와 같이 A 점의 전위는 B 점을 기준으로 하면 $110-(-110)=220$[V]가 되지만, O 점을 기준전위로 하면 $110-0=110$[V]가 되어, 같은 A 점이라 하더라도 기준전위에 따라 여러 값을 가질 수 있다. 따라서 전위를 표현을 할 때에는 'B에 대한 A 점의 전위'가 분명한 의미를 가지게 되며, 이를 두 점 사이의 **전위차**라 한다.

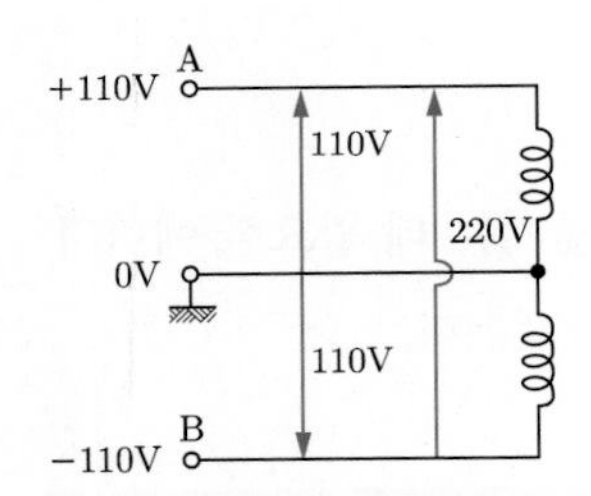

[그림 2-19] 전위차를 설명하는 회로도
한 점의 전위 및 두 점 사이의 전위차는 기준전위에 의해 결정된다.

A와 B 점의 전위를 각각 V_A, V_B라 하면 두 점 사이의 전위차는 다음과 같다.

★ A, B 사이의 전위차 ★

$$V_{AB} = \int_B^A \mathrm{E} \cdot d\mathbf{L} = V_A - V_B \tag{2.49}$$

한편 한 점의 전위를 결정하는 데 기준전위가 0[V]인 점이 있다면 매우 편리할 것이다. 이 경우 0[V]인 기준전위에 대한 어느 한 점의 전위는 절대전위의 의미를 가지게 된다. 다행히 전기공학에는 분명한 두 개의 영전위 기준점이 존재하는데, 하나는 대지면이며, 우리가 전기회로를 결선할 때나 각종 전기·전자 제품을 사용할 때 하는 접지(ground)이다. 전기제품을 사용할 경우 접지는 사용자의 안전을 위해서도 절대적으로 필요하지만, 회로를 결선하는 등의 실험을 수행할 경우 접지하지 않은 모든 전위의 값은 의미가 없다. 또 하나의 영전위 기준점은 무한원점의 전위이다. 무한원점의 전위를 영전위 기준점으로 생각하는 것은 쿨롱의 법칙에 따라 전계는 전하로부터 떨어진 거리의 제곱에 반비례하며, 전위는 결국 전계를 적분한 것이므로 거리에 반비례하게 된다. 따라서 전하로부터 매우 멀어진 점의 전위는 0[V]가 될 수밖에 없다는 사실에 기인한다.

예제 2-20

전계 $\mathbf{E}=5x^2\mathbf{a}_x+3y\mathbf{a}_y+4\mathbf{a}_z$[V/m] 일 때, 다음을 구하라.

(a) 점 $P_1(1, -1, 0)$과 점 $P_2(2, 1, 2)$[m] 사이의 전위차

(b) 점 $P_2(2, 1, 2)$를 영전위 기준점이라 할 때, 점 $P_1(1, -1, 0)$[m]에서의 전위

(c) 원점을 영전위 기준점이라 할 때, 점 $P_1(1, -1, 0)$[m]에서의 전위

풀이 **정답** (a) 19.7[V] (b) 19.7[V] (c) −3.17[V]

(a) 두 점 사이의 전위차는 식 (2.47)를 이용하여 다음과 같이 계산한다.

$$\begin{aligned}V_{12}&=-\int\mathbf{E}\cdot d\mathbf{L}\\&=-\int(5x^2\mathbf{a}_x+3y\mathbf{a}_y+4\mathbf{a}_z)\cdot(dx\mathbf{a}_x+dy\mathbf{a}_y+dz\mathbf{a}_z)\\&=-\int(5x^2dx+3ydy+4dz)=-\int_2^1 5x^2dx-\int_1^{-1}3ydy-\int_2^0 4dz\doteqdot 19.7[\text{V}]\end{aligned}$$

(b) 점 P_2를 영전위 기준점이라 하면 $V_2=0$이므로 V_{12}는 다음과 같이 계산한다.

$$V_{12}=V_1-V_2=V_1-0=19.7[\text{V}]$$

따라서 $V_1=19.7$[V]이다.

(c) 원점을 영전위 기준점이라 할 때, 점 P_1에서의 전위는 다음과 같이 계산한다.

$$\begin{aligned}V_1&=-\int\mathbf{E}\cdot d\mathbf{L}=-\int(5x^2dx+3ydy+4dz)\\&=-\int_0^1 5x^2dx-\int_0^{-1}3ydy-\int_0^0 4dz\doteqdot -3.17[\text{V}]\end{aligned}$$

Note 저항회로에서의 전류 형성 과정

[그림 2-20]과 같은 간단한 회로를 생각해보자. 그림에서 저항 R에 전압 V를 인가하면 전류 I가 흐른다는 것은 옴의 법칙으로부터 잘 알려져 있는 사실이다. 이러한 전류의 형성 과정을 전위 및 전계의 개념을 이용해 고찰해보자.

우선 전원은 0[V]에 대해 V[V]의 전위차를 가지고 있으므로 회로의 도선을 따라 전계를 발생시킨다. 또한 전계는 전하에 작용하는 전기적 힘의 개념이므로 전하에 힘을 가해 전하를 가속시킨다. 가속된 전하는 일정한 속도로 움직이므로 회로에는 전하의 속도와 전하의 양에 비례하는 전류가 형성되는 것이다. 또한 V[V]의 전위는 하전입자를 이동시킴으로써 전류를 형성하는 데 모두 사용되었으므로 전원으로 되돌아 올 때에는 0[V]가 된다고 볼 수 있다. 저항 R은 전류의 흐름을 방해하는 역할을 하므로 전류가 저항을 통과하려면 $V=RI$ 만큼의 일이 저항 부분에서 소모되어야 한다. 이때 저항에서는 $V=RI$의 전압강하가 발생하였다고 생각하면 된다.

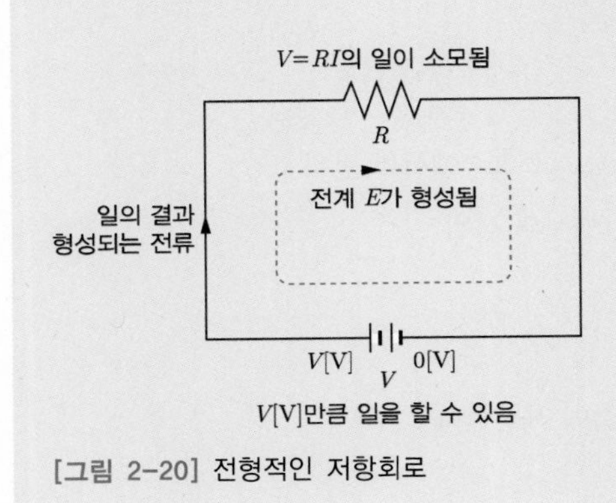

[그림 2-20] 전형적인 저항회로

선적분과 전계의 보존적 성질

전위는 결국 전계에 대한 선적분으로 구한다. [그림 2-21]과 같이 벡터 $\mathbf{E}$ 내의 시점 B에서 종점 A 사이에 선분벡터 $\mathbf{L}$이 있다고 하고, 이 곡선 $\mathbf{L}$에 따른 벡터 $\mathbf{E}$의 선적분을 구해보자.

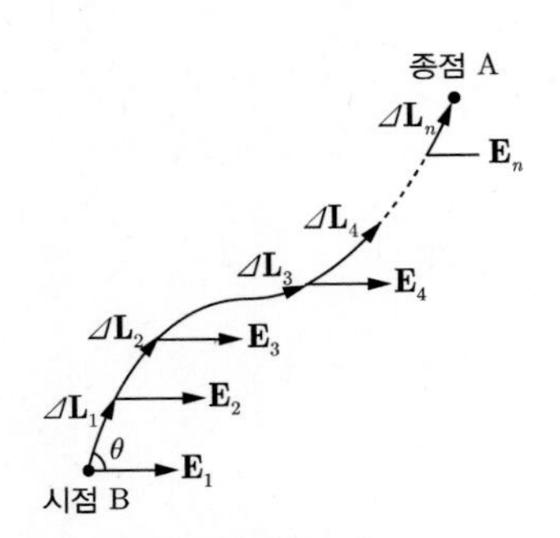

[그림 2-21] 벡터의 선적분

벡터 $\mathbf{E}$의 선적분은 적분경로에 관계없이 일정하다.

우선 벡터 $\mathbf{E}$의 선적분을 구하기 위해 적분경로인 곡선 $\mathbf{L}$을 직선으로 간주할 수 있을 정도로 미소한 n개의 미소길이벡터로 나누어 각각의 미소길이벡터를 $\Delta\mathbf{L}_i (i = 1, 2, 3, \cdots, n)$라 하자. 그림에서 선적분함수는

$$\mathbf{E} \cdot \Delta\mathbf{L} = E\Delta L\cos\theta$$

이며, $E\cos\theta = E_L$ 이라 하면

$$\mathbf{E} \cdot \Delta\mathbf{L} = E_L \Delta L$$

이 된다. 단위양전하를 B 점에서 A 점으로 옮기는 데 필요한 일은

$$V = -(E_{L1}\Delta L_1 + E_{L2}\Delta L_2 + E_{L3}\Delta L_3 + \cdots + E_{Ln}\Delta L_n)$$

이므로

$$V = -(\mathbf{E}_1 \cdot \Delta\mathbf{L}_1 + \mathbf{E}_2 \cdot \Delta\mathbf{L}_2 + \mathbf{E}_3 \cdot \Delta\mathbf{L}_3 + \cdots + \mathbf{E}_n \cdot \Delta\mathbf{L}_n)$$

이며, 전계가 어디에서나 크기가 같은 평등전계라면

$$\mathbf{E}_1 = \mathbf{E}_2 = \mathbf{E}_3 = \cdots = \mathbf{E}_n$$

이므로 위 식은 다음과 같이 정리된다.

$$\begin{aligned} V &= -\mathbf{E} \cdot (\Delta\mathbf{L}_1 + \Delta\mathbf{L}_2 + \Delta\mathbf{L}_3 + \cdots + \Delta\mathbf{L}_n) \\ &= -\mathbf{E} \cdot \mathbf{L}_{BA} \end{aligned} \tag{2.50}$$

이 결과는 주어진 전계 내에서 전하를 이동하는 데 필요한 일이 전계의 세기와 전하량, 경로의 시점과 종점까지의 선분벡터 $\mathbf{L}_{BA}$에 의해 결정된다는 것을 의미한다. 즉, 일은 그 전하를 이동시키기 위해 선택된 경로와는 무관하다. 식 (2.50)에서 알 수 있듯이 B에서 A까지의 경로가 곡선이든, 직선이든 그 결과는 같다.[24] 비록 이 절에서는 논의의 편의상 공간적으로 균일한 경우에 대해 논의하였으나, 불평등 전계의 경우에도 결과는 같다. 전위의 이러한 성질을 확장해서 생각해 보면 단위전하를 임의의 폐경로를 따라 일주시키는 데 필요한 일이 0이 된다는 중요한 사실을 알 수 있다. 따라서 다음과 같이 표현할 수 있다. 이때 적분기호의 작은 원은 적분경로가 폐경로임을 표시한다.

---

24 식 (2.50)을 전기회로의 키르히호프의 전압법칙과 연관해 생각해보라. 직류 전기회로에서 저항 R_1을 통해 B점까지 단위전하를 이동하고 다시 R_2를 지나 A점까지 되돌아오게 하는 데 필요한 일은 0이 된다는 사실은 임의의 폐경로에 대한 전압강하의 합이 0이 된다는 사실과 같은 의미가 된다.

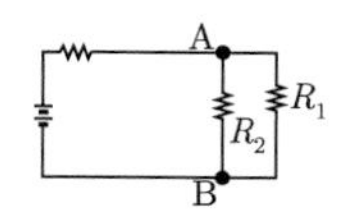

★ 맥스웰 제2방정식의 적분형 ★

$$\oint \mathbf{E} \cdot d\mathbf{L} = 0 \tag{2.51}$$

이와 같은 방정식을 만족하는 계를 **보존계**(conservative field)라 한다. 이는 어떤 폐경로를 따라 전하를 이동시키는 데 일이 필요하지 않기 때문이다. 즉, 에너지가 계 내에 보존되기 때문이다. 보존계는 반드시 전기장에 국한되는 개념은 아니며, 중력장에서도 쉽게 보존계의 성질을 이해할 수 있다. 한 물체를 위로 옮기기 위해 일이 필요하지만 다시 원위치로 되돌리기 위해 같은 양의 에너지가 되돌아오기 때문이다.

한편 정전계의 보존적 성질을 나타내는 식 (2.51)은 4장에서 배우게 될 벡터의 회전 연산 및 스토크스의 정리(Stokes' theorem)를 이용하면 다음과 같이 표현된다. 이는 두 번째 맥스웰 방정식으로, 전계의 보존적 성질을 나타내는 매우 중요한 식이다.[25]

★ 맥스웰 제2방정식의 미분형 ★

$$\nabla \times \mathbf{E} = 0 \tag{2.52}$$

예제 2-21

전계 $\mathbf{E} = 2xy^2\mathbf{a}_x + 3(x-1)\mathbf{a}_y + z^2\mathbf{a}_z$ [V/m] 내에서 단위양전하를 점 B(0, 0, 0)에서 점 A(1, 1, 0)[m]으로 $y^2 = x$의 이동경로를 통해 이동하는 데 필요한 일을 구하라.

풀이 **정답** $\frac{4}{3}$[V]

단위양전하를 옮기는 데 필요한 일 V는 식 (2.48)에 의해

$$\begin{aligned} V &= -\int \mathbf{E} \cdot d\mathbf{L} = -\int \left[2xy^2\mathbf{a}_x + 3(x-1)\mathbf{a}_y + z^2\mathbf{a}_z\right] \cdot (dx\,\mathbf{a}_x + dy\,\mathbf{a}_y + dz\,\mathbf{a}_z) \\ &= -\int \left[2xy^2dx + 3(x-1)dy + z^2dz\right] \end{aligned}$$

이며 z의 경우 이동거리가 없으므로 $dz = 0$이 된다. 따라서

$$V = -\int \left[2xy^2dx + 3(x-1)dy\right]$$

---

25 식 (2.51)과 식 (2.52)는 정전계에서는 성립하지만 6장의 시가변계에서 패러데이 법칙을 배우고 나면 성립하지 않는다는 사실을 알게 될 것이다. 이때 우리는 맥스웰 방정식을 일부 수정하게 될 것이다.

이며, 이동경로가 $y^2=x$이므로, 이를 이용해 위 식을 정리하면 다음과 같다.

$$V=-\int[2x^2dx+3(y^2-1)dy]=-\int_0^1 2x^2dx-\int_0^1 3(y^2-1)dy$$
$$=-2\left[\frac{x^3}{3}\right]_0^1-3\left[\frac{y^3}{3}-y\right]_0^1=\frac{4}{3}[\mathrm{V}]$$

각종 전하계에 의한 전위

점전하

점전하 Q로부터 r_A, r_B만큼 떨어진 두 점 A, B 사이의 전위차를 구해보자. 우선 전계 $\mathbf{E}$가

$$\mathbf{E}=\frac{Q}{4\pi\epsilon_0 r^2}\mathbf{a}_r$$

이므로 전위는 다음과 같이 구한다.

★ 점전하에 의한 전위 ★

$$V_{AB}=-\int_B^A \mathbf{E}\cdot d\mathbf{L}=-\int_{r_B}^{r_A}\frac{Q}{4\pi\epsilon_0 r^2}\mathbf{a}_r\cdot dr\mathbf{a}_r=\frac{Q}{4\pi\epsilon_0}\left(\frac{1}{r_A}-\frac{1}{r_B}\right)$$

만약 위 식에서 $r_A<r_B$이면 $V_{AB}>0$ 이 되므로 단위양전하를 B 점에서 A 점까지 옮기려면 외부에서 일을 해 주어야 한다. 이는 A 점의 전계가 B 점의 전계보다 더 큰 상황에서 전계가 약한 B 점에서 강한 A 점으로 단위전하를 옮기려면 외부에서의 일이 필요하다는 뜻이다. 이와는 반대로 전계가 강한 A 점에서 약한 B 점으로 단위전하를 옮기려면 외부로부터의 일은 필요치 않으며 그 일은 전계가 수행하게 됨을 의미한다.

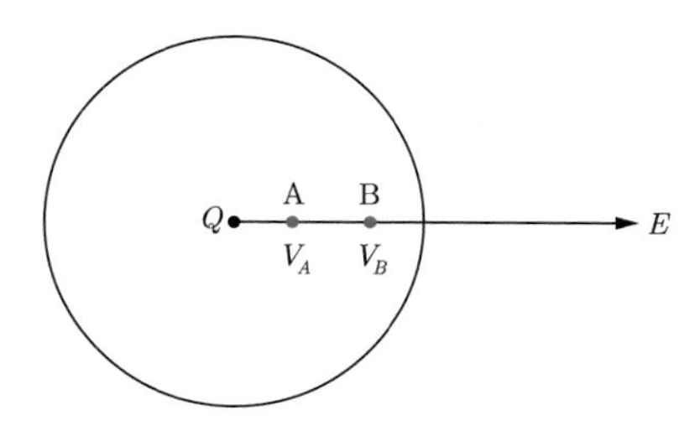

[그림 2-22] 점전하에 의한 두 점 사이의 전위차 V_{AB}

A 점의 전계가 B점의 전계보다 크므로 전위도 $V_A>V_B$이다.

한편 두 점 사이의 전위차는 $V_{AB} = V_A - V_B$이므로 다음과 같이 표현할 수 있다.

$$V_{AB} = V_A - V_B = \frac{Q}{4\pi\epsilon_0 r_A} - \frac{Q}{4\pi\epsilon_0 r_B}$$

여기에서 V_A 및 V_B도 영전위 기준점에 대한 A 점과 B 점의 절대전위로 표현할 수 있으며, 이는 무한원점을 영전위 기준점으로 취해 다음과 같이 동일한 결과를 얻을 수 있다.

$$\begin{aligned} V_{AB} &= V_A - V_B \\ &= -\int_{\infty}^{r_A} \frac{Q}{4\pi\epsilon_0 r^2}\mathbf{a}_r \cdot dr\mathbf{a}_r - \left(-\int_{\infty}^{r_B} \frac{Q}{4\pi\epsilon_0 r^2}\mathbf{a}_r \cdot dr\mathbf{a}_r\right) \\ &= \frac{Q}{4\pi\epsilon_0 r_A} - \frac{Q}{4\pi\epsilon_0 r_B} \end{aligned}$$

무한 선전하

z축의 $-\infty$ 에서 $+\infty$ 까지 균일한 선전하밀도 $\rho_L[\mathrm{C/m^2}]$이 분포되어 있다. 이때 z축으로부터 각각 ρ_A와 ρ_B 만큼 떨어진 두 점 A, B 사이의 전위차를 구해보자. 선전하밀도 ρ_L에 의한 전계가

$$\mathbf{E} = \frac{\rho_L}{2\pi\epsilon_0 \rho}\mathbf{a}_\rho$$

이므로 전위는 다음과 같이 구한다.

★ 무한 선전하에 의한 전위 ★

$$V_{AB} = -\int_B^A \mathbf{E} \cdot d\mathbf{L} = -\int_{\rho_B}^{\rho_A} \frac{\rho_L}{2\pi\epsilon_0 \rho}\mathbf{a}_\rho \cdot d\rho\mathbf{a}_\rho = \frac{\rho_L}{2\pi\epsilon_0}\ln\frac{\rho_B}{\rho_A}$$

이 결과로 역시 다음 두 가지 사실을 알 수 있다.

- 만약 $\rho_A < \rho_B$이면 $V_{AB} > 0$이 되므로 단위양전하를 ρ_B 점에서 ρ_A 점까지 옮기는 데 외부에서 일을 해주어야 한다.
- $\rho_A > \rho_B$이면 $V_{AB} < 0$이 되어 이 경우 단위양전하를 옮기는 데는 음의 일이 수행되며, 이 일은 전계가 하게 된다.

무한 면전하

$x=0$인 면에 $\rho_s\,[\mathrm{C/m^2}]$, $x=d$인 면에 $-\rho_s\,[\mathrm{C/m^2}]$의 면전하가 분포하고 있는 평행평판 콘덴서의 경우 전계의 세기는

$$\mathbf{E}=\frac{\rho_s}{\epsilon_0}\mathbf{a}_x$$

이므로 전위는 다음과 같이 구한다.

★ 무한 면전하에 의한 전위 ★

$$V_{0d}=-\int_d^0\frac{\rho_s}{\epsilon_0}\mathbf{a}_x\cdot dx\mathbf{a}_x=\frac{\rho_s}{\epsilon_0}d$$

동축케이블

반경이 a, b인 동축케이블의 경우, 내부 도체의 내부와 외부 도체의 외부에는 전계가 없으므로 전위 또한 생각할 수 없다. 따라서 $a<\rho<b$에서의 전계를 가우스 법칙을 활용해 구하면

$$\mathbf{E}=\frac{a\rho_s}{\epsilon_0\rho}\mathbf{a}_\rho$$

이므로 전위는 다음과 같다.

★ 동축케이블에서의 전위 ★

$$V_{ab}=-\int_b^a\mathbf{E}\cdot d\mathbf{L}=-\int_b^a\frac{a\rho_s}{\epsilon_0\rho}\mathbf{a}_\rho\cdot d\rho\mathbf{a}_\rho=\frac{a\rho_s}{\epsilon_0}\ln\frac{b}{a}$$

이는 a, b 사이의 전위차이지만 동축케이블의 경우 외부 도체를 일반적으로 접지해 사용하므로 외부 도체가 영전위 기준점이 되며, 내부 도체 표면의 전위가 절대전위로의 의미를 가진다.

동심 구 도체

반지름이 각각 a, $b\,[\mathrm{m}]$인 동심 구 도체의 내구에 점전하 $Q\,[\mathrm{C}]$이 있을 때, $a<r<b$인 임의의 한 점에서의 전계는

$$\mathbf{E}=\frac{Q}{4\pi\epsilon_0 r^2}\mathbf{a}_r$$

이므로 두 도체 사이의 전위차는 다음과 같으며, $r > b$인 외구의 바깥에서는 전계가 0이므로 전위도 0이다.

★ 동심 구 도체에서의 전위 ★

$$V_{ab} = -\int_b^a \mathbf{E}\cdot d\mathbf{L} = -\int_b^a \frac{Q}{4\pi\epsilon_0 r^2}\mathbf{a}_r \cdot dr\mathbf{a}_r = \frac{Q}{4\pi\epsilon_0}\left(\frac{1}{a}-\frac{1}{b}\right)$$

예제 2-22

[그림 2-23]과 같은 동심 구 도체에서 각 경우에 대해 전계 및 전위를 구하라.

(a) 도체 A(내구)에 Q, 도체 B(외구)의 전하 $Q=0$일 때

(b) 도체 B에 Q, 도체 A의 전하 $Q=0$일 때

(c) 도체 A에 Q, 도체 B에 $-Q$의 전하가 있을 때

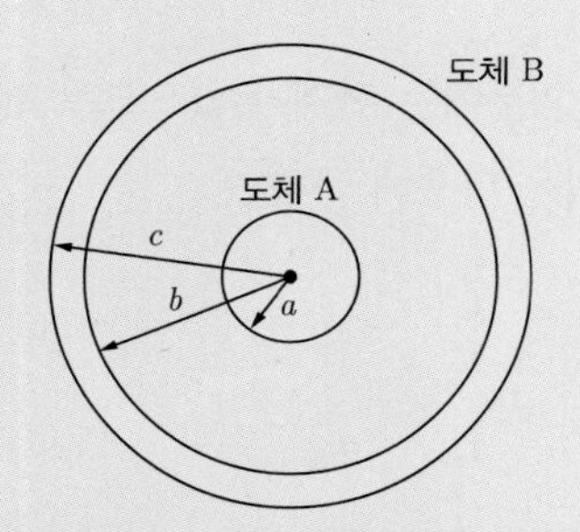

[그림 2-23] 동심 구 도체

풀이

(a) 도체 A에 전하 Q, 도체 B의 내부 표면에 $-Q$가 있다면 외부 표면에는 Q가 유도된다. 이러한 전하분포에서는 위치에 따라 전계 및 전위가 다르다. 우선 식 (2.33)의 가우스 법칙을 이용하여 전계를 구해보자.

① $r > c$일 때 $\oint \mathbf{D}\cdot d\mathbf{S} = D_r \int_0^{2\pi}\int_0^{\pi} r^2 \sin\theta d\theta d\phi = 4\pi r^2 D_r = Q - Q + Q = Q$에서 전속밀도 및 전계는 다음과 같다.

$$D_r = \frac{Q}{4\pi r^2},\ E_r = \frac{Q}{4\pi\epsilon_0 r^2}$$

② $a < r < b$일 때 $\oint \mathbf{D}\cdot d\mathbf{S} = 4\pi r^2 D_r = Q$로부터 $D_r = \frac{Q}{4\pi r^2}$, $E_r = \frac{Q}{4\pi\epsilon_0 r^2}$를 얻는다. 한편 전위는 우선 도체 A의 표면전위는 무한원점에 대한 a점의 전위이며, 도체 B의 표면에서는

$r=c$이다. 따라서 각 위치별 전위차는 각각 다음과 같다.

$$V_a = -\int_{\infty}^{a} E_r\,dr = -\int_{\infty}^{c} \frac{Q}{4\pi\epsilon_0 r^2}dr - \int_{b}^{a} \frac{Q}{4\pi\epsilon_0 r^2}dr = \frac{Q}{4\pi\epsilon_0}\left(\frac{1}{a} - \frac{1}{b} + \frac{1}{c}\right)$$

$$V_{ab} = -\int_{b}^{a} E_r\,dr = \frac{Q}{4\pi\epsilon_0}\left(\frac{1}{a} - \frac{1}{b}\right)$$

$$V_c = -\int_{\infty}^{c} E_r\,dr = \frac{Q}{4\pi\epsilon_0 c}$$

(b) 위치에 따라 전위를 구하면 다음과 같다.

① $r > c$일 때 도체 A의 전하가 0이므로 $\oint \mathbf{D} \cdot d\mathbf{S} = 4\pi r^2 D_r = Q$로부터 $D_r = \dfrac{Q}{4\pi r^2}$, $E_r = \dfrac{Q}{4\pi\epsilon_0 r^2}$ 이다. 따라서 임의의 $r=r$에서의 전위와 도체 B의 표면에서의 전위는 각각 다음과 같다.

$$V_r = -\int_{\infty}^{r} E_r\,dr = \frac{Q}{4\pi\epsilon_0 r}$$

$$V_c = \frac{Q}{4\pi\epsilon_0 c}$$

② $a < r < b$일 때 내·외구 사이에서는 가우스 법칙에 의해 $D_r = E_r = 0$이며, 전계가 존재하지 않으므로 도체 A와 B 사이의 전위차는 $V_{ab} = 0$이 된다. 따라서 도체 A의 표면전위는 다음과 같다.

$$V_a = -\int_{\infty}^{a} E_r\,dr = -\int_{\infty}^{c} \frac{Q}{4\pi\epsilon_0 r^2}dr - \int_{b}^{a} \frac{Q}{4\pi\epsilon_0 r^2}dr = \frac{Q}{4\pi\epsilon_0 c}$$

(c) 내·외구에 각각 $+Q$와 $-Q$가 있으므로 위치에 따라 전위를 구하면 다음과 같다.

① $r > c$일 때 $\oint \mathbf{D} \cdot d\mathbf{S} = 4\pi r^2 D_r = Q + (-Q) = 0$이므로 $D_r = E_r = 0$이 되며, 전위는 $V_r = V_c = 0$이다.

② $a < r < b$일 때 $\oint \mathbf{D} \cdot d\mathbf{S} = 4\pi r^2 D_r = Q$에서 전속밀도 및 전계는 $D_r = \dfrac{Q}{4\pi r^2}$, $E_r = \dfrac{Q}{4\pi\epsilon_0 r^2}$ 이다. 따라서 도체 A와 B 사이의 전위차 V_{ab}는

$$V_{ab} = -\int_{b}^{a} E_r\,dr = \frac{Q}{4\pi\epsilon_0}\left(\frac{1}{a} - \frac{1}{b}\right)$$

이 되며, 내구의 표면에서의 전위는 다음과 같다.

$$V_a = -\int_{\infty}^{a} E_r\,dr = -\int_{\infty}^{c} E_r\,dr - \int_{b}^{a} E_r\,dr = \frac{Q}{4\pi\epsilon_0}\left(\frac{1}{a} - \frac{1}{b}\right)$$

점전하계 및 연속적인 전하분포

다수의 점전하 Q_1, Q_2, Q_3, ...가 있을 때, 이에 대한 한 점 P에서의 전계는 각 전하가 만들어 주는 전계들의 대수합으로 생각할 수 있으므로 합성 전계 $\mathbf{E}$는 $\mathbf{E} = \mathbf{E}_1 + \mathbf{E}_2 + \mathbf{E}_3 + \cdots$이다. 따라서 이에 대한 전위는 다음과 같다.

$$\begin{aligned} V &= -\int_{\infty}^{p} \mathbf{E} \cdot d\mathbf{L} = -\int_{\infty}^{p} (\mathbf{E}_1 + \mathbf{E}_2 + \mathbf{E}_3 + \cdots) \cdot d\mathbf{L} \\ &= (-\int \mathbf{E}_1 \cdot d\mathbf{L}) + (-\int \mathbf{E}_2 \cdot d\mathbf{L}) + (-\int \mathbf{E}_3 \cdot d\mathbf{L}) + \cdots \end{aligned}$$

이 식의 제1항은 점전하 Q_1에 의한 전위 V_1이며, 이하 각 항도 나머지 전하들에 의한 전위들로 다음과 같이 표현할 수 있다.

$$V = V_1 + V_2 + V_3 + \cdots$$

즉, 각 전하계에 의한 전위는

$$V_1 = \frac{Q_1}{4\pi\epsilon_0 r_1},\ V_2 = \frac{Q_2}{4\pi\epsilon_0 r_2},\ \cdots$$

이므로 전체 전계는 다음과 같이 표현된다.

$$V = \frac{Q_1}{4\pi\epsilon_0 r_1} + \frac{Q_2}{4\pi\epsilon_0 r_2} + \frac{Q_3}{4\pi\epsilon_0 r_3} + \cdots = \frac{1}{4\pi\epsilon_0}\sum_{i=1}^{n}\frac{Q_i}{r_i} \tag{2.53}$$

연속적인 전하분포의 경우, 체적전하밀도 ρ_v에 의한 전위는

$$V = \frac{\rho_v \Delta v_1}{4\pi\epsilon_0 r_1} + \frac{\rho_v \Delta v_2}{4\pi\epsilon_0 r_2} + \frac{\rho_v \Delta v_3}{4\pi\epsilon_0 r_3} + \cdots$$

이므로 다음과 같다.

★ 체적전하밀도 ρ_v에 의한 전위 ★

$$V = \int_{vol} \frac{\rho_v}{4\pi\epsilon_0 r}\,dv \tag{2.54}$$

또한 선전하밀도 ρ_L 및 표면전하밀도 ρ_s 에 의한 전위의 표현식도 다음과 같다.

★ 선전하밀도 ρ_L에 의한 전위 ★

$$V = \int_L \frac{\rho_L}{4\pi\epsilon_0 r} dL \qquad (2.55)$$

★ 표면전하밀도 ρ_s에 의한 전위 ★

$$V = \int_S \frac{\rho_s}{4\pi\epsilon_0 r} dS \qquad (2.56)$$

예제 2-23

[그림 2-24]와 같이 $z=0$의 평면에 위치한 반경 3[m]의 원주를 따라 균일한 선전하밀도 $\rho_L = 25$[nC/m]가 분포되어 있다. z 축상의 점 P(0, 0, 10)[m]에서의 전위를 구하라.

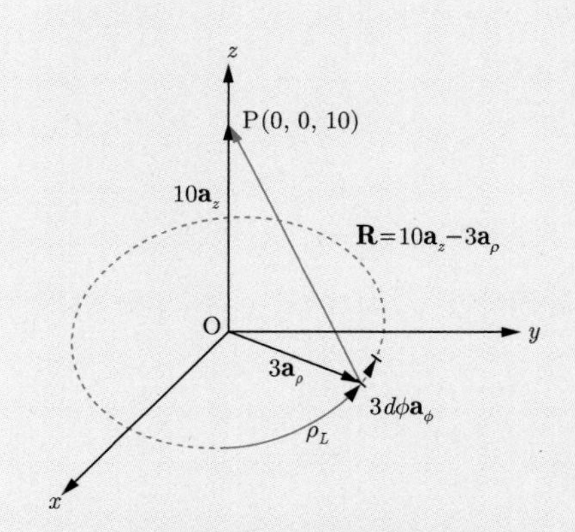

[그림 2-24] 선전하밀도에 의한 z축상의 전위

풀이 **정답** 406[V]

식 (2.55)를 이용해 선전하밀도 ρ_L에 의한 점 P에서의 전위를 구할 수 있다. [그림 2-25]로부터 $\mathbf{R} = 10\mathbf{a}_z - 3\mathbf{a}_\rho$, $dL = 3d\phi$이므로 전위는 다음과 같다.

$$V = \int_L \frac{\rho_L}{4\pi\epsilon_0 R} dL = \int_0^{2\pi} \frac{25\times 10^{-9}}{4\pi\epsilon_0 \sqrt{109}} 3d\phi \doteq 406[\text{V}]$$

예제 2-24

$z=0$의 평면상의 $2<\rho<4$[m]인 면에 $\rho_s=5$[nC/m^2]의 균일한 표면전하밀도가 분포하고 있다. z축상의 점 P(0, 0, 10)[m]에서의 전위를 구하라.

풀이 **정답** 161.7[V]

표면전하밀도에 의한 전위는 식 (2.56)에서 우선 전하가 존재하고 있는 면에서의 미소면적 dS와 전위점으로의 거리벡터는 다음과 같다.

$$dS=\rho d\rho d\phi$$

$$\mathbf{R}=z\mathbf{a}_z-\rho\mathbf{a}_\rho=10\mathbf{a}_z-\rho\mathbf{a}_\rho$$

따라서 표면전하밀도에 의한 전위 V는 식 (2.56)을 이용하여 다음과 같이 계산한다.

$$V=\int_S\frac{\rho_s}{4\pi\epsilon_0 R}dS=\int_0^{2\pi}\int_2^4\frac{5\times10^{-9}}{4\pi\epsilon_0\sqrt{100+\rho^2}}\rho d\rho d\phi$$

적분을 위해 $\sqrt{100+\rho^2}=t$라 두고 양변을 제곱하면 $100+\rho^2=t^2$이 되며, 양변을 미분하면 $2\rho d\rho=2tdt$, 즉 $\rho d\rho=tdt$가 된다. 따라서

$$dt=\frac{\rho d\rho}{t}=\frac{\rho d\rho}{\sqrt{100+\rho^2}}$$

의 관계와 $2<\rho<4$의 범위를 변수 ρ에 대응하는 변수 t로 수정하면 $\sqrt{104}<t<\sqrt{116}$ 임을 이용하여 전위를 계산하면 다음과 같다.

$$\begin{aligned}V&=\int_0^{2\pi}\int_2^4\frac{5\times10^{-9}}{4\pi\epsilon_0\sqrt{100+\rho^2}}\rho d\rho d\phi\\&=\int_0^{2\pi}\int_{\sqrt{104}}^{\sqrt{116}}\frac{5\times10^{-9}}{4\pi\epsilon_0}d\phi dt\\&=9\times10^9\times5\times10^{-9}\times2\pi\int_{\sqrt{104}}^{\sqrt{116}}dt\doteq161.7\text{[V]}\end{aligned}$$

이상의 논의로부터 전위는 전계로부터 구할 수 있으며, 전하분포로부터도 전위를 구할 수 있음을 알았다. 이는 다음 식으로 표현할 수 있다.

$$V_{AB}=-\int_B^A\mathbf{E}\cdot d\mathbf{L}$$

$$V = \int_{vol} \frac{\rho_v}{4\pi\epsilon_0 r} dv$$

예를 들어 점전하 Q에 의한 두 점 A, B의 전위차는 다음과 같다.

$$V_{AB} = V_A - V_B = \frac{Q}{4\pi\epsilon_0 r_A} - \frac{Q}{4\pi\epsilon_0 r_B} \tag{2.57}$$

만약 위 식에서 $V_B = 0$이라면 B 점이 영전위 기준점이 되어 A 점의 전위 V_A는

$$V_A = \frac{Q}{4\pi\epsilon_0 r_A} \tag{2.58}$$

로 표현된다. 임의의 한 점의 전위를 표현함에 있어 영전위 기준점이 없는 경우, 다음 식을 이용하면 매우 편리하다.

$$V_A = \frac{Q}{4\pi\epsilon_0 r_A} + C \tag{2.59}$$

이 식에서 C는 상수이며, A 점의 전위를 결정하기 위한 기준전위의 역할을 한다. 식 (2.57)과 비교하면 A 점의 기준전위의 역할을 하는 $V_B = -\frac{Q}{4\pi\epsilon_0 r_B}$ 항을 상수 C로 대체하였을 뿐이며, 식 (2.58)은 $C = 0$ 이 되는 특수한 경우이다. [예제 2-25]를 통해 이 식을 활용해보자.

예제 2-25

원점에 전하 $Q = 4\pi\epsilon_0$[C]이 있다. 다음 조건에서 $r = 2$[m]에서의 전위를 구하라.

(a) 무한원점에서 $V = 0$[V]이다.

(b) $r = 1$[m]에서 $V = 0$[V]이다.

(c) $r = 4$[m]에서 $V = 5$[V]이다.

풀이 **정답** (a) 0.5[V] (b) −0.5[V] (c) $\frac{21}{4}$[V]

(a) 무한원점에서 $V = 0$이므로 식 (2.58)을 이용하여 전위를 계산하면 다음과 같다. 이는 전위를 구하는 가장 간단한 예이다.

$$V = \frac{Q}{4\pi\epsilon_0 r} = \frac{4\pi\epsilon_0}{4\pi\epsilon_0}\left(\frac{1}{2}\right) = 0.5\text{[V]}$$

(b) $r = 1$[m]인 점이 영전위 기준점이므로 식 (2.57)을 이용하여 전위차를 계산하면 다음과 같다.

$$V_{AB} = V_A - V_B = \frac{Q}{4\pi\epsilon_0 r_A} - \frac{Q}{4\pi\epsilon_0 r_B}$$

이때 $Q = 4\pi\epsilon_0$[C]을 대입하면 다음과 같다.

$$V_{AB} = V_A - V_B = \frac{1}{r_A} - \frac{1}{r_B} = \left(\frac{1}{2} - \frac{1}{1}\right) = -0.5[\text{V}]$$

(c) $r = 4$[m]에서 $V = 5$[V]이므로 영전위 기준점이 없는 경우이다. 따라서 식 (2.59)를 이용하여 $r = 4$[m]에서의 전위를 계산하면

$$V_{r=4} = 5[\text{V}] = \frac{Q}{4\pi\epsilon_0 r} + C = \frac{4\pi\epsilon_0}{4\pi\epsilon_0 r_{r=4}} + C = \frac{1}{4} + C$$

로부터 $C = \frac{19}{4}$가 되므로, $r = 2$[m]에서의 전위는 C점을 기준전위로 하여 전위를 계산하면 다음과 같다.

$$V_{r=2} = \frac{Q}{4\pi\epsilon_0 r_{r=2}} + C = \frac{1}{2} + \frac{19}{4} = \frac{21}{4}[\text{V}]$$

전위계수와 중첩의 원리

어떤 도체계의 도체들에 각각 Q_1, Q_2, $\cdots$의 전하를 준 경우의 전위가 각각 V_1, V_2, $\cdots$이고, $Q_1{}'$, $Q_2{}'$, $\cdots$의 전하를 주었을 때의 전위를 $V_1{}'$, $V_2{}'$, $\cdots$라 하면, $Q_1 + Q_1{}'$, $Q_2 + Q_2{}'$, $\cdots$의 전하를 주었을 때의 전위는 각각 $V_1 + V_1{}'$, $V_2 + V_2{}'$, $\cdots$이다. 이를 중첩의 원리라 한다. 즉, 원인이 되는 양을 중첩하면 그 결과도 중첩된 결과가 나타나는 현상을 말하며 전하와 전위의 경우에도 중첩의 원리가 성립한다.

도체 1에서 도체 n까지의 도체계를 생각해보자. 우선 모든 도체들의 전하를 영으로 한 상태에서 도체 1에 단위전하를 주었을 때, 이 단위전하에 의한 각 도체들의 전위를 각각 p_{11}, p_{21}, p_{31}, $\cdots$, p_{n1}이라 하면, 도체 1에 전하 Q_1을 주고 다른 도체를 영전하로 하였을 때의 각 도체들의 전위는 다음과 같다.

$$p_{11}Q_1,\ p_{21}Q_1,\ p_{31}Q_1,\ \cdots,\ p_{n1}Q_1$$

다음으로 도체 2에 단위전하를 주고 다른 도체들을 영전하로 하였을 때, 각 도체의 전위를 p_{12}, p_{22}, p_{32}, $\cdots$, p_{n2}라 하면 도체 2에 Q_2를 인가할 경우의 각 도체들의 전위는

$$p_{12}Q_2,\ p_{22}Q_2,\ p_{32}Q_2,\ \cdots,\ p_{n2}Q_2$$

가 된다. 같은 방법으로 각각 Q_1, Q_2, $\cdots$, Q_n의 전하를 가지는 경우, 각 도체들의 전위 V_1, V_2, $\cdots$, V_n은 중첩의 원리를 적용해 다음과 같이 표현한다.

$$\begin{aligned} V_1 &= p_{11}Q_1 + p_{12}Q_2 + p_{13}Q_3 + \cdots + p_{1n}Q_n \\ V_2 &= p_{21}Q_1 + p_{22}Q_2 + p_{23}Q_3 + \cdots + p_{2n}Q_n \\ V_3 &= p_{31}Q_1 + p_{32}Q_2 + p_{33}Q_3 + \cdots + p_{3n}Q_n \\ &\vdots \\ V_n &= p_{n1}Q_1 + p_{n2}Q_2 + p_{n3}Q_3 + \cdots + p_{nn}Q_n \end{aligned} \tag{2.60}$$

도체가 갖는 전하와 전위 사이에는 이러한 관계가 성립한다고 할 수 있다. 여기서 p_{12}, p_{22} 등의 계수는 특정 도체에 특정 전하를 주었을 때의 전위로 도체의 배열이 정해지면 결정되는 정수이다. 따라서 이 계수가 일단 구해지면 도체의 전하와 전위는 식 (2.60)과 같이 매우 간단한 관계로 표현할 수 있다. 이러한 계수를 **전위계수**라 한다.

위 식으로부터 전위계수와 전하의 곱이 전위가 되므로 전위계수의 단위는 볼트/쿨롱(Volt/Coulomb, V/C)이 된다. 그런데 쿨롱/볼트(Coulomb/Volt)를 패럿(farad[F])이라 하였으므로 전위계수의 단위는 1/farad, 즉 [1/F]이 된다. 이를 엘라스턴스(elastance)라 한다.

전기력선은 전위가 높은 곳에서 낮은 곳으로 향하며, 따라서 등전위의 도체 사이에는 전기력선의 출입은 있을 수 없다. 다시 말해 특정 도체에 전기력선의 출입이 있다는 것은 그 도체의 전위가 최고도 아니고 최저도 아니라는 것이다. 전기력선이 나간다는 것은 그 도체가 주변의 다른 도체보다 더 높은 전위의 상태에 있음을 의미하며, 마찬가지로 전기력선이 들어온다는 것도 주변에 더 높은 전위를 가진 도체가 있음을 뜻하는 것이기 때문이다.

따라서 지금 도체 1에만 단위양전하를 주고 주변의 도체의 전하를 영으로 하면 도체 1의 전위는 주변의 도체에 비해 최고의 전위를 갖게 되며, 무한원점의 전위가 최저의 전위가 된다. 즉, 전위계수 p_{11}은 도체 1에만 단위전하를 주고 주변의 도체들의 전하는 0일 때의 도체 1의 전위이므로 $p_{11} > 0$이 되며, 일반적으로 $p_{11} \geq p_{21}$의 관계가 성립한다. 이를 확장해서 표현하면 $p_{rr} > 0$, $p_{rr} \geq p_{sr}$이 된다. 또한 무한원점의 전위가 최저이며 이를 영전위로 본다면 $p_{21} \geq 0$이 된다. 즉, $p_{sr} \geq 0$이다.

예를 들어 [그림 2-23]과 같이 내구의 반지름이 a이고, 외구의 안과 바깥의 반지름이 b, c인 동심구 도체계에 각각 전하 Q_1, Q_2를 주었을 때의 전위계수를 고찰해보자. 우선 내구와 외구의 전위를 각각 V_1, V_2라 하면 전위와 전위계수 사이의 관계는 다음과 같다.

★ 전위와 전위계수의 관계식 ★

$$V_1 = p_{11}Q_1 + p_{12}Q_2$$
$$V_2 = p_{21}Q_1 + p_{22}Q_2$$

만약 내구의 전하가 Q_1이고 $Q_2 = 0$일 때, 외구에는 $r = b$, $r = c$에 각각 전하 $-Q_1$, Q_1이 유도되므로 내구와 외구의 전위 V_1과 V_2는 다음과 같다.

$$V_1 = V_a = -\int_{\infty}^{a} E_r dr = -\int_{\infty}^{c} \frac{Q_1}{4\pi\epsilon_0 r^2} dr - \int_{b}^{a} \frac{Q_1}{4\pi\epsilon_0 r^2} dr$$
$$= \frac{Q_1}{4\pi\epsilon_0}\left(\frac{1}{a} - \frac{1}{b} + \frac{1}{c}\right)$$
$$V_2 = V_c = -\int_{\infty}^{c} E_r dr = \frac{Q_1}{4\pi\epsilon_0 c}$$

따라서 전위계수 p_{11}, p_{21}은 다음과 같다.

$$p_{11} = \frac{V_1}{Q_1} = \frac{1}{4\pi\epsilon_0}\left(\frac{1}{a} - \frac{1}{b} + \frac{1}{c}\right)[\mathrm{V/C}]$$
$$p_{21} = \frac{V_2}{Q_1} = \frac{1}{4\pi\epsilon_0 c}[\mathrm{V/C}]$$

한편 외구 $r = c$의 전하를 Q_2라 하고 $Q_1 = 0$이라 하면, $r = b$와 $r = a$에 $-Q$와 Q가 유도되어 외구에서의 전위 V_2는

$$V_2 = V_c = -\int_{\infty}^{c} E_r dr = \frac{Q_2}{4\pi\epsilon_0 c}$$

가 되고 내·외구 사이에서는 전계가 존재하지 않으므로 내구와 외구 사이의 전위차 $V_{ab} = 0$이 되어 내구의 전위는 다음과 같다.

$$V_1 = V_a = -\int_{\infty}^{a} E_r dr = -\int_{\infty}^{c} \frac{Q_2}{4\pi\epsilon_0 r^2} dr - \int_{b}^{a} \frac{Q_2}{4\pi\epsilon_0 r^2} dr = \frac{Q_2}{4\pi\epsilon_0 c}$$

따라서 전위계수를 다음과 같이 얻을 수 있다.

$$p_{12} = \frac{V_1}{Q_2} = \frac{1}{4\pi\epsilon_0 c}[\mathrm{V/C}]$$

$$p_{22} = \frac{V_2}{Q_2} = \frac{1}{4\pi\epsilon_0 c}[\text{V/C}]$$

예제 2-26

진공 중에 도체 1, 도체 2가 놓여 있다. 도체 1에 $Q_1 = 1[\text{C}]$의 전하를 줄 때, 도체 1과 2의 전위는 각각 $V_1 = 4[\text{V}]$ 및 $V_2 = 2[\text{V}]$이다. $Q_1 = 2[\text{C}]$, $Q_2 = 1[\text{C}]$으로 하였을 때 도체 1의 전위를 구하라.

풀이 **정답** $10[\text{V}]$

전위와 전위계수의 식

$$V_1 = p_{11}Q_1 + p_{12}Q_2$$

$$V_2 = p_{21}Q_1 + p_{22}Q_2$$

에서 $Q_1 = 1[\text{C}]$, $Q_2 = 0[\text{C}]$을 대입하여 전위계수 p_{11}, p_{12}를 계산하면 다음과 같다.

$$p_{11} = V_1 = 4[\text{V/C}]$$

$$p_{21} = V_2 = 2[\text{V/C}]$$

그런데 $p_{12} = p_{21}$이고, $Q_1 = 2[\text{C}]$, $Q_2 = 1[\text{C}]$을 관계식에 대입하여 V_1을 계산하면 다음과 같다.

$$V_1 = p_{11}Q_1 + p_{12}Q_2 = 4Q_1 + 2Q_2 = 4 \times 2 + 2 \times 1 = 10[\text{V}]$$

SECTION
07

전위경도

이 절에서는 전위경도의 개념을 도입하여 전위와 전계 사이의 상관관계를 확립하며, 이를 이용하여 각종 전위분포로부터 전계를 구하는 과정을 공부한다.

Keywords | 전위경도 | 전위경도 표현식 | 등전위면 |

전위경도

지금까지는 주어진 전하분포로부터 발생하는 전계와 전위에 대해 설명하였다. 즉 주어진 전하분포로부터 전계를 구하고, 구한 전계로부터 전위를 도출하는 과정을 공부하였다. 그런데 이와는 반대로 주어진 전위에서 전계를 구할 수도 있다. 이미 배운 바와 같이 전계로부터 전위는 다음과 같이 구한다.

$$V = -\int \mathbf{E} \cdot d\mathbf{L}$$

이 식에서 주어진 전계하에서 단위양전하를 미소거리 ΔL만큼 옮기는 데 필요한 일은 다음과 같다.

$$\Delta V = -\mathbf{E} \cdot \Delta\mathbf{L} = -E\Delta L\cos\theta \tag{2.61}$$

이때 θ는 전계와 이동 방향 사이의 각이며, 이 식에서 거리에 대한 극한의 경우를 생각하면

$$\frac{dV}{dL} = -E\cos\theta$$

가 된다. 이 식을 고찰해보면 전위의 위치에 대한 변화와 전계 사이의 매우 중요하고도 명백한 관계가 도출된다. 즉, 위 식에서 $\cos\theta = -1$일 때 $\frac{dV}{dL}$는 최댓값이 되므로, 다음 관계가 성립된다.

$$\left.\frac{dV}{dL}\right|_{\max} = E$$

이 식이 의미하는 것은 **거리의 변화에 대한 전위의 변화율의 최댓값이 바로 전계의 세기**이며, 이러한 최댓값은 $\cos\theta = -1$, 즉 $\theta = \pi$일 때 발생한다는 것이다. 이는 결국 거리가 증가함에 따라 전위가 증가하지 않고 가장 급격하게 감소하는 방향으로 전계가 발생하며, 그 전계의 크기는 앞서 설명한 바와 같이 위치 변화에 대한 전위의 변화율의 최댓값으로 결정된다.

예를 들어 우리에게 익숙한 [그림 2-25]와 같은 평행평판 콘덴서 내의 전계를 생각해 보자. 이 문제는 우리가 이미 공부한 바와 같이 두 전극 사이의 영역에서는 $+\rho_s$와 $-\rho_s$의 두 면전하가 만드는 전계의 합으로 다음과 같이 구할 수 있다.

$$\mathbf{E} = \frac{\rho_s}{\epsilon_0}\mathbf{a}_x$$

이는 쿨롱의 법칙을 이용해 전계를 해석한 결과이며, 전계의 방향이 전극에 수직인 방향임은 쉽게 짐작할 수 있다. 즉, [그림 2-25]와 같이 $x=0[\text{cm}]$에서 $V=100[\text{V}]$이고 $x=10[\text{cm}]$에서 $V=0[\text{V}]$ 이므로 전계는 거리가 증가함에 따라 전위가 가장 급격히 감소하는 방향으로 발생하며, 이를 위한 전계의 방향은 전극에서 반드시 수직 방향이어야 한다는 것도 알 수 있다.

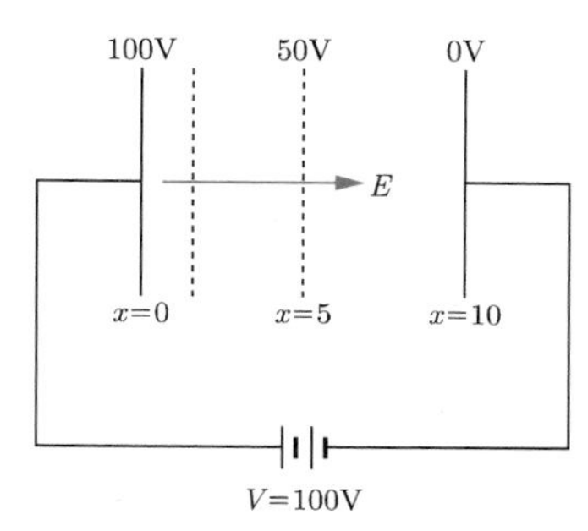

[그림 2-25] 평행평판 콘덴서에서의 전계와 전위와의 관계
평행평판 콘덴서에서는 전계는 항상 평등하므로 위치의 변화에 대한 전위의 변화율도 일정하다.

여기서 $V=100[\text{V}]$ 로 항상 일정한 $x=0$의 면을 **등전위면**(equipotential surface)이라 한다. 등전위면에서는 항상 전위가 일정하므로 등전위면상에서의 전위차는 있을 수 없다. 따라서 등전위면을 따라 미소거리 ΔL이 변화해도 전위의 변화 ΔV는 0이므로

$$\Delta V = -\mathbf{E} \cdot \Delta\mathbf{L} = -E\Delta L\cos\theta = 0$$

이 되고, $\theta = 90°$ 가 되어 전계는 ΔL에 대해 수직임을 다시 확인할 수 있다. 따라서 [그림 2-26]과 같이 전위가 분포하는 경우, 점 P에서 전계를 그린다면 등전위면에 수직이며 전위가 감소하는 방향으로 그리면 된다.[26]

26 완벽한 평면 위에 둥근 구슬을 놓으면 구슬은 움직이지 않지만 평면을 기울이면 구슬은 움직이게 된다. 이는 평면의 기울기 즉, 위치에너지의 차이에 의해 구슬을 움직이는 힘이 생겼기 때문이다. 이와 마찬가지로 등전위면에서와 같이 두 점 사이에 전위(전기적 위치에너지)의 차이가 없으면 하전입자를 움직이게 하는 힘(전계)이 발생하지 않지만 전위차가 발생하면 전계가 발생한다.

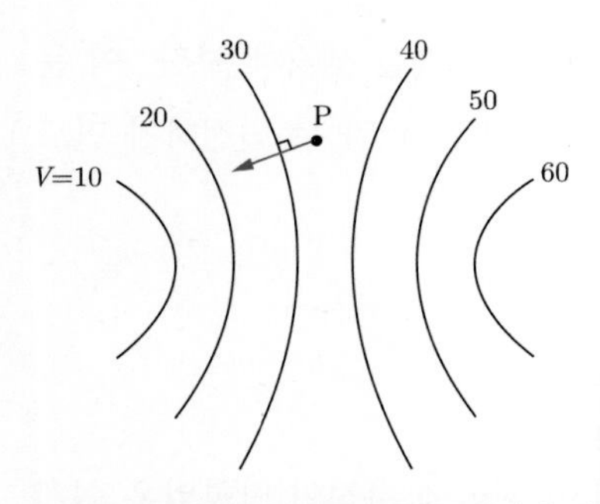

[그림 2-26] 등전위면에 대한 전계의 방향

전계는 등전위면에 수직이며, 방향은 거리가 증가함에 따라 가장 급격히 감소하는 방향이다.

한편 임의의 스칼라계 T에 대한 **경도**(gradient)를 다음과 같이 정의한다.

$$T\text{의 경도} = grad\ T = \frac{dT}{dN}\mathbf{a}_N \tag{2.62}$$

여기서 $\frac{dT}{dN}$는 N의 변화에 대한 T의 변화율을 의미하는 것으로 단위벡터 $\mathbf{a}_N$은 N의 변화에 대한 T의 변화율이 최대가 되는 방향으로의 단위벡터이다. 물론 임의의 스칼라계의 경도는 벡터양으로, 이러한 경도의 개념을 우리가 관심을 가지고 있는 전위계에 적용해보자. 앞에서 다룬

$$\left.\frac{dV}{dL}\right|_{\max} = E$$

의 관계로부터 전계의 크기는 거리 변화에 대한 전위 변화의 최대치이며, 그 방향은 거리가 증가함에 따라 전위가 증가하지 않고 가장 급격하게 감소하는 방향이었으므로 다음과 같이 표현할 수 있다.

$$\mathbf{E} = -\left.\frac{dV}{dL}\right|\mathbf{a}_N \tag{2.63}$$

이 식에서

$$\left.\frac{dV}{dL}\right|_{\max} = \frac{dV}{dN}$$

라 두면, 전계와 전위 사이에는 다음 관계가 성립한다.

$$\mathbf{E} = -\frac{dV}{dN}\mathbf{a}_N \tag{2.64}$$

이때 $\frac{dV}{dN}\mathbf{a}_N$이 V의 경도이므로 전위와 전계 사이에는 다음 관계가 성립한다.

★ 전계와 전위 사이의 관계 ★

$$\mathbf{E} = -\, grad\ V \tag{2.65}$$

전위경도 표현식의 유도

이제 전위경도(voltage gradient)에 대한 표현식을 유도해보자. 우선 직각좌표계에서는 전위 V가 x, y, z의 함수일 수 있으므로 $V(x,\ y,\ z)$의 전미분은 다음과 같이 계산한다.

$$dV = \frac{\partial V}{\partial x}dx + \frac{\partial V}{\partial y}dy + \frac{\partial V}{\partial z}dz$$

또한

$$dV = -\mathbf{E} \cdot d\mathbf{L} = -E_x dx - E_y dy - E_z dz$$

이므로 위 두 식을 통해

$$E_x = -\frac{\partial V}{\partial x},\ E_y = -\frac{\partial V}{\partial y},\ E_z = -\frac{\partial V}{\partial z}$$

의 관계가 있음을 알 수 있다. 이 결과를 정리하면

$$\mathbf{E} = -\left(\frac{\partial V}{\partial x}\mathbf{a}_x + \frac{\partial V}{\partial y}\mathbf{a}_y + \frac{\partial V}{\partial z}\mathbf{a}_z\right) \tag{2.66}$$

가 되며, 식 (2.65)의 $\mathbf{E} = -\, grad\ V$의 관계로부터 다음과 같다.

$$grad\ V = \frac{\partial V}{\partial x}\mathbf{a}_x + \frac{\partial V}{\partial y}\mathbf{a}_y + \frac{\partial V}{\partial z}\mathbf{a}_z \tag{2.67}$$

한편 벡터 연산자 ∇은 $\nabla = \frac{\partial}{\partial x}\mathbf{a}_x + \frac{\partial}{\partial y}\mathbf{a}_y + \frac{\partial}{\partial z}\mathbf{a}_z$ 이므로 ∇V는 다음과 같다.

$$\nabla V = \frac{\partial V}{\partial x}\mathbf{a}_x + \frac{\partial V}{\partial y}\mathbf{a}_y + \frac{\partial V}{\partial z}\mathbf{a}_z$$

따라서 다음 관계가 성립한다.

$$\mathbf{E} = -\nabla V = -\, grad\ V \tag{2.68}$$

직각좌표계 및 원통좌표계 그리고 구좌표계에 대한 전위 V의 경도에 대한 결과를 정리하면 다음과 같다.

★ 각 좌표계에서의 전위경도의 표현식 ★

$$\nabla V = \frac{\partial V}{\partial x}\mathbf{a}_x + \frac{\partial V}{\partial y}\mathbf{a}_y + \frac{\partial V}{\partial z}\mathbf{a}_z \quad \text{(직각좌표계)} \tag{2.69}$$

$$\nabla V = \frac{\partial V}{\partial \rho}\mathbf{a}_\rho + \frac{1}{\rho}\frac{\partial V}{\partial \phi}\mathbf{a}_\phi + \frac{\partial V}{\partial z}\mathbf{a}_z \quad \text{(원통좌표계)} \tag{2.70}$$

$$\nabla V = \frac{\partial V}{\partial r}\mathbf{a}_r + \frac{1}{r}\frac{\partial V}{\partial \theta}\mathbf{a}_\theta + \frac{1}{r\sin\theta}\frac{\partial V}{\partial \phi}\mathbf{a}_\phi \quad \text{(구좌표계)} \tag{2.71}$$

예제 2-27

전위가 $V=3x^2-2y^2$[V] 일 때, 점 P(1, 1, 2)[m]에서의 전계 및 체적전하밀도를 구하라.

풀이 **정답** $-6\mathbf{a}_x+4\mathbf{a}_y$, -17.7[pC/m³]

우선 전계의 세기는 전위경도의 개념을 적용해 구할 수 있다. 즉, 식 (2.69)를 이용해 전계를 구하면

$$\mathbf{E} = -\nabla V = -\left(\frac{\partial V}{\partial x}\mathbf{a}_x + \frac{\partial V}{\partial y}\mathbf{a}_y + \frac{\partial V}{\partial z}\mathbf{a}_z\right)$$
$$= -6x\mathbf{a}_x + 4y\mathbf{a}_y \text{[V/m]}$$

가 되며, 따라서 점 P(1, 1, 2)에서의 전계는 다음과 같다.

$$\mathbf{E}_\mathrm{p} = -6\mathbf{a}_x + 4\mathbf{a}_y \text{[V/m]}$$

한편 전속밀도는 전계에 ϵ_0를 곱해 다음과 같이 계산한다.

$$\mathbf{D} = \epsilon_0\mathbf{E} = -53.1x\,\mathbf{a}_x + 35.4y\,\mathbf{a}_y \text{[pC/m}^2\text{]}$$

따라서 체적전하밀도는 식 (2.41)의 관계로부터 다음과 같이 계산한다.

$$\nabla\cdot\mathbf{D} = \frac{\partial D_x}{\partial x} + \frac{\partial D_y}{\partial y} + \frac{\partial D_z}{\partial z}$$
$$= -53.1 + 35.4 = -17.7 \text{[pC/m}^3\text{]}$$

예제 2-28

[그림 2-27]은 $z=0$ 인 xy 평면에서의 전위분포를 나타낸다. 격자 선의 간격은 1[mm]이며, 각 등전위선에 대한 전위값이 표시되어 있다. 이때 다음을 구하라.

(a) 점 P_1 에서의 전계 (b) 점 P_2 에서의 전계

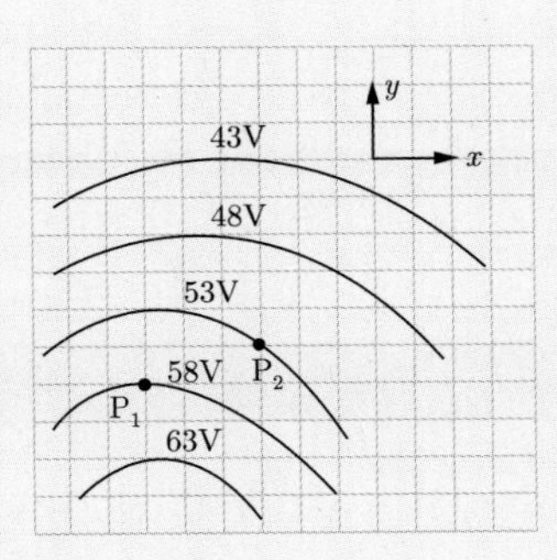

[그림 2-27] 전위분포도

풀이 **정답** (a) $2500\mathbf{a}_y$[V/m] (b) $1767\mathbf{a}_x + 1767\mathbf{a}_y$[V/m]

(a) 전계의 방향은 전위의 값이 가장 급격히 감소하는 방향이므로 점 P_1 에서는 $+\mathbf{a}_y$ 방향이다. 또한 전계의 크기는 식 (2.63)과 같이 거리의 변화에 대한 전위의 변화율의 최댓값으로 정의한다.

$$|E| = \frac{58[\text{V}] - 53[\text{V}]}{2[\text{mm}]} = 2500[\text{V/m}]$$

따라서 점 P_1 에서의 전계는 다음과 같다.

$$\mathbf{E} = 2500\mathbf{a}_y[\text{V/m}]$$

(b) 점 P_2 의 53[V]의 등전위면에서 48[V]의 등전위면까지의 직각거리는 약 $\sqrt{8}$[mm]이며 전계의 방향은 $\mathbf{a}_x + \mathbf{a}_y$ 방향이다. 따라서 전계의 크기를 식 (2.63)을 이용해 계산하면 다음과 같다.

$$\mathbf{E} = \frac{53[\text{V}] - 48[\text{V}]}{\sqrt{8}[\text{mm}]}(\mathbf{a}_x + \mathbf{a}_y) \doteq 1767\mathbf{a}_x + 1767\mathbf{a}_y[\text{V/m}]$$

SECTION 08

정전에너지

이 절에서는 전계 내에 축적되는 정전에너지의 개념을 이해하고 정전에너지와 전위 및 전계와의 상관관계를 확립해 각종 도체계에서의 에너지를 구한다.

Keywords | 정전에너지 | 위치에너지 |

정전에너지

임의의 공간에 전하가 존재하면 그 주변에 전계가 형성되며, 전계가 존재하는 공간의 두 점 사이에는 반드시 전위차가 존재한다. 또한 전위란 주어진 전계 내에서 단위양전하를 한 점에서 다른 한 점으로 옮기는 데 필요한 일로 정의하였으며, 따라서 $Q[\mathrm{C}]$의 전하를 옮기는 데 필요한 일은 전하 Q와 전위 V의 곱으로 생각할 수 있다. 즉,

$$W = -Q\int \mathbf{E}\cdot d\mathbf{L} \text{ 또는 } V = -\int \mathbf{E}\cdot d\mathbf{L}$$

로부터 다음 관계가 성립한다.

★ 전위와 에너지와의 관계 ★

$$W = QV \tag{2.72}$$

이 개념을 가지고 **무한히 먼 곳에서 우리가 생각하고 있는 공간으로 전하들을 옮겨오는 데 필요한 일 즉, 정전에너지에 대해 고찰해보자.** 우선 무한히 먼 곳에서 전하가 전혀 존재하지 않는 어떤 특정 공간으로 Q_1의 전하를 옮기는 데에는 일이 필요하지 않다. 왜냐하면 전하가 전혀 없는 상태의 공간에는 전계도 없으므로 일이 필요하지 않기 때문이다. 이제 공간의 어떤 점 P_1에 전하 Q_1이 있고 이로 인해 점 P_2에 전계 및 전위 V_{21}이 형성된 경우, 무한원점에서 점 P_2로 전하 Q_2를 이동하는 데 필요한 일 W_{21}은 다음과 같다.

$$W_2 = Q_2 V_{21}$$

여기서 V_{21}은 전하 Q_1에 의한 점 P_2의 전위이다. 이제 그 공간의 점 P_1, P_2에는 각각 전하 Q_1, Q_2가 있으며, 전하 Q_1, Q_2에 의해 점 P_3에는 전위차 V_{31}, V_{32}가 발생한다. 이러한 상태에 다시

무한원점으로부터 전하 Q_3를 가져오는 데 필요한 일은

$$W_3 = Q_3 V_{31} + Q_3 V_{32}$$

가 된다. 같은 방법으로 무한원점으로부터 전하 Q_4, Q_5, $\cdots$ 등을 P_4, P_5, $\cdots$로 옮기는 데 필요한 일은 다음과 같다.

$$W_4 = Q_4 V_{41} + Q_4 V_{42} + Q_4 V_{43}$$
$$W_5 = Q_5 V_{51} + Q_5 V_{52} + Q_5 V_{53} + Q_5 V_{54}$$
$$\cdots\cdots\cdots\cdots$$
$$\cdots\cdots\cdots\cdots$$

따라서 모든 전하를 임의의 공간으로 가져오는 데 필요한 일은 이를 모두 더해 다음과 같이 계산한다.

$$W_E = Q_2 V_{21} + Q_3 V_{31} + Q_3 V_{32} + Q_4 V_{41} + Q_4 V_{42} + Q_4 V_{43} + \cdots \quad (2.73)$$

이 식에서 $Q_3 V_{32}$항을 생각해보면

$$Q_3 V_{32} = Q_3 \frac{Q_2}{4\pi\epsilon_0 R_{32}} = Q_2 \frac{Q_3}{4\pi\epsilon_0 R_{23}} = Q_2 V_{23}$$

가 되므로 식 (2.73)은 다음과 같이 표현할 수 있다.

$$W_E = Q_1 V_{12} + Q_1 V_{13} + Q_2 V_{23} + Q_1 V_{14} + Q_2 V_{24} + Q_3 V_{34} + \cdots \quad (2.74)$$

따라서 위 두 식을 합해 정리하면 다음과 같다.

$$\begin{aligned} 2W_E = & Q_1 (V_{12} + V_{13} + V_{14} + \cdots) \\ & + Q_2 (V_{21} + V_{23} + V_{24} + \cdots) \\ & + Q_3 (V_{31} + V_{32} + V_{34} + \cdots) \\ & + \cdots\cdots \end{aligned}$$

이 식에서 $V_{12} + V_{13} + V_{14} + \cdots$은 Q_1을 제외한 모든 전하에 의해 형성되는 점 P_1의 전위이므로 $V_{12} + V_{13} + V_{14} + \cdots = V_1$으로 두면, 다음 관계를 얻을 수 있다.

★ 정전에너지(점전하) ★

$$W_E = \frac{1}{2}(Q_1 V_1 + Q_2 V_2 + Q_3 V_3 + \cdots) = \frac{1}{2}\sum_{i=1}^{n} Q_i V_i \quad (2.75)$$

이상과 같이 무한히 먼 곳에서 우리가 관심을 가지고 있는 임의의 공간으로 모든 전하를 옮겨오기 위해 우리는 식 (2.75)의 일을 해주어야 한다. 물론 전하는 우리가 해준 일만큼 에너지를 얻으며, **전하가 얻은 에너지는 전하의 위치에너지로 작용**될 것이다. 만약 그렇지 않다면 전하들 사이에 작용하는 힘에 의해 전하는 이동하게 되고, 전하계의 정전 상태는 파괴되고 말 것이기 때문이다. 결국 우리가 전하를 이동하는 데 해준 일은 전하가 그 위치에 존재하기 위한 위치에너지로 작용하며, 전위가 위치에너지의 개념을 갖는다는 사실을 알 수 있다.

한편 점전하계가 아닌 연속적인 전하분포를 갖는 전하계의 경우, 식 (2.75)에서 $Q = \int \rho_v dv$ 의 관계를 이용해 다음 관계식을 얻는다.

★ 정전에너지(연속적인 전하분포) ★

$$W_E = \frac{1}{2}\int \rho_v V dv \tag{2.76}$$

이상에서 논의한 정전에너지에 대한 관계식은 모두 전하분포와 전위의 정보로부터 이용 가능한 것이며, 이를 우리가 익숙해져 있는 전계나 전속밀도를 포함한 식으로 바꾸어 활용할 수도 있다. 즉, 맥스웰의 제1방정식을 이용하면

$$W_E = \frac{1}{2}\int \rho_v V dv = \frac{1}{2}\int (\nabla \cdot \mathbf{D}) V dv$$

이며, 잘 알려진 벡터 항등식

$$\nabla \cdot (V\mathbf{D}) = V(\nabla \cdot \mathbf{D}) + \mathbf{D} \cdot (\nabla V)$$

를 이용하면 위 식은 다음과 같이 정리할 수 있다.

$$W_E = \frac{1}{2}\int (\nabla \cdot \mathbf{D}) V dv = \frac{1}{2}\int [\nabla \cdot (V\mathbf{D}) - \mathbf{D} \cdot (\nabla V)] dv$$

이 식의 첫 번째 항에 발산의 정리를 사용하면

$$W_E = \frac{1}{2}\oint (V\mathbf{D}) \cdot dS - \frac{1}{2}\int \mathbf{D} \cdot (\nabla V) dv$$

가 되며, 첫 번째 항에서 $V \propto \frac{1}{r}$, $D \propto \frac{1}{r^2}$ 의 관계와 $dS \propto r^2$ 의 관계를 고려하면 첫 번째 항의 피적분함수는 결국 거리에 반비례함을 알 수 있다. 또한 발산의 정리에서 면적적분은 체적을 둘러싸고 있는 바깥 폐곡면상에서의 적분을 의미하므로, 전하가 존재하는 체적 내에서 체적을 둘러싸고

있는 바깥 폐곡면까지의 거리를 충분히 크게 생각하면 0이 됨을 알 수 있다. 따라서 위 식의 첫 번째 항은 0이며 두 번째 항은 $\mathbf{E} = -\nabla V$의 관계를 이용해 정리하면 다음과 같다.

★ 정전에너지 ★

$$W_E = \frac{1}{2}\int \mathbf{D} \cdot \mathbf{E}\, dv = \frac{1}{2}\int \epsilon_0 E^2 dv \tag{2.77}$$

예제 2-29

동축케이블에서 내·외 도체 사이에 축적되는 에너지를 계산하라.

풀이 **정답** $\frac{a^2\rho_s^2\pi L}{\epsilon_0}\ln\frac{b}{a}$

[방법 1]

2.4절에서 동축케이블의 전계 및 전속밀도는 각각 $E_\rho = \frac{a\rho_s}{\epsilon_0\rho}$, $D_\rho = \frac{a\rho_s}{\rho}$임을 배웠다. 정전에너지는 식 (2.77)을 이용해 다음과 같이 구한다.

$$W_E = \frac{1}{2}\int \mathbf{D} \cdot \mathbf{E} dv$$

$$= \frac{1}{2}\int_0^L \int_0^{2\pi} \int_a^b \frac{a\rho_s}{\rho}\frac{a\rho_s}{\epsilon\rho}\rho\, d\rho\, d\phi\, dz = \frac{a^2\rho_s^2\pi L}{\epsilon_0}\ln\frac{b}{a}$$

[방법 2]

식 (2.76)을 이용해 정전에너지를 구해 보자. 이 경우 전위 V에 대한 정의가 명확해야 한다. 동축케이블은 일반적으로 외부 도체를 접지해 내부 도체에 전위를 부여하므로 내부 도체 표면상에서의 전위 V_a가 의미를 가지며, 이는 외부 도체에 대한 내부 도체의 전위차 V_{ab}와 같다.

$$V_a = V_{ab} = -\int_b^a E_\rho d\rho = -\int_b^a \frac{a\rho_s}{\epsilon_0\rho} d\rho = \frac{a\rho_s}{\epsilon_0}\ln\frac{b}{a}$$

또한 체적전하밀도 ρ_v는 $\rho = a$에서의 표면전하밀도 ρ_s에 대해 $\rho_v = \frac{\rho_s}{t}$의 관계에 있음을 고려해 다음과 같은 결과를 얻을 수 있다.

$$W_E = \frac{1}{2}\int \rho_v V dv$$

$$= \frac{1}{2}\int_0^L \int_0^{2\pi} \int_{a-t/2}^{a+t/2} \frac{\rho_s}{t} a \frac{\rho_s}{\epsilon_0} \ln\frac{b}{a} \rho d\rho d\phi dz = \frac{a^2 \rho_s^2 \pi L}{\epsilon_0} \ln\frac{b}{a}$$

예제 2-30

점전하 $Q_1 = 1[\mathrm{nC}]$, $Q_2 = 2[\mathrm{nC}]$, $Q_3 = 3[\mathrm{nC}]$을 무한원점으로부터 차례로 각각 점 $\mathrm{P}_1(1, 1, 1)$, $\mathrm{P}_2(1, 1, 2)$, $\mathrm{P}_3(1, 2, 2)$로 옮겼다. 이 계에 축적되는 정전에너지를 구하라.

풀이 **정답** 91.1[nJ]

우선 Q_1을 무한원점에서 점 P_1으로 가져오는 데 필요한 일은 0이다. 따라서 모든 전하를 가져오는 데 필요한 일은 다음과 같다.

$$W = W_1 + W_2 + W_3 = 0 + Q_2 V_{21} + Q_3(V_{31} + V_{32})$$

이때 V_{21}은 점 P_1에 위치한 Q_1에 의해 발생한 점 P_2의 전위차이므로 다음과 같다.

$$V_{21} = \frac{Q_1}{4\pi\epsilon_0 R_{21}}$$

따라서 이를 이용해 모든 전하를 가져오는 데 필요한 일을 계산하면

$$W = Q_2 V_{21} + Q_3(V_{31} + V_{32}) = Q_2 \frac{Q_1}{4\pi\epsilon_0 R_{21}} + Q_3\left(\frac{Q_1}{4\pi\epsilon_0 R_{31}} + \frac{Q_2}{4\pi\epsilon_0 R_{32}}\right)$$

이며, 이 식에 $R_{21} = 1$, $R_{31} = \sqrt{2}$, $R_{32} = 1$을 대입해 정리하면 이 계에 축적되는 정전에너지를 구할 수 있다.

$$W = \frac{2}{4\pi\epsilon_0} + 3\left(\frac{1}{4\pi\epsilon_0\sqrt{2}} + \frac{2}{4\pi\epsilon_0}\right) = \frac{1}{4\pi\epsilon_0}\left(2 + \frac{3}{\sqrt{2}} + 6\right) = 91.1[\mathrm{nJ}]$$

CHAPTER

02 연습문제

2.1 자유공간에서 같은 크기의 두 점전하가 $3[\mathrm{m}]$ 떨어져 있을 때 발생하는 쿨롱의 힘이 $9\times10^9[\mathrm{N}]$이다. 점전하를 구하라.

2.2 두 점전하 $Q_1=20[\mu\mathrm{C}]$, $Q_2=25[\mu\mathrm{C}]$가 각각 $\mathrm{P}_1(-1,\ 1,\ -3)[\mathrm{m}]$과 $\mathrm{P}_2(3,\ 1,\ 0)[\mathrm{m}]$에 있다. 이때 전하 Q_2가 받는 힘을 구하라.

2.3 점 $\mathrm{P}_1(2,\ 2,\ 0)[\mathrm{m}]$ 및 $\mathrm{P}_2(-2,\ 2,\ 0)[\mathrm{m}]$에 각각 $Q=3[\mathrm{nC}]$의 점전하가 있다. 이때 점 $\mathrm{P}(2,\ 2,\ 2)[\mathrm{m}]$에서의 전계 E를 구하라.

2.4 z축과 평행하며 $x=1,\ y=-3[\mathrm{m}]$을 통과하는 무한히 긴 선전하가 있다. 선전하밀도를 $\rho_L=20[\mathrm{nC/m}]$라 할 때, 점 $\mathrm{P}(4,\ 1,\ 3)[\mathrm{m}]$에서의 전계를 구하라.

2.5 $y=1$, $z=2[\mathrm{m}]$인 점을 통과하며, x축에 평행한 $24[\mathrm{nC/m}]$의 무한 선전하가 있다. 점 $\mathrm{P}(6,\ -1,\ 3)[\mathrm{m}]$에서 전계의 세기를 구하라.

2.6 xy평면상에 놓여 있는 반지름 $3[\mathrm{m}]$인 원형 코일에 선전하밀도 $\rho_L=2\pi\epsilon_0[\mathrm{C/m}]$의 전하가 균일하게 분포하고 있다. 점 $\mathrm{P}(0,\ 0,\ 4)[\mathrm{m}]$에서의 전위를 구하라.

2.7 xy평면에 평행하며 $z=-3,\ 2,\ 5[\mathrm{m}]$의 무한평면에 각각 $3,\ -4,\ 3[\mathrm{nC/m^2}]$의 면전하밀도가 분포하고 있다. 원점에서의 전계의 세기를 구하라.

2.8 zx평면에 평행하며, $y=0,\ 3,\ 5[\mathrm{m}]$에 위치한 무한평면에 각각 $-2,\ 4,\ 3[\mu\mathrm{C/m^2}]$의 면전하밀도가 분포하고 있다. 점 $\mathrm{P}(-1,\ 2,\ 4)[\mathrm{m}]$에서의 전계의 세기를 구하라.

2.9 $0\le\rho\le2[\mathrm{m}]$, $0\le\phi\le\dfrac{\pi}{2}$, $0\le z\le2[\mathrm{m}]$로 이루어진 원통 내에 체적전하밀도 $\rho_v=4xyz[\mathrm{C/m^3}]$의 전하가 분포되어 있다. 원통 내의 총 전하량 Q를 구하라.

2.10 $V = 3x^2 + 3y^2$ 이고 전기력선이 점 P(1, 2, 3)을 통과할 때 전기력선의 방정식을 구하라.

2.11 $Q = 1$[C] 에서 단위구면을 통해 나오는 전기력선의 수를 구하라.

2.12 원점에 24[μC]의 점전하가 있다. 다음을 통과하는 총 전속을 구하라.

(a) 반경 $r = 20$[cm]이며, $0 \le \theta \le \pi$, $0 \le \phi \le \dfrac{\pi}{2}$ 인 구의 일부분을 통과하는 총 전속

(b) $\rho < 0.5$, $|z| < 0.5$ 인 원통의 일부분

(c) xy 평면에 평행하며 $z = 4$[m]에 위치한 무한히 넓은 평면

2.13 원점에 20π[μC]의 점전하가 있다. 다음의 표면을 통과하는 총 전속을 구하라.

(a) 점 P(1, 1, 1)에 중심이 있고 반지름 3[cm] 인 구의 표면

(b) 원점에 중심이 있고 변의 길이가 1[m] 인 정육면체의 윗면

(c) $\rho = 3$[cm] 이고 $z \ge 0$ 인 원통

2.14 원점에 중심을 둔 $z = 0$의 평면에 반지름 2[m]의 원판이 있다. 이 원판에 밀도 $\rho_s = 2\rho$[C/m^2]의 면전하가 분포하고 있다. $0 \le \rho \le 4$, $0 \le \phi \le 2\pi$, $-3 \le z \le 3$[m]인 원통을 통과하는 총 전속을 구하라.

2.15 각 경우에 대해 점 P(-4, 3, 5)[m]에서의 전속밀도의 크기를 구하라.

(a) 원점에 1[μC]의 점전하

(b) z축에 10[nC/m]의 균일한 무한 선전하

(c) yz 평면에 평행하며 $x = 5$[m]인 무한 평면에 30[nC/m^2]의 면전하

2.16 자유공간에서 z 축에 평행하며 $x = 1$, $y = -1$[m]를 통과하는 무한 선전하 $\rho_L = 20$[nC/m]가 있다. 점 P(4, 3, 2)[m]에서의 전속밀도를 구하라.

2.17 반경 a[m]의 구 내에 원점으로부터 거리 r[m]의 위치에 전속밀도 $\mathbf{D} = \dfrac{1}{r^2}\mathbf{a}_r$ 이 형성되어 있다. 가우스 법칙을 이용해 $r = 2$[m]인 구내의 전하량을 구하라.

2.18 내·외부 도체의 반경이 각각 0.2[m]와 0.6[m]이고 길이가 10[m]인 동축케이블이 있다. 내부 도체의 표면에 30[C/m^2]의 면전하가 분포되어 있을 때, $\rho = 0.4$[m] 인 곳에서의 전속밀도를 구하라.

2.19 전속밀도 $\mathbf{D} = \dfrac{1}{r^2}\mathbf{a}_r$ 일 때, $r = 2$[m]인 구 내의 총 전하량을 구하라.

2.20 $r = 2$[m]와 $r = 4$[m]인 동심 구 도체의 표면에 100[μC/m^2]과 -30[μC/m^2]의 표면전하밀도가 균일하게 분포하고 있다. $r = 1$[m]와 3[m]에서의 전속밀도를 구하라.

2.21 전속밀도 $\mathbf{D} = x^3y^3\mathbf{a}_x + 3x^2yz^2\mathbf{a}_y + 4xyz\mathbf{a}_z$[C/m^2] 일 때, 점 P(1, 2, 1)[m]에서의 체적전하밀도를 구하라.

2.22 전속밀도 $\mathbf{D} = e^{-x}\sin y\mathbf{a}_x - e^{-x}\cos y\mathbf{a}_y + 2z^2\mathbf{a}_x$[C/m^2] 에 대해 점 P(0, 0, 1)[m]에서의 체적전하밀도와 10^{-9}[m^3]의 체적 내의 전하량을 구하라.

2.23 전하가 존재하지 않은 자유공간의 한 점에 전속밀도 $\mathbf{D} = 3x\mathbf{a}_x + y\mathbf{a}_y + 4z^2\mathbf{a}_z$[C/m^2] 가 주어져 있을 때, z의 값을 구하라.

2.24 전속밀도 $\mathbf{D} = 2x^2\mathbf{a}_x + 2xy\mathbf{a}_y$[C/m^2] 로 주어지는 벡터계에서 $0 \le x \le 1$, $0 \le y \le 2$, $0 \le z \le 3$[m]인 육면체에 대해 발산의 정리가 성립함을 보여라.

2.25 전계 $\mathbf{E} = 6\mathbf{a}_x + 2\mathbf{a}_y + 3\mathbf{a}_z$[V/m] 내에, 8[$\mu$C]의 전하를 $\Delta\mathbf{L} = 2\mathbf{a}_x + 2\mathbf{a}_y + 3\mathbf{a}_z$[$\mu$m] 만큼 옮기는 데 필요한 일을 구하라.

2.26 $\mathbf{E} = y^2\mathbf{a}_x + x^2\mathbf{a}_y + z^2\mathbf{a}_z$[V/m]인 전계 내에서 단위양전하를 점 B(0, 0, 0)에서 점 A(2, $\sqrt{2}$, 0)[m]으로 $y^2 = x$ 의 이동경로를 통해 이동하는 데 필요한 일을 구하라.

2.27 원점에 6[nC]의 전하가 있다. 점 A(0, 2, 0)[m]와 점 B(6, 0, 0)[m] 사이의 전위차 V_{AB}를 구하라.

2.28 $\mathbf{E}=2x\mathbf{a}_x+3y^2\mathbf{a}_y+3\mathbf{a}_z$[V/m] 의 전계에 대해 다음을 구하라.

(a) 점 $P_1(1,\ 1,\ 0)$[m]와 점 $P_2(2,\ -1,\ 3)$[m] 사이의 전위차

(b) 점 $P_2(2,-1,3)$[m] 를 영전위 기준점이라 할 때 점 $P_1(1,\ 1,\ 0)$[m]에서의 전위

(c) 원점을 영전위 기준점이라 할 때 점 P_1에서의 전위

2.29 원점에 2[nC]의 점전하가 있다. $r=0.5$[m] 에서의 전위를 구하라.

(a) 무한원점에서의 전위가 0이다.

(b) $r=0.2$[m] 에서의 전위가 0이다.

(c) $r=1$[m] 에서 전위 $V=5$[V] 이다.

2.30 $V=3x^2-4yz$[V] 의 전위계에 대해 점 $P(1,\ 2,\ 3)$[m]에서 전계 및 체적전하밀도를 구하라.

2.31 공간적으로 일정한 전계 내에서 5[C]의 전하를 5[m] 이동하는 데 필요한 일이 100[J]이었다. 전계의 세기를 구하라.

2.32 전위가 600[V]인 곳에서 800[V]인 곳으로 2[C]의 전하를 이동하는 데 필요한 일을 구하라.

2.33 50[V/m]의 전계 내에서 60[V]인 한 점에서 단위양전하를 전계 방향으로 1[m] 이동하였다. 이동한 점의 전위를 구하라.

2.34 내구의 반지름이 2[cm], 외구의 내·외 반지름이 각각 5[cm]와 6[cm]인 동심 구 도체가 있다. 내구와 외구 사이의 유전율을 ϵ_0의 자유공간으로 할 때, 내구의 전위를 구하라.

(a) 내구의 전하는 3×10^{-9}[C]이고, 외구의 전하는 0이다.

(b) 외구의 전하는 3×10^{-9}[C]이고, 내구의 전하는 0이다.

(c) 내·외구의 전하는 각각 3×10^{-9}[C], -3×10^{-9}[C]이다.

2.35 $z=0$ 의 평면상의 $0<\rho<4$[m]인 면에 $\rho_s=10$[nC/m^2]의 균일한 표면전하밀도가 분포하고 있다. z 축상의 점 $P(0,\ 0,\ 5)$[m]에서의 전위를 구하라.

2.36 동심 구 도체의 내·외구에 각각 Q[C] 및 $-Q$[C]의 전하를 주었다. 두 도체 사이의 전위차를 전위계수로 표현하라.

2.37 자유공간에서 $V = 2x + 4y$ 일 때, 원점을 중심으로 $1\,[\mathrm{m}^3]$의 체적 내에 축적되는 에너지를 구하라.

2.38 $Q_1 = 5[\mu\mathrm{C}]$, $Q_2 = 3[\mu\mathrm{C}]$, $Q_3 = -2[\mu\mathrm{C}]$ 의 점전하를 무한원점으로부터 차례로 각각 점 $\mathrm{P}_1(0,\ 0,\ 0)$, $\mathrm{P}_2(0,\ 0,\ 1)$, $\mathrm{P}_3(0,\ 0,\ 2)$에 가져 왔다. 이 계에 축적되는 정전에너지를 구하라.

2.39 수소원자 내의 전자의 위치에너지 및 운동에너지를 구하라.

CHAPTER

03

도체, 반도체, 유전체 및 정전용량

이 장에서는 물질을 전기적 성질의 차이에 따라 도체와 반도체 그리고 유전체로 나누어 소개하고 자유공간에서와의 차이점에 주목하여 전기적 현상을 공부한다. 도체의 경우 주로 전기전도 현상에 대해 공부하게 되며, 유전체에서는 유전분극으로 인한 전계와 전속밀도의 관계를 도출하고, 두 유전체가 경계를 이루는 경우 경계면에서의 전계 및 전속밀도를 구해본다. 또한 각 도체계에서의 정전용량 및 정전에너지를 구하고, 푸아송 및 라플라스 방정식을 이용하여 전위의 공간적 분포를 해석해본다.

CONTENTS

SECTION 01

정상전류

이 절에서는 도체의 전기전도현상을 이해하기 위해 전류 및 전류밀도를 정의하고 드리프트속도와 이동도 그리고 물질의 도전율 등 물질상수를 공부한다.

Keywords | 전류와 전류밀도 | 전류의 연속식 | 드리프트 속도 | 이동도 | 도전율 |

지금까지는 자유공간에서의 전계 및 전속밀도, 전위 및 정전에너지를 설명하였다. 이 장에서는 자유공간이 아닌 **물질에서의 정전계 현상을 다룰 것이다.** 물질에는 전기적 성질에 따라 도체, 반도체, 그리고 절연체(유전체)가 있으며, 이 절에서는 우선 도체를 논의하기 전에 전류에 대해 간단히 정리한다. 이때 **정상전류**(steady electric current)란 전하가 이동하여 전류를 형성하는 것이지만 전하량이 시간에 따라 변하지 않는 경우를 의미하는 것으로, 모든 논의는 여전히 정전계에 한정된다.

전류와 전류밀도

전류

먼저 [그림 3-1]과 같이 시간 Δt[sec] 동안 ΔQ[C]가 어떤 단면 $\Delta S[\mathrm{m}^2]$를 통과할 때 발생하는 전류 I[A]는 다음과 같이 정의한다.

$$I = \lim_{\Delta t \to 0} \frac{\Delta Q}{\Delta t} = \frac{dQ}{dt} [\mathrm{A}] \tag{3.1}$$

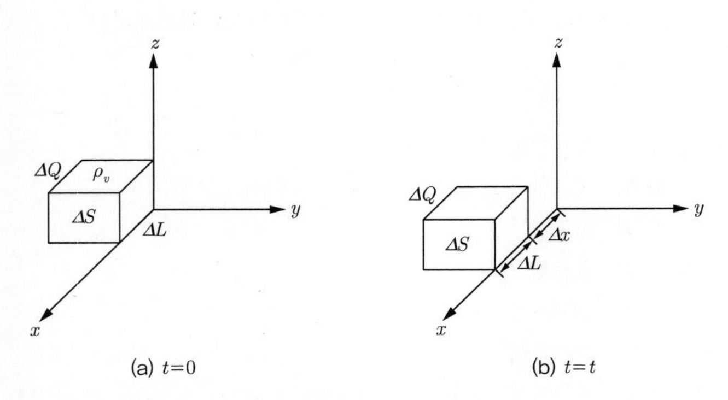

[그림 3-1] 전하의 이동과 전류의 형성

이러한 전류가 도체의 한 단면을 흐를 때, 그 **단위면적당 흐르는 전류를 전류밀도**(current density)라 하며 $\mathbf{J}[\mathrm{A/m^2}]$로 나타낸다. 따라서 전류밀도 $\mathbf{J}$가 어떤 단면 ΔS를 흐를 때 ΔS를 통과하는 전류 ΔI는

$$\Delta I = J \Delta S$$

이며, 전체 면적을 흐르는 전류 I는 다음과 같이 나타낼 수 있다.

★ 전체 면적을 흐르는 전류 ★

$$I = \int \mathbf{J} \cdot d\mathbf{S} \tag{3.2}$$

전류밀도

한편 [그림 3-1(b)]에서 임의의 시간 Δt 사이에 x 방향으로 Δx만큼 이동하였다고 하면 ΔS의 수직 단면을 통과하는 전하량 ΔQ는 $\Delta v = \Delta x \Delta S$ 의 미소체적을 통하여 이동한 전하량이다. 이때 체적전하밀도를 ρ_v라 하면 전하량 ΔQ는 다음과 같다.

$$\Delta Q = \rho_v \Delta x \Delta S$$

따라서 이 단면을 통과하는 전류는 다음과 같다.

$$\Delta I = \frac{\Delta Q}{\Delta t} = \rho_v \frac{\Delta x}{\Delta t} \Delta S$$

이 식에서 시간에 대한 극한을 취하면 $\Delta x / \Delta t$는 x 방향의 속도 v_x를 나타내므로

$$\Delta I = \rho_v v_x \Delta S$$

이다. 양변을 ΔS로 나누어 정리하면 다음과 같다.

$$J_x = \rho_v v_x$$

따라서 전류밀도는 다음과 같다.

★ 대류전류밀도 ★

$$\mathbf{J} = \rho_v \mathbf{v} \tag{3.3}$$

이 식으로부터 체적전하밀도가 속도를 가지면 전류밀도가 형성된다는 것을 알 수 있다. 이는 전하의 움직임이 전류를 형성한다는 것을 의미하는 것으로, 이를 **대류전류밀도**(convection current density)[1]라 한다. 대류전류밀도란 적절한 조건하에 도체 없이 자유공간 중에 형성되는 전류를 말한다.

이에 비해 도체와 반도체에서와 같이 하전입자(전자 혹은 전자와 정공)가 인가해 준 전계에 의해 이동하여 흐르는 전류밀도를 **전도전류밀도**(conduction current density)라 한다. 즉, 전계는 단위 양전하에 미치는 힘이므로, 전계를 인가하면 전하의 부호에 따라 $\mathbf{F} = +e\mathbf{E}$ 또는 $\mathbf{F} = -e\mathbf{E}$의 힘을 받아 전자는 전계 방향으로, 정공은 전계와 반대 방향으로 움직인다. 이때의 이동속도를 **드리프트 속도**(drift velocity) $\mathbf{v}_d$라 하며, 이는 인가해 준 전계에 비례한다. 그 비례상수를 **이동도**(mobility)라 한다. 이동도는 μ로 나타내며, 이동도와 드리프트 속도 사이에는 다음과 같은 관계가 있다.

★ 이동도와 드리프트 속도의 관계 ★

$$\mathbf{v}_d = -\mu_e \mathbf{E} \tag{3.4}$$

이 식에서 (−) 부호는 전자의 경우를 생각하여 취한 것이다. 결국 이동도는 $\mu = v/E$ 의 관계로, 주어진 전계조건하에서 이동의 정도를 나타내는 중요한 양이다. 이동도의 단위는 $[\mathrm{m^2/V \cdot sec}]$이다. 식 (3.4)를 식 (3.3)에 대입하면 다음과 같다.

$$\mathbf{J} = \rho_v \mathbf{v} = -\rho_v \mu_e \mathbf{E} \tag{3.5}$$

도전율(electrical conductivity)을 σ라 할 때, 전도전류밀도와 전계 사이에는 다음 관계가 성립한다.

★ 전도전류밀도 ★

$$\mathbf{J} = \sigma \mathbf{E} \tag{3.6}$$

또한 도전율을 체적전하밀도와 이동도로 표시하면 다음과 같다.

★ 도전율 ★

$$\sigma = \rho_v \mu_e \tag{3.7}$$

1 전류밀도에는 전도전류밀도, 대류전류밀도, 변위전류밀도가 있다. 전도전류밀도는 도체에서의 하전입자(전자)의 이동에 의한 전류밀도이고, 대류전류밀도는 자유공간과 같은 절연공간에서 어떤 원인에 의해 발생한 하전입자의 이동에 의한 것이다. 또한 변위전류밀도는 전하가 없는 절연공간에서 전속의 발생에 상응하는 전류밀도를 말한다. 이는 6장에서 설명한다.

한편 도체 내부에서 전계에 의해 가속된 전자가 원자와 충돌하면서 이동할 때, 전자의 평균자유시간[2]을 τ라 하면 다음 관계가 성립하며,

$$m\frac{\mathbf{v}}{\tau} = -e\mathbf{E} \tag{3.8}$$

이 식과 식 (3.6)으로부터 전류밀도는

$$\mathbf{J} = \rho_v \mathbf{v} = \frac{ne^2\tau}{m}\mathbf{E} = \sigma\mathbf{E} \tag{3.9}$$

이므로 도전율은 다음과 같이 계산할 수도 있다.

$$\sigma = \frac{e^2 n\tau}{m} \tag{3.10}$$

금속의 종류에 따라 자유전자의 밀도와 평균자유시간이 다르므로, 금속마다 고유한 전기전도도를 가진다. 도전율의 단위는 지멘스/미터(siemens/meter, [S/m])이며, 도전율의 크기는 은(Ag), 동(Cu), 금(Au), 알루미늄(Al)의 순으로 높으며 약 $10^7 \sim 10^8$[S/m]의 범위에 있다.

예제 3-1

전류 1[A]를 형성하기 위해 단위시간당 임의의 면적을 통과해야 하는 전자의 개수를 계산하라.

풀이 **정답** 6.24×10^{18}[개]

전자의 전하량은 -1.602×10^{-19}[C]이므로 1[C]을 위한 전자의 개수 n은

$$1[\mathrm{C}] = 1.602\times10^{-19}[\mathrm{C}]\times n[\text{개}]$$

의 관계로부터 $n \doteq 6.24\times10^{18}$[개]가 된다. 또한 식 (3.1)로부터 $I = \Delta Q/\Delta t$ 이므로 1[sec] 동안 전하량 1[C]이 변하면 전류 1[A]가 형성된다. 따라서 전류 1[A]를 형성하기 위해 약 6.24×10^{18}[개]의 전자가 임의의 면적을 통과하면 된다.

2 전자가 원자와 한 번 충돌하여 다음 충돌할 때까지의 평균이동거리를 평균자유행정(mean free path)이라 하고 이때의 시간을 평균자유시간(mean free time)이라 한다.

예제 3-2

$0 \le x \le 2$, $0 \le y \le 2$, $0 \le z \le 2$[m]의 체적 내에 전류밀도 $\mathbf{J} = 20x^2\mathbf{a}_x$[A/m²]가 분포하고 있을 때, 다음을 구하라.

(a) $x = 0.2$[m]에서 $\mathbf{a}_x$ 방향으로 흐르는 총 전류

(b) $x = 0.2$[m]에서 이동속도가 $\mathbf{v} = 4 \times 10^6 \mathbf{a}_x$[m/s]일 때의 체적전하밀도

(c) $x = 1.5$[m]에서 체적전하밀도 $\rho_v = 20$[C/m³]일 때의 이동속도

풀이 **정답** (a) 3.2[A] (b) 0.2×10^{-6}[C/m³] (c) 2.25[m/s]

(a) 식 (3.2)의 $I = \int \mathbf{J} \cdot d\mathbf{S}$ 로부터 $\mathbf{a}_x$ 방향으로 흐르는 전류 즉, yz평면을 통과하는 전류를 구하므로 $d\mathbf{S} = dydz\,\mathbf{a}_x$ 이다. 따라서 전류는 다음과 같다.

$$I = \int \mathbf{J} \cdot d\mathbf{S} = \int_0^2 \int_0^2 20x^2 \mathbf{a}_x \cdot dydz\mathbf{a}_x$$

$$= \int_0^2 \int_0^2 20 \cdot (0.2)^2 dydz = 3.2[\mathrm{A}]$$

(b) 체적전하밀도는 식 (3.5)의 $\mathbf{J} = \rho_v \mathbf{v}$ 를 이용하여 다음과 같이 계산한다.

$$\rho_v = \frac{\mathbf{J}}{\mathbf{v}} = \frac{20 \times (0.2)^2}{4 \times 10^6} = 0.2 \times 10^{-6}[\mathrm{C/m^3}]$$

(c) 이동속도는 식 (3.5)의 $\mathbf{J} = \rho_v \mathbf{v}$ 를 이용하여 다음과 같이 계산한다.

$$\mathbf{v} = \frac{\mathbf{J}}{\rho_v} = \frac{20 \times (1.5)^2}{20} = 2.25[\mathrm{m/s}]$$

Note 전자가 움직이는 원인

전자는 일반적으로 3가지 종류의 속도를 가진다. 즉, 3가지의 원인에 의해 움직인다.

① 드리프트속도(drift velocity) v_d

드리프트속도는 전계에 의한 전자의 속도를 말한다. $\mathbf{v}_d = -\mu_e \mathbf{E}$ 의 관계가 있으며, 드리프트속도는 이동도 μ_e와 전계의 크기에 의해 결정된다.

② 열운동속도(thermal velocity) v_T

열운동속도는 전자가 존재하는 계의 절대온도에 비례한다. 절대온도를 K, 볼츠만 상수를 k라 하

면 $\frac{1}{2}mv_T^2 = \frac{3}{2}kT$의 관계에 의해 전자의 속도가 결정되며, 이 속도 v_T를 열운동속도 한다.

③ 확산속도(diffusion velocity) v_D

확산속도는 위치에 대한 전자의 밀도차가 발생하면 전자가 이동하는데, 이때의 이동속도를 말한다. 전자밀도를 n이라 하면 $v_D \propto -\nabla n$의 관계가 성립한다.

전류의 연속식

전하는 원자의 핵으로부터 전자가 분리되면 전자와 양이온이 동시에 발생한다. 또한 전하들은 적절한 조건이 되면 서로 재결합(recombination)하여 소멸되기도 한다.[3] 그러나 전하가 그 자체로서 창조되거나 부서져 없어지지는 않는데, 이를 **전하 보존의 원리**라 한다. 전하가 보존되는 계에서 어떤 폐곡면을 통과하는 전류는 다음과 같다.

$$I = \oint \mathbf{J} \cdot d\mathbf{S}$$

만약 양(+)전하가 이 표면을 통과해서 밖으로 나간다고 생각하면, 전류가 밖으로 흐르는 만큼 폐곡면 내부에는 양전하가 일정한 시간 비율로 감소할 것이다. 즉 음(−)전하의 시간적 증가가 일어나는 것이다. 따라서 전류는 다음 관계가 성립한다.

$$I = \oint \mathbf{J} \cdot d\mathbf{S} = -\frac{dQ_i}{dt} \tag{3.11}$$

이 식에 발산의 정리를 적용하고, 전하 Q_i와 체적전하밀도 ρ_v와의 관계를 고려하면 다음 관계가 성립한다.

$$I = \oint \mathbf{J} \cdot d\mathbf{S} = \int \nabla \cdot \mathbf{J}\, dv = -\frac{dQ_i}{dt} = -\frac{d}{dt}\int \rho_v dv = \int -\frac{\partial \rho_v}{\partial t} dv$$

따라서 위 식에서 체적적분들의 피적분함수가 서로 같아야 하므로 다음이 성립한다. 이 식을 **전류의 연속식**(continuity equation)이라 한다.

3 전하는 전리작용 등 여러 가지 기구(mechanism)에 의해 생성되지만, 전자가 원자에 부착(attachment)하거나 이온과의 재결합(recombination) 과정을 통해 소멸되기도 한다.

★ 전류의 연속식 ★

$$\nabla \cdot \mathbf{J} = -\frac{\partial \rho_v}{\partial t} \tag{3.12}$$

이 식은 미소체적소에서 흘러나오는 단위체적당의 전류는 바로 그 점에서의 체적전하밀도의 시간적 감소율과 같다는 것을 의미한다. 또한 우리가 공부하고 있는 정전계에서 전하의 이동은 존재하지만 이동하는 전하밀도의 양은 항상 일정하므로 정전계에서의 전류의 연속식은 다음과 같다.

$$\nabla \cdot \mathbf{J} = 0 \tag{3.13}$$

전류의 연속식을 활용하기 위해 어떤 매질의 도전율과 유전율을 각각 σ, ϵ이라 하면

$$\nabla \cdot \mathbf{J} = \nabla \cdot (\sigma \mathbf{E}) = \frac{\sigma}{\epsilon}(\nabla \cdot \mathbf{D}) = \frac{\sigma}{\epsilon}\rho_v = -\frac{\partial \rho_v}{\partial t}$$

이므로 다음 미분방정식을 얻는다.

$$\frac{\partial \rho_v}{\partial t} = -\frac{\sigma}{\epsilon}\rho_v$$

$t=0$에서의 체적전하밀도를 ρ_0라 할 때 이 식의 해는 다음과 같다.

$$\rho_v = \rho_0 e^{-(\sigma/\epsilon)t} [\mathrm{C/m^3}]$$

이는 어떤 시각에서의 전하밀도가 시간이 경과함에 따라 지수함수 항에 의해 감쇠되고 있음을 의미하는 것으로, 이 식으로부터 감쇠의 정도는 매질의 도전율과 유전율에 의존함을 알 수 있다. 즉, 시간 $t = \epsilon/\sigma$ 에서 ρ_0의 체적전하밀도는 ρ_0의 e^{-1}배(36.8%)로 감소한다. 이를 **완화시간**(relaxation time) τ로 나타내면 다음과 같다.

$$\tau = \frac{\epsilon}{\sigma} [\mathrm{sec}]$$

예를 들어 도전율이 매우 높고, 유전율이 작은 양도체(good conductor)인 구리의 완화시간은 $\tau = 1.53 \times 10^{-19} [\mathrm{sec}]$ 정도로 물질 내부에 전하가 발생하면 전하는 매우 빠른 시간 내에 발생된 위치에서 감소하며 물질의 표면으로 이동한다. 이와는 반대로 유전율이 매우 높고 도전성이 없는 절연체인 운모(마이카, mica)의 완화시간은 $\tau = 14.76 [\mathrm{hour}]$로, 이는 전하의 이동에 너무나 많은 시간이 소요됨을 의미한다. 결국 전류의 연속식은 그 물질의 물성을 파악하는 데 중요하게 활용할 수 있다.

예제 3-3

전류밀도 $\mathbf{J} = 0.5y^2\mathbf{a}_y + z\mathbf{a}_z$[A/m^2] 일 때, $-1 \le x \le 1$, $-2 \le y \le 2$, $-3 \le z \le 3$[m]의 체적에서 발산하는 전 전류를 구하라.

풀이 **정답** 48[A]

주어진 전류와 전속밀도의 관계식 식 (3.11)은 다음과 같다.

$$I = \oint \mathbf{J} \cdot d\mathbf{S} = \int \nabla \cdot \mathbf{J} dv$$

먼저 전류밀도의 발산을 구하면 다음과 같다.

$$\nabla \cdot \mathbf{J} = \frac{\partial}{\partial x}(0.5y^2) + \frac{\partial}{\partial z}(z) = y + 1$$

이를 체적적분하면 다음과 같이 전 전류를 구할 수 있다.

$$\begin{aligned} I &= \int \nabla \cdot \mathbf{J} dv \\ &= \int_{-1}^{1}\int_{-2}^{2}\int_{-3}^{3}(y+1)dxdydz = 48[\mathrm{A}] \end{aligned}$$

SECTION 02

도체와 옴의 법칙

이 절에서는 도체에서의 전기전도현상을 살펴보고, 이와 관련하여 전자의 산란현상을 비롯한 전기저항의 물성적 의미와 저항률, 도전율 등의 물질상수, 전력밀도, 그리고 옴의 법칙에 대해 배운다.

Keywords | 도체 | 저항률 | 도전율 | 전력밀도 | 옴의 법칙 |

도체

물질에는 전기가 통하는 정도의 차이에 따라 도체와 반도체 그리고 절연체로 나눌 수 있다. 물론 물질에는 자성체도 있지만, 이는 전기전도의 관점에 의한 분류는 아니다. 이에 대해서는 CHAPTER 05에서 다룰 것이다.

금속은 일반적으로 물질 내에 풍부한 전자를 가지고 있으며, 전기적으로는 도체이다. 전자는 일정량의 전하를 가지고 금속물질 내부를 움직이므로, 이러한 전자를 많이 보유한 금속물질은 전기 전도성이 매우 뛰어나다. 따라서 금속도체의 경우 체적저항률(volume resistivity)이 일반적으로 약 $10^{-8}[\Omega \cdot \mathrm{cm}]$ 이하로 매우 낮다. 그 이유는 금속도체의 경우 원자핵과 궤도전자들의 결합력이 약하여 전자는 특정 원자에 강하게 구속되지 않은 상태에서 물질 전체로 결합되는 이른바 금속결합(metallic bond)을 하고 있어 외부의 에너지 변화에 민감하게 응답할 수 있기 때문이다.

한편, 물질을 대표하는 물질상수로는 **도전율** σ와 **유전율** ϵ, 그리고 **투자율** μ가 있다. 이를 **3대 물질상수**라 한다. 도전율은 CHAPTER 03의 SECTION 01에서 설명한 바와 같이 저항률의 역수로 도체의 전기전도현상을 설명하며, 유전율은 유전체와 정전에너지를 대표적으로 설명하는 값으로 전계와 전속밀도, 정전에너지, 정전용량 등을 표현하는 데 사용한다. 투자율은 자계와 자속밀도와의 관계, 자기에너지, 인덕턴스 등의 물리량을 표현하는 데 사용한다.

도체의 전기전도현상

이제 금속도체의 전기전도현상에 대해 간단히 알아보자. [그림 3-2]와 같이 일정한 길이 $d[\mathrm{m}]$의 금속도체에 일정한 크기의 전압 $V[\mathrm{V}]$를 인가할 때 질량 $m[\mathrm{kg}]$, 전하량 $e[\mathrm{C}]$인 하전입자가 전계에 의해 속도 $v[\mathrm{m/sec}]$로 이동한다면 운동방정식은 다음과 같다.

$$m\frac{dv}{dt} = eE = e\frac{V}{d} \tag{3.14}$$

이 식으로부터 속도 v를 구하면 다음과 같다.

$$v = \frac{eV}{md}t \tag{3.15}$$

이 식에서 전하량과 인가전압, 질량, 도체의 길이는 모두 일정한 상수이므로, 전계하의 하전입자는 시간이 지나면서 지속적으로 속도가 증가하는 등가속도운동을 한다. 즉, 시간이 무한히 증가하면 하전입자의 속도도 무한대로 증가하여 하전입자의 운동에 의해 형성되는 전류도 무한대가 될 것이다. 그러나 실제 도체에 전압을 인가하면 전류는 계속 증가하지 않고 항상 일정한 값을 나타낸다. 이는 하전입자(금속도체의 경우 전자)의 속도가 증가하는 것을 방해하는 작용이 일어나고 있음을 의미한다. 즉, 전자는 물질 내에서 지속적으로 결정격자와 충돌함으로써 자신의 이동속도를 일정하게 유지시킨다. 이를 **전자의 산란작용**이라 하며 일반적으로 금속도체에는 약 10^{13}[회/sec] 정도의 충돌이 일어난다.

결국 금속의 저항은 전자의 산란작용에 의해 발생한다. 따라서 일정한 원자밀도의 금속도체의 저항은 전자의 이동방향에 수직인 단면적 S가 크면 전자와 결정격자[4]와의 충돌확률이 작아진다. 또한 전자의 이동경로, 즉 도체의 길이 d가 길면 충돌확률이 커지게 되므로 다음 관계가 성립한다.

★ 금속의 저항 ★

$$R = \rho \frac{d}{S} \tag{3.16}$$

이 식에서 ρ는 **체적저항률**(volume resistivity) 또는 저항률이라 하며, 단위는 [Ω · cm]이다. 온도가 증가하면 금속도체의 전기저항은 증가하는데, 온도가 증가하면 결정격자의 열진동이 증가하여 전자와의 충돌확률이 높기 때문이다.

이러한 저항에 대한 정의는 우리가 이미 배운 전자기학의 몇 가지 개념을 가지고 해석할 수도 있다. 즉, [그림 3-2]와 같은 단면적 S, 길이 d인 원통 도체에서 전계 및 전류밀도가 공간적으로 균일하다고 하면 전류는

$$I = \int \mathbf{J} \cdot d\mathbf{S} = JS$$

이고 도체 양단의 전위차는 다음과 같다.

4 원자 및 분자들은 3차원의 주기적 배열로 물질을 형성하는데, 이를 결정(crystalline)이라 한다. 이러한 결정을 공간내의 점들이 규칙적으로 배열된 형태로 이상화한 것을 격자(lattice)라 한다. 즉, 결정격자와 전자와의 충돌이란 전자가 이동하는 동안 그 물질을 구성하는 원자와 충돌하는 것을 의미한다.

$$V_{ab} = -\int_b^a \mathbf{E} \cdot d\mathbf{L} = -\mathbf{E} \cdot \mathbf{d}_{ba} = \mathbf{E} \cdot \mathbf{d}_{ab} \tag{3.17}$$

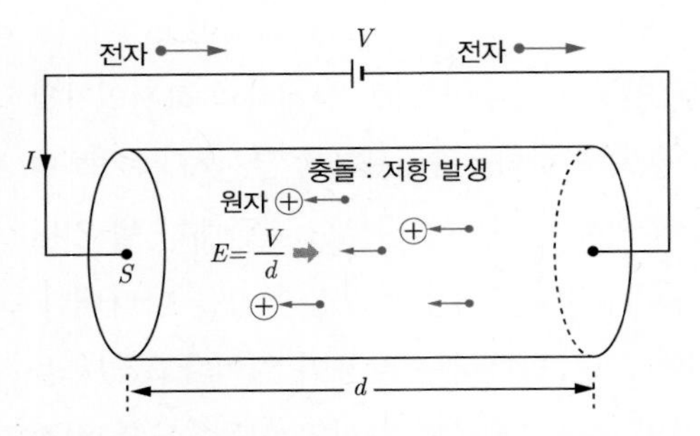

[그림 3-2] 도체에서 일어나는 전자의 산란작용
전계에 대한 전자의 이동이 전류를 형성하고 원자와 전자의 충돌이 전기저항을 유발한다.

즉 전위와 전계 사이에는 개념적으로 $V = Ed$의 관계가 성립한다. 따라서 이들의 관계를 정리하면

$$J = \frac{I}{S} = \sigma E = \sigma \frac{V}{d}$$

이며, 이를 V에 대해 정리하면

$$V = \frac{d}{\sigma S} I = RI$$

이므로 저항은 다음과 같이 표현할 수 있다.

★ 도전율과 저항의 관계 ★

$$R = \frac{d}{\sigma S} = \rho \frac{d}{S} \tag{3.18}$$

만약 도체 내의 전계가 불균일한 경우 저항은 다음과 같이 나타낼 수 있다.

$$R = \frac{V_{ab}}{I} = \frac{-\int_b^a \mathbf{E} \cdot d\mathbf{L}}{\int \sigma \mathbf{E} \cdot d\mathbf{S}} \tag{3.19}$$

한편 도선에 전류가 흐르면 도선의 저항에 의해 줄열(Joule's heat)[5]로 전력을 소비하므로 전력 P는 다음과 같다.

★ 전력 ★

$$P=\int \mathbf{E}\cdot\mathbf{J}dv \tag{3.20}$$

단위체적당의 전력, 즉 전력밀도는 다음 식으로 구할 수 있다.

$$p=\frac{dP}{dv}=\mathbf{E}\cdot\mathbf{J}=\sigma|\mathbf{E}|^2 \tag{3.21}$$

또한 전력을 나타낸 식 (3.20)의 체적적분은 면적분과 선적분의 곱으로 생각할 수 있다. 즉 전계에 대해서는 선적분, 전류밀도에 대해서는 면적분을 하면 다음과 같다.

$$P=\left[\int \mathbf{E}\cdot d\mathbf{L}\right]\left[\int \mathbf{J}\cdot d\mathbf{S}\right]=VI \tag{3.22}$$

$$P=I^2R \tag{3.23}$$

예제 3-4

내·외 반지름이 각각 a, $b(a<b)$인 동축케이블의 두 도체 사이에 유전율 ϵ, 도전율 σ, 저항률 ρ인 유전체를 채웠다. 옴의 법칙을 이용하여 저항을 표현하라.

풀이 **정답** $\frac{1}{2\pi\sigma L}\ln\frac{b}{a}[\Omega]$, $\frac{2\pi\sigma L}{\ln(b/a)}[℧]$

동축케이블에서의 전계는 2장에서 공부한 바와 같이 $\mathbf{E}=\frac{a\rho_s}{\epsilon\rho}\mathbf{a}_\rho$이므로 전위차는 다음과 같다.

$$V_{ab}=-\int_b^a\frac{a\rho_s}{\epsilon\rho}d\rho=\frac{a\rho_s}{\epsilon}\ln\frac{b}{a}$$

한편 전류는 식 (3.2)에서 $I=\int\mathbf{J}\cdot d\mathbf{S}$이고 옴의 법칙에 의해 전류밀도와 전계 사이에는 $\mathbf{J}=\sigma\mathbf{E}$의 관계가 성립하므로 다음과 같다.

---

5 전자가 이동하는 도중에 원자와 충돌하면 속도와 운동에너지가 감소하며, 이를 원자가 얻게 된다. 이때 원자는 에너지를 얻은 만큼 자신의 위치에서 진동하여 발열하게 되는데 이를 줄열(joule heat)이라 한다. 따라서 도선에 전류가 흐르면 반드시 줄열이 발생하게 된다.

$$I = \int \sigma \mathbf{E} \cdot d\mathbf{S} = \int \sigma \frac{a\rho_s}{\epsilon\rho} \mathbf{a}_\rho \cdot \rho d\phi dz\, \mathbf{a}_\rho$$

$$= \sigma \frac{a\rho_s}{\epsilon} \int_0^L \int_0^{2\pi} d\phi dz = \sigma \frac{a\rho_s}{\epsilon} 2\pi L$$

따라서 저항은 전위차 V_{ab}와 전류 I의 비이므로 다음과 같다.

$$R = \frac{V_{ab}}{I} = \frac{1}{2\pi\sigma L} \ln \frac{b}{a}$$

한편 저항의 역수를 컨덕턴스 G로 표현하면 다음과 같다.

$$G = \frac{2\pi\sigma L}{\ln(b/a)} [\mho]$$

예제 3-5

반지름 $r = 2[\text{mm}]$, 길이 $d = 2 \times 10^3[\text{m}]$, 저항 $R = 8[\Omega]$ 인 원통 도체에 전류 4[A]가 흐르고 있다. 이 도체의 단위체적당 자유전자의 수가 $n = 3.5 \times 10^{21}$[개/m^3] 일 때 다음을 구하라.

(a) 도체의 도전율

(b) 이동도

(c) 자유전자의 이동속도

풀이 **정답** (a) $19.9 \times 10^6[\text{S/m}]$ (b) $3.6 \times 10^4[\text{m}^2/\text{V} \cdot \text{s}]$ (c) $5.6 \times 10^2[\text{m/s}]$

(a) 저항을 구하는 식 (3.18)은 다음과 같다.

$$R = \rho \frac{d}{S} = \frac{d}{\sigma S}$$

이 식을 이용하여 도전율을 계산하면 다음과 같다.

$$\sigma = \frac{d}{RS} = \frac{2 \times 10^3}{8 \times \pi (2 \times 10^{-3})^2} = 19.9 \times 10^6[\text{S/m}]$$

(b) 먼저 체적전하밀도 ρ_v는 단위체적당 전자의 개수 n과 전자의 전하량 e의 곱으로 다음과 같이 계산한다.

$$\rho_v = ne = 3.5 \times 10^{21} \times 1.602 \times 10^{-19} = 5.6 \times 10^2[\text{C/m}^3]$$

도체의 도전율과 전자의 이동도의 관계는 식 (3.7)과 같이 $\sigma = \rho_v \mu_e$ 이므로, 이동도는 다음과 같다.

$$\mu_e = \frac{\sigma}{\rho_v} = \frac{19.9 \times 10^6}{5.6 \times 10^2} = 3.6 \times 10^4 [\mathrm{m^2/V \cdot s}]$$

(c) 전자의 이동속도는 식 (3.5)의 $\mathbf{J} = \rho_v \mathbf{v}$ 를 이용하여 다음과 같이 계산한다.

$$v = \frac{J}{\rho_v} = \frac{I}{\rho_v S} = \frac{4}{(5.6 \times 10^2) \times \pi (2 \times 10^{-3})^2} = 5.6 \times 10^2 [\mathrm{m/s}]$$

물질의 대이론

자유공간에서의 전자와 달리 물질 내의 전자는 가질 수 있는 에너지 크기의 폭(허용대)과 전자가 가질 수 없는 에너지 크기의 폭(금지대)이 존재하며, 전계 등의 외부 에너지를 인가할 때 전자가 이동하려면 즉, 전기전도를 위해서 전자는 금지대 이상의 에너지를 얻어야 한다.

금속에는 이러한 금지대가 없다. 즉, 충만대와 그 상부의 에너지대에 전도대(conduction band)라는 허용대가 있으나 전도대는 전자로 완전히 채워져 있지 않다. 따라서 금지대 폭[6]에 해당하는 에너지를 외부에서 얻지 않아도 더 큰 에너지 준위로 쉽게 이동할 수 있다. 그러나 절연체와 반도체에서 전자가 이동하려면 금지대 폭에 해당하는 에너지를 외부에서 얻어야 할 뿐 아니라 절연체의 금지대 폭은 반도체에 비해 매우 크다. 원소 반도체인 Ge의 경우 금지대 폭은 약 0.67[eV] 정도이나 절연체인 KCI의 경우 무려 10[eV] 정도로 알려져 있다. 절연체와 같이 전기가 잘 통하지 않는 물질의 금지대 폭이 크다는 사실은 궤도전자에 대한 원자핵의 구속력이 매우 강하여 외부 에너지에 대해 쉽게 전리(이온화)되지 않기 때문에 물질 내부에서 자유전자가 생성되기 어렵다. 이러한 대구조의 차이 때문에 금속은 전기전도가 쉬운 도체가 되며, 아무리 작은 전압을 인가하여도 이에 상응하는 전류가 발생한다. 그러나 절연체의 경우 금지대 폭에 상응하는 큰 에너지를 인가하지 않으면 전자는 이동하지 않으며, 전기전도현상도 나타나지 않는다.

6 금지대 폭이란 공유결합을 하는 원소 반도체에서 전자가 그 결합에서 이탈하여 물질 내를 운동하는 데 필요한 에너지라 생각하면 된다.

Note 전자의 에너지 준위

대이론(band theory)은 전기전도의 관점에서 물질을 분류할 때 일반적으로 이용되는 이론이다. 자유공간에서와 달리 물질 내의 전자의 에너지는 양자상태에 따라 일정한 크기의 값만을 가질 수 있다. 물질 내에서 전자가 가질 수 있는 에너지의 상태를 **전자의 에너지 준위**(energy level)라 한다. 즉, 물질 내의 전자의 에너지 준위는 연속적이지 않고 이산적(discrete)이다.

한편 많은 수의 원자들로 구성되어 있는 물질의 전자들은 상호작용으로 인해 일정한 에너지 폭을 갖는 에너지 대(energy band)를 형성한다. 각각의 에너지대는 간격이 매우 좁은 다수의 이산적인 에너지 준위로 구성된다. 전자들은 일반적으로 가장 낮은 에너지 준위부터 양자 상태에 따라 정해진 개수만큼 채워지며, 외부에서 에너지를 얻으면 더 높은 에너지 준위로 천이한다. 이러한 전자의 에너지대 구조(band structure)에 따라 물질의 전기적 성질이 달라진다.

물질의 에너지대 구조는 전자가 취할 수 있는 에너지대와 그렇지 못한 에너지대가 있으며, 이를 각각 **허용대**(permitted band) 및 **금지대**(forbidden band)라 한다. 만약 그 물질의 원자 및 전자 구조상 허용대가 필요한 수의 전자로 완전히 채워져 있으면 **충만대**(filled band)라 하고, 비어 있으면 **공대**(empty band)라 한다.

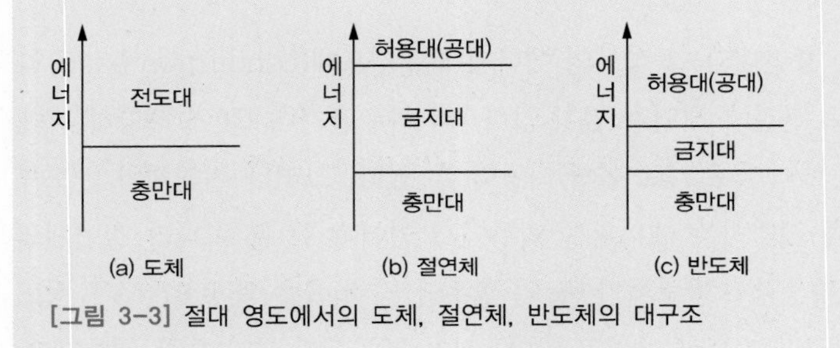

[그림 3-3] 절대 영도에서의 도체, 절연체, 반도체의 대구조

SECTION 03

반도체

이 절에서는 진성 반도체와 불순물 반도체의 동작원리를 이해하고 반도체에서의 전기전도현상을 공부한다. 반도체에는 진성 반도체와 불순물 반도체가 있으며, 반도체의 경우 전자와 정공에 의해 전기전도가 이루어진다.

Keywords | 반도체 | 진성 반도체 | 불순물 반도체 | 전기전도현상 |

반도체

도체에서 전기전도현상의 주체는 전자이다. 전자를 내보낸 원자의 핵은 양이온이 되지만 서로 정해진 위치에서 결합되어 움직일 수 없으며, 외부에서 에너지를 얻어도 그 자리에서 약한 진동을 할 뿐이다. 따라서 하전입자는 전자였으나, Si나 Ge과 같은 원소 반도체에는 전자와 정공의 두 종류의 하전입자가 있다. Ge과 같은 원소 반도체는 서로 공유결합을 하고 있으며 외부에서 에너지를 인가할 경우, 전자가 공유결합에서 이탈한다. 이는 대이론에서 설명한 금지대 폭 이상의 에너지를 인가한 경우이며, 이때 전자는 금지대를 넘어 허용대로 이동해 간다. 따라서 허용대는 전자로 완전히 채워지지 않은 전도대가 되고 이보다 하부의 에너지대인 가전자대(valance band)에는 전자의 이동에 의해 정공(hole)이 발생한다.

Si나 Ge의 경우는 이러한 전자와 정공의 발생을 가능하게 하는 에너지가 각각 금지대 폭인 1.12[eV]와 0.67[eV]정도이다. 따라서 정공은 전자가 빠져 나간 빈자리에 불과하지만 전자와 같은 크기의 반대 부호를 가진 전하량과 유효질량, 그리고 이동도를 인정함으로써 반도체의 전기전도현상에 대해 설명할 수 있다. 전계를 인가하면 발생된 정공은 전계 방향으로, 전자는 전계 방향과 전계와 반대 방향으로 이동하게 된다. 진성 반도체의 경우 발생된 전자의 수만큼 정공이 발생하므로 정공의 체적전하밀도와 이동도를 각각 ρ_h 및 μ_h 라 하면 **도전율**은 다음과 같다.

$$\sigma = -\rho_e \mu_e + \rho_h \mu_h \tag{3.24}$$

도체의 경우 온도가 증가하면 전자의 산란작용이 증가하여 저항이 증가한다. 즉, 금속도체의 저항의 온도계수는 양(+)이다. 그러나 반도체에서는 온도가 증가하면 이동도는 감소하지만 공유결합에서 이탈하는 전자의 개수가 증가하고 당연히 정공도 증가하게 되어 저항은 감소하는 성질을 가지고 있다. Si의 경우 온도가 300[K]에서 330[K]이 됨에 따라 도전율은 약 10배 정도 증가한다. 즉, 저항율이 1/10로 감소한다는 뜻이다. 절연체에서도 금지대 폭은 반도체에 비해 매우 크지만 저항의 온도계수는 반도체와 마찬가지로 음(−)이다.

반도체의 구분

한편 이러한 원소 반도체에 As와 같은 5가의 불순물을 도핑(doping)하면 불순물은 전도대 바로 아래에 불순물 준위를 형성하여 전도대에 전자를 공급하는 도너(donor)의 역할을 하게 된다. 즉, 진성 반도체의 금지대 폭에 해당하는 에너지보다 작은 에너지를 얻어도 전도대에 전자를 집중적으로 공급하게 되어 전자의 수가 극단적으로 증가하며 정공은 소수의 상태이다. 이를 n **형 반도체**라 한다. 이와는 반대로 In과 같은 3가의 불순물을 첨가하면 불순물은 가전자대로부터 전자를 받아들이는 **억셉터**(acceptor)의 역할을 하게 되어 불순물 준위에 전자를 준 가전자대에는 많은 정공이 발생하게 되는 p **형 반도체**가 된다. 이러한 불순물 반도체의 도전율은 온도 및 불순물 농도에 따라 다르지만 진성 반도체에 비해 10^5 배 이상 증가하는 경우도 있다.

예제 3-6

순수한 Si 반도체의 전자와 정공의 이동도는 상온에서 각각 $0.12[\mathrm{m^2/V \cdot s}]$, $0.025[\mathrm{m^2/V \cdot s}]$이다. 전자와 정공의 전하밀도를 각각 $-3.2[\mathrm{mC/m^3}]$, $3.2[\mathrm{mC/m^3}]$라 할 때, 이 반도체의 도전율을 구하라.

풀이 **정답** $0.464 \times 10^{-3}[\mathrm{S/m}]$

반도체의 하전입자에는 전자와 정공이 있다. 진성 반도체의 도전율은 식 (3.24)를 이용하여 다음과 같이 계산한다.

$$\begin{aligned}\sigma &= -\rho_e\mu_e + \rho_h\mu_h \\ &= -(-3.2\times10^{-3})\times0.12+(3.2\times10^{-3})\times0.025 \\ &= 0.464\times10^{-3}[\mathrm{S/m}]\end{aligned}$$

SECTION
04

유전체

유전체의 유전분극현상과 유전분극이 전계와 전속밀도 사이의 관계에 미치는 영향에 대해 고찰한다. 또한 전기쌍극자의 의미와 전기쌍극자에 의한 전계 및 전위를 공부한다.

Keywords | 분극 | 분극벡터 | 비유전율 | 전화율 | 전기쌍극자 | 쌍극자 모멘트 |

분극

전기가 통하지 않는 부도체는 일반적으로 도체와 도체 사이에 사용되며 전기적 흐름을 끊는다는 의미에서 **절연체**(insulating material)라고 부르기도 한다. 또한 절연체에 전압을 인가하면 전계에 의해 절연체의 원자 혹은 분자가 유전분극현상을 일으키는데, 이러한 관점에서 절연체를 **유전체**(dielectric)라고도 한다.

유전체 혹은 절연체에는 전압을 인가하여도 전리현상이 쉽게 일어나지 않는다. 다만 전자가 전계와 반대 방향으로 약간의 변위를 일으키며 궤도운동을 하게 된다. 이와 같이 전계에 의해 하전입자가 약간의 위치적 변화를 일으키는 현상을 **분극**(polarization)이라 한다. 원자가 분극을 하게 되면 같은 크기의 양(+)전하와 음(−)전하가 매우 가까운 거리에 위치하게 되는데 이러한 전하의 배열을 **전기쌍극자**(electric dipole)라 한다. 즉, 유전체에 전압을 인가하면 매우 많은 전기쌍극자(다극자)가 발생하는 분극현상을 일으키게 되며, 결국 유전체의 여러 가지 성질은 이러한 분극현상에 기초한다.

즉 유전체에서는 분극된 전하, **속박전하**(bounded charge)[7]의 존재로 인해 자유공간에서의 $\mathbf{D} = \epsilon_0 \mathbf{E}$ 와는 달리 전계와 전속밀도의 새로운 관계가 필요하다.

d만큼 떨어진 $+Q$와 $-Q$의 쌍극자에서 $-Q$에서 $+Q$로 향하는 선분벡터를 $\mathbf{d}$라 하면 **쌍극자모멘트**(dipole moment) $\mathbf{p}$는 다음과 같이 정의하며, 그 단위는 [C · m]이다.

7 평행평판 콘덴서와 같이 전극 사이에 유전체가 있는 경우, 전압을 인가하면 전극에는 $Q = CV$ 만큼의 전하가 축적되며, 유전체 내부에는 분극이 발생한다. 이때, 전극에 축적되는 전하와 분극전하는 서로 반대 극성이 되어 쿨롱의 인력에 의해 서로를 속박하게 된다. 이를 속박전하라 하며, 속박전하는 분극의 정도에 따라 다르다.

★ 쌍극자모멘트 ★

$$\mathbf{p} = Q\mathbf{d} \tag{3.25}$$

이러한 쌍극자가 단위체적당 n개 있다면 미소체적 Δv에는 $n\Delta v$개의 쌍극자가 있으므로, Δv 내의 쌍극자모멘트의 합 $\mathbf{p}_{total}$은 다음과 같다.

$$\mathbf{p}_{total} = \sum_{i=1}^{n\Delta v} \mathbf{p}_i$$

한편 단위체적당 쌍극자모멘트의 합을 **분극벡터 P**로 정의하면 다음과 같다.

$$\mathbf{P} = \lim_{\Delta v \to 0} \frac{1}{\Delta v} \sum_{i=1}^{n\Delta v} \mathbf{p}_i \tag{3.26}$$

이 분극벡터의 단위는 단위체적당의 분극의 합이므로 [coulomb/m^2]이다.

이제 이 **분극현상에 의한 전하와 전계와의 관계를 알아보자**. 즉, 분극하는 유전체의 전계 및 전속밀도에 미치는 속박전하의 영향에 대해 알아보기로 한다.

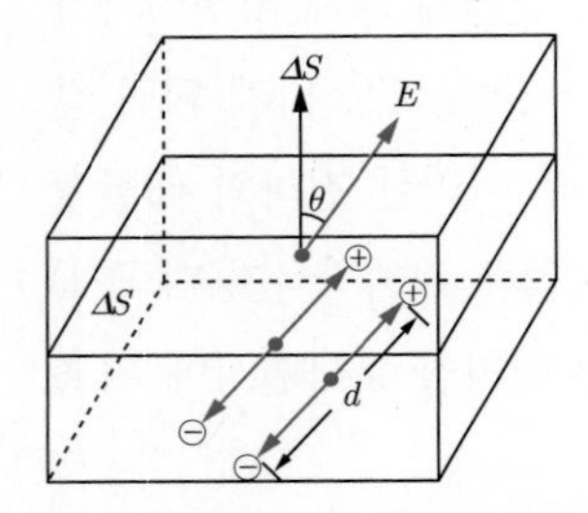

[그림 3-4] 전계에 의한 쌍극자모멘트의 형성

우선 전계를 가하기 이전에는 분극하지 않아 쌍극자모멘트가 없다. 즉 $\mathbf{P} = 0$인 유전체에 [그림 3-4]와 같이 $\Delta\mathbf{S}$와 θ의 방향으로 전계 $\mathbf{E}$를 인가하면, 각 원자는 분극하여 $\mathbf{p} = Q\mathbf{d}$의 쌍극자모멘트를 생성하며 속박전하가 발생한다. [그림 3-4]에 표시한 바와 같이 분극에 의해 ΔS를 통과하는 속박전하는 ΔS에 수직인 방향으로 $\frac{1}{2}d\cos\theta$만큼 이동하며, 단위체적당 n개의 원자가 있음을 고려하면 $n\Delta v = nd\cos\theta\,\Delta S$ 개의 원자가 분극하여 양과 음의 전하가 각각 반대 방향으로 이동한다. 즉, ΔS의 위쪽으로 $nQ\frac{1}{2}d\cos\theta\,\Delta S$만큼 이동하고, 반대 방향으로 $-nQ\frac{1}{2}d\cos\theta\,\Delta S$만큼 이동한다. 따라서 ΔS를 통과하는 총 속박전하량 ΔQ_b는 다음과 같다.

$$\Delta Q_b = nQd \cdot \Delta \mathbf{S}$$

이 식에서 $nQ\mathbf{d}$는 단위체적당 쌍극자모멘트의 합을 의미하므로 분극벡터 $\mathbf{P}$가 된다.

$$\Delta Q_b = \mathbf{P} \cdot \Delta \mathbf{S}$$

이제 이러한 개념을 미소체적소 Δv에서 물질 전체로 확장하여 생각해보면, 폐곡면 내의 속박전하의 증가량은 다음과 같다.

$$Q_b = -\oint_S \mathbf{P} \cdot d\mathbf{S} \tag{3.27}$$

결국 유전체에서의 분극현상으로 인해 전하에는 속박전하와 자유전하가 있을 수 있으므로, 총 전하 Q_T는 다음과 같이 표시한다. 이때 자유전하 Q_f는 Q로 표시하였다.

$$Q_T = Q_f + Q_b = Q + Q_b$$

이제 가우스 법칙을 적용하면 임의의 유전체의 유전율을 ϵ이라 할 때, 유전체에서의 자유전하 Q는

$$Q = \oint \mathbf{D} \cdot d\mathbf{S}$$

이며, 이 식의 경우 $\mathbf{D} = \epsilon\mathbf{E}$ 이다. 한편 총 전하량 Q_T는

$$Q_T = \oint \epsilon_0 \mathbf{E} \cdot d\mathbf{S} \tag{3.28}$$

로 표현할 수 있으므로

$$Q = Q_T - Q_b = \oint_S (\epsilon_0 \mathbf{E} + \mathbf{P}) \cdot d\mathbf{S} \tag{3.29}$$

이다. 따라서 다음 관계를 얻는다.

★ 유전체의 전속밀도 ★

$$\mathbf{D} = \epsilon_0 \mathbf{E} + \mathbf{P} \tag{3.30}$$

한편 전계와 분극이 선형관계를 갖는 등방성 물질의 경우 다음 관계가 성립한다.

$$\mathbf{P} = \chi_e \epsilon_0 \mathbf{E} \tag{3.31}$$

이때 χ_e는 **전화율** 또는 **전기감수율**(electric susceptibility)이라 하며, 전화율은 $\chi_e = \dfrac{\mathbf{P}}{\epsilon_0 \mathbf{E}}$로 자유전하에 대한 분극전하 즉, 속박전하의 비율을 나타낸다. 또한 식 (3.30)으로부터

$$\mathbf{D} = \epsilon_0 \mathbf{E} + \chi_e \epsilon_0 \mathbf{E} = (1 + \chi_e)\epsilon_0 \mathbf{E} = \epsilon \mathbf{E}$$

이며 물질의 유전율 ϵ과 자유공간의 유전율 ϵ_0의 비를 **비유전율**(relative permittivity)이라 한다.

★ 비유전율 ★

$$\epsilon_R = \frac{\epsilon}{\epsilon_0} \tag{3.32}$$

유전체의 비유전율 ϵ_R은 일반적으로 1보다 크다. 또한 위 두 식으로부터 다음 관계가 성립한다.

$$\epsilon_R = 1 + \chi_e \tag{3.33}$$

일반적인 범위의 온도와 주파수 영역에서는 비유전율이 물질 고유의 값이므로 전화율도 비유전율보다 1만큼 작은 값으로 물질 고유의 값으로 생각할 수 있다. 즉, 비유전율과 전화율은 그 물질의 유전적 성질을 결정하는 중요한 값이다.

예제 3-7

비유전율이 2.26인 유전체에 40[nC/m^2]의 전속밀도가 형성되었다. 이때 다음을 구하라.

(a) 유전체의 전기감수율과 유전율

(b) 전계와 분극의 크기

풀이 **정답** (a) 1.26, 20[pF/m] (b) 2000[V/m], 22.3[nC/m^2]

(a) 전기감수율과 비유전율의 관계를 나타낸 식 (3.33)을 이용하여 전기감수율을 계산하면 다음과 같다.

$$\chi_e = \epsilon_R - 1 = 2.26 - 1 = 1.26$$

따라서 유전율은 다음과 같다.

$$\epsilon = \epsilon_0 \epsilon_R = 8.854 \times 10^{-12} \times 2.26 = 20[\mathrm{pF/m}]$$

(b) $D=\epsilon E$의 관계로부터 전계를 계산하면 다음과 같다.

$$E=\frac{D}{\epsilon}=\frac{40\times10^{-9}}{20\times10^{-12}}=2000[\text{V/m}]$$

식 (3.31)을 이용하여 분극을 계산하면 다음과 같다.

$$P=\chi_e\epsilon_0 E=1.26\times8.854\times10^{-12}\times2000=22.3[\text{nC/m}^2]$$

예제 3-8

비유전율 $\epsilon_R=100$인 유전체를 평행평판 전극 사이에 삽입하였다. 도체 표면의 전계가 $10^3[\text{V/m}]$일 때, 속박전하밀도와 표면전하밀도를 구하라.

풀이 **정답** $876.5[\text{nC/m}^2]$, $8.854\times10^{-7}[\text{nC/m}^2]$

식 (3.31)을 이용하여 속박전하밀도 즉, 분극벡터의 크기를 계산하면 다음과 같다.

$$\begin{aligned}P&=\chi_e\epsilon_0 E=\epsilon_0(\epsilon_R-1)E\\&=8.854\times10^{-12}\times99\times10^3=876.5[\text{nC/m}^2]\end{aligned}$$

또한 $E=\frac{\rho}{\epsilon}=\frac{\rho_s}{\epsilon_0\epsilon R}$의 관계로부터 표면전하밀도 ρ_s를 계산하면 다음과 같다.

$$\rho_s=\epsilon_0\epsilon_R E=8.854\times10^{-12}\times100\times10^3=8.854\times10^{-7}[\text{nC/m}^2]$$

전기쌍극자

매우 가까운 거리에 놓여 있는 $+Q$와 $-Q$의 두 전하를 **전기쌍극자**라 한다. 전기쌍극자에 의한 전계 및 전위는 크기가 같고 부호가 반대인 두 전하가 형성하는 전계의 합이므로 떨어진 거리가 같은 모든 면의 전계나 전위는 0이다. 즉, 전기쌍극자의 중심에는 $V=0$의 등전위면이 존재한다. 또한 전하 $+Q$에 의한 전계 및 전위는 전하 $-Q$에 의해 상쇄되므로 쌍극자에 의한 전계 및 전위분포는 그렇게 크지 않을 것임을 짐작할 수 있다. 그러나 물질 내에는 많은 원자가 있고 전도전자가 쉽게 형성되지 않는 유전체와 같은 물질의 경우 이 쌍극자에 의한 전계도 매우 유용한 의미를 가질 수 있다.

지금 [그림 3-5]와 같이 $+Q$와 $-Q$의 거리가 d이고 두 전하 사이의 중심점에서부터 $r(r\gg d)$만큼 떨어진 점에서의 전위는 다음과 같다.

$$V = \frac{Q}{4\pi\epsilon_0 R_1} + \frac{-Q}{4\pi\epsilon_0 R_2}$$

$$= \frac{Q}{4\pi\epsilon_0}\left(\frac{1}{r-(d\cos\theta/2)} - \frac{1}{r+(d\cos\theta/2)}\right) = \frac{Q}{4\pi\epsilon_0}\frac{d\cos\theta}{r^2-(d^2\cos^2\theta/4)}$$

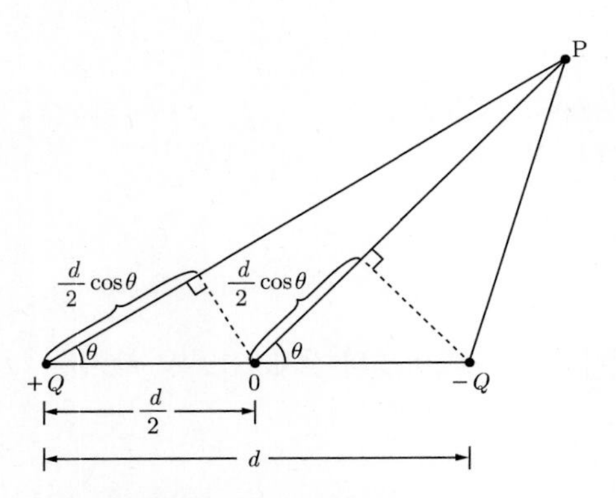

[그림 3-5] 전기쌍극자에 의한 전계

이 식에서 $r \gg d$이므로 분모의 $\frac{d^2\cos^2\theta}{4}$는 r^2에 비해 매우 작은 값이므로 이를 무시할 수 있다. 즉, 쌍극자에 의한 전위는 다음과 같다.

$$V \doteq \frac{Qd\cos\theta}{4\pi\epsilon_0 r^2} \tag{3.34}$$

한편 위 식을 이용하여 전계를 구하면 다음과 같다,

$$\mathbf{E} = -\nabla V = -\left(\frac{\partial V}{\partial r}\mathbf{a}_r + \frac{1}{r}\frac{\partial V}{\partial \theta}\mathbf{a}_\theta + \frac{1}{r\sin\theta}\frac{\partial V}{\partial \phi}\mathbf{a}_\phi\right)$$

$$= \frac{2Qd\cos\theta}{4\pi\epsilon_0 r^3}\mathbf{a}_r + \frac{Qd\sin\theta}{4\pi\epsilon_0 r^3}\mathbf{a}_\theta$$

따라서 위 식을 정리하면 쌍극자에 의한 전계는 다음과 같다.

$$\mathbf{E} = \frac{Qd}{4\pi\epsilon_0 r^3}(2\cos\theta\,\mathbf{a}_r + \sin\theta\,\mathbf{a}_\theta) \tag{3.35}$$

이상으로 점전하의 경우 각각 거리의 1승과 2승에 반비례하여 감소하였으나 쌍극자에 의한 전위 및 전계는 거리의 2승과 3승에 반비례하는 결과를 얻어, 거리가 멀어짐에 따라 더욱 급격하게 약해짐을 알 수 있다.

한편 앞에서 정의한 쌍극자모멘트 식 $\mathbf{p} = Q\mathbf{d}$를 이용하면 전위는 다음과 같다.

$$V = \frac{p\cos\theta}{4\pi\epsilon_0 r^2} \qquad (3.36)$$

이때 θ는 $\mathbf{d}$와 $\mathbf{r}$ 사이의 각이므로 다음과 같이 쓸 수 있다.

★ 전기쌍극자에 의한 전위 ★

$$V = \frac{\mathbf{p} \cdot \mathbf{a}_r}{4\pi\epsilon_0 r^2} \qquad (3.37)$$

예제 3-9

유전율 $\epsilon = 3$[F/m] 인 유전체 내의 점 $P_1(-1, -1, 0)$, $P_2(3, 3, 0)$[m]에 각각 크기가 -2[nC], 2[nC]인 전하가 있다. 점 $P(5, 4, 0)$[m]에서의 쌍극자모멘트와 전위를 구하라.

풀이 **정답** $8\mathbf{a}_x + 8\mathbf{a}_y$[nC · m], 11.9×10^{-12}[V]

전하 -2[nC]와 2[nC]가 쌍극자를 형성하고 있으므로, 두 전하 사이의 거리 $\mathbf{d}$는 $P_2 - P_1 = 4\mathbf{a}_x + 4\mathbf{a}_y$이며, 쌍극자의 중심점은 $O(1, 1, 0)$이다. 쌍극자모멘트는 식 (3.25)를 이용하여 계산하면 다음과 같이 계산한다.

$$\mathbf{p} = Q\mathbf{d} = 2 \times 10^{-9}(4\mathbf{a}_x + 4\mathbf{a}_y) = 8\mathbf{a}_x + 8\mathbf{a}_y [\text{nC} \cdot \text{m}]$$

r은 쌍극자의 중심점 O에서 점 P까지의 거리이므로 $\mathbf{r} = P - O = 4\mathbf{a}_x + 3\mathbf{a}_y$이고, 단위벡터는 $\mathbf{a}_r = 0.8\mathbf{a}_x + 0.6\mathbf{a}_y$가 되므로 쌍극자에 의한 전위는 식 (3.37)을 이용하여 다음과 같이 계산한다.

$$V = \frac{\mathbf{p} \cdot \mathbf{a}_r}{4\pi\epsilon r^2} = \frac{(8\mathbf{a}_x + 8\mathbf{a}_y) \cdot (0.8\mathbf{a}_x + 0.6\mathbf{a}_y)}{4\pi \times 3 \times (\sqrt{4^2 + 3^2})^2} \times 10^{-9} = 11.9 \times 10^{-12} [\text{V}]$$

SECTION
05

경계조건

두 매질이 경계를 이루고 있는 특수한 경우, 경계면에서의 전계 및 전속밀도를 구한다. 이를 이용하여 경계면에서의 전계와 전속밀도의 성질을 이해하고 관련된 문제를 해결한다.

Keywords | 도체-자유공간 사이의 경계조건 | 도체-유전체 사이의 경계조건 | 유전체-유전체 사이의 경계조건 | 접선성분 | 법선성분 |

도체-자유공간 사이의 경계조건

자유공간에 놓여 있는 도체 내에 같은 극성의 전하가 발생하면, 전하는 쿨롱의 힘에 의해 서로 밀려나 도체 표면까지 이동한다. 한편 절연공간인 자유공간에는 전하가 존재하지 못하므로 표면까지 이동해 온 전하는 자유공간으로 더 이상 이동하지 못하고 도체와 자유공간의 경계면에 머무르게 된다. 즉, 도체 내부의 전하는 0이 되며, 결국 전하는 도체의 표면에 표면전하밀도의 형태로 존재하게 된다. 따라서 도체 내부에는 전계가 없으며, 전계는 도체와 자유공간의 경계에 형성된다. 경계조건이란 이러한 도체와 절연체(자유공간) 경계에서의 전계 혹은 전속밀도에 대한 정보를 얻는 것이 목적이며, 이는 맥스웰 방정식을 이용하여 간단히 해결할 수 있다.

[그림 3-6]과 같이 도체와 자유공간의 경계면에 임의의 방향으로 전계와 전속밀도가 형성되어 있다. 이때 전계와 전속밀도는 경계면에 수직인 성분과 접한 성분으로 나눌 수 있으며, 경계면에 수직한 법선성분을 각각 E_n, D_n이라 하고, 접선성분을 E_t, D_t라 한다.

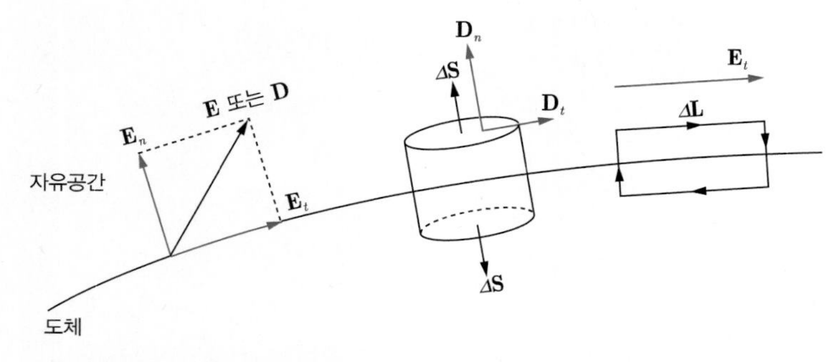

[그림 3-6] 도체-자유공간 사이의 경계조건

우선 접선성분에 대한 정보를 얻기 위해 경계면을 중심으로 $\oint \mathbf{E} \cdot d\mathbf{L} = 0$을 적용해보자. 선적분은 폐경로에 대한 적분이므로 그림과 같이 폐경로를 설정하여 적분하면 다음과 같다.

$$\oint \mathbf{E} \cdot d\mathbf{L} = \int_a^b + \int_b^c + \int_c^d + \int_d^a = 0$$

이 식에서 도체 내에서는 전계 및 전속밀도가 없으므로 $\int_c^d = 0$이 되며, 또한 도체와 자유공간의 경계에서의 문제임을 고려하여 사실상 $\Delta h = 0$ 임을 생각하면 위 식에서 $\int_b^c = \int_d^a = 0$이므로 계산 결과는 다음과 같다.

$$\int_a^b \mathbf{E} \cdot d\mathbf{L} = \int_a^b (\mathbf{E}_{n1} + \mathbf{E}_{t1}) \cdot \Delta\mathbf{L} = E_{t1} \Delta L = 0$$

따라서 전계의 접선성분에 대한 경계조건으로 다음의 관계를 얻는다.

$$E_{t1} = 0 \tag{3.38}$$

즉 선적분의 결과 $E_{t1} = 0$이라는 전계의 접선성분에 대한 정보를 얻게 되었으며, $E_{t1} = 0$이므로 $D_{t1} = 0$이 되어 전계 및 전속밀도는 도체에서 수직인 방향으로만 형성된다는 사실을 확인할 수 있다.

한편 법선성분에 대한 정보는 가우스 법칙을 이용하여 구할 수 있다. 가우스 법칙도 폐면적에 대한 적분이므로, 경계면을 중심으로 [그림 3-6]과 같은 원통을 가정하여 원통의 윗면과 아랫면, 측면에 대해 적분하면 다음과 같다.

$$\oint \mathbf{D} \cdot d\mathbf{S} = \int_{\text{윗면}} + \int_{\text{아랫면}} + \int_{\text{측면}} = Q$$

도체 내부에는 전계 및 전속밀도가 없으므로 아랫면의 적분은 0이고, 또한 경계에서의 문제임을 생각하여 아랫면과 측면에서의 적분의 결과를 0으로 처리하면 적분은 윗면에서만 행하면 된다.

$$\int \mathbf{D} \cdot d\mathbf{S} = (\mathbf{D}_{n1} + \mathbf{D}_{t1}) \cdot \Delta\mathbf{S} = D_{n1} \Delta S = Q = \rho_s \Delta S$$

따라서 전속밀도의 법선성분에 대한 경계조건으로 다음 관계를 얻을 수 있다.

$$D_{n1} = \rho_s \tag{3.39}$$

경계조건을 정리하면 정전계에서 전계의 접선성분이 0이므로 전속밀도의 접선성분 또한 0이 된다. 도체와 자유공간 사이의 경계조건을 정리하면 다음과 같다.

★ 도체-자유공간 사이의 경계조건 ★

$$D_t = E_t = 0$$

$$D_n = \epsilon_0 E_n = \rho_s$$

전계의 접선성분이 0이란 것은 전계의 방향은 도체 표면에 반드시 수직이며, 이는 도체 표면이 등전위면이므로 도체 표면에서는 전위차가 없음을 의미한다. 따라서 도체와 자유공간의 경계면에서의 전계의 접선성분은 0이 될 수밖에 없다.

예제 3-10

전위 $V = 5(x^2 + y^2)$[V] 일 때, 도체와 자유공간의 한 점 P(2, −1, 3)[m] 에서의 표면전하밀도 ρ_s를 구하라.

풀이 **정답** 197.9[pC/m^2]

도체 표면의 한 점에서의 표면전하밀도는 그 점에서의 전속밀도의 크기와 같다. 먼저 전속밀도를 구하기 위해 $\mathbf{E} = -\nabla V$의 관계로부터 전계를 구하면 다음과 같다.

$$\mathbf{E} = -\nabla V = -10x\,\mathbf{a}_x - 10y\,\mathbf{a}_y [\mathrm{V/m}]$$

이로부터 점 P 에서의 전계를 구하면 다음과 같다.

$$\mathbf{E}_P = -20\mathbf{a}_x + 10\mathbf{a}_y [\mathrm{V/m}]$$

따라서 점 P 에서의 전속밀도를 구하면 다음과 같다.

$$\mathbf{D}_P = \epsilon_0 \mathbf{E}_P = -177\mathbf{a}_x + 88.5\mathbf{a}_y [\mathrm{pC/m^2}]$$

또한 도체-자유공간 사이의 경계조건에서 전계와 전속밀도 모두 경계면에 수직인 성분만 존재하므로 표면전하밀도는 다음과 같다.

$$\rho_s = D_n = \sqrt{(-177)^2 + (88.5)^2} = 197.9 [\mathrm{pC/m^2}]$$

도체-유전체 사이의 경계조건

도체-유전체 사이의 경계조건도 도체와 자유공간의 경계조건에서와 같이 두 맥스웰 방정식의 적분형을 이용하여 구할 수 있다. 즉, 전계 및 전속밀도의 접선성분과 법선성분에 대한 정보를 얻기 위해 각각 $\oint \mathbf{E}\cdot d\mathbf{L}=0$과 $\oint \mathbf{D}\cdot d\mathbf{S}=Q$를 이용하면 다음 관계를 얻는다.

★ 도체-유전체 사이의 경계조건 ★

$$E_t = 0 \tag{3.40}$$

$$D_n = \epsilon E_n = \rho_s \tag{3.41}$$

이는 도체-자유공간 사이의 경계조건에서의 ϵ_0를 ϵ으로 대체한 결과이다. 이 경우에도 도체-자유공간에서와 마찬가지로 도체 내부에 전계와 전속밀도가 존재하지 못하며, 전계의 법선성분은 0이다. 이는 전극(도체)에서 항상 수직인 방향으로 전계 및 전속밀도가 형성된다는 기본적인 사실과 부합된다.

유전체-유전체 사이의 경계조건

유전체란 전기가 통하지 않는 절연체이므로 외부 전계가 매우 강하여 절연파괴가 발생하는 특수한 상황이 아니라면 유전체에서 자유전하는 발생하지 않는다. 따라서 경계면에 전하가 존재하지 않는다. [그림 3-7]과 같이 유전율이 각각 ϵ_1, ϵ_2인 두 개의 완전유전체가 경계를 이루고 있는 경우에 대해 생각해보자.[8]

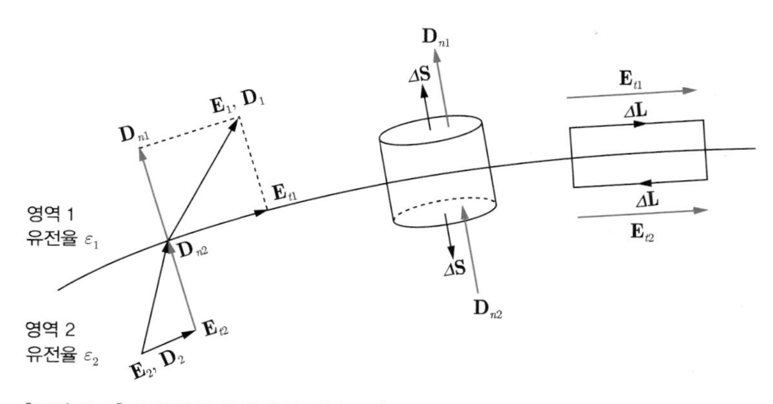

[그림 3-7] 유전체와 유전체의 경계조건

우선 전계 및 전속밀도의 접선성분을 알기 위해 $\oint \mathbf{E}\cdot d\mathbf{L}=0$을 적용하면 다음과 같다.

8 절연재료로 전기적 특성과 기계적 특성이 우수한 두 유전체(ϵ_1, ϵ_2)를 성층하여 사용하거나 고체 절연물(ϵ_1)을 액체 절연물(ϵ_2) 속에 함침하여 사용하는 경우가 많으며, 이 경우 유전율이 다른 두 유전체의 경계가 형성된다. 따라서 유전체의 경계에는 자유공간-도체, 유전체-도체, 유전체-유전체 등의 경계가 있다.

$$\oint \mathbf{E} \cdot d\mathbf{L} = \int_a^b + \int_b^c + \int_c^d + \int_d^a = 0$$

두 번째와 네 번째 항은 전계와 적분경로의 방향이 서로 수직이므로 0이 된다. 경계면에 대해 전계의 접선성분을 각각 E_{t1}, E_{t2}라 하면 위 식은 다음과 같이 다시 쓸 수 있다.

$$E_{t1} \Delta L - E_{t2} \Delta L = 0$$

즉 전계 및 전속밀도의 접선성분에 대해 다음과 같은 경계조건을 얻을 수 있다.

★ 접선성분에 대한 경계조건 ★

$$E_{t1} = E_{t2} \tag{3.42}$$

$$\frac{D_{t1}}{\epsilon_1} = \frac{D_{t2}}{\epsilon_2} \tag{3.43}$$

한편, 전계와 전속밀도의 경계면에 수직인 법선성분을 영역 1과 영역 2에서 각각 E_{n1}, E_{n2} 혹은 D_{n1}, D_{n2}라 하면 가우스 법칙으로부터

$$\oint \mathbf{D} \cdot d\mathbf{S} = \int_{\text{윗면}} + \int_{\text{아랫면}} + \int_{\text{측면}} = Q$$

가 되고, 경계면에서 측면의 면적은 0이 되어 생각할 필요가 없으므로 다음과 같다.

$$D_{n1} \Delta S - D_{n2} \Delta S = Q = \rho_s \Delta S$$

그러나 이미 언급한 바와 같이 두 완전유전체의 경계면에 축적되는 전하는 없으므로 위 식은

$$D_{n1} \Delta S - D_{n2} \Delta S = 0$$

이 되어 다음과 같은 경계조건을 얻는다.

★ 법선성분에 대한 경계조건 ★

$$D_{n1} = D_{n2} \tag{3.44}$$

$$\epsilon_1 E_{n1} = \epsilon_2 E_{n2} \tag{3.45}$$

이 결과는 매우 중요한 의미를 갖는다. 즉 유전율이 다른 **두 유전체가 경계를 이루고 있는 경우, 전압을 인가하면 유전율이 작은 유전체에 더 큰 전계가 형성된다.**[9]

경계조건을 활용하면 경계면에서 보다 많은 정보를 얻을 수 있다.

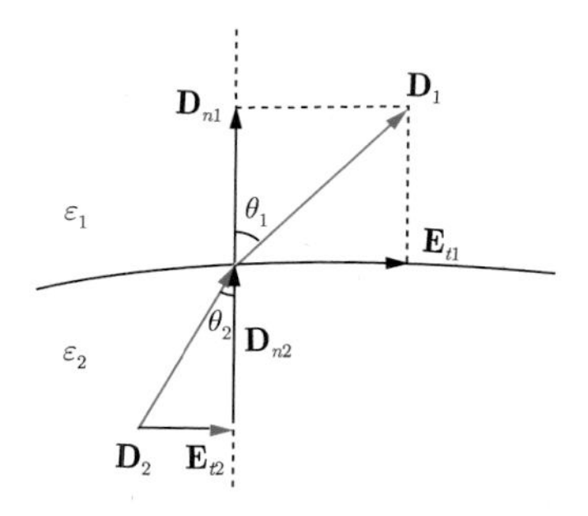

[그림 3-8] 전속밀도의 입사각에 대한 고찰

[그림 3-8]과 같이 전속밀도 $\mathbf{D}_1$, $\mathbf{D}_2$가 경계면의 법선에 대해 각각 θ_1, θ_2의 각을 이루고 있다면 경계조건에 의해 $D_{n1} = D_{n2}$이므로

$$D_1 \cos\theta_1 = D_2 \cos\theta_2 \tag{3.46}$$

이며, $E_{t1} = E_{t2}$의 조건에서 $\dfrac{D_{t1}}{\epsilon_1} = \dfrac{D_{t2}}{\epsilon_2}$이므로

$$\frac{D_{t1}}{D_{t2}} = \frac{D_1 \sin\theta_1}{D_2 \sin\theta_2} = \frac{\epsilon_1}{\epsilon_2} \tag{3.47}$$

이 된다. 이 두 식으로부터 다음 경계조건을 얻을 수 있다.

★ 각에 대한 경계조건 ★

$$\frac{\tan\theta_1}{\tan\theta_2} = \frac{\epsilon_1}{\epsilon_2} \tag{3.48}$$

이때 $\epsilon_1 > \epsilon_2$라면 $\theta_1 > \theta_2$가 된다. 이러한 각의 관계로부터 영역 2의 전속밀도를 구할 수 있다. 먼저 영역 2의 전속밀도는

$$D_2 = \sqrt{D_{n2}^2 + D_{t2}^2} = \sqrt{(D_2 \sin\theta_2)^2 + (D_2 \cos\theta_2)^2}$$

9 만약 전극 사이에 유전율이 다른 두 유전체를 삽입하고 전압을 인가하면, 전극인 도체와 유전체 그리고 유전체와 유전체의 경계가 생긴다. 그런데 도체와 유전체의 경우 전계는 반드시 도체에 수직이므로 유전체-유전체의 경계면에서도 전계는 사실상 경계면에 수직인 성분만이 존재한다고 할 수 있다.

이며 식 (3.46)과 (3.47)에서 $\epsilon_2 D_1 \sin\theta_1 = \epsilon_1 D_2 \sin\theta_2$, $D_1 \cos\theta_1 = D_2 \cos\theta_2$를 이용하여 나타내면 다음과 같다.

$$D_2 = D_1 \sqrt{\cos^2\theta_1 + \left(\frac{\epsilon_2}{\epsilon_1}\right)^2 \sin^2\theta_1} \tag{3.49}$$

$$E_2 = E_1 \sqrt{\sin^2\theta_1 + \left(\frac{\epsilon_1}{\epsilon_2}\right)^2 \cos^2\theta_1} \tag{3.50}$$

예제 3-11

영역 $1(z<0)$에는 $\epsilon_{R1}=2$, 영역 $2(z>0)$에는 $\epsilon_{R2}=4$인 유전체가 있다. 영역 1에서의 전계가 $\mathbf{E}_1 = -3\mathbf{a}_x + 4\mathbf{a}_y - 2\mathbf{a}_z$[V/m] 일 때 다음을 구하라.

(a) 영역 2에서의 전계 $\mathbf{E}_2$

(b) 영역 2에서의 분극벡터 $\mathbf{P}_2$

풀이 **정답** (a) $-3\mathbf{a}_x + 4\mathbf{a}_y - \mathbf{a}_z$[V/m] (b) $-79.7\mathbf{a}_x + 106.3\mathbf{a}_y - 26.6\mathbf{a}_z$[pC/m^2]

(a) 경계면이 $z=0$인 평면이므로 영역 1에서의 전계의 법선성분은 다음과 같다.

$$E_{n1} = E_{z1} = -2\,[\text{V/m}]$$

또한 두 유전체의 경계조건 $D_{n1} = D_{n2}$ 또는 $\epsilon_1 E_{n1} = \epsilon_2 E_{n2}$로부터 영역 2에서의 전계의 법선성분을 구할 수 있다.

$$E_{n2} = \frac{\epsilon_1}{\epsilon_2} E_{n1} = \frac{\epsilon_{R1}}{\epsilon_{R2}} E_{n1} = -1\,[\text{V/m}]$$

$$\mathbf{E}_{n2} = -\mathbf{a}_z$$

법선성분을 제외한 부분이 영역 1에서의 접선성분이 되며, 경계조건 $E_{t1} = E_{t2}$임을 생각하면 다음 관계가 성립한다.

$$\mathbf{E}_{t1} = \mathbf{E}_1 - \mathbf{E}_{n1} = -3\mathbf{a}_x + 4\mathbf{a}_y\,[\text{V/m}] = \mathbf{E}_{t2}$$

따라서 영역 2의 전계는 다음과 같다.

$$\mathbf{E}_2 = -3\mathbf{a}_x + 4\mathbf{a}_y - \mathbf{a}_z\,[\text{V/m}]$$

(b) 영역 2에서의 분극은 식 (3.30)을 이용하여 다음과 같이 계산한다.

$$\mathbf{P}_2 = \mathbf{D}_2 - \epsilon_0 \mathbf{E}_2 = \mathbf{D}_2 - \epsilon_0 \frac{\mathbf{D}_2}{\epsilon_2} = \mathbf{D}_2\left(1 - \frac{\epsilon_0}{\epsilon_0 \epsilon_{R2}}\right) = \frac{3}{4}\mathbf{D}_2$$

경계조건에 의해 영역 2에서의 전속밀도의 법선성분과 접선성분은 각각 다음과 같다.

$$\begin{aligned}\mathbf{D}_{n2} &= \mathbf{D}_{n1} \\ &= \epsilon_1 \mathbf{E}_{n1} = \epsilon_0 \epsilon_{R1} \mathbf{E}_{n1} = -35.4\mathbf{a}_z [\mathrm{pC/m^2}] \\ \mathbf{D}_{t2} &= \epsilon_2 \mathbf{E}_{t2} = \epsilon_2 \mathbf{E}_{t1} \\ &= \epsilon_2(\mathbf{E}_1 - \mathbf{E}_{n1}) = \epsilon_0 \epsilon_{R2}(-3\mathbf{a}_x + 4\mathbf{a}_y) \\ &= -106.2\mathbf{a}_x + 141.7\mathbf{a}_y [\mathrm{pC/m^2}]\end{aligned}$$

따라서 영역 2에서의 전속밀도와 구하고자 하는 분극은 다음과 같다.

$$\mathbf{D}_2 = -106.2\mathbf{a}_x + 141.7\mathbf{a}_y - 35.4\mathbf{a}_z [\mathrm{pC/m^2}]$$

$$\mathbf{P}_2 = \frac{3}{4}\mathbf{D}_2 = -79.7\mathbf{a}_x + 106.3\mathbf{a}_y - 26.6\mathbf{a}_z [\mathrm{pC/m^2}]$$

예제 3-12

[예제 3-11]에서 전계 $\mathbf{E}_1$ 및 $\mathbf{E}_2$가 경계면의 법선성분과 이루는 각 θ_1, θ_2를 구하고, 각에 대한 경계조건 $\frac{\tan\theta_1}{\tan\theta_2} = \frac{\epsilon_1}{\epsilon_2}$이 성립함을 증명하라.

풀이

우선 영역 1의 전계 $\mathbf{E}_1 = -3\mathbf{a}_x + 4\mathbf{a}_y - 2\mathbf{a}_z [\mathrm{V/m}]$에서 전계의 법선성분과 접선성분이 각각 $E_{n1} = -2$, $E_{t1} = \sqrt{(-3)^2 + 4^2} = 5$이므로 θ_1은 다음과 같다.

$$\tan\theta_1 = \frac{E_{t1}}{E_{n1}} = 2.5$$

$$\theta_1 = 68.2°$$

영역 2의 전계 $\mathbf{E}_2 = -3\mathbf{a}_x + 4\mathbf{a}_y - \mathbf{a}_z [\mathrm{V/m}]$에서 전계의 법선성분과 접선성분이 각각 $E_{n2} = -1$, $E_{t2} = \sqrt{(-3)^2 + 4^2} = 5$이므로 θ_2는 다음과 같다.

$$\tan\theta_2 = \frac{E_{t2}}{E_{n2}} = 5$$

$$\theta_2 = 78.7°$$

따라서 다음과 같이 각에 대한 경계조건이 성립한다.

$$\frac{\tan\theta_1}{\tan\theta_2} = \frac{2.5}{5} = \frac{\epsilon_1}{\epsilon_2}\left(= \frac{2}{4}\right)$$

SECTION 06

정전용량

이 절에서는 정전용량을 정의하고 정전에너지와 관련하여 정전용량의 의미를 명확히 이해하며, 각종 도체계에서의 정전용량을 구한다.

Keywords | 정전용량 | 정전에너지 | 평행평판 도체계의 정전용량 | 동축케이블의 정전용량 | 동심 구 도체의 정전용량 | 전송선로의 정전용량 |

정전용량

[그림 3-9]와 같이 두 도체 사이에 유전율 ϵ 인 유전체가 있고, 두 도체에는 각각 Q와 $-Q$의 전하가 분포되어 있으며, 두 도체 사이에 전위차 V_0가 발생하였다면 이 도체계의 **정전용량** 또는 **커패시턴스**(capacitance) C는 다음과 같이 정의한다.

★ 정전용량 ★

$$C = \frac{Q}{V_0} \tag{3.51}$$

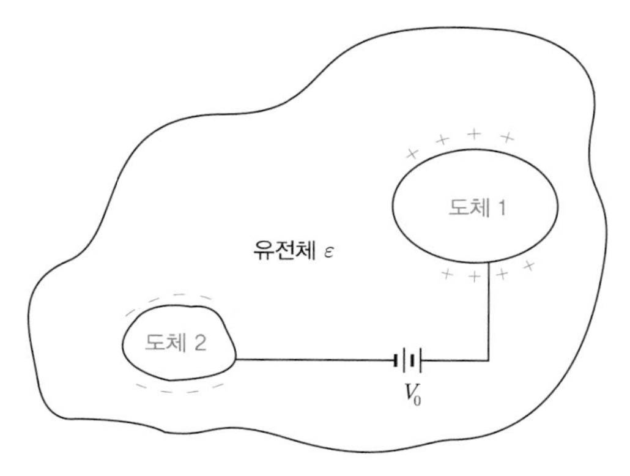

[그림 3-9] 전위 V로 연결된 두 도체와 정전용량

어떤 도체계의 정전용량은 저항 R, 인덕턴스 L[10]과 함께 중요한 회로정수 중 하나이지만, 물성적 관점에서 보면 단위전압을 인가하였을 때 축적되는 전하량이라 할 수 있다. 즉, 전하량을 전압으로

10 인덕턴스 L은 전류와 이에 의해 발생하는 자속의 비, 즉 자속을 ϕ라 할 때 $L=\phi/I$로 계산한다.

나누었으므로 1[V]의 전압을 인가하였을 때 축적되는 전하량이 되는 것이다. 또한 정전용량[11]은 도체계에 전압을 인가하면 전하가 축적되는데, 이때 축적되는 전하량은 인가한 전압에 비례하며, 정전용량은 그 비례상수로 생각할 수 있다.

정전용량은 두 도체 사이의 유전체의 유전율 ϵ과 그 도체계의 형상에 관련된 상수 K의 곱에 의존하며, 인가한 전위의 크기에는 무관한 상수이다. 만약 전위차가 증가하면 전계 및 전속밀도도 증가하며, 가우스 법칙에 의해 비례적으로 전하량도 증가하므로 전하량과 전위차의 비로 정의되는 정전용량에는 아무런 변화가 없다. 이러한 개념하에 정전용량은 다음과 같이 쓸 수 있다.

$$C = \frac{\oint \epsilon \mathbf{E} \cdot d\mathbf{S}}{-\int \mathbf{E} \cdot d\mathbf{L}} \tag{3.52}$$

만약 평행평판 도체계의 전극의 간격이 d이고 면적이 S라면 다음과 같이 계산한다.

$$C = \epsilon K = \epsilon \frac{S}{d} \tag{3.53}$$

전극 사이의 유전체로 유전율이 ϵ_0인 자유공간을 생각하면 이때의 정전용량 C_0는 다음과 같으며 이를 **기하용량**(geometrical capacitance)이라고 한다.

$$C_0 = \epsilon_0 \frac{S}{d} \tag{3.54}$$

한편 정전용량을 에너지의 관점에서 보면 평행평판 도체계에 축적되는 정전에너지 W는 다음과 같다.

★ 정전에너지 ★

$$W = \frac{1}{2} QV = \frac{1}{2} CV^2 \tag{3.55}$$

이를 정전용량에 대해 다시 쓰면 다음과 같다.

$$C = \frac{2W}{V} \tag{3.56}$$

정전용량의 단위는 그 정의로부터 쿨롱/볼트(Coulomb/Volt, C/V)임을 알 수 있으며, 실용단위로 패럿(farad, F)을 사용한다. 즉 1[F]는 1[C/V]이다.

11 정전용량은 에너지가 축적되는 공간, 즉 전위차가 있고 따라서 전계가 발생되어 있는 공간에서 정의될 수 있다.

예제 3-13

무한히 넓은 두 평행한 도체의 간격을 $d=10$[m]로 하고 도체 사이에 $\epsilon=2$인 유전체를 삽입한 후, 전압 $V=100$[V]를 인가하였다. 도체의 단위면적당 작용하는 힘을 구하라.

풀이 **정답** $100[\text{N/m}^2]$

힘을 F, 두 도체의 간격, 즉 유전체의 두께를 d라 할 때, $W=Fd$이므로 식 (3.55)를 이용하여 유전체에 축적되는 에너지 W'를 구하면 다음과 같다.

$$W'=\frac{1}{2}CV^2=\frac{1}{2}\epsilon\frac{S}{d}V^2$$

단위면적당 축적되는 에너지 W는

$$W=\frac{1}{2}\epsilon\left(\frac{V}{d}\right)^2 d=Fd$$

이므로 단위면적당 작용하는 힘 F는 다음과 같다.

$$F=\frac{1}{2}\epsilon\left(\frac{V}{d}\right)^2=\frac{1}{2}\times2\times\left(\frac{100}{10}\right)^2=100[\text{N/m}^2]$$

평행평판 도체계의 정전용량

[그림 3-10]과 같이 면적이 S, 전극간격이 d인 매우 넓은 도체 사이에 유전율이 ϵ인 유전체를 삽입한 경우의 정전용량을 구해보자. 우선 전위 $V=V_0$를 인가하면 양 전극에는 각각 $+\rho_s$와 $-\rho_s$의 전하밀도가 생긴다. 이때 무한 면전하밀도 ρ_s에 의한 전계는 다음과 같다.

$$\mathbf{E}=\frac{\rho_s}{\epsilon}\mathbf{a}_z$$

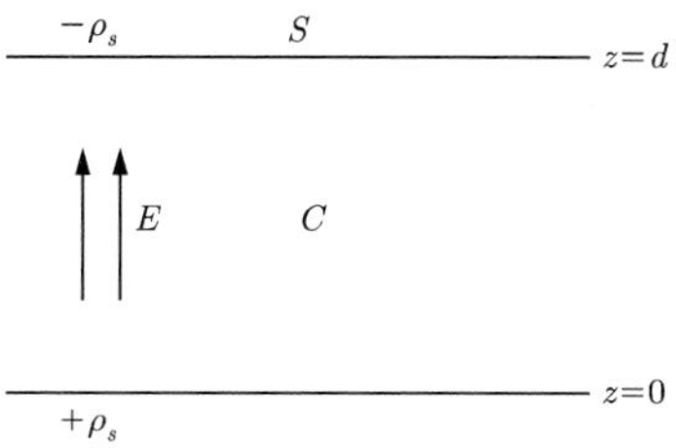

$-\rho_s$ S $z=d$

E C

$z=0$ $+\rho_s$

[그림 3-10] 평행평판 콘덴서의 정전용량

전극의 면적이 매우 넓지만 일정한 크기임을 가정하면 정전용량을 구할 수 있다.

따라서 두 도체판 사이의 전위는 다음과 같다.

$$V_0 = -\int \mathbf{E} \cdot d\mathbf{L} = -\int_d^0 \frac{\rho_s}{\epsilon} dz = \frac{\rho_s}{\epsilon} d$$

한편 전극의 면적을 S라 할 때, 전극판에 축적되는 전하량은

$$Q = \int \rho_s dS = \rho_s S$$

이므로 정전용량은 다음과 같다.

★ 평행평판 도체계의 정전용량 ★

$$C = \frac{\epsilon S}{d} \tag{3.57}$$

이때 이 도체계에 축적되는 총 에너지는 다음과 같다.

$$W_E = \frac{1}{2}\int_v \epsilon E^2 dv = \frac{1}{2}\int_0^d \int_0^S \epsilon \frac{\rho_s^2}{\epsilon^2} dS dz = \frac{1}{2}\frac{\rho_s^2}{\epsilon} Sd$$

이 식을 정전용량과 전위차로 분해해서 생각하면 다음과 같이 쓸 수 있다.

$$W_E = \frac{1}{2}\frac{\epsilon S}{d}\frac{\rho_s^2 d^2}{\epsilon^2} = \frac{1}{2}CV_0^2 = \frac{1}{2}QV_0$$

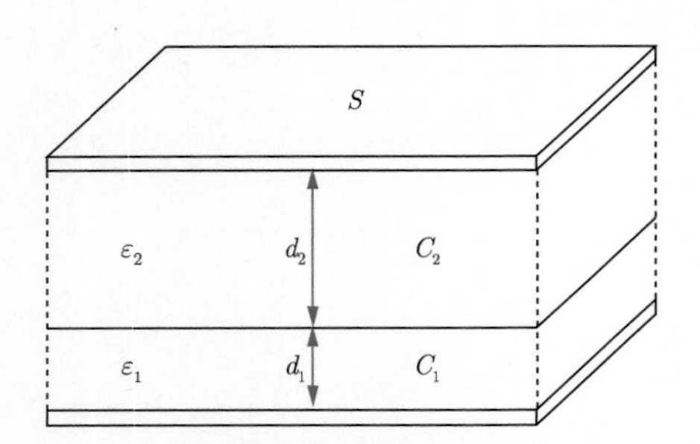

[그림 3-11] 직렬연결된 유전체의 정전용량

[그림 3-11]과 같이 평행평판 도체계에 두께가 각각 d_1, d_2이며 유전율이 ϵ_1, ϵ_2인 유전체가 직렬로 배치되어 있을 경우, 전계와 전위 사이에는

$$V = E_1 d_1 + E_2 d_2$$

의 관계가 성립하며, 두 유전체의 경계조건에서 $D_{n1} = D_{n2}$ 또는 $\epsilon_1 E_{n1} = \epsilon_2 E_{n2}$에서 전계의 접선 성분이 없으므로 $\epsilon_1 E_1 = \epsilon_2 E_2$의 경계조건이 성립된다. 따라서 $E_2 = (\epsilon_1/\epsilon_2)E_1$을 이용하여 위 식을 정리하면 다음과 같다.

$$E_1 = \frac{V}{d_1 + \left(\frac{\epsilon_1}{\epsilon_2}\right)d_2}$$

한편,

$$\rho_{s1} = D_1 = \epsilon_1 E_1 = \frac{V}{\left(\frac{d_1}{\epsilon_1}\right) + \left(\frac{d_2}{\epsilon_2}\right)} = D_2$$

이므로 정전용량은 다음과 같다.

$$C = \frac{Q}{V} = \frac{\rho_s S}{V} = \frac{1}{\left(\frac{d_1}{\epsilon_1 S}\right) + \left(\frac{d_2}{\epsilon_2 S}\right)} \tag{3.58}$$

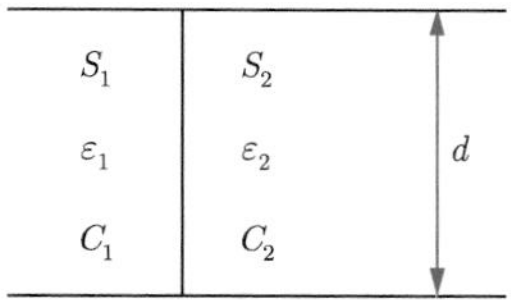

S_1 S_2
ε_1 ε_2 d
C_1 C_2

[그림 3-12] 병렬연결된 유전체의 정전용량

두 유전체가 병렬로 배치되어 있는 경우 각 유전체가 점유하는 전극의 면적이 다르다.

또한 유전율이 ϵ_1, ϵ_2인 유전체가 [그림 3-12]와 같이 병렬로 연결되어 있을 경우, 그 면적을 각각 S_1, S_2라 하면 각 영역에서의 전속밀도는

$$D_1 = \frac{Q}{S_1} = \epsilon_1 E_1$$

$$D_2 = \frac{Q}{S_2} = \epsilon_2 E_2$$

로 주어진다. 즉, 각 영역에서의 정전용량을 위 식을 이용하여 정리하면 다음과 같다.

$$C_1 = \frac{Q}{V} = \frac{\epsilon_1 E_1 S_1}{d E_1} = \frac{\epsilon_1 S_1}{d}$$

$$C_2 = \frac{\epsilon_2 E_2 S_2}{dE_2} = \frac{\epsilon_2 S_2}{d}$$

따라서 정전용량은 다음과 같다.[12]

$$C = \frac{\epsilon_1 S_1}{d} + \frac{\epsilon_2 S_2}{d} \tag{3.59}$$

동축케이블의 정전용량

내·외 도체의 반경이 각각 a, b이고 길이 L인 동축케이블의 내·외 도체 사이의 정전용량을 구해보자. 우선 전계는

$$\mathbf{E} = a\frac{\rho_s}{\epsilon\rho}\mathbf{a}_\rho$$

이며, 이를 이용하여 전위차를 구하면

$$V_{ab} = -\int_b^a \frac{a\rho_s}{\epsilon\rho} d\rho = \frac{a\rho_s}{\epsilon}\ln\frac{b}{a}$$

이다. 또한 내부 도체에 축적되는 전하량 Q는

$$Q = \int \rho_s dS = \int_0^{2\pi}\int_0^L \rho_s a d\phi dz = 2\pi a L \rho_s$$

이므로 정전용량은 다음과 같다.

★ 동축케이블의 정전용량 ★

$$C = \frac{Q}{V_{ab}} = \frac{2\pi\epsilon L}{\ln(b/a)} \tag{3.60}$$

동심 구 도체의 정전용량

동심 구 도체의 경우를 생각해보자. 이때 내·외구의 반경을 각각 a와 b라 하자. 두 구 도체 사이에 유전율 ϵ의 유전체가 있다면 우선 $r = r$에서의 전계는

12 회로이론에서 정전용량 C를 직렬연결하면 $\frac{1}{C} = \frac{1}{C_1} + \frac{1}{C_2}$이며, 병렬연결하면 $C = C_1 + C_2$임을 같이 생각해보라.

$$\mathbf{E} = \frac{Q}{4\pi\epsilon r^2}\mathbf{a}_r$$

이므로 전위차는

$$V_{ab} = -\int_b^a \frac{Q}{4\pi\epsilon r^2}dr = \frac{Q}{4\pi\epsilon}\left(\frac{1}{a} - \frac{1}{b}\right)$$

가 된다. 따라서 정전용량은 다음과 같다.

★ 동심 구 도체의 정전용량 ★

$$C = \frac{Q}{V_{ab}} = \frac{4\pi\epsilon}{\frac{1}{a} - \frac{1}{b}} \tag{3.61}$$

예제 3-14

자유공간에 반경 $r = 3$[cm]인 구 도체가 놓여 있으며, 이 구 도체에 전하 $Q = 4$[C]이 균일하게 분포하고 있다. 이 도체계의 정전용량을 구하라.

풀이 **정답** 3.33×10^{-12}[F]

내·외 반경이 각각 a, b인 동심 구 도체의 정전용량은 식 (3.61)에 의해

$$C = \frac{4\pi\epsilon}{\left(\frac{1}{a}\right) - \left(\frac{1}{b}\right)}$$

로 주어지며 반경 r의 구 도체가 자유공간에 독립적으로 존재하는 경우는 이 식에서 $b \to \infty$인 경우에 해당한다. 따라서 반경 r인 구 도체의 정전용량은 $C = 4\pi\epsilon_0 a$에서 $a = r$이므로 다음과 같이 계산한다.

$$C = 4\pi\epsilon_0 r = 4\pi \cdot 8.854 \cdot 10^{-12} \cdot 3 \cdot 10^{-2} \doteq 3.33 \times 10^{-12}[\text{F}]$$

전송선로의 정전용량

무한 길이의 전송선로와 같이 선전하밀도 ρ_L과 $-\rho_L$이 있는 도체계를 생각해보자. 두 도체의 반경은 a이며 $d(d \gg a)$만큼 떨어져 있다. 임의의 위치 x에서 전계는 두 선전하밀도에 의한 전계의 합으로 다음과 같이 표현된다.

$$\mathbf{E} = \frac{\rho_L}{2\pi\epsilon}\left(\frac{1}{x} + \frac{1}{d-x}\right)\mathbf{a}_x$$

전위는 $x = d - a$에 대한 $x = a$의 전위가 두 도체계의 최대의 전위차이므로

$$V = -\int_{d-a}^{a} \frac{\rho_L}{2\pi\epsilon}\left(\frac{1}{x} + \frac{1}{d-x}\right)dx = \frac{\rho_L}{\pi\epsilon}\ln\frac{d-a}{a}$$

로 주어진다. 또한 이 식에서 $d \gg a$임을 고려하면 전위는 다음과 같다.

$$V \doteq \frac{\rho_L}{\pi\epsilon}\ln\frac{d}{a}$$

한편 전하 Q는 무한 길이의 선로이지만, 편의상 그 길이를 L이라 할 때 $Q = \rho_L L$이므로 정전용량은 다음과 같다.

★ 전송선로의 정전용량 ★

$$C = \frac{Q}{V} = \frac{\pi\epsilon L}{\ln(d/a)} \tag{3.62}$$

지금까지 다룬 각종 도체계의 정전용량을 [표 3-1]에 정리하여 나타내었다.

[표 3-1] 각종 도체계의 정전용량

도체계	정전용량	도체계	정전용량
평행평판 도체	$\epsilon\frac{S}{d}$	동심 구 도체	$\frac{4\pi\epsilon}{\left(\frac{1}{a}\right)-\left(\frac{1}{b}\right)}$
평행평판 도체(직렬)	$\frac{1}{\left(\frac{d_1}{\epsilon_1 S}\right)+\left(\frac{d_2}{\epsilon_2 S}\right)}$	동축케이블	$\frac{2\pi\epsilon L}{\ln\left(\frac{b}{a}\right)}$
평행평판 도체(병렬)	$\frac{\epsilon_1 S_1}{d}+\frac{\epsilon_2 S_2}{d}$	평행 전송선로	$\frac{\pi\epsilon L}{\ln\left(\frac{d}{a}\right)}$

SECTION 07

푸아송 및 라플라스 방정식

이 절에서는 푸아송 및 라플라스 방정식을 유도하여 각종 도체계에서 전위의 공간적 분포를 파악하며, 이를 활용하여 전계 및 전속밀도, 전하밀도 그리고 정전용량을 구한다.

Keywords | 푸아송 및 라플라스 방정식의 유도 | 유일성의 정리 | 라플라스 방정식의 해법의 예 | 푸아송 방정식의 해법 예 |

푸아송 및 라플라스 방정식의 유도

지금까지 주어진 전계로부터 전위를 구할 수 있었으며, 전위경도와 전계 사이의 관계, 즉 $\mathbf{E} = -\nabla V$의 관계로부터 전위의 정보가 주어졌을 때 전계를 구하는 것도 가능하였다. 뿐만 아니라 쿨롱의 법칙이나 가우스 법칙을 활용하여 다양한 형태의 전하분포로부터 전위 및 전계에 대해 해석할 수 있었다.

이제 전위 및 전계 해석의 마지막 방법으로써, 주어진 도체계의 경계치 문제의 관점으로 접근하여 전위를 구하는 문제를 풀어보기로 한다. 이를 위해 **푸아송**(Poisson) **및 라플라스**(Laplace) **방정식**을 이용하기로 한다. 두 방정식의 해는 전위가 되는데, 전위는 매우 특수한 경우를 제외하고는 위치에 대한 함수이다. 따라서 어떤 도체계에 주어진 전하분포에서의 푸아송 및 라플라스 방정식을 세우고 그 해를 구함으로써, 전위의 공간적 분포를 구할 수 있다.

우선 방정식을 만들어보면

$$\nabla \cdot \mathbf{D} = \nabla \cdot (\epsilon_0 \mathbf{E}) = \epsilon_0 \nabla \cdot (-\nabla V) = -\epsilon_0 \nabla \cdot \nabla V = \rho_v$$

이며, 위 식으로부터 다음과 같이 정리할 수 있다.

$$\nabla \cdot \nabla V = -\frac{\rho_v}{\epsilon_0} \tag{3.63}$$

이를 **푸아송 방정식**(Poisson's equation)이라 한다. 이 식의 정확한 전개식 및 활용을 위해 ∇의 이중연산($\nabla \cdot \nabla$)을 우선 직각좌표계에서 표현해보면, 임의의 벡터 $\mathbf{D}$의 발산 및 스칼라량 V의 경도는 다음과 같다.

$$\nabla \cdot \mathbf{D} = \frac{\partial D_x}{\partial x} + \frac{\partial D_y}{\partial y} + \frac{\partial D_z}{\partial z}$$

$$\nabla V = \frac{\partial V}{\partial x}\mathbf{a}_x + \frac{\partial V}{\partial y}\mathbf{a}_y + \frac{\partial V}{\partial z}\mathbf{a}_z$$

위 두 식으로부터 다음 표현식을 얻는다.

$$\begin{aligned}\nabla \cdot \nabla V &= \frac{\partial}{\partial x}\left(\frac{\partial V}{\partial x}\right) + \frac{\partial}{\partial y}\left(\frac{\partial V}{\partial y}\right) + \frac{\partial}{\partial z}\left(\frac{\partial V}{\partial z}\right) \\ &= \frac{\partial^2 V}{\partial x^2} + \frac{\partial^2 V}{\partial y^2} + \frac{\partial^2 V}{\partial z^2}\end{aligned} \tag{3.64}$$

$\nabla \cdot \nabla$을 ∇^2으로 표기하기로 하며, 직각좌표계에서 푸아송 방정식은 다음과 같다.

★ 푸아송 방정식(직각좌표계) ★

$$\nabla^2 V = \frac{\partial^2 V}{\partial x^2} + \frac{\partial^2 V}{\partial y^2} + \frac{\partial^2 V}{\partial z^2} = -\frac{\rho_v}{\epsilon_0} \tag{3.65}$$

위 식에서 만약 $\rho_v = 0$이면 즉, 우리가 주목하고 있는 공간에 전하가 존재하지 않는다면 다음과 같이 나타내며, 이를 **라플라스 방정식**(Laplace's equation)이라 한다.

★ 라플라스 방정식 ★

$$\nabla^2 V = 0 \tag{3.66}$$

직각좌표계 및 원통좌표계와 구좌표계에서의 라플라스 방정식은 다음과 같다.

★ 각 좌표계에서의 라플라스 방정식 ★

$$\nabla^2 V = \frac{\partial^2 V}{\partial x^2} + \frac{\partial^2 V}{\partial y^2} + \frac{\partial^2 V}{\partial z^2} = 0 \quad \text{(직각좌표계)} \tag{3.67}$$

$$\nabla^2 V = \frac{1}{\rho}\frac{\partial}{\partial \rho}\left(\rho\frac{\partial V}{\partial \rho}\right) + \frac{1}{\rho^2}\left(\frac{\partial^2 V}{\partial \phi^2}\right) + \frac{\partial^2 V}{\partial z^2} = 0 \quad \text{(원통좌표계)} \tag{3.68}$$

$$\nabla^2 V = \frac{1}{r^2}\frac{\partial}{\partial r}\left(r^2\frac{\partial V}{\partial r}\right) + \frac{1}{r^2\sin\theta}\frac{\partial}{\partial \theta}\left(\sin\theta\frac{\partial V}{\partial \theta}\right) + \frac{1}{r^2\sin^2\theta}\frac{\partial^2 V}{\partial \phi^2} = 0 \quad \text{(구좌표계)} \tag{3.69}$$

푸아송 및 라플라스 방정식은 전위분포를 구하려는 공간에서의 전하의 유무에 따라 다르게 적용된다. 예를 들어 플라즈마 공간이나 pn 접합 반도체의 공간전하층에서와 같이 많은 전자 및 양이온이 존재하는 공간에서는 푸아송 방정식을 활용해야 하며, 각종 커패시터와 같이 전하가 존재하지 않는 절연층에서는 라플라스 방정식을 활용해야 한다. 즉, 지금까지 소개한 평행평판 도체계를 비롯하여 동축케이블, 동심 구 도체 등의 도체계는 전극(도체)-절연물-전극으로 구성되어 있으며, 이 절연물 내의 한 점에는 라플라스 방정식을 풀어 전위의 공간적인 분포를 알 수 있다.

라플라스 방정식의 해법 예

$V(x)$의 경우

전위가 x만의 함수인 경우의 전형적인 예는 평행평판 콘덴서로 라플라스 방정식은 다음과 같다.

$$\frac{\partial^2 V}{\partial x^2} = 0$$

전위가 x만의 함수이므로 편미분을 상미분으로 바꾸고 적분하면

$$\frac{dV}{dx} = A$$

가 되고, 이 식을 다시 적분하여 다음을 얻는다.

$$V = Ax + B \tag{3.70}$$

위 식의 A와 B는 적분상수이며, 전위는 주어진 위치에서 반드시 하나의 해를 가지므로 주어진 도체계의 경계조건으로부터 A, B를 쉽게 구할 수 있다. 평행평판 도체계의 경우 [그림 3-13]과 같이 전극 간격을 d, 인가전압을 V_0라 하면, $x=0$에서 $V=0$, $x=d$에서 $V=V_0$의 관계로부터 A, B를 구할 수 있다. 즉, $A=V_0/d$, $B=0$이 되므로 전위는 다음과 같다.

★ $V(x)$일 때의 전위 ★

$$V = \frac{V_0}{d}x \tag{3.71}$$

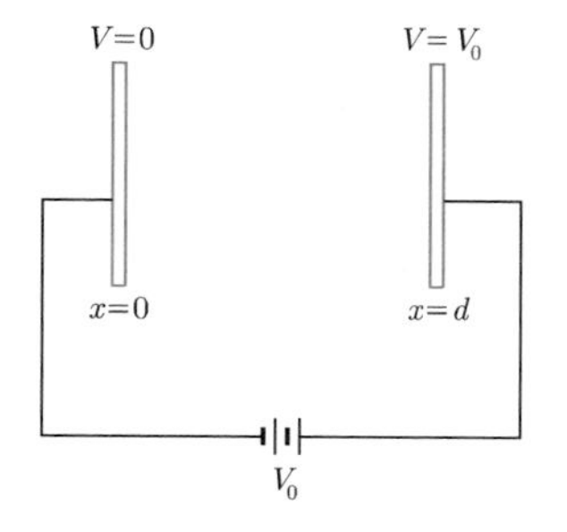

[그림 3-13] $V(x)$의 경우 라플라스 방정식의 적용 예

이 결과를 고찰해보자. 만약 간격이 10[cm]인 전극에 전압 100[V]를 가하면, 라플라스 방정식으로부터 $V = 10x$가 되어 위치 x의 변화에 따라 전위도 매우 일정하게 변화함을 알 수 있다. 즉, 평행평판 콘덴서의 경우 $x = 1$[cm]에서 전위는 $V = 10$[V]이며, 2[cm]에서는 20[V]이므로, 위치 변화에 대한 전위의 변화율은 일정함을 알 수 있다. 이는 전계가 위치 함수가 아닌 평등전계라는 뜻이며, 물론 이러한 결과는 무한 평면전하에 의한 전계나 도체와 자유공간의 경계조건 등에서 이미 공부하였다.

한편 라플라스 방정식으로부터 구한 전위를 이용하면 전위 이외의 모든 전기적 양을 구할 수 있다. 우선 $\mathbf{E} = -\nabla V$의 관계를 이용하여 전계 및 전속밀도를 구하면 다음과 같다.

$$\mathbf{E} = -\frac{V_0}{d}\mathbf{a}_x$$

$$\mathbf{D} = -\epsilon\frac{V_0}{d}\mathbf{a}_x$$

한편 $x = d$에서 표면전하밀도 및 전하량은

$$D_n = \epsilon\frac{V_0}{d} = \rho_s$$

$$Q = \int \rho_s dS = \epsilon\frac{V_0 S}{d}$$

이므로 정전용량은 다음과 같다.

$$C = \frac{\epsilon S}{d}$$

$V(\rho)$의 경우

동축케이블의 전계와 전위는 ϕ, z에 무관하고 오직 ρ만의 함수이다. 따라서 라플라스 방정식

$$\frac{1}{\rho}\frac{\partial}{\partial\rho}\left(\rho\frac{\partial V}{\partial\rho}\right) = 0$$

을 두 번 적분하여 다음과 같은 해를 얻는다.

$$V = A\ln\rho + B \tag{3.72}$$

즉 ρ가 일정한 면이 등전위면이 됨을 알 수 있다.

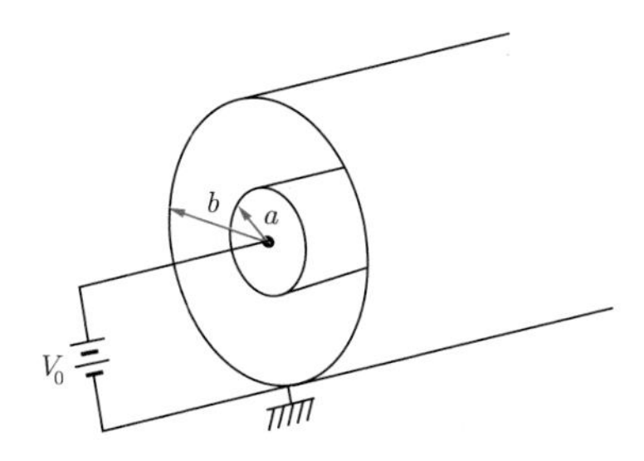

[그림 3-14] $V(\rho)$의 경우 라플라스 방정식의 적용 예

다시 경계조건을 설정하면 [그림 3-14]와 같이 반경 $\rho = a$인 내부 도체에 $V = V_0$ 의 전압을 인가하고 $\rho = b$의 외부 도체를 접지하여 $V = 0$ 이라 하면, 두 적분상수

$$A = \frac{V_0}{\ln(a/b)}, \ B = -\frac{V_0}{\ln(a/b)} \ln b$$

를 얻을 수 있다. 이를 식 (3.72)에 대입하여 정리하면 다음과 같다.

★ $V(\rho)$ **일 때의 전위** ★

$$V = V_0 \frac{\ln(b/\rho)}{\ln(b/a)} \tag{3.73}$$

이를 이용하여 전계 및 전하량, 정전용량을 구하면 다음과 같다.

$$\mathbf{E} = -\frac{\partial V}{\partial \rho} \mathbf{a}_\rho = \frac{V_0}{\rho} \frac{1}{\ln(b/a)} \mathbf{a}_\rho$$

$$D_n = \frac{\epsilon V_0}{a \ln(b/a)} = \rho_s \ (\rho = a)$$

$$Q = \int_0^{2\pi} \int_0^L \rho_s dS = \frac{\epsilon V_0 2\pi a L}{a \ln(b/a)}$$

$$C = \frac{Q}{V} = \frac{2\pi\epsilon L}{\ln(b/a)}$$

예제 3-15

$\rho = 1$[m] 에서 $V = 100$[V] , $\rho = 3$[m] 에서 $V = 20$[V] 인 동축케이블이 있다. 점 P(1, 2 , 3) 에서의 전위 V 및 전계 $\mathbf{E}$를 라플라스 방정식을 이용하여 구하라.

풀이 **정답** $V = 41.4$[V], $\mathbf{E} = 32.6\mathbf{a}_\rho$[V/m]

전위는 ρ만의 함수이므로 라플라스 방정식은 식 (3.68)과 같다.

$$\frac{1}{\rho}\frac{\partial}{\partial \rho}\left(\rho\frac{\partial V}{\partial \rho}\right)=0$$

이 식의 양변을 적분하여 전위에 대한 해를 구하면 다음과 같다.

$$V=A\ln\rho+B$$

이 식에 주어진 경계조건 $\rho=1[\mathrm{m}]$에서 $V=100[\mathrm{V}]$, $\rho=3[\mathrm{m}]$에서 $V=20[\mathrm{V}]$ 를 대입하여 A, B를 구하면

$$100=A\ln 1+B,\ 20=A\ln 3+B$$

이므로 $A=72.8$, $B=100$ 이다. 따라서 점 P에서의 전위는 다음과 같다.

$$V=-72.8\ln\rho+100=-72.8\ln\sqrt{1^2+2^2}+100=41.4[\mathrm{V}]$$

또한 전계는 $\mathbf{E}=-\nabla V$의 관계로부터 다음과 같이 구할 수 있다.

$$\begin{aligned}\mathbf{E}&=-\nabla V=-\left(\frac{\partial V}{\partial \rho}\mathbf{a}_\rho+\frac{1}{\rho}\frac{\partial V}{\partial \phi}\mathbf{a}_\phi+\frac{\partial V}{\partial z}\mathbf{a}_z\right)\\&=-\frac{\partial}{\partial \rho}(-72.8\ln\rho)\mathbf{a}_\rho=72.8\frac{1}{\rho}\mathbf{a}_\rho\\&=72.8\frac{1}{\sqrt{1^2+2^2}}\mathbf{a}_\rho=32.6\mathbf{a}_\rho[\mathrm{V/m}]\end{aligned}$$

$V(\phi)$의 경우

전위 V가 ϕ만의 함수인 경우는 [그림 3-15]와 같은 모양의 가변 콘덴서(variable condenser: varicon)를 생각할 수 있다. 이 경우 등전위면은 변수 ϕ가 일정한 면이 될 것이다.

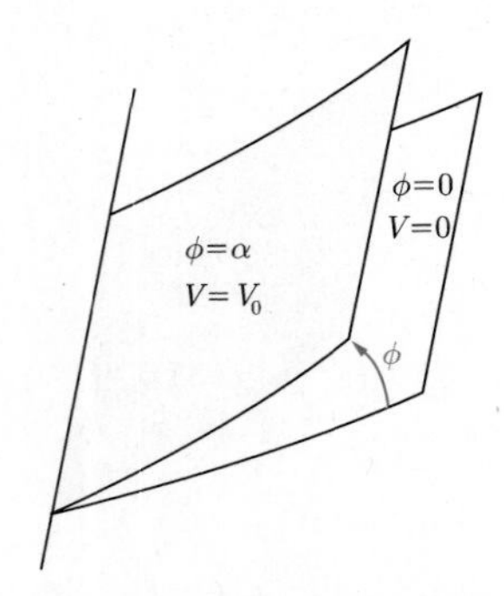

[그림 3-15] $V(\phi)$의 경우 라플라스 방정식의 적용 예
두 도체는 절연되어 있으며, $\rho=0$ 에서 절연된 두 방사면 사이의 전위분포는 전위를 ϕ만의 함수로 하여 구할 수 있다.

따라서 $\phi=0$에서 $V=0$, $\phi=\alpha$에서 $V=V_0$를 경계조건으로 두고, 라플라스 방정식을 풀면 다음을 얻는다.

$$\frac{1}{\rho^2}\frac{\partial^2 V}{\partial \phi^2}=0$$

이를 $\rho \neq 0$인 모든 공간에서 두 번 적분하면

$$V=A\phi+B \tag{3.74}$$

가 되고, 여기에 경계조건을 이용하여 완전한 해를 구하면 다음과 같다.

★ $V(\phi)$일 때의 전위 ★

$$V=V_0\frac{\phi}{\alpha} \tag{3.75}$$

이 식으로부터 $\mathbf{E}=-\nabla V$의 관계식을 이용하여 전계와 전속밀도를 구하면 다음과 같다.

$$\mathbf{E}=-\frac{V_0}{\alpha\rho}\mathbf{a}_\phi$$

$$\mathbf{D}=-\frac{\epsilon V_0}{\alpha\rho}\mathbf{a}_\phi$$

한편, $\phi=0$인 면에서 표면전하밀도와 총 전하량은

$$D_n=\rho_s=\frac{\epsilon V_0}{\alpha\rho}$$

$$Q=\int_{z=0}^{z=L}\int_{\rho=a}^{\rho=b}\rho_s d\rho dz=\frac{\epsilon V_0 L}{\alpha}\ln\frac{b}{a}$$

이므로 정전용량은 다음과 같다.

$$C=\frac{Q}{V}=\frac{\epsilon L}{\alpha}\ln\frac{b}{a}$$

$V(r)$의 경우

전위 V가 구좌표계에서 r만의 함수인 경우로는 동심 구 도체계가 있다. 즉, 내·외 반지름이 각각 a, b인 구 도체를 유전율 ϵ의 유전체로 절연하고, 내부 도체에 전위 V_0를 인가한 경우 내·외 도

체 사이의 공간에서의 전위분포를 구해 보자. 구좌표계의 라플라스 방정식에서 전위는 r만의 함수이므로 라플라스 방정식은 다음과 같다.

$$\frac{1}{r^2}\frac{\partial}{\partial r}\left(r^2\frac{\partial V}{\partial r}\right)=0$$

$r \neq 0$인 영역에서 라플라스 방정식을 적분하여 해를 구하면

$$V=-\frac{1}{r}A+B \tag{3.76}$$

가 되고 동심 구 도체에서 $r=a$에서 $V=V_0$, $r=b$에서 $V=0$이므로 이를 대입하면 다음과 같이 적분상수값을 얻는다.

$$A=\frac{V_0}{\frac{1}{b}-\frac{1}{a}},\ B=\frac{1}{b}\frac{V_0}{\frac{1}{b}-\frac{1}{a}}$$

이를 식 (3.76)에 대입하면 전위분포는 다음과 같다.

★ $V(r)$ **일 때의 전위** ★

$$V=V_0\frac{\frac{1}{r}-\frac{1}{b}}{\frac{1}{a}-\frac{1}{b}} \tag{3.77}$$

이 식을 이용하여 전계 및 전속밀도를 구하면 다음과 같다.

$$\mathbf{E}=-\nabla V=-\frac{dV}{dr}\mathbf{a}_r=V_0\frac{1}{r^2\left(\frac{1}{a}-\frac{1}{b}\right)}\mathbf{a}_r$$

$$\mathbf{D}=\epsilon V_0\frac{1}{r^2\left(\frac{1}{a}-\frac{1}{b}\right)}\mathbf{a}_r$$

한편, 내부 도체 표면에서의 표면전하밀도와 전하량은

$$D_n=\rho_s=\epsilon V_0\frac{1}{a^2\left(\frac{1}{a}-\frac{1}{b}\right)}$$

$$Q = \int \rho_s dS = \int_0^{2\pi} \int_0^{\pi} \rho_s r^2 \sin\theta \, d\theta d\phi = V_0 \frac{4\pi\epsilon}{\frac{1}{a} - \frac{1}{b}}$$

이므로 정전용량은 다음과 같다.

$$C = \frac{4\pi\epsilon}{\frac{1}{a} - \frac{1}{b}}$$

예제 3-16

$r=1[\mathrm{m}]$에서 $V=100[\mathrm{V}]$이고, $r=2[\mathrm{m}]$에서 $V=0[\mathrm{V}]$인 동심 구 도체가 있다. 라플라스 방정식을 이용하여 점 $\mathrm{P}(4,\ 3,\ 0)$에서의 전위를 구하라.

풀이 **정답** $-60[\mathrm{V}]$

동심 구 도체에서의 전위는 r만의 함수이므로 라플라스 방정식은 식 (3.69)와 같다.

$$\frac{1}{r^2}\frac{\partial}{\partial r}\left(r^2 \frac{\partial V}{\partial r}\right) = 0$$

이 식의 양변을 적분하여 해를 구하면 다음과 같다.

$$V = -\frac{1}{r}A + B$$

이 식에 $r=1[\mathrm{m}]$에서 $V=100[\mathrm{V}]$, $r=2[\mathrm{m}]$에서 $V=0[\mathrm{V}]$의 경계조건을 대입하면

$$100 = -A + B,\ 0 = -\frac{1}{2}A + B$$

이므로, $A=-200$, $B=-100$이다. 이를 대입하여 전위를 구하면 다음과 같다.

$$V = \frac{200}{r} - 100$$

따라서 $r = \sqrt{4^2 + 3^2} = 5$이므로 점 $\mathrm{P}(4,\ 3,\ 0)$에서의 전위는 다음과 같다.

$$V = -60[\mathrm{V}]$$

$V(\theta)$ 의 경우

전위가 θ만의 함수인 전형적인 예로 [그림 3-16]과 같은 원추형의 도체를 생각할 수 있다. 평면과 부채꼴 모양의 도체가 서로 절연되어 $\theta = \alpha$에서 $V = V_0$이고 $\theta = \frac{\pi}{2}$에서 $V = 0$이라고 하자. 전위가 θ만의 함수이므로 라플라스 방정식은 다음과 같다.

$$\frac{1}{r^2 \sin\theta} \frac{d}{d\theta}\left(\sin\theta \frac{dV}{d\theta}\right) = 0$$

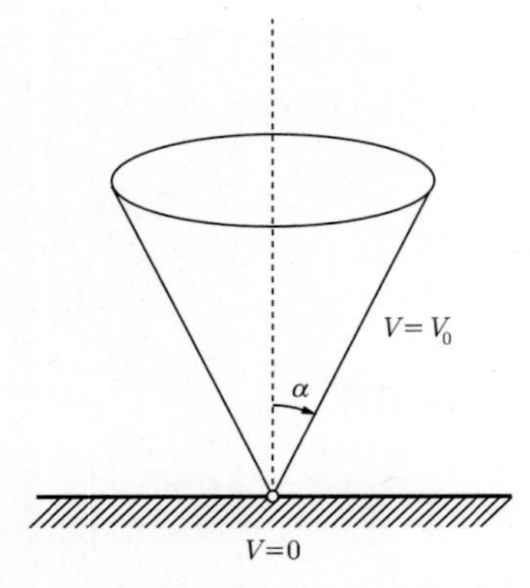

[그림 3-16] $V(\theta)$ 의 경우 라플라스 방정식의 적용 예

이 라플라스 방정식을 $r \neq 0$, $\theta \neq 0$, π인 곳에서 적분하여 전위에 대한 해를 구하면 다음과 같다.

$$V = A \ln\left(\tan\frac{\theta}{2}\right) + B \tag{3.78}$$

경계조건을 이용하면 적분상수값을 다음과 같이 구할 수 있다.

$$A = \frac{V_0}{\ln\left(\tan\frac{\theta}{2}\right)}$$

$$B = -V_0 \frac{\ln\left(\tan\frac{\pi}{4}\right)}{\ln\left(\tan\frac{\alpha}{2}\right)}$$

이를 식 (3.78)에 대입하면 다음과 같이 전위를 다시 쓸 수 있다.

★ $V(\theta)$ 일 때의 전위 ★

$$V = V_0 \frac{\ln\left(\tan\frac{\theta}{2}\right)}{\ln\left(\tan\frac{\alpha}{2}\right)} \tag{3.79}$$

한편 전위를 이용하여 전계를 구하면 다음과 같다.

$$\mathbf{E} = -\nabla V = -\frac{1}{r}\frac{d}{d\theta}\left\{V_0 \frac{\ln\left(\tan\frac{\theta}{2}\right)}{\ln\left(\tan\frac{\alpha}{2}\right)}\right\}\mathbf{a}_\theta = -V_0 \frac{1}{r\sin\theta\,\ln\left(\tan\frac{\alpha}{2}\right)}\mathbf{a}_\theta$$

따라서 원추면상의 전속밀도와 표면전하밀도는

$$D_n = \rho_s = -\frac{\epsilon V_0}{r\sin\alpha\,\ln\left(\tan\frac{\alpha}{2}\right)}$$

이므로 총 전하량 Q는

$$Q = \frac{-\epsilon V_0}{\sin\alpha\,\ln\left(\tan\frac{\alpha}{2}\right)}\int_{r=0}^{\infty}\int_{\phi=0}^{2\pi}\frac{r\sin\alpha\,dr d\phi}{r} = \frac{-2\pi\epsilon V_0}{\ln\left(\tan\frac{\alpha}{2}\right)}\int_0^{\infty}dr$$

이 되지만 유한 크기의 원추를 생각하여 $0 < r < r_1$으로 한정하면 근사적으로 다음과 같이 정리할 수 있다.

$$Q = \frac{-2\pi\epsilon V_0}{\ln\left(\tan\frac{\alpha}{2}\right)}\int_0^{r_1}dr = \frac{2\pi\epsilon r_1 V_0}{\ln\left(\cot\frac{\alpha}{2}\right)}$$

따라서 정전용량은 다음과 같다.

$$C = \frac{2\pi\epsilon r_1}{\ln\left(\cot\frac{\alpha}{2}\right)}$$

푸아송 방정식의 해법 예

푸아송 방정식에 대한 해법의 예로는 pn 접합 반도체의 공핍층에서의 전위분포를 들 수 있다. [그림 3-17]과 같이 p형 반도체와 n형 반도체를 접합하면 p형 반도체의 다수 캐리어인 정공은 정공이 적은 n형으로, 그리고 n형 반도체의 다수 캐리어인 전자는 p형으로 이동한다. 이 과정 중에 경계면에서 전자와 정공은 서로 재결합(recombination) 현상에 의해 소멸되어 전하가 존재하지 않는 층이 생긴다. 이러한 영역을 공핍층(depletion layer)[13]이라 한다.

한편 전자와 정공이 이동한 결과, 접합면의 p영역에는 (+)전하를 갖는 정공이 이동하였으므로 공간적으로 (−)가 우세하며, n영역에는 이와는 반대로 (+)가 우세하다. 즉, 공핍층을 경계로 p영역에는 (−)의 공간전하(space charge)가, 그리고 n영역에는 (+)의 공간전하가 형성되어 공핍층에는 n영역에서 p영역으로 전계가 발생되며, 공핍층의 양단에는 전위차가 발생된다. 이러한 관점에서 공핍층을 전기 이중층이라고도 한다.

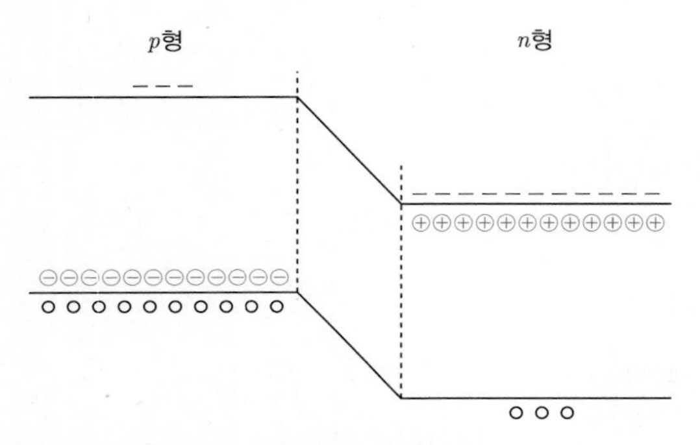

[그림 3-17] p형 반도체와 n형 반도체의 접합

공핍층에서의 전위를 구하려면 푸아송 방정식을 이용한다. 즉, 우선 n형 반도체에서 단위체적당 불순물의 농도를 N_d라 하면 체적전하밀도는 eN_d이며, 이는 $0 \le x \le d$에 분포한다. 이때 푸아송 방정식은 다음과 같다.

$$\frac{d^2 V_n}{dx^2} = -\frac{\rho_v}{\epsilon} = -\frac{eN_d}{\epsilon}$$

13 pn 접합에 의해 이동한 전자나 정공이 재결합하여 전하가 존재하지 않는 경계면에서의 층을 말한다. 그러나 이 경우 도너나 억셉터 준위의 불순물로 인해 공간적으로 각각 양전하와 음전하가 우세하여 마치 전하가 있는 것으로 작용되므로 이를 전기 이중층 혹은 공간전하층이라 한다.

이 식을 적분하면

$$\frac{dV_n}{dx} = -\frac{eN_d}{\epsilon}x + A$$

이고, 다시 적분하면 다음과 같다.

$$V_n = -\frac{eN_d}{\epsilon}\frac{x^2}{2} + Ax + B$$

경계조건으로는 $x = 0$에서 $V = 0$ 이고 $x = d$에서 전계가 없으므로 $dV/dx = 0$을 선택하면 적분 상수 A, B를 다음과 같이 구할 수 있다.

$$A = \frac{eN_d}{\epsilon}, \ B = 0$$

따라서 전위는 다음과 같다.

$$V_n = -\frac{eN_d}{\epsilon}\left(\frac{x^2}{2} - dx\right) \tag{3.80}$$

$x = d$에서의 전위 V_{nd}를 구하기 위해 위 식에 $x = d$를 대입하면

$$V_{nd} = -\frac{eN_d}{\epsilon}\left(\frac{d^2}{2} - d^2\right) = \frac{eN_d d^2}{2\epsilon} \tag{3.81}$$

이며, 식 (3.80)의 전위를 이용하여 전계를 구하면 다음과 같다.

$$\begin{aligned}\mathbf{E}_n &= -\nabla V = -\frac{d}{dx}\left\{-\frac{eN_d}{\epsilon}\left(\frac{x^2}{2} - dx\right)\right\}\mathbf{a}_x \\ &= \frac{eN_d}{\epsilon}(x - d)\mathbf{a}_x\end{aligned} \tag{3.82}$$

같은 방법으로 p형 반도체에서도 $-d \leq x \leq 0$에 분포하는 불순물 농도를 N_a라 하면 푸아송 방정식은 다음과 같다.

$$\frac{d^2 V_p}{dx^2} = \frac{eN_a}{\epsilon}$$

$x=0$ 에서 $V=0$ 이고 $x=-d$ 에서 $dV/dx=0$ 의 경계조건을 이용하여 n형 반도체에서와 같은 방법으로 위 방정식을 풀면 전위는 다음과 같다.

$$V_p = \frac{eN_a}{\epsilon}\left(\frac{x^2}{2}+dx\right) \tag{3.83}$$

또한 전계도 다음과 같이 계산할 수 있다.

$$\begin{aligned}\mathbf{E}_p &= -\nabla V = -\frac{d}{dx}\left\{\frac{eN_a}{\epsilon}\left(\frac{x^2}{2}+dx\right)\right\}\mathbf{a}_x \\ &= -\frac{eN_d}{\epsilon}(x+d)\mathbf{a}_x\end{aligned} \tag{3.84}$$

예를 들어 $x=-d$ 에서의 전위 V_{pd}를 구하기 위해 식 (3.83)에 $x=-d$ 를 대입하면 다음과 같다.

$$V_{pd} = \frac{eN_a}{\epsilon}\left(\frac{d^2}{2}-d^2\right) = -\frac{eN_a d^2}{2\epsilon} \tag{3.85}$$

한편 n형과 p형의 불순물 농도를 $eN_a = eN_d = \rho_v$라 할 때, 공핍층의 폭 $-d \le x \le d$에서의 전위장벽 V_d는 다음과 같다.

$$V_d = V_{nd} - V_{pd} = \frac{eN_d d^2}{2\epsilon} - \left(-\frac{eN_a d^2}{2\epsilon}\right) = \frac{\rho_v d^2}{\epsilon} \tag{3.86}$$

결국 접합 단면적을 S라 하면 n형 반도체 측의 (+)전하량은 $Q=\rho_v Sd$ 이므로 접합면의 정전용량은 다음과 같다.

$$C = \frac{Q}{V_d} = \rho_v Sd\frac{\epsilon}{\rho_v d^2} = \frac{\epsilon S}{d} \tag{3.87}$$

SECTION 08

영상법

이 절에서는 영상전하 및 영상법의 개념을 이해하고 이를 이용하여 접지된 도체가 존재하는 경우의 각종 전하분포에 의한 전계를 해석하는 방법을 공부한다.

Keywords | 영상전하 | 영상법 |

영상법

자유공간에서는 쿨롱의 법칙을 이용하여 점전하 Q에 의한 전계를 쉽게 구할 수 있다. 그러나 **만약 점전하 Q 부근에 접지된 도체판이 존재한다면** 자유공간에서의 전계와는 다른 문제가 된다. 이 전하와 도체판 사이에도 힘이 작용하기 때문이다. 이는 전하 Q가 자유공간에서와 같이 자유롭지 못하며 접지된 도체판으로부터 속박당하고 있다는 의미로, 방전공간의 음극에서 방출된 전자의 에너지 상태를 이해하는 데 매우 중요하다.

이제 도체판이 존재할 때 전하가 갖는 전계에 대해 알아보자. 우선 [그림 3-18]과 같이 전기쌍극자의 중간에 무한히 넓은 가상적인 평면을 생각해보면, 무한평면에서의 전위는 전하 $+Q$와 $-Q$에 의한 전위의 합이므로 0 이다. 즉, 전기쌍극자 $+Q$와 $-Q$의 중앙에는 전위가 0 인 등전위면이 존재하며, 전계는 이 등전위면에 수직이다. 따라서 전기쌍극자에 의한 전계나 쌍극자의 전하배치를 대신하여 접지된 무한히 넓은 도체판과 $-Q$로 바꾸어도 도체판이 등전위면이므로 도체판과 $+Q$ 사이의 전계는 동일하다. 결국 도체판 앞의 전하에 의한 전계와 전위는 도체판을 제거하는 대신 도체판을 기준으로 $+Q$와 대칭된 곳에 $-Q$의 전하가 있다고 가정하고, 이 두 전하가 만드는 전계와 같음을 알 수 있다. 이때의 가상적인 전하를 **영상전하**(image charge) 혹은 경상전하라 하며, 이러한 전계의 해석법을 **영상법**(image method)이라 한다.

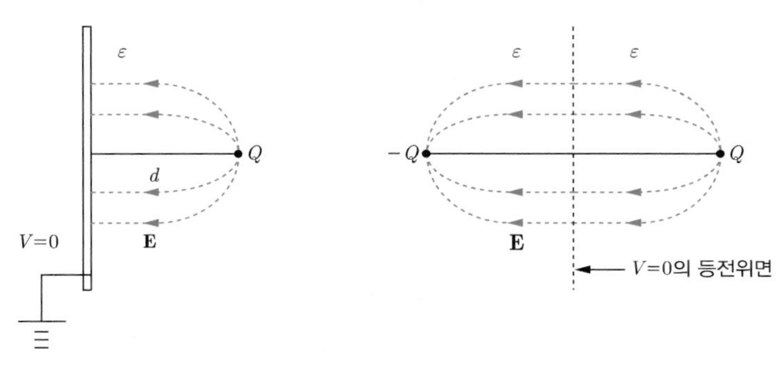

[그림 3-18] 쌍극자에 의한 전계와 영상법의 개념도

전하 앞에 도체판이 존재하는 경우 도체판을 제거하고 영상전하를 가정하여 전계를 구할 수 있다.

영상법을 활용한 전계해석

전기 영상법에 의한 전계해석의 한 예로 $x=0$, $y=3$을 통과하며 z축에 평행한 선전하밀도 $\rho_L = 20\,[\mathrm{nC/m}]$인 무한 선전하가 놓여 있을 때, $y=0$의 평면상에 있는 한 점 $\mathrm{P}(2,\ 0,\ 4)$에서의 전계를 구해보자. 영상법을 적용하면 도체평면을 제거하는 대신 $x=0$, $y=-3$의 위치에 영상전하 $-20\,[\mathrm{nC/m}]$가 있다고 가정하여, 이 두 선전하가 형성하는 전계를 구하면 된다. 우선 양과 음의 두 선전하로부터 점 P까지의 수직거리는 각각 $\mathbf{R}_1 = 2\mathbf{a}_x - 3\mathbf{a}_y$, $\mathbf{R}_2 = 2\mathbf{a}_x + 3\mathbf{a}_y$이므로 각 전하에 의한 전계 $\mathbf{E}_1$ 및 $\mathbf{E}_2$는 다음과 같다.

$$\mathbf{E}_1 = \frac{20\times 10^{-9}}{2\pi\epsilon_0\sqrt{13}} \cdot \frac{2\mathbf{a}_x - 3\mathbf{a}_y}{\sqrt{13}} = 55.2\mathbf{a}_x - 82.8\mathbf{a}_y$$

$$\mathbf{E}_2 = \frac{-20\times 10^{-9}}{2\pi\epsilon_0\sqrt{13}} \cdot \frac{2\mathbf{a}_x + 3\mathbf{a}_y}{\sqrt{13}} = -55.2\mathbf{a}_x - 82.8\mathbf{a}_y$$

따라서 구하고자 하는 전계는 두 전계의 합으로 다음과 같다.

$$\mathbf{E} = \mathbf{E}_1 + \mathbf{E}_2 = -165.6\mathbf{a}_y\,[\mathrm{V/m}]$$

이 결과로부터 도체는 $y=0$의 면에 있으므로, 전계는 도체에 수직한 방향임을 알 수 있다.

Note 형광등의 전자의 퍼텐셜 에너지

형광등의 음극에서 방출되어 음극 표면에서 x의 위치에 있는 전자 $-e\,[\mathrm{C}]$가 가지는 퍼텐셜 에너지에 대해 생각해 보자. 음극에서 전자가 방출되면 그 전자는 당연히 금속으로부터 인력을 느낀다. 따라서 영상법에 의해 금속을 제거하고 $-x$의 위치에 영상전하 $+e\,[\mathrm{C}]$가 있다고 가정하면 힘은

$$F = \frac{-e^2}{4\pi\epsilon_0(2x)^2} = -\frac{e^2}{16\pi\epsilon_0 x^2}$$

이 된다. 따라서 퍼텐셜 에너지는 이 힘을 무한원점으로부터 임의의 x까지 적분한 결과와 같으므로, 이를 풀이하면 다음과 같다.

$$W = -\int_{\infty}^{x} F\,dx = -\frac{e^2}{16\pi\epsilon_0 x}$$

예제 3-17

$x=0$, $z=-3$[m] 인 점을 통과하며, y축에 평행한 선전하밀도가 $\rho_L = 2\pi\epsilon_0$[C/m] 인 무한 선전하가 있다. $z=0$인 평면에 도체가 있을 때, 점 P(2, 5, 0)[m] 에서의 전계를 구하라.

풀이 **정답** $0.46\mathbf{a}_z$[V/m]

$z=0$인 평면에 도체가 있으므로 $x=0$, $z=3$에 영상전하 $\rho_L = -2\pi\epsilon_0$[C/m] 가 있다고 가정하자. 이때 $\rho_L = 2\pi\epsilon_0$[C/m]의 전하에 의한 전계 $\mathbf{E}_+$와 $\rho_L = -2\pi\epsilon_0$[C/m] 에 의한 $\mathbf{E}_-$는 각각 다음과 같다.

$$\mathbf{E}_+ = \frac{\rho_L}{2\pi\epsilon_0\rho_+}\mathbf{a}_\rho,\ \ \mathbf{E}_- = \frac{\rho_\mathrm{L}}{2\pi\epsilon_0\rho_-}\mathbf{a}_\rho$$

이 식에서 ρ_+, ρ_-는 전하점에서 전계점으로의 수직거리를 나타내므로 이를 각각 $\mathbf{R}_+$, $\mathbf{R}_-$라 하면 $\mathbf{R}_+ = 2\mathbf{a}_x + 3\mathbf{a}_z$, $\mathbf{R}_- = 2\mathbf{a}_x - 3\mathbf{a}_z$이다. 따라서 전계를 구하면 다음과 같다.

$$\begin{aligned}\mathbf{E} = \mathbf{E}_+ + \mathbf{E}_- &= \frac{2\pi\epsilon_0}{2\pi\epsilon_0\mathbf{R}_+}\mathbf{a}_{R_+} + \frac{-2\pi\epsilon_0}{2\pi\epsilon_0\mathbf{R}_-}\mathbf{a}_{R_-} \\ &= \frac{1}{\sqrt{13}}\frac{2\mathbf{a}_x + 3\mathbf{a}_z}{\sqrt{13}} - \frac{1}{\sqrt{13}}\frac{2\mathbf{a}_x - 3\mathbf{a}_z}{\sqrt{13}} \\ &= 0.46\mathbf{a}_z[\mathrm{V/m}]\end{aligned}$$

CHAPTER

03 연습문제

3.1 1[A]의 전류를 형성하기 위해 단위시간당 임의의 면적을 통과해야 하는 전자의 개수를 계산하라.

3.2 $\mathbf{J} = 0.5y^2\mathbf{a}_y + z\mathbf{a}_z$[A/m^2] 일 때, $-1 \le x \le 1$, $-2 \le y \le 2$, $-3 \le z \le 3$[m]의 체적에서 발산하는 전 전류를 구하라.

3.3 전류의 연속식을 도출하고 그 의미를 설명하라.

3.4 어떤 도체의 도전율 $\sigma = 3.2 \times 10^7$[S/m] 이고 전자의 이동도 $\mu_e = 0.032$[m^2/V · s]이다. 전자의 드리프트 속도가 $v_d = 1.2 \times 10^5$[m/s]일 때, 물질 내의 전류밀도를 구하라.

3.5 도전율 $\sigma = 3.2 \times 10^7$[S/m]인 도체의 반지름이 1[mm]이고 길이가 2×10^3[m]이다. 이 도체의 저항을 구하라.

3.6 지름 2[mm], 도전율 2×10^7[S/m]인 도선 내에 단위체적당 10^{27}[개]의 전자가 있다. 이 도선에 전계의 세기 5[mV/m]를 인가할 때, 전류밀도와 구동속도를 구하라.

3.7 순수한 Si 반도체의 전자 및 정공의 이동도는 상온에서 각각 0.12[m^2/V · s], 0.025[m^2/V · s]이다. 전자와 정공의 전하밀도를 각각 -2.9[mC/m^3], 2.9[mC/m^3]라 할 때, 이 반도체의 도전율을 구하라.

3.8 비유전율이 30인 어떤 유전체의 단위체적당 원자수는 8.2×10^{28}[개/m^3]이다. 각 원자가 갖는 쌍극자모멘트가 5×10^{-27}[C · m] 일 때, 이 유전체의 분극의 크기와 전기감수율을 구하라.

3.9 어떤 유전체의 분극의 크기가 150[C/m^2]이다. 유전율 $\epsilon = 8.854 \times 10^{-11}$[F/m]일 때, 전기감수율 및 전계의 세기를 구하라.

3.10 두 완전유전체 경계면에서의 전계 $\mathbf{E}$ 및 전속밀도 $\mathbf{D}$에 관한 경계조건을 임의의 가우스 면 및 폐경로를 취하여 구하라.

3.11 유전율 ϵ_1 및 ϵ_2인 두 유전체의 경계면이 있다. 경계면의 수직 방향에 대한 입사각과 굴절각이 각각 θ_1 및 θ_2라 할 때, 두 유전율의 비 ϵ_1/ϵ_2을 각으로 표현하라.

3.12 $z<0$ 영역에는 $\epsilon_{R1}=2$, $z>0$ 영역에는 $\epsilon_{R2}=4$인 유전체가 있다. $z<0$ 영역에서의 전계 $\mathbf{E}_1=-3\mathbf{a}_x+4\mathbf{a}_y-2\mathbf{a}_z[\mathrm{V/m}]$ 일 때, $z<0$ 영역에서의 전계 $\mathbf{E}_2$를 구하라.

3.13 [연습문제 3.12]의 조건에서 $\mathbf{P}_2$를 구하라.

3.14 [연습문제 3.12]의 조건에서 전계 $\mathbf{E}_1$, $\mathbf{E}_2$가 경계면과 이루는 각 θ_1, θ_2를 구하고, $\dfrac{\tan\theta_1}{\tan\theta_2}=\dfrac{\epsilon_1}{\epsilon_2}$ 가 성립함을 증명하라.

3.15 [연습문제 3.12]의 조건에서 두 영역에서의 단위체적당의 에너지를 구하고 $0\le x\le 2$, $0\le y\le 2$, $0\le z\le 2[\mathrm{m}]$의 공간에 축적되는 에너지를 구하라.

3.16 비유전율 $\epsilon_{R1}=4$, $\epsilon_{R2}=2$인 두 유전체가 경계를 이루고 있다. 전속밀도 $\mathbf{D}_1$과 경계면 사이의 각이 $\theta_1=60°$일 때, $\mathbf{D}_2$가 경계면과 이루는 각 θ_2를 구하라.

3.17 전계가 $15[\mathrm{kV/m}]$, 전속밀도 $1.5[\mathrm{C/m^2}]$ 인 유전체의 분극 P를 구하라.

3.18 동심 구 도체의 내·외 반지름을 각각 n배로 증가하면 정전용량은 몇 배가 되는가?

3.19 자유공간에 반경 a인 구 도체가 있다. $a\le r\le r_1$에 $\epsilon=\epsilon_1$ 의 유전체를 놓을 때, 이 도체계의 정전용량을 구하라.

3.20 내·외 반지름이 각각 a, $b(a < b)$인 동축케이블의 두 도체 사이에 유전율 ϵ, 저항률 ρ의 유전체를 채웠다. 단위길이당 저항을 구하라.

3.21 반지름 4[cm]의 구 도체의 표면에 $Q = 3$[C]의 전하가 균일하게 분포하고 있다. 이 구 도체에 반지름 2[cm]의 구 도체를 접촉하였다가 떼면, 반지름 2[cm]의 구 도체의 전하는 얼마가 되는가?

3.22 저항률 $\rho = 4\pi$[Ω · m] 인 매질 중에 각각 3[C], -3[C] 의 전하가 분포하고 있는 반지름이 1[cm]의 2개의 구형 전극이 중심 거리 $r = 10$[cm]만큼 떨어져 있다. 이 매질의 저항을 구하라.

3.23 정전용량이 1[μF]인 콘덴서에 220[V]의 전압을 인가하였다. 정전에너지를 구하라.

3.24 $\rho = 1$[m]에서 $V = 100$[V], $\rho = 3$[m]에서 $V = 20$[V] 인 동축케이블이 있다. 점 P(1, 2, 3)[m]에서의 전계 E를 라플라스 방정식을 이용하여 구하라.

3.25 $r = 1$[m]에서 $V = 100$[V]이고, $r = 2$[m]에서 $V = 0$[V]인 동심 구 도체가 있다. 라플라스 방정식을 이용하여 점 P(4, 3, 0)[m]에서의 전위를 구하라.

3.26 전위 $V = 5x^2yz + ky^3z$가 라플라스 방정식이 만족하는 k를 구하라.

3.27 자유공간에 $+3$[μC], -3[μC]의 점전하가 각각 (0, 0, 1)[m] 및 (0, 0, -1)[m]에 있다. 점 P(1, 2, 1.5)[m]에서의 전계 E를 구하라.

3.28 $x = 0$, $z = -3$[m] 인 점을 통과하며, y축에 평행한 선전하밀도 $\rho_L = 3$[nC/m]의 무한 선전하가 있다. $z = 0$인 평면에 도체가 있을 때 점 P(2, 5, 0)[m]에서의 전계를 구하라.

CHAPTER

04

정자계

이 장에서는 자유공간에서 그리고 시간에 대하여 일정한 직류전류에 의해 발생되는 정자계를 다룬다. 즉 자계의 정성적·정량적 성질을 비오-사바르 법칙을 통하여 이해하고 자계의 세기를 앙페르의 주회법칙을 이용하여 구한다. 또한 자속과 자속밀도의 개념을 도입하며, 자계의 회전을 공부하고 맥스웰 방정식을 유도하여 회전하는 자계의 특성을 명확히 한다. 마지막으로 자계의 기본적 성질을 자위라는 위치에너지의 관점에서 조명한다.

CONTENTS

SECTION 01

비오-사바르 법칙

이 절에서는 정자계[1]에서 비오-사바르 법칙을 통해 자계의 세기와 방향에 대한 기본 개념을 이해하고 이를 활용해 각종 전류분포에 대한 자계를 구한다.

Keywords | 비오-사바르 법칙 | 자계의 세기 | 선전류 | 표면전류밀도 | 체적전류밀도 |

비오-사바르 법칙

어떤 도체에 전류 I가 흐르면 도체 주위에 자계가 발생한다. **비오-사바르 법칙**(Biot-Savart Law)에 의하면 자계의 세기는 전류의 크기와 전류가 흐르는 도선의 길이에 비례하고, 전류가 흐르는 점과 자계를 구하려는 점 사이의 거리의 제곱에 반비례한다. 또한 자계의 세기는 이 거리를 나타내는 선분과 전류선소 사잇각의 사인값에 비례한다. 지금 [그림 4-1]과 같이 점 P_1에 흐르고 있는 미소전류소 $I_1 d\mathbf{L}_1$에 의한 점 P_2에서의 미소자계를 $d\mathbf{H}_2$라 하면 다음과 같다.[2]

$$d\mathbf{H}_2 = \frac{I_1 d\mathbf{L}_1 \times \mathbf{a}_{R12}}{4\pi R_{12}^2} \tag{4.1}$$

자계의 방향은 전류와 자계점을 포함하는 면에 수직이며, **자계의 세기**(magnetic field intensity)의 단위는 [A/m]이다.

한편, 쿨롱의 법칙에서 설명한 미소전하소 dQ_1에 의한 미소전계 $d\mathbf{E}_2$는 다음과 같다.

$$d\mathbf{E}_2 = \frac{dQ_1}{4\pi\epsilon_0 R_{12}^2}\mathbf{a}_{R12}$$

위 두 식을 비교해 보면 자계와 전계는 원인이 되는 전류와 전하량에 비례하고 떨어진 거리의 제곱에 반비례하므로, 두 법칙이 매우 유사함을 알 수 있다. 다만 두 물리량의 방향이 다르다는 것이 중요한 차이이다. 즉, 전계의 방향은 전하점과 전계점을 잇는 연장선상에 존재하지만, 자계의 방향은

1 전자기학에서는 정자계와 정상자계를 혼용해 사용하는 경우가 많다. 정자계(magnetostatic field)는 그 원천이 시간에 따라 변화하지 않는 직류전류 또는 영구자석에 의한 자계를 말하며, 정상자계(steady-state magnetic field)는 전류에 의해 자계가 발생하는 과정 즉, 과도상태가 아닌 정상상태에서의 자계를 의미한다. 우리는 전자계의 과도현상은 논의에서 제외할 것이며, 시간에 따라 변화하는 전자계는 6장에서 공부할 것이므로 정자계 또는 정상자계라는 표현이 모두 타당하다. 그러나 이 장에서는 정전계에 대응해 정자계로 표현하기로 한다.

2 미소전류소에 의한 미소자계로부터 논의를 시작하였으나 사실 전류는 폐로를 형성해 흐르므로 미소전류란 있을 수 없다. 따라서 식 (4.1)은 실험적으로 확인할 수 없다.

전류소에서 선소와 자계를 구하고자 하는 점을 잇는 선쪽으로 오른 나사를 돌릴 때 나사가 진행하는 방향이다. 이제 모든 전류 성분에 의한 자계를 구하면 다음과 같다.

★ 비오-사바르 법칙 ★

$$\mathbf{H} = \oint \frac{Id\mathbf{L} \times \mathbf{a}_R}{4\pi R^2} \tag{4.2}$$

- 자계의 세기는 전류의 크기와 전류가 흐르는 도선의 길이 등에 비례하고, 전류가 흐르는 점과 자계를 구하려고 하는 점 사이의 거리의 제곱에 반비례한다.
- 자계의 방향은 오른 나사의 법칙에 의해 전류소에서 자계를 구하는 지점으로 오른 나사를 돌릴 때, 나사가 진행하는 방향이다.

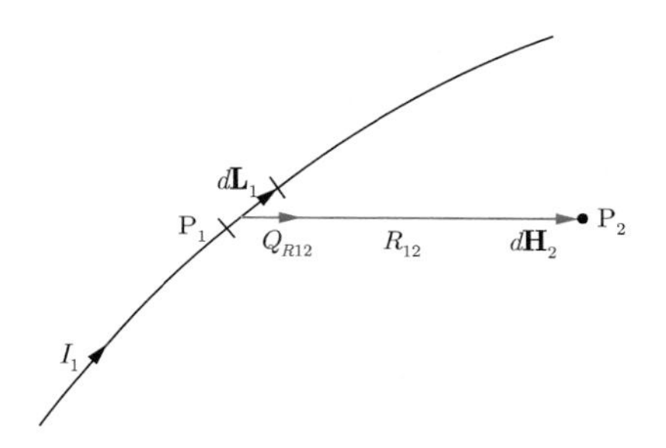

[그림 4-1] 미소전류소에 의한 미소자계
자계는 전류가 흐르는 도선을 중심으로 플레밍의 오른손 법칙에 따라 회전한다.

정전계에서는 점전하 이외에 전하가 축적되는 도체의 형상에 따라 무한 선전하밀도, 무한 면전하밀도, 체적전하밀도를 정의해 전계를 구하였다. 자계의 원인이 되는 전류도 일반적으로 도체를 따라 흐르므로 도체의 형상에 따라 다양한 전류분포를 생각할 수 있다.

즉, [그림 4-2]와 같이 매우 가늘고 긴 필라멘트와 같이 전류가 흐르는 도선의 수직 단면적을 무시하고 도선을 선으로서 간주할 수 있는 경우의 전류를 **선전류**(line current) I[A]라 하고, 도체의 형상이 평판이고 이 평판의 두께가 무한히 얇은 표면을 흐르는 전류는 **표면전류밀도**(surface current density) $\mathbf{K}$[A/m]라 하며, 이 표면전류가 약간의 층을 가질 경우에는 **체적전류밀도**(volume current density) $\mathbf{J}$[A/m^2]라 한다.

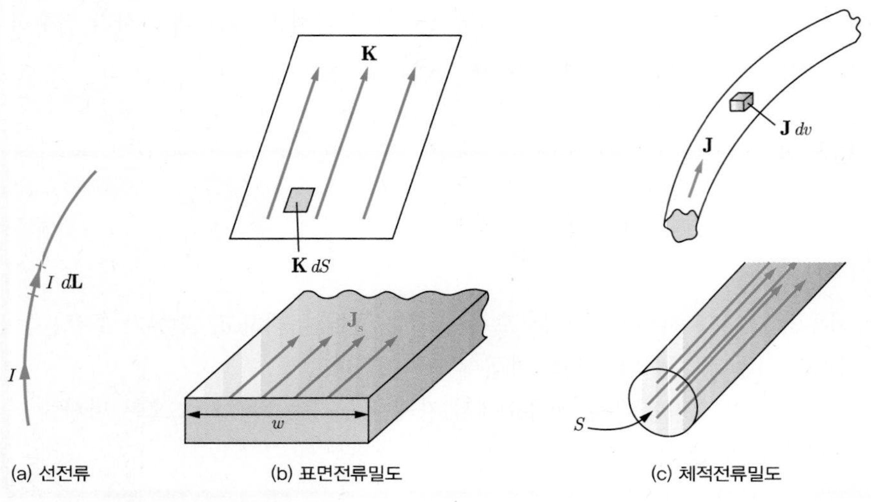

(a) 선전류 (b) 표면전류밀도 (c) 체적전류밀도

[그림 4-2] 도체의 형상에 의한 전류분포

평판 도체의 무한히 얇은 표면을 전류가 균일하게 흐를 때, 이를 표면전류밀도 $\mathbf{K}[\mathrm{A/m}]$의 분포로 생각할 수 있다. 전류의 방향에 수직한 임의의 폭 $b[\mathrm{m}]$를 흐르는 총 전류 $I[\mathrm{A}]$는 다음과 같다.

$$I = Kb$$

만약 전류가 도체판의 위치에 따라 균일하지 않다면 폭 b를 흐르는 전류는 다음과 같다.

$$I = \int_0^b K dN \tag{4.3}$$

여기서 dN은 전류 방향에 수직한 미소 길이이다. 따라서 이들 전류원 사이에는

$$Id\mathbf{L} = \mathbf{K}\, dS = \mathbf{J}\, dv \tag{4.4}$$

의 관계가 성립하며, 비오-사바르 법칙에 의해 표면전류밀도 및 체적전류밀도에 의한 자계는 다음과 같이 표현된다.[3]

★ 각종 전류분포에 의한 자계 ★

$$\mathbf{H} = \int \frac{\mathbf{K} \times \mathbf{a}_R}{4\pi R^2} dS \tag{4.5}$$

$$\mathbf{H} = \int \frac{\mathbf{J} \times \mathbf{a}_R}{4\pi R^2} dv \tag{4.6}$$

3 선전류의 경우 전류 I와 적분변수 $d\mathbf{L}$이 같은 방향이므로 일반적으로 $\mathbf{I}\,dL$을 $Id\mathbf{L}$로 표현한다.

Note 자계의 쿨롱의 법칙

자계의 원천은 영구자석과 전류이며, 전류에는 시간과 관계없이 크기가 일정한 직류전류와 시간에 따라 크기가 변하는 교류전류가 있다. 영구자석들 사이에 밀고 당기는 힘이 발생하며 자석 주위에 철분 등이 끌려오는 현상 등으로부터 영구자석 주위에 자기적 힘이 발생한다는 사실을 쉽게 알 수 있다. 이 힘은 다음과 같이 정의하며, 이를 자계의 쿨롱의 법칙이라 한다.

$$\mathbf{F} = \frac{m_1 m_2}{4\pi\mu_0 R^2}\mathbf{a}_R$$

이 식에서 m_1, m_2는 정전계의 전하에 대응해 자하(magnetic charge)라 하며, R은 두 자석 사이의 거리이다. 같은 극성의 자석은 밀치는 방향으로, 다른 극성의 자석 사이에는 당기는 방향으로 힘이 작용한다.

영구자석에 의한 자계 및 자기적 힘은 자성재료공학에서는 중요하지만 전기자기학에서는 큰 의미를 가지지 못하므로 상세한 논의는 생략한다.

무한 선전류에 의한 자계의 세기

[그림 4-3]과 같이 z축의 양의 방향으로 **무한히 긴 직선도체에 전류 I[A]가 흐를 때, 점 P에서 자계의 세기를 구해보자.** 비오-사바르 법칙을 이용해서 자계를 구하는 방법은 CHAPTER 02에서 배운 쿨롱의 법칙을 이용해 전계를 구하는 방법과 문제 해결을 위한 접근 방법과 과정이 매우 유사하다. 즉, 비오-사바르 법칙을 적용하려면 다음 순서를 따른다.

★ 비오-사바르 법칙의 적용 과정 ★

① 전류분포로부터 적절한 좌표계를 설정한다.
② 비오-사바르 법칙에서의 선소벡터 $d\mathbf{L}$과 선분벡터 $\mathbf{R}$, 단위벡터 $\mathbf{a}_R$을 구한다.
③ 미소전류소에 의한 미소자계의 세기 $d\mathbf{H}$를 구한다.
④ 이를 전 전류에 대해 적분한다.

우선 무한히 긴 선전류가 z축 상에 분포하고 있고, 원통 표면의 한 점에서 자계의 세기를 구한다고 생각하면 원통좌표계를 이용하는 것이 편리하다. z축의 $-\infty$에서 $+\infty$로 흐르는 전류의 양이 너무 크므로 이를 매우 작은 전류선소들로 분할해 $Id\mathbf{L}$에 의한 y축상의 한 점에서 미소자계 $d\mathbf{H}$를 구해 보자. 문제를 풀기 전에 대칭성과 관련해 다음 두 가지 사항을 고려해 보자.

① 발생되는 자계는 어느 방향인가?

② 이 자계는 어떤 변수의 함수인가?

미소자계 $d\mathrm{H}$ 의 대칭성을 고려해 보면 변수 ρ와 z가 일정한 상태에서 ϕ를 변화시킬 때 원천점에서 자계점으로의 거리는 변하지 않으므로 미소자계의 세기는 일정함을 비오-사바르 법칙에 의해 알 수 있다. 또한 z축에 미소전류소가 무한대로 많이 존재하므로 변수 z의 위치를 바꿔도 미소자계의 세기는 변하지 않는다. 즉, 자계는 방위각 ϕ와 변수 z에 대한 대칭성이 성립한다. 그러나 ϕ와 z가 일정한 상태에서 ρ가 변하면 원천점과 자계점 사이의 거리가 변하므로 자계는 변수 ρ만의 함수임이 분명하다. 비오-사바르 법칙

$$d\mathbf{H}_2 = \frac{I_1 d\mathbf{L}_1 \times \mathbf{a}_{R12}}{4\pi R_{12}^2}$$

에서 원천점에서 자계점으로 향하는 선분벡터 $\mathbf{R}_{12}$, $\mathbf{a}_{R12}$는 [그림 4-3]으로부터

$$\mathbf{R}_{12} = \rho\mathbf{a}_\rho - z\mathbf{a}_z,\ \mathbf{a}_{R12} = \frac{\rho\mathbf{a}_\rho - z\mathbf{a}_z}{\sqrt{\rho^2 + z^2}}$$

이며, $d\mathbf{L} = dz\mathbf{a}_z$ 이므로 미소자계는 다음과 같다.

$$d\mathbf{H}_2 = \frac{Idz\mathbf{a}_z \times (\rho\mathbf{a}_\rho - z\mathbf{a}_z)}{4\pi(\rho^2 + z^2)^{3/2}} = \frac{I\rho dz}{4\pi(\rho^2 + z^2)^{3/2}}\mathbf{a}_\phi$$

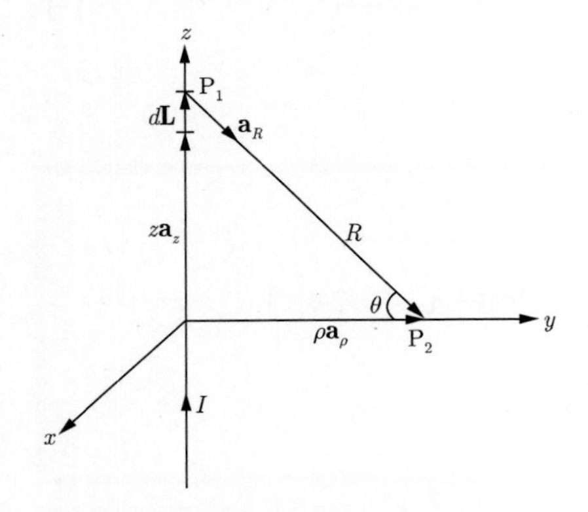

[그림 4-3] 점 P_2에서의 무한 선전류에 의한 자계

이제 모든 미소전류소를 고려해 전류가 흐르는 $-\infty$ 에서 $+\infty$ 까지 적분하면

$$\mathbf{H}_2 = \frac{I}{4\pi}\mathbf{a}_\phi \int_{-\infty}^{+\infty} \frac{\rho}{(\rho^2 + z^2)^{3/2}} dz$$

로부터 다음과 같은 결과를 얻을 수 있다.

★ 무한 선전류에 의한 자계 ★

$$\mathbf{H}_2 = \frac{I}{2\pi\rho}\mathbf{a}_\phi \tag{4.7}$$

이 결과로부터 무한 선전류에 의한 자계는 ρ만의 함수이고 ρ가 증가함에 따라 ρ에 반비례해 약해지며, 전류를 중심으로 $\mathbf{a}_\phi$ 방향의 동심원을 형성함을 알 수 있다. 따라서 자기력선은 [그림 4-4]와 같이 전류원 주위의 원들로 이루어진다.

오른손 법칙에 따라 오른손으로 엄지손가락을 세우고 주먹을 쥘 때, 전류가 흐르는 $\mathbf{a}_z$ 방향을 엄지손가락이 가리킨다면 주먹을 쥔 나머지 손가락이 향하는 방향이 자계의 방향이 된다. 또한 전류는 반드시 폐경로를 따라 흐르므로 무한히 긴 선전류는 사실상 존재하지 않으며 위의 결과는 흐르는 전류 부근에서 성립하는 결과로 생각해야 한다.

한편 위의 결과를 정전계의 무한 선전하에 의한 전계의 결과와 비교해 보면 매우 흥미로운 사실을 알 수 있다. 무한 선전하에 의한 전계는

$$\mathbf{E} = \frac{\rho_L}{2\pi\epsilon_0\rho}\mathbf{a}_\rho$$

이며, 전계와 자계는 모두 원인이 되는 전류 I와 선전하밀도 ρ_L에 각각 비례하고 떨어진 수직거리 ρ에 반비례하는 점은 같지만 방향이 각각 $\mathbf{a}_\rho$와 $\mathbf{a}_\phi$ 방향으로 서로 다르다. 즉, [그림 4-4]와 같이 자계의 방향을 나타내는 동심원상의 자기력선은 정전계의 등전위면[4]과 일치하며, 전계 방향을 나타내는 전기력선은 SECTION 05에서 배우게 될 등자위면과 일치하게 됨을 짐작할 수 있다.

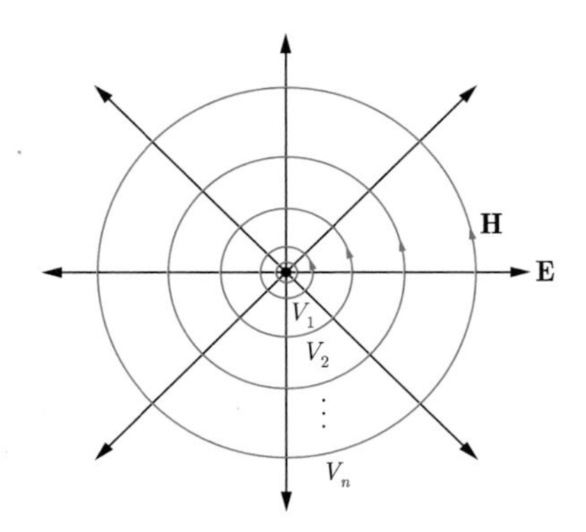

[그림 4-4] 무한히 긴 선전류에 의한 자계의 방향

그림에서 ⊙는 지면에서 나오는 방향의 전류를 나타내며, 자기력선은 V_1, V_2, $\cdots$, V_n 의 등전위면에 일치되는 모양이다.

---

4 정전계를 공부할 때, 전위가 같은 모든 점들로 구성된 면을 등전위면이라 하였다. 전위는 전하로부터 떨어진 거리에 반비례하므로 [그림 4-4]에서 무한 선전류 대신 같은 위치에 무한 선전하가 있다고 생각하면 거리 ρ가 일정한 원은 등전위면이 된다.

예제 4-1

무한 선전류에 의한 자계의 세기를 [그림 4-3]의 θ값을 이용해 구하라.

풀이 **정답** $\frac{I}{2\pi\rho}\mathbf{a}_\phi$

비오-사바르 법칙에서 무한 선전류에 의한 자계는 [그림 4-3]의 논의에서

$$\mathbf{H}_2 = \frac{I}{4\pi}\mathbf{a}_\phi \int_{-\infty}^{+\infty} \frac{\rho}{(\rho^2+z^2)^{3/2}} dz$$

이고, 이때 [그림 4-3]에서 $z = \rho\tan\theta$이므로 위 식의 dz와 분모는 다음과 같이 계산한다.

$$dz = \rho\sec^2\theta d\theta = \frac{\rho}{\cos^2\theta} d\theta$$

$$(\rho^2+z^2)^{3/2} = (\rho^2+\rho^2\tan^2\theta)^{3/2} = [\rho^2(1+\tan^2\theta)]^{3/2}$$

$$= (\rho^2\sec^2\theta)^{3/2} = \rho^3\sec^3\theta = \frac{\rho^3}{\cos^3\theta}$$

이를 처음 식에 대입해 계산하면 다음과 같다.

$$\mathbf{H}_2 = \frac{I}{4\pi}\mathbf{a}_\phi \int_{-\infty}^{+\infty} \frac{\rho}{(\rho^2+z^2)^{3/2}} dz = \frac{I}{2\pi}\mathbf{a}_\phi \int_0^{\infty} \frac{\rho}{(\rho^2+z^2)^{3/2}} dz$$

$$= \frac{I\rho}{2\pi}\mathbf{a}_\phi \int \frac{\cos^3\theta}{\rho^3}\frac{\rho}{\cos^2\theta} d\theta = \frac{I}{2\pi\rho}\mathbf{a}_\phi \int \cos\theta\, d\theta$$

한편 $z = \rho\tan\theta$의 관계에서 $0 < z < \infty$이면 $0 < \theta < \frac{\pi}{2}$이므로 위 식을 적분하면 다음과 같다.

$$\mathbf{H}_2 = \frac{I}{2\pi\rho}\mathbf{a}_\phi \int_0^{\frac{\pi}{2}} \cos\theta d\theta = \frac{I}{2\pi\rho}\mathbf{a}_\phi$$

예제 4-2

$y = 4,\ z = -3$[m]를 통과하며, x축에 평행하게 무한 직선전류 6[A]가 흐르고 있다. 이때 점 P(1, 1, 1)[m]에서의 자계의 세기를 구하라.

풀이 **정답** $-0.11\mathbf{a}_x + 0.15\mathbf{a}_y$[A/m]

무한 선전류에 의한 자계는 $\mathbf{H} = \left(\frac{I}{2\pi\rho}\right)\mathbf{a}_\phi$ 이며, ρ는 원천점에서 자계점으로 향하는 수직거리이다. 즉 원천점 P′(1, 4, −3) 이고, 수직거리 ρ를 $\mathbf{R}$이라 하면 다음과 같이 계산한다.

$$\mathbf{R} = (1-4)\mathbf{a}_y + [1-(-3)]\mathbf{a}_z = -3\mathbf{a}_y + 4\mathbf{a}_z$$

이고 방향은

$$Id\boldsymbol{L} \times \mathbf{a}_R : \mathbf{a}_x \times \left(-\frac{3}{5}\mathbf{a}_y + \frac{4}{5}\mathbf{a}_z\right) = -\frac{3}{5}\mathbf{a}_z - \frac{4}{5}\mathbf{a}_y$$

이다. 따라서 자계의 세기는 다음과 같다.

$$\mathbf{H} = \frac{I}{2\pi\rho}\mathbf{a}_\phi = \frac{6}{2\pi \times 5}\left(-\frac{3}{5}\mathbf{a}_z - \frac{4}{5}\mathbf{a}_y\right) \fallingdotseq -0.15\mathbf{a}_z - 0.11\mathbf{a}_y \text{[A/m]}$$

유한 선전류에 의한 자계의 세기

[그림 4-5]와 같이 z_1에서 z_2로 향하는 유한 길이의 선전류 I에 의한 자계를 구해보자.

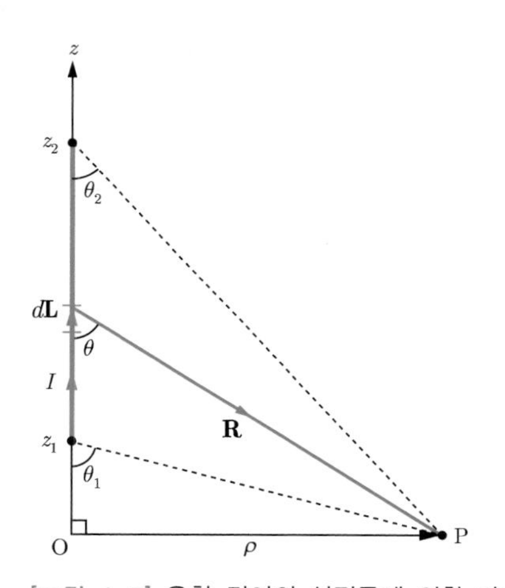

[그림 4-5] 유한 길이의 선전류에 의한 자계

무한 선전류에 의한 자계를 구하는 과정과 마찬가지로 우선 미소전류소 $Id\mathbf{L}$에 의한 미소자계 $d\mathbf{H}$를 구해보면, 그림에서 $\mathbf{R} = \rho\mathbf{a}_\rho - z\mathbf{a}_z$ 이고 $d\mathbf{L} = dz\mathbf{a}_z$ 이므로 다음과 같다.

$$d\mathbf{H} = \frac{Id\mathbf{L} \times \mathbf{a}_R}{4\pi R^2} = \frac{Idz\mathbf{a}_z \times (\rho\mathbf{a}_\rho - z\mathbf{a}_z)}{4\pi(\rho^2 + z^2)^{3/2}} = \frac{I\rho dz}{4\pi(\rho^2 + z^2)^{3/2}}\mathbf{a}_\phi$$

따라서 $z_1 \sim z_2$의 전 전류에 의한 자계는 다음과 같다.

$$\mathbf{H} = \int_{-z}^{+z} \frac{I\rho dz}{4\pi(\rho^2 + z^2)^{3/2}} \mathbf{a}_\phi$$

한편 적분을 위해 dz에 대한 적분을 $d\theta$에 대한 적분으로 치환하면 $z = \rho\cot\theta$의 관계로부터

$$dz = -\rho \operatorname{cosec}^2\theta d\theta$$

$$(\rho^2 + z^2)^{3/2} = (\rho^2 + \rho^2\cot^2\theta)^{3/2} = [\rho^2(1+\cot^2\theta)]^{3/2} \text{ 5}$$

$$= (\rho^2 \operatorname{cosec}^2\theta)^{3/2} = \rho^3 \operatorname{cosec}^3\theta$$

가 된다. 이를 이용해 자계를 구하면

$$\mathbf{H} = -\frac{I}{4\pi}\mathbf{a}_\phi \int \frac{\rho^2 \operatorname{cosec}^2\theta d\theta}{\rho^3 \operatorname{cosec}^3\theta} = -\frac{I}{4\pi\rho}\mathbf{a}_\phi \int_{\theta_1}^{\theta_2} \sin\theta d\theta$$

가 되고 위 식을 풀면 자계는 다음과 같다.

★ 유한 선전류에 의한 자계 ★

$$\mathbf{H} = \frac{I}{4\pi\rho}(\cos\theta_2 - \cos\theta_1)\mathbf{a}_\phi \tag{4.8}$$

이 식을 무한 선전류에 의한 자계와 비교해 보면, z_1점이 $-\infty$이고 z_2점이 $+\infty$가 되므로 $\theta_1 = \pi$, $\theta_2 = 0°$가 되어 무한 선전류의 결과 $\mathbf{H} = \left(\frac{I}{2\pi\rho}\right)\mathbf{a}_\phi$ 와 같음을 확인할 수 있다. 그리고 만약 전류가 $z_1 = 0$에서 z의 양의 방향으로 무한히 흐르는 경우, $\theta_1 = \pi$, $\theta_2 = 90°$가 되므로 자계는 $\mathbf{H} = \left(\frac{I}{4\pi\rho}\right)\mathbf{a}_\phi$가 된다.

앞에서 설명한 바와 같이 전류는 반드시 폐로를 형성해야 흐를 수 있으므로 무한 선전류는 존재할 수 없으며, 따라서 **유한 선전류에 의한 자계 해석은 매우 중요한 실용적 의미를 가진다.** [예제 4-3]을 통해 유한 선전류에 의한 자계를 보다 간단히 논의하고 좀 더 편하게 활용할 수 있는 결과를 도출해 보기로 한다.

---

5 풀이 과정에서 $1 + \cot^2\theta = \operatorname{cosec}^2\theta$ 임을 적용하였다.

예제 4-3

[그림 4-6]으로부터 유한 선전류에 의한 자계의 크기를 구하라.

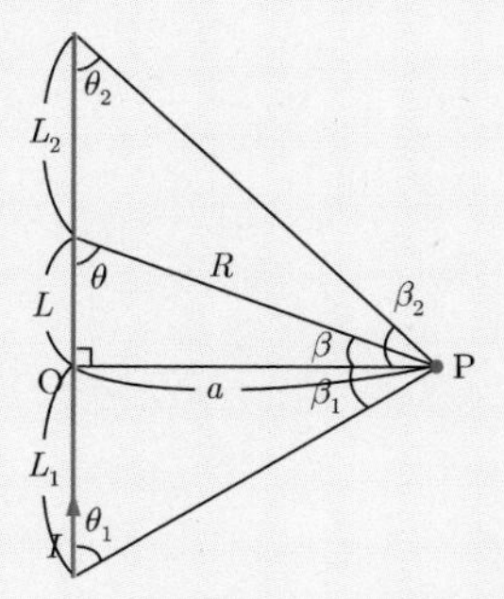

[그림 4-6] 유한 선전류에 의한 자계 해석

풀이 **정답** $\frac{I}{4\pi a}(\sin\beta_1+\sin\beta_2)\mathbf{a}_\phi$

원천점에서 자계점으로의 직각거리를 a라 할 때, 그림으로부터

$$\sin\theta=\cos\beta=\frac{a}{R},\ \sec\beta=\frac{R}{a}$$

이며, $R=a\sec\beta$ 이다. 또한 $\mathbf{L}=a\tan\beta$ 이므로 $d\mathbf{L}=a\sec^2\beta d\beta$이다. 이를 미소전류소 $Id\mathbf{L}$에 의한 미소자계 $d\mathbf{H}$를 구하는 식 (4.1)에 대입하면 다음과 같다.

$$d\mathbf{H}=\frac{Id\mathbf{L}\sin\theta}{4\pi R^2}=\frac{Ia\sec^2\beta d\beta\cos\beta}{4\pi a^2\sec^2\beta}=\frac{I}{4\pi a}\cos\beta d\beta$$

이를 적분해 전 전류에 의한 자계를 구하면 다음과 같다.

$$\mathbf{H}=\frac{I}{4\pi a}\int_{-\beta_1}^{\beta_2}\cos\beta d\beta=\frac{I}{4\pi a}(\sin\beta_1+\sin\beta_2)$$

한편 $\sin\theta=\cos\beta$ 이므로 위 식은 다음과 같이 나타낼 수 있다.

$$\mathbf{H}=\frac{I}{4\pi a}(\cos\theta_1+\cos\theta_2)$$

또한 전류가 z의 양의 방향으로 흐르므로 자계의 방향은 $\mathbf{a}_\phi$ 방향이 되어 자계는 다음과 같이 표현된다.

$$\mathbf{H}=\frac{I}{4\pi a}(\cos\theta_1+\cos\theta_2)\mathbf{a}_\phi=\frac{I}{4\pi a}(\sin\beta_1+\sin\beta_2)\mathbf{a}_\phi \tag{4.9}$$

예제 4-4

[그림 4-7]과 같이 한 변의 길이가 2[m]인 정사각형 도선에 시계 방향으로 π[A]의 전류가 흐르고 있다. 정사각형 중앙에서 자계의 크기를 구하라.

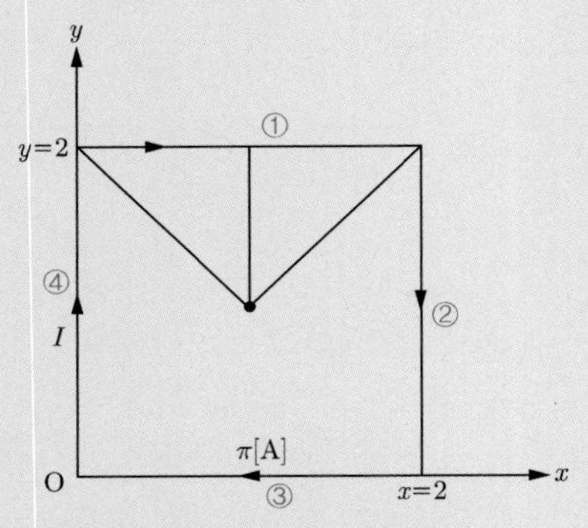

[그림 4-7] 정사각형 도선의 자계

풀이 **정답** $\sqrt{2}$[A/m]

우선 정사각형의 한 변을 흐르는 전류에 의한 자계 $\mathbf{H}'$를 구하고 각 변을 흐르는 전류에 의한 자계의 방향을 확인한 후, 방향이 동일하면 각 변의 전류에 의한 자계의 합을 구하면 된다. 한 변을 흐르는 전류에 의한 자계 $\mathbf{H}'$는 다음과 같다.

$$\mathbf{H}' = \frac{I}{4\pi a}(\cos\theta_1 + \cos\theta_2) = \frac{\pi}{4\pi \times 1}(\cos 45° + \cos 45°) = \frac{2}{4\sqrt{2}}$$

또한 자계의 방향은 비오-사바르 법칙의 $Id\mathbf{L} \times \mathbf{a}_R$에 의해 결정된다. 이를 이용하여 각 변의 자계의 방향을 구하면 다음과 같다.

$$\text{변 } 1 : \mathbf{a}_x \times (-\mathbf{a}_y) = -\mathbf{a}_z,\ \text{변 } 2 : (-\mathbf{a}_y) \times (-\mathbf{a}_x) = -\mathbf{a}_z$$
$$\text{변 } 3 : (-\mathbf{a}_x) \times \mathbf{a}_y = -\mathbf{a}_z,\ \text{변 } 4 : \mathbf{a}_y \times \mathbf{a}_x = -\mathbf{a}_z$$

즉 모든 변에서 동일한 방향으로 자계가 형성됨을 알 수 있다. 즉 네 변에 의한 자계는 다음과 같다.

$$\mathbf{H} = 4 \times \frac{2}{4\sqrt{2}} = \sqrt{2}\,[\text{A/m}]$$

예제 4-5

전류 4[A]가 무한히 먼 지점에서 x축을 따라 원점으로 흘러 들어오고 다시 y축을 따라 무한히 먼 곳으로 흘러 나간다. 이때 점 P(1, 2, 0)[m]에서의 자계의 세기 $\mathbf{H}$를 직각좌표계로 표시하라.

풀이 **정답** $-0.83\mathbf{a}_z$[A/m]

자계의 세기는 x 축과 y 축을 흐르는 두 전류에 의한 자계 $\mathbf{H}_x$, $\mathbf{H}_y$의 합이다. 전류의 분포를 유한 선전류로 생각해 식 (4.9)를 적용할 수 있다.

먼저 $\mathbf{H}_x$를 구해보자. $a=2$이고, $\beta_1=\frac{\pi}{2}$, $\beta_2=\tan^{-1}\frac{1}{2}=25.56°$이므로 $\mathbf{H}_x$는 식 (4.9)를 이용하여 다음과 같이 계산한다.

$$\mathbf{H}_x=\frac{I}{4\pi a}(\sin\beta_1+\sin\beta_2)\mathbf{a}_\phi=0.23\mathbf{a}_\phi$$

두 전류원은 각각 x와 y 방향으로 흐르므로 두 전류원에 의한 자계는 $\mathbf{a}_\phi$ 방향으로 같을 수 없기에 이를 직각좌표계로 변환해 생각해야 한다. 비오-사바르 법칙에서 자계의 방향은 $Id\mathbf{L}\times\mathbf{a}_R$에 의해 결정되므로 우선 x 축을 흐르는 전류에 의한 자계의 방향은 $-\mathbf{a}_x\times\mathbf{a}_y=-\mathbf{a}_z$가 되어 $\mathbf{H}_x$는 다음과 같다.

$$\mathbf{H}_x=-0.23\mathbf{a}_z$$

같은 방법으로 $\mathbf{H}_y$를 구해보자. $a=1$, $\beta_1=\tan^{-1}2=63.43°$, $\beta_2=\frac{\pi}{2}$를 식 (4.9)에 대입한다. 이때 방향은 $\mathbf{a}_y\times\mathbf{a}_x=-\mathbf{a}_z$이므로 $\mathbf{H}_y$는 다음과 같다.

$$\mathbf{H}_y=\frac{I}{4\pi a}(\sin\beta_1+\sin\beta_2)\mathbf{a}_\phi=0.6\mathbf{a}_\phi=-0.6\mathbf{a}_z$$

따라서 구하고자 하는 자계는 다음과 같다.

$$\mathbf{H}=\mathbf{H}_x+\mathbf{H}_y=-0.83\mathbf{a}_z\text{[A/m]}$$

원형 전류에 의한 자계의 세기

다음으로 [그림 4-8]과 같은 반경 a인 원형 코일에 전류 I[A]가 흐를 때 z축의 한 점에서 자계를 구해보자.

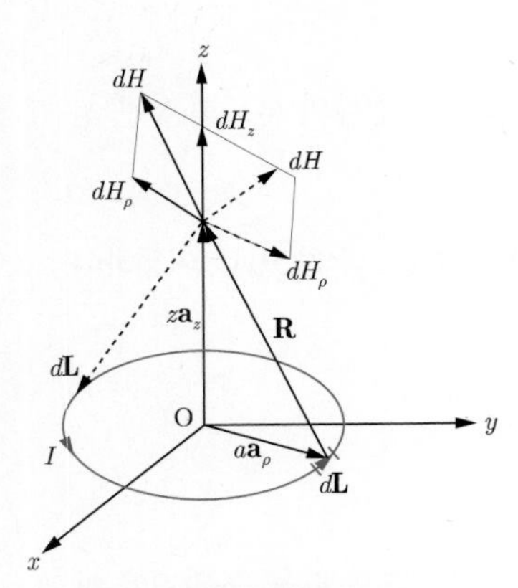

[그림 4-8] 원형 전류에 의한 자계

미소전류소에 의한 자계는 dH_ρ와 dH_z의 합이지만 대칭 위치에 있는 미소전류소에 의한 자계의 기여분을 생각하면 dH_z 성분만 존재한다.

역시 원통좌표계를 이용하며, 미소전류 $Id\mathbf{L}$에 의한 미소자계를 구해보자. 먼저 거리벡터는

$$\mathbf{R} = z\mathbf{a}_z - a\mathbf{a}_\rho$$

이고, $d\mathbf{L} = ad\phi\mathbf{a}_\phi$이므로 미소자계는 다음과 같다.

$$\begin{aligned} d\mathbf{H} &= \frac{Id\mathbf{L} \times \mathbf{a}_R}{4\pi R^2} = \frac{I}{4\pi} \times \frac{ad\phi\mathbf{a}_\phi}{z^2 + a^2} \times \frac{z\mathbf{a}_z - a\mathbf{a}_\rho}{\sqrt{z^2 + a^2}} \\ &= \frac{I}{4\pi}\frac{ad\phi}{(z^2 + a^2)^{3/2}}(z\mathbf{a}_\rho + \mathrm{a}\mathbf{a}_z) \end{aligned}$$

이 식은 [그림 4-8]과 같이 자계가 ρ 방향과 z 방향의 합으로 주어져 있으나 지금 고려하고 있는 미소전류소와 마주보는 위치에 존재하는 미소전류소에 의한 자계를 생각하면 ρ 방향 성분은 서로 상쇄되어 사라짐을 알 수 있다. 따라서

$$d\mathbf{H} = \frac{I}{4\pi}\frac{ad\phi}{(z^2 + a^2)^{3/2}}(z\mathbf{a}_\rho + a\mathbf{a}_z) = \frac{I}{4\pi}\mathbf{a}_z\frac{a^2}{(z^2 + a^2)^{3/2}}d\phi$$

가 되고 이를 전 전류에 대해 적분하면 다음과 같다.

★ 원형 전류에 의한 자계 ★

$$\mathbf{H} = \frac{a^2 I}{4\pi(z^2 + a^2)^{3/2}} \mathbf{a}_z \int_0^{2\pi} d\phi = \frac{a^2 I}{2(z^2 + a^2)^{3/2}} \mathbf{a}_z \quad (4.10)$$

만약 원형 코일의 중심점에서 자계를 구하면 식 (4.10)에 $z = 0$을 대입하여 다음의 결과를 얻는다.

$$\mathbf{H} = \frac{I}{2a} \mathbf{a}_z \quad (4.11)$$

이 결과로부터 원형 전류에 의한 중심점의 자계[6]는 변수가 없으므로, 위치에 관계없이 항상 크기가 일정하며 $\mathbf{a}_z$ 방향임을 알 수 있다. 자계에 대한 맥스웰 방정식에서 설명하겠지만 자계는 항상 폐로를 형성하게 되어 흐르는 전류 주변에서는 $\mathbf{a}_z$ 방향으로 직선적이지만 결국 되돌아와 폐로의 자속선이 형성된다.

6 원형 전류가 만드는 자계는 솔레노이드(solenoid) 코일, 헬름홀츠(Helmholtz) 코일에서의 자계에 응용되는 매우 중요한 예이다.

SECTION 02

앙페르의 주회법칙

이 절에서는 앙페르의 주회법칙의 개념을 명확히 이해하여, 이를 이용하여 동축케이블, 솔레노이드, 토로이드 및 무한 평면도체 등 각종 도체를 흐르는 전류에 의한 자계를 구한다.

Keywords | 앙페르의 주회법칙 | 무한 선전류 | 동축케이블 | 무한 평면도체 | 솔레노이드 | 토로이드 |

앙페르의 주회법칙

정전계에서는 전하분포가 균일하게 분포해 전하분포와 전계(또는 전속밀도) 사이에 대칭성이 성립하는 경우, 가우스 법칙을 이용해 매우 쉽게 전계 문제를 해결할 수 있었다. 자계의 경우도 마찬가지이다. 지금까지 무한 선전류, 원형 전류 등 몇 가지 경우에 대해 자계 문제를 해석하였으나 결과 도출에 이르기까지 수학 계산이 복잡하여 어려웠다. 이때 비오-사바르 법칙을 대신하여 쉽게 자계 문제를 해석할 수 있는 **앙페르의 주회법칙**(Ampere's Circuital Law)에 대해 알아보고 이를 이용해 각종 전류분포에서의 자계를 해석해 보자.

★ 앙페르의 주회법칙 ★

주어진 폐경로를 따라 자계 $\mathbf{H}$를 적분하면 그 결과는 폐경로 내의 전류와 같다.

$$\oint \mathbf{H} \cdot d\mathbf{L} = I \tag{4.12}$$

우선 이 법칙은 어떤 공간에 자계 $\mathbf{H}$가 주어질 때, 자계의 원인이 되는 전류를 구하는 데 활용할 수 있다. 예를 들면 z축에서 직각거리 ρ만큼 떨어진 점의 자계가 $\mathbf{H} = \left(\frac{I}{2\pi\rho}\right)\mathbf{a}_\phi$일 때, 반경 ρ 내의 총 전류를 구하는 데 활용할 수 있다. 즉, 반경 ρ의 폐경로 $d\mathbf{L} = \rho d\phi \mathbf{a}_\phi$을 이용하면[7]

$$\oint \mathbf{H} \cdot d\mathbf{L} = \oint \frac{I}{2\pi\rho}\mathbf{a}_\phi \cdot \rho d\phi \mathbf{a}_\phi = \frac{I}{2\pi}\int_0^{2\pi} d\phi = I$$

로 자계의 원인이 되는 전류를 구할 수 있다.

7 가우스 법칙에서는 폐면적분, 앙페르의 주회법칙에서는 폐선적분 연산이 수행된다.

이번에는 이와는 반대로 전류분포가 주어져 있고 이 전류에 의한 자계를 구하는 데 앙페르의 주회법칙을 활용해 보자.

즉 앙페르의 주회법칙에서 미지수 $\mathbf{H}$를 구하자는 것이다. 이 문제는 미지수 $\mathbf{H}$가 적분기호 내에 포함되어 있고, $d\mathbf{L}$과의 내적의 형태를 취하고 있어 매우 어려워 보이지만 적절한 $d\mathbf{L}$을 선택하면 쉽게 해결할 수 있다. 우선 위 식을 정리하면

$$\oint \mathbf{H} \cdot d\mathbf{L} = \oint H dL \cos\theta = I$$

가 되는데 $\cos\theta = 1$ 또는 0이 되도록 $d\mathbf{L}$을 선택하면 된다. $\cos\theta = 0$일 때는 그 항이 0이 되지만, 만약 $\cos\theta = 1$이면 위 식은

$$\oint \mathbf{H} \cdot d\mathbf{L} = \oint H dL = I$$

가 되고, 또한 선택한 $d\mathbf{L}$상에서 $\mathbf{H}$가 항상 일정하다면

$$\oint \mathbf{H} \cdot d\mathbf{L} = H \oint dL = I$$

가 되어 다음 식으로 자계 H를 구할 수 있다.[8]

$$H = \frac{I}{\oint dL}$$

결국 이 문제의 관건은 **미지수 $\mathbf{H}$에 대해** $\cos\theta = 1$ **또는 0이 될 수 있는 $d\mathbf{L}$을 어떻게 선택할 수 있느냐**에 있으며, 이는 주어진 전류분포에 의한 $\mathbf{H}$의 방향과 변수 의존성을 비오-사바르 법칙으로부터 예상함으로써 해결된다. 이제 앙페르의 주회법칙을 이용해 각종 전류분포하의 자계를 구해보자.

무한 선전류에 의한 자계의 세기

z축을 $-\infty$에서 $+\infty$로 흐르는 무한 선전류의 경우 자계의 방향은 비오-사바르 법칙으로부터 $Id\mathbf{L} \times \mathbf{a}_R$에 의해 결정되므로 $\mathbf{a}_z \times \mathbf{a}_\rho = \mathbf{a}_\phi$가 되어, 자계는 동심원상의 $\mathbf{a}_\phi$ 방향으로 형성됨을 알 수 있다. 또한 대칭성을 고려하면 자계 H_ϕ는 ρ만의 함수임을 쉽게 예상할 수 있다.

---

8 만약 $\cos\theta = 1$, 즉 $\theta = 0°$의 경우는 주어진 전류분포로부터 예상되는 자계의 방향과 같은 방향의 $d\mathbf{L}$을 선택함을 의미하며, $\cos\theta = 0$, 즉 $\theta = \frac{\pi}{2}$의 경우 예상되는 자계의 방향에 수직인 $d\mathbf{L}$을 선택함을 의미한다. 이는 주어진 전류분포로부터 자계의 방향을 비오-사바르 법칙에서 예상해 $d\mathbf{L}$을 선택해야 한다.

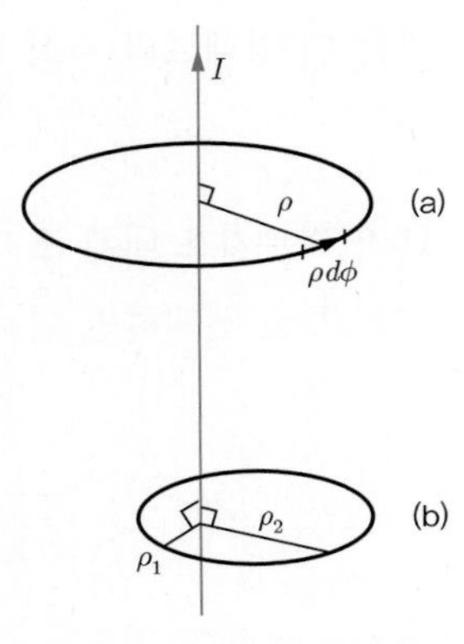

[그림 4-9] 무한 선전류의 경우 선택된 폐경로

(a)의 경우 $\rho=\rho$로 일정한 경로이므로 경로상에서 자계의 크기가 일정하지만, (b)의 경우 경로상에서 ϕ가 변화하면 ρ가 ρ_1 또는 ρ_2로 달라져 자계의 세기가 달라질 수 있다.

따라서 $\cos\theta=1$이 될 수 있는 경로 $d\mathbf{L}$은 ρ가 일정한 원 경로를 선택하면 된다.[9] 이 경우 반경 ρ의 폐경로에서 미소길이 $d\mathbf{L}=\rho d\phi\mathbf{a}_\phi$이고 $\mathbf{H}=H_\phi\mathbf{a}_\phi$이므로

$$\oint \mathbf{H}\cdot d\mathbf{L}=\oint H_\phi\mathbf{a}_\phi\cdot\rho d\phi\mathbf{a}_\phi=H_\phi\int_0^{2\pi}\rho d\phi$$
$$=2\pi\rho H_\phi=I$$

로부터 다음을 얻을 수 있다.

★ 무한 선전류에 의한 자계의 세기 ★

$$\mathbf{H}=\frac{I}{2\pi\rho}\mathbf{a}_\phi$$

이 결과는 비오-사바르 법칙을 이용한 결과와 같으며, 전류분포로부터 자계의 방향 및 변수 의존성을 예측한 결과로부터 매우 간단히 자계를 구할 수 있다.

동축케이블에서의 자계의 세기

동축케이블은 [그림 4-10]과 같이 반경 a인 내부 도체로 전류가 흘러 들어가서 부하를 거친 후 외부 도체로 나오는 구조이다. 외부 도체의 내, 외경을 각각 b, c라 할 때 위치별 자계를 해석해 보자.

9 만약 ρ가 일정한 원 경로를 선택하지 않으면 원 경로의 위치에 따라, 즉 ϕ가 변함에 따라 H_ϕ가 변하므로 적분기호 밖으로 나올 수 없음에 유의하라.

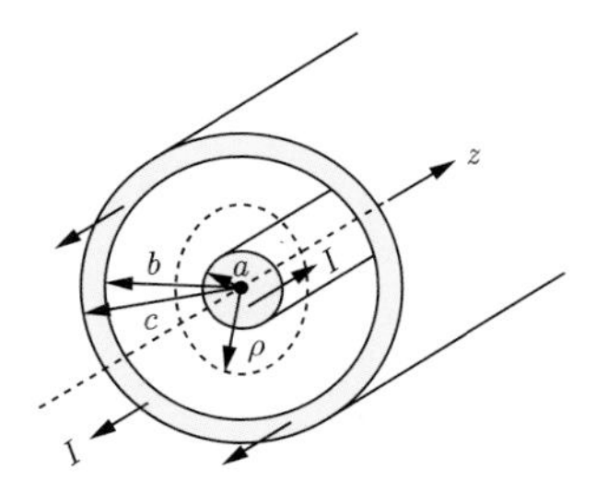

[그림 4-10] 동축케이블의 단면

전류는 내부 도체를 흘러 들어가서 외부 도체로 나온다. 그림에는 $a<\rho<b$에서 자계를 구할 경우의 폐경로를 점선으로 나타내었다.

동축케이블의 구조는 다소 복잡해 보이지만 중심축을 원통좌표계의 z축이라 하고 내부 도체의 반경 a가 매우 작다고 가정하면 사실상 무한히 긴 선전류에 의한 자계의 문제로 생각할 수 있다. 자계는 $\mathbf{a}_\phi$ 방향으로 H_ϕ 성분만이 존재하며, 또한 대칭 관계를 고려하면 자계 H_ϕ는 ρ만의 함수이다.

내부 도체와 외부 도체 사이$(a<\rho<b)$

내부 도체와 외부 도체 사이$(a<\rho<b)$에서는 z축을 중심으로 ρ가 일정한 원 경로를 폐경로로 선택하면 된다. 앙페르의 주회법칙을 적용하면

$$\oint \mathbf{H}\cdot d\mathbf{L}=\oint H_\phi \mathbf{a}_\phi \cdot \rho d\phi \mathbf{a}_\phi = H_\phi \int_0^{2\pi} \rho d\phi = 2\pi\rho H_\phi$$

이며, 이 결과는 경로 내의 총 전류와 같다. 경로 내에는 내부 도체를 흐르는 전류 I만이 존재하므로 자계는 다음과 같다.

★ 동축케이블의 자계$(a<\rho<b)$ ★

$$\mathbf{H}=\frac{I}{2\pi\rho}\mathbf{a}_\phi$$

내부 도체$(0<\rho<a)$

내부 도체의 내부의 한 점$(0<\rho<a)$에서는 전류가 내부 도체의 전 면적에 대해 균일하게 흐른다고 가정하고 앙페르의 주회법칙을 적용한다.

$$\oint \mathbf{H}\cdot d\mathbf{L}=2\pi\rho H_\phi = I\frac{\rho^2}{a^2}$$

따라서 자계는 다음과 같다.[10]

★ 동축케이블의 자계($0 < \rho < a$) ★

$$\mathbf{H} = \frac{I\rho}{2\pi a^2}\mathbf{a}_\phi \tag{4.13}$$

외부 도체 밖($\rho > c$)

외부 도체의 한 점($\rho > c$)의 영역에서는 z축을 중심으로 $\rho = \rho$의 일정한 원 경로를 폐경로로 선택해 앙페르의 주회법칙을 적용하면 다음과 같다.

$$\oint \mathbf{H} \cdot d\mathbf{L} = 2\pi\rho H_\phi$$

이때 경로 내의 총 전류는 내부 도체의 I와 외부 도체의 $-I$의 합이므로

$$\oint \mathbf{H} \cdot d\mathbf{L} = 2\pi\rho H_\phi = I + (-I) = 0$$

이 되어 자계는 $\mathbf{H} = 0$이 된다.

★ 동축케이블의 자계($\rho > c$) ★

$$\mathbf{H} = 0$$

외부 도체($b < \rho < c$)

마지막으로 외부 도체의 한 점($b < \rho < c$)에서 앙페르의 주회법칙을 적용하면 다음과 같다.[11]

$$\oint \mathbf{H} \cdot d\mathbf{L} = 2\pi\rho H_\phi = I + (-I)\frac{\rho^2 - b^2}{c^2 - b^2}$$

따라서 자계의 세기는 다음과 같다.

★ 동축케이블의 자계($b < \rho < c$) ★

$$\mathbf{H} = \frac{I}{2\pi\rho}\frac{c^2 - \rho^2}{c^2 - b^2}\mathbf{a}_\phi \tag{4.14}$$

---

10 정전계에서는 동축케이블의 내부 도체의 내부에는 전계가 존재하지 않지만 정자계에서는 내부 도체에 전류가 흐르므로 내부 도체의 내부의 한 점에는 자계가 존재한다.

11 외부 도체에서 폐경로 내의 전류는 전류가 외부 도체를 균일하게 흐른다고 가정하면 $\pi(c^2 - b^2)$에 대한 $\pi(\rho^2 - b^2)$의 면적비임에 유의하라.

무한 평면도체에서의 자계의 세기

[그림 4-11]과 같이 $z=0$의 무한히 넓은 xy 평면에 y의 양의 방향으로 표면전류밀도 $\mathbf{K}=K_y\mathbf{a}_y[\mathrm{A/m}]$가 흐르고 있을 때의 자계를 구해 보자.

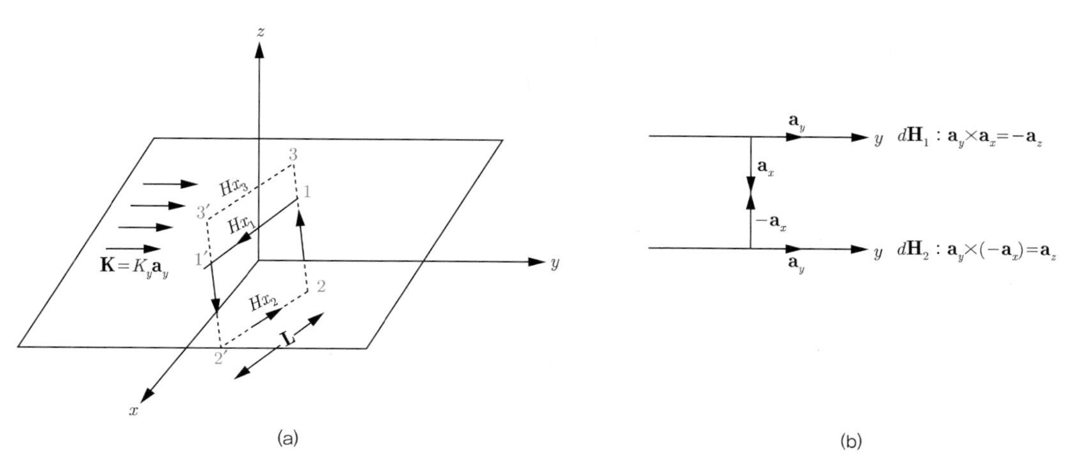

[그림 4-11] 무한 표면전류에 의한 자계

자계는 전류의 방향으로 발생될 수 없으며 무한 표면전류를 두 선전류로 나누어 생각해보면 H_z 성분도 서로 상쇄되어 없어짐을 알 수 있다.

적분을 위한 폐경로를 정하기 위해 대칭성 관계를 생각해 보자. 우선 자계를 $\mathbf{H}=H_x\mathbf{a}_x+H_y\mathbf{a}_y+H_z\mathbf{a}_z$라 할 때, 비오-사바르 법칙에서 자계는 전류에 수직하므로 전류 방향으로의 H_y 성분은 없다. 또한 무한 표면전류를 매우 많은 무한히 긴 선전류로 분할해 두 선전류 사이의 한 점에서 자계의 방향을 생각해 보면 [그림 4-11]에 나타낸 바와 같이 H_z 성분도 서로 상쇄되어 0이 됨을 알 수 있다. 결국 자계는 H_x 성분만이 존재함을 알 수 있다.

따라서 폐경로를 [그림 4-11(a)]와 같이 정하면 적분구간 $1-1'$과 $2'-2$에서는 적분경로와 자계의 방향은 평행 또는 반 평행이 된다. 즉 $\oint \mathbf{H}\cdot d\mathbf{L}=\oint H\,dL\cos\theta=I$에서 $\cos\theta=1$ 또는 $\cos\theta=-1$이 되며, 구간 $1'-2'$과 구간 $2-1$에서는 자계의 방향과 적분경로가 서로 수직이므로 $\cos\theta=0$이 된다. 한편 자계의 세기는 일반적으로 위치에 따라 크기가 다르므로 자계를 구간 $1-1'$에서는 H_{x1}, $2'-2$에서는 H_{x2}라 하고 $1-1'-2'-2-1$의 경로에 대해 앙페르의 주회법칙을 적용해 보면 다음과 같다.

$$\oint \mathbf{H}\cdot d\mathbf{L}=H_{x1}\mathbf{a}_x\cdot L\mathbf{a}_x+H_{x2}\mathbf{a}_x\cdot L(-\mathbf{a}_x)$$

$$=H_{x1}L-H_{x2}L=I=K_yL$$

이를 정리하면 다음과 같다.

$$H_{x1} - H_{x2} = K_y$$

만약 폐경로 $3 - 3' - 2' - 2 - 3$에 대해 적분하면 경로 내의 전류는 동일하므로

$$H_{x3} - H_{x2} = K_y$$

가 되어, 위 두 식으로부터 다음 관계가 성립한다.

$$H_{x1} = H_{x3}$$

아직 자계의 세기를 구하진 않았으나 무한 표면전류에 의한 자계는 위치와 무관하게 어디에서나 같은 크기의 자계가 형성됨을 알 수 있다. 또한 전류분포가 동일할 때 $z > 0$ 영역에서 위치에 관계없이 자계가 H_{x1}이면 $z < 0$ 영역에서 크기는 같지만 방향이 반대인 자계가 형성된다. 따라서 $z < 0$ 영역에서의 자계는 $H_{x2} = -H_{x1}$이 되어 위 식 $H_{x1} - H_{x2} = K_y$에서 $H_{x1} - (-H_{x1}) = K_y$ 이므로 구하고자 하는 자계의 세기는 다음과 같다.

$$H_x = \frac{1}{2} K_y \qquad (z > 0)$$

$$H_x = -\frac{1}{2} K_y \quad (z < 0)$$

자계의 방향을 고려해 단위벡터 $\mathbf{a}_N$을 전류 판에 수직한 법선 단위벡터로 정의하면 다음과 같이 표현할 수 있다.

★ 무한 평면도체에서의 자계 ★

$$\mathbf{H} = \frac{1}{2} \mathbf{K} \times \mathbf{a}_N \tag{4.15}$$

이제 $z = 0$에 $\mathbf{K} = K_y \mathbf{a}_y [\mathrm{A/m}]$, $z = h$에 $\mathbf{K} = -K_y \mathbf{a}_y [\mathrm{A/m}]$의 전류판이 존재하는 경우에 대해 고찰해 보자. 이때 자계는 두 전류판에 의한 자계의 합이므로 두 전류판 사이($0 < z < h$)에서는

$$\mathbf{H} = \frac{1}{2} \mathbf{K} \times \mathbf{a}_N = \frac{1}{2} K_y \mathbf{a}_y \times \mathbf{a}_z - \frac{1}{2} K_y \mathbf{a}_y \times (-\mathbf{a}_z) = K_y \mathbf{a}_y$$

가 되고 전류판의 바깥($z < 0$, $z > h$)에서는

$$\mathbf{H} = 0$$

가 된다.

예제 4-6

$z=0$과 $z=5$[m]에 위치하며, xy 평면에 평행한 무한히 넓은 평면에 각각 표면전류밀도 $\mathbf{K}=8\mathbf{a}_x$[A/m]와 $\mathbf{K}=-8\mathbf{a}_x$[A/m]인 전류가 흐른다. 다음에서 자계를 구하라

(a) $\mathrm{P}_1(1,\ 0,\ 3)$[m]

(b) $\mathrm{P}_2(0,\ 0,\ 7)$[m]

풀이 **정답** (a) $-8\mathbf{a}_y$[A/m] (b) 0[A/m]

무한 표면전류밀도에 의한 자계는 식 (4.15)를 이용해 계산할 수 있다. 이는 무한 평판으로부터의 거리와 상관없이 일정하고 자계는 두 전류판에 의한 자계의 합으로 결정된다.

(a) $\mathrm{P}_1(1,0,3)$[m]에서는 $z=3$이므로 두 평판 사이의 한 점이다.

$$\begin{aligned}\mathbf{H}&=\mathbf{H}_{z=0}+\mathbf{H}_{z=5}\\&=\frac{1}{2}\times 8\mathbf{a}_x\times\mathbf{a}_z+\frac{1}{2}\times(-8\mathbf{a}_x)\times(-\mathbf{a}_z)\\&=-8\mathbf{a}_y[\mathrm{A/m}]\end{aligned}$$

(b) $\mathrm{P}_2(0,\ 0,\ 7)$[m]에서는 $z=7$이므로 자계의 방향은 모두 $\mathbf{a}_z$ 방향이다. 따라서 자계는 다음과 같다.

$$\begin{aligned}\mathbf{H}&=\mathbf{H}_{z=0}+\mathbf{H}_{z=5}\\&=\frac{1}{2}\times 8\mathbf{a}_x\times\mathbf{a}_z+\frac{1}{2}\times(-8\mathbf{a}_x)\times\mathbf{a}_z\\&=0[\mathrm{A/m}]\end{aligned}$$

솔레노이드에서의 자계의 세기

솔레노이드(solenoid)는 [그림 4-12(a)]와 같이 원통형 도체의 표면에 여러 번 코일을 감아 전류가 흐를 수 있도록 한 형태의 도체이다.

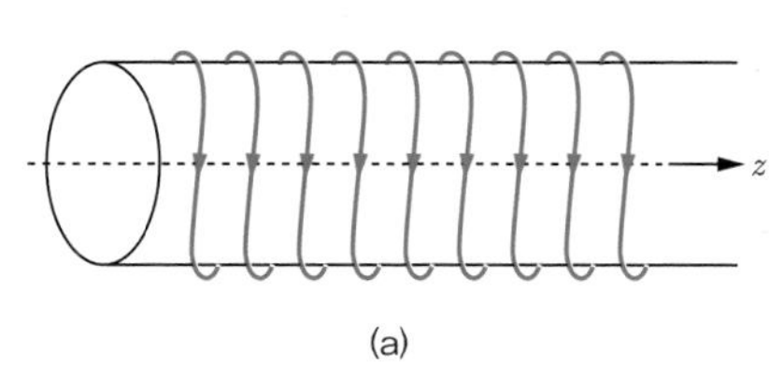

(a)

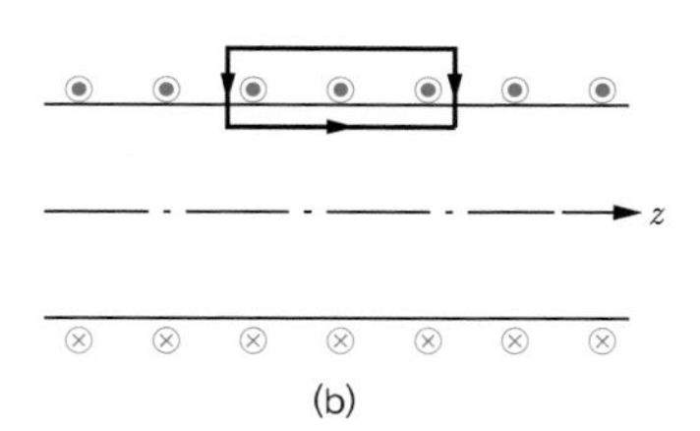

(b)

[그림 4-12] 무한 길이의 솔레노이드

이 경우 전류분포는 코일을 N회 감아 사용하므로 이미 공부한 N회의 원형 전류로 생각해도 되지만, 일반적으로 코일을 매우 촘촘히 감아 사용하므로 표면전류밀도 K_a[A/m] 가 원통의 표면을 흐른다고 생각해도 무방하다. 이제 N회의 코일이 감긴 무한 길이의 솔레노이드에서 자계를 구해 보자.

$\mathbf{a}_\phi$ 방향의 원형 전류에 대한 자계는 $\mathbf{a}_z$ 방향이므로 [그림 4-12(b)]와 같이 적분을 위한 폐경로를 정해 앙페르의 주회법칙을 적용할 수 있다. 이때 솔레노이드 바깥에는 자계가 없으며, 자계와 수직인 방향의 경로에서 적분값은 0이므로 자계는 다음과 같다.

$$\oint \mathbf{H} \cdot d\mathbf{L} = \int_0^d H_z \mathbf{a}_z \cdot dz\mathbf{a}_z = H_z d = NI$$

$$\mathbf{H} = \frac{NI}{d}\mathbf{a}_z \qquad (4.16)$$

또한 단위길이당 n[회/m]의 코일이 감겨있다면 $n = N/d$ 이므로 자계는 다음과 같다.

$$\mathbf{H} = nI\mathbf{a}_z \qquad (4.17)$$

만약 이를 표면전류밀도 K_a[A/m]로 표현하면

$$\oint \mathbf{H} d\mathbf{L} = H_z d = I = K_a d$$

로부터 자계는 다음과 같이 표현할 수 있다.

$$\mathbf{H} = K_a \mathbf{a}_z \qquad (4.18)$$

토로이드에서의 자계의 세기

토로이드(toroid)는 [그림 4-13(a)]와 같이 도넛 형태의 도체에 여러 번 코일을 감아 사용하는 도체이다. 코일을 매우 촘촘히 N회 감은 도체 내부의 한 점에서 자계를 구해 보자. 이 경우에도 원형 전류에 대한 수직 단면을 통과하는 자계가 N회 감은 코일에 의해 형성됨을 예상하면 자계의 방향은 $\mathbf{a}_\phi$ 방향이라고 생각할 수 있다. 따라서 ρ가 일정한 원 경로를 폐경로 $d\mathbf{L}$로 선택해 앙페르의 주회법칙을 적용하면

$$\oint \mathbf{H} \cdot d\mathbf{L} = \int_0^{2\pi} H_\phi \mathbf{a}_\phi \cdot \rho d\phi \mathbf{a}_\phi = 2\pi\rho H_\phi = NI$$

에서 자계는 다음과 같다.

$$\mathbf{H} = \frac{NI}{2\pi\rho}\mathbf{a}_\phi \qquad (4.19)$$

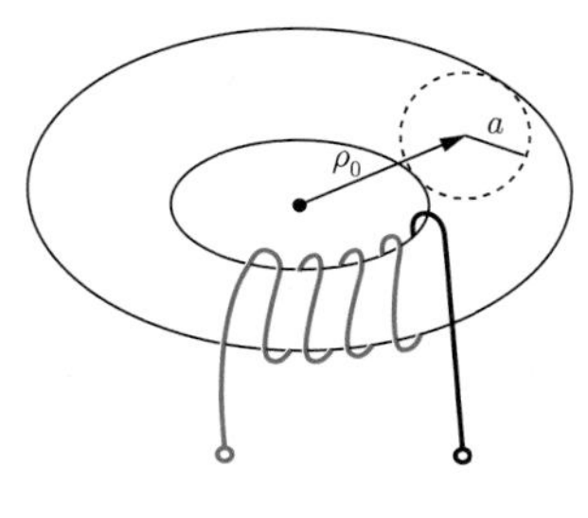

(a) 이상적인 토로이드

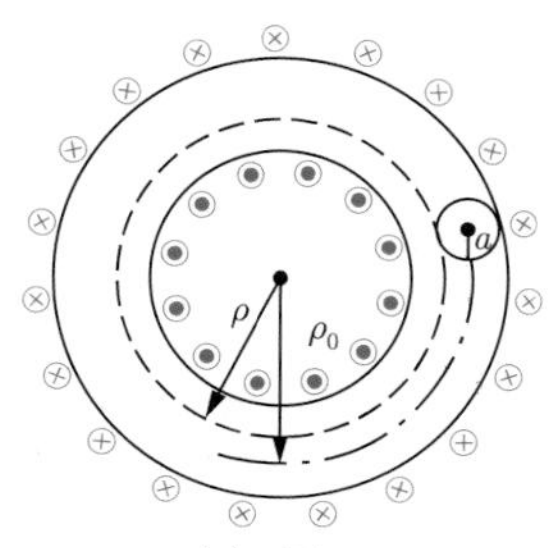

(b) 단면도

[그림 4-13] 이상적인 토로이드와 단면도

전류가 흐르는 코일이 매우 촘촘히 감겨 있으므로 균일한 표면전류밀도로 생각해도 무방하다.

만약 표면전류밀도 K_a[A/m]가 흐르고, [그림 4-13(b)]와 같이 토로이드 중심점에서 도체 내부의 중앙점까지의 거리를 ρ_0, 도체 두께의 반지름을 a라 하면 위 식을 다음과 같이 나타낼 수 있다.

$$\oint \mathbf{H} \cdot d\mathbf{L} = 2\pi\rho H_\phi = I = 2\pi(\rho_0 - a)K_a$$

따라서 자계는 다음과 같다.

$$\mathbf{H} = K_a \frac{\rho_0 - a}{\rho} \mathbf{a}_\phi \tag{4.20}$$

SECTION 03

벡터의 회전과 스토크스의 정리

자계에 벡터의 회전 개념을 적용해 회전 연산에 대한 표현식을 구한다. 이를 이용해 자계와 자계의 원천인 전류밀도와의 관계로부터 맥스웰의 제3방정식을 얻는다. 또한 스토크스의 정리를 유도해 자계에 대한 문제를 해결한다.

Keywords | 벡터의 회전 | 맥스웰 방정식 | 스토크스의 정리 |

벡터의 회전과 맥스웰 방정식

균일한 전류분포를 하는 경우 자계를 비오–사바르 법칙과 앙페르의 주회법칙을 이용해 구했다. 이때, 앙페르의 주회법칙을 이용하면 자계해석이 매우 간편하고 쉬웠으나, 자계의 방향과 변수 의존성 등 자계에 대한 기본적인 개념은 비오–사바르 법칙에 의존하였다. 만약 전류분포가 불균일한 경우 앙페르의 주회법칙을 적용할 수 있을까? 물론 자계를 구하는 것은 불가능하지만 벡터양의 회전이라는 새로운 물리적 개념을 도출할 수 있으며, 이는 자계에 대한 중요하고도 새로운 개념을 제공한다.

[그림 4–14]와 같이 yz 평면에 각 변의 길이가 매우 작은 Δy, Δz인 사각형의 폐경로에 앙페르의 주회법칙을 적용해보자. 무한 넓이의 표면전류밀도에 의한 자계 등 특별한 경우를 제외하면 자계의 세기는 위치 함수이다. 따라서 그림의 네 변에서 자계의 세기는 서로 다를 수 있다. 전류분포가 불균일해 각 변에서의 자계의 세기를 예측할 수 없으므로 비교를 위해 사각형의 정중앙점인 P_0에서의 자계를 다음과 같다고 하자.

$$\mathbf{H}_0 = H_{0x}\mathbf{a}_x + H_{0y}\mathbf{a}_y + H_{0z}\mathbf{a}_z$$

이때 앙페르의 주회법칙의 적분은 폐경로에 대해 수행되어야 하므로 네 변에서의 적분의 합이다.

$$\oint \mathbf{H} \cdot d\mathbf{L} = \int_1 + \int_2 + \int_3 + \int_4$$

변 1에서 $\mathbf{H}$를 $\mathbf{H}_1$이라 하면 $\mathbf{H}_1 = H_{1x}\mathbf{a}_x + H_{1y}\mathbf{a}_y + H_{1z}\mathbf{a}_z$이고, 경로는 $\Delta\mathbf{L}_1 = \Delta z\mathbf{a}_z$이므로

$$\int_1 = \mathbf{H}_1 \cdot \Delta\mathbf{L}_1 = (H_{1x}\mathbf{a}_x + H_{1y}\mathbf{a}_y + H_{1z}\mathbf{a}_z) \cdot \Delta z\mathbf{a}_z = H_{1z}\Delta z$$

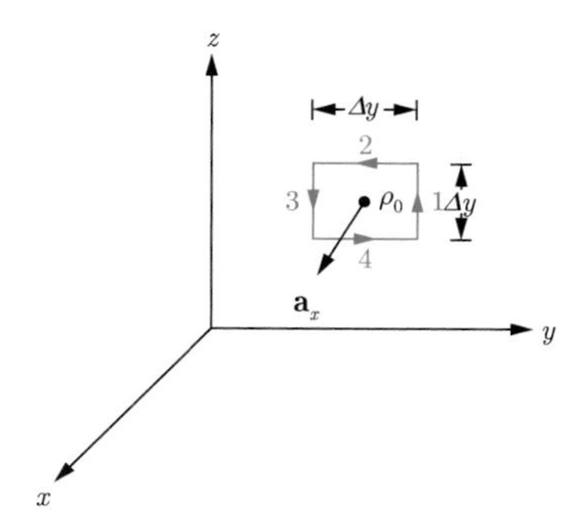

[그림 4-14] 회전 연산을 위한 미소면적소와 폐경로

가 되지만 불균일한 전류분포 때문에 아랫변에서의 자계의 세기 H_{1z}의 크기를 알 수 없다. 따라서 사각형 중심의 자계 $\mathbf{H}_0$의 z 방향 성분 H_{0z}의 크기와 비교해 보면, 중심에서 변 1로 좌표계의 변수 y의 변화에 따라 H_z의 변화율이 $\dfrac{\partial H_z}{\partial y}$이고 이러한 변화율로 $\dfrac{\Delta y}{2}$만큼 이동해 H_{0z}에 비해 증가한다고 가정하면 다음과 같다.

$$\int_1 = H_{1z}\Delta z \doteq \left(H_{0z} + \frac{\Delta y}{2}\frac{\partial H_z}{\partial y}\right)\Delta z$$

위 식에서 근사치는 변 1이 매우 작은 경로라 해도 변 1에서의 위치에 따라 자계의 세기가 다를 수 있음을 의미한다. 한편 변 3에서의 자계는 중심에서 변 3으로 갈수록 그 값이 감소한다고 가정하면 다음과 같다.

$$\int_3 = \mathbf{H}_3 \cdot \Delta\mathbf{L}_3 = (H_{3x}\mathbf{a}_x + H_{3y}\mathbf{a}_y + H_{3z}\mathbf{a}_z) \cdot \Delta z(-\mathbf{a}_z) = -H_{3z}\Delta z$$

$$\doteq -\left(H_{0z} - \frac{\Delta y}{2}\frac{\partial H_z}{\partial y}\right)\Delta z$$

따라서 변 1과 변 3의 결과를 더하면

$$\int_1 + \int_3 \doteq \frac{\partial H_z}{\partial y}\Delta y \Delta z$$

가 되고, 같은 방법으로 변 2와 변 4의 결과를 더하면

$$\int_2 + \int_4 \doteq -\frac{\partial H_y}{\partial z}\Delta y \Delta z$$

가 된다. 따라서 주어진 폐경로에 대한 앙페르의 주회법칙은 다음과 같다.

$$\oint \mathbf{H} \cdot d\mathbf{L} \doteq \left(\frac{\partial H_z}{\partial y} - \frac{\partial H_y}{\partial z}\right)\Delta y \Delta z$$

한편 앙페르의 주회법칙의 계산 결과는 폐경로를 통과하는 전류와 같고 전류는 $\Delta I = J_z \Delta y \Delta z$이므로 위 식은

$$\oint \mathbf{H} \cdot d\mathbf{L} \doteq \left(\frac{\partial H_z}{\partial y} - \frac{\partial H_y}{\partial z}\right)\Delta y \Delta z \doteq J_z \Delta y \Delta z$$

가 되고, 양변을 $\Delta y \Delta z$로 나눈 후 미소면적을 무한히 작게 해 극한을 취하면 다음을 얻을 수 있다.

$$\lim_{\Delta y \Delta z \to 0} \frac{\oint \mathbf{H} \cdot d\mathbf{L}}{\Delta y \Delta z} = \frac{\partial H_z}{\partial y} - \frac{\partial H_y}{\partial z} = J_x \tag{4.21}$$

같은 방법으로 zx 및 xy 평면에 폐경로를 설정해 앙페르의 주회법칙을 적용하면 다음과 같은 관계를 얻을 수 있다.

$$\lim_{\Delta z \Delta x \to 0} \frac{\oint \mathbf{H} \cdot d\mathbf{L}}{\Delta z \Delta x} = \frac{\partial H_x}{\partial z} - \frac{\partial H_z}{\partial x} = J_y \tag{4.22}$$

$$\lim_{\Delta x \Delta y \to 0} \frac{\oint \mathbf{H} \cdot d\mathbf{L}}{\Delta x \Delta y} = \frac{\partial H_y}{\partial x} - \frac{\partial H_x}{\partial y} = J_z \tag{4.23}$$

이제 벡터의 회전을 소개하고 우리의 논의에 대한 물리적 의미를 부여해보자. 어떤 벡터 $\mathbf{A}$의 폐경로에 대한 선적분 $\oint \mathbf{A} \cdot d\mathbf{L}$을 **벡터 A의 순환**(Circulation of A)이라 한다. **벡터 A의 회전은 단위면적당 벡터 A의 최대 순환치와 크기가 같고, 주어진 면적에 수직 방향이다.** 이 방향으로의 단위벡터를 $\mathbf{a}_N$이라 하면, 벡터 $\mathbf{A}$의 회전 $Curl\,\mathbf{A}$는 다음과 같이 정의한다.

★ 벡터의 회전 ★

$$Curl\,\mathbf{A} = \lim_{\Delta S \to 0} \frac{1}{\Delta S}\left[\mathbf{a}_N \oint \mathbf{A} \cdot d\mathbf{L}\right]_{\max} \tag{4.24}$$

따라서 벡터 $\mathbf{A}$의 회전은 벡터양이며, 이는 CHAPTER 02에서 논의한 어떤 벡터의 발산의 결과가 스칼라양이란 사실과 구별되어야 한다. 벡터의 회전에 대한 정의식과 우리의 논의의 결과를 비교하면 식 (4.21)은 Δy, Δz의 폐경로가 이루는 면에 수직인 x 방향의 벡터 $\mathbf{H}$의 회전 성분을 나타

낸다. 즉 식 (4.21)은

$$(Curl\,\mathbf{H})_x = \lim_{\Delta S_x \to 0} \frac{\oint \mathbf{H} \cdot d\mathbf{L}}{\Delta S_x} \tag{4.25}$$

을 의미하므로 벡터 $\mathbf{H}$의 회전의 각 성분인 식 (4.21), (4.22), (4.23)을 모두 고려하면 다음과 같다.

$$Curl\,\mathbf{H} = \left(\frac{\partial H_z}{\partial y} - \frac{\partial H_y}{\partial z}\right)\mathbf{a}_x + \left(\frac{\partial H_x}{\partial z} - \frac{\partial H_z}{\partial x}\right)\mathbf{a}_y + \left(\frac{\partial H_y}{\partial x} - \frac{\partial H_x}{\partial y}\right)\mathbf{a}_z = \mathbf{J} \tag{4.26}$$

이를 간편히 행렬식으로 나타내면

$$Curl\,\mathbf{H} = \begin{vmatrix} \mathbf{a}_x & \mathbf{a}_y & \mathbf{a}_z \\ \dfrac{\partial}{\partial x} & \dfrac{\partial}{\partial y} & \dfrac{\partial}{\partial z} \\ H_x & H_y & H_z \end{vmatrix} \tag{4.27}$$

와 같이 표현할 수 있고, 벡터 연산자 ∇을 이용하면 다음의 결과를 얻을 수 있다.

$$Curl\,\mathbf{H} = \nabla \times \mathbf{H} \tag{4.28}$$

한편 각 좌표계에서 $Curl\,\mathbf{H}$의 표현식을 정리하면 다음과 같다.

★ 자계의 회전 ★

$$\nabla \times \mathbf{H} = \left(\frac{\partial H_z}{\partial y} - \frac{\partial H_y}{\partial z}\right)\mathbf{a}_x + \left(\frac{\partial H_x}{\partial z} - \frac{\partial H_z}{\partial x}\right)\mathbf{a}_y + \left(\frac{\partial H_y}{\partial x} - \frac{\partial H_x}{\partial y}\right)\mathbf{a}_z \quad \text{(직각좌표계)}$$

$$\nabla \times \mathbf{H} = \left[\frac{1}{\rho}\frac{\partial H_z}{\partial \phi} - \frac{\partial H_\phi}{\partial z}\right]\mathbf{a}_\rho + \left[\frac{\partial H_\rho}{\partial z} - \frac{\partial H_z}{\partial \rho}\right]\mathbf{a}_\phi + \left[\frac{1}{\rho}\frac{\partial(\rho H_\phi)}{\partial \rho} - \frac{1}{\rho}\frac{\partial H_\rho}{\partial \phi}\right]\mathbf{a}_z \quad \text{(원통좌표계)} \tag{4.29}$$

$$\nabla \times \mathbf{H} = \frac{1}{r\sin\theta}\left[\frac{\partial(\sin\theta H_\phi)}{\partial \theta} - \frac{\partial H_\theta}{\partial \phi}\right]\mathbf{a}_r + \frac{1}{r}\left[\frac{1}{\sin\theta}\frac{\partial H_r}{\partial \phi} - \frac{\partial(rH_\phi)}{\partial r}\right]\mathbf{a}_\theta + \frac{1}{r}\left[\frac{\partial(rH_\theta)}{\partial r} - \frac{\partial H_r}{\partial \theta}\right]\mathbf{a}_\phi \quad \text{(구좌표계)} \tag{4.30}$$

결국 **벡터 H의 회전은 그 크기가 단위면적당 벡터 H의 선적분과 같으며, 면적의 크기를 무한히 작게 할 때 한 점의 전류밀도와 같다.** 이를 **맥스웰의 제3방정식**(Maxwell's the 3rd equation)이라 한다. 즉, 다음과 같다.

★ 맥스웰의 제3방정식 ★

$$\nabla \times \mathbf{H} = \mathbf{J} \tag{4.31}$$

이는 전류밀도가 회전하는 자계의 원천(source)이 됨을 의미한다. 예를 들어 어떤 전류분포에 의해 전류로부터 일정한 거리만큼 떨어진 곳에서 자계가 발생하더라도, 자계점에서 자계의 회전을 계산하면 0이 된다. 왜냐하면 자계를 발생하는 원천은 자계점에 존재하지 않으며, 반드시 전류점에 존재하기 때문이다.

이를 확인하기 위해 z축에 무한히 긴 선전류가 흐를 때, 선전류에서 ρ만큼 떨어진 곳의 자계 $\mathbf{H} = \left(\frac{I}{2\pi\rho}\right)\mathbf{a}_\phi$로부터 자계의 회전을 구해보자. 자계는 H_ϕ 성분만 있으며, ρ만의 함수이므로 자계의 회전은 다음과 같다.

$$\nabla \times \mathbf{H} = \frac{1}{\rho}\frac{\partial(\rho H_\phi)}{\partial\rho}\mathbf{a}_z = \frac{1}{\rho}\frac{\partial}{\partial\rho}\left(\rho\frac{I}{2\pi\rho}\right) = 0$$

즉, 전류로부터 ρ만큼 떨어진 곳에는 자계의 원천이 존재하지 않음을 알 수 있다.

이에 대해 자계의 회전이 0이 되지 않는 예로써, 반지름 a인 원주형 도체에 전류 I가 균일하게 흐를 때, $\rho < a$인 곳에서 자계의 회전을 구해보자. 우선 원주형 도체의 내부의 한 점에서 자계는 다음과 같다.

$$\mathbf{H} = \frac{I\rho}{2\pi a^2}\mathbf{a}_\phi$$

즉, 자계는 H_ϕ 성분만 있으며 ρ만의 함수이므로

$$\nabla \times \mathbf{H} = \frac{1}{\rho}\frac{\partial(\rho H_\phi)}{\partial\rho}\mathbf{a}_z = \frac{1}{\rho}\frac{\partial}{\partial\rho}\left(\rho\frac{I\rho}{2\pi a^2}\right) = \frac{I}{\pi a^2}$$

가 되며, 이 값은 전류 I를 도체의 단면적 πa^2으로 나눈 값이므로 그 점의 전류밀도 $\mathbf{J}$와 일치함을 알 수 있다.

CHAPTER 02에서는 가우스 법칙을 미소체적소에 적용해 벡터의 발산을 구하였다. 그 결과로 전계 및 전속밀도는 발산하고, 전속밀도의 발산의 결과는 한 점에서의 체적전하밀도를 나타내며, 체적전하밀도는 발산하는 전속밀도의 원천임을 공부하였다. 이 절에서 배운 자계의 회전에 대한 논의는 이와 매우 유사한 과정과 결과를 제공한다. 즉, 자계의 회전은 앙페르의 주회법칙을 미소면적소에 적용해 구하였으며 그 결과, 자계 및 자속밀도는 발산하지 않고 회전하는 양이며 한 점의 전류밀도임을 알게 되었다. 즉, 전류밀도는 회전하는 자계의 원천이며, 벡터의 회전과 발산으로부터 맥스웰의 제1방정식과 제3방정식을 얻을 수 있는 매우 중요한 과정이다.

예제 4-7

어떤 공간에 자계 $\mathbf{H} = 0.3y^2\mathbf{a}_x + 0.4xy\mathbf{a}_y$[A/m] 가 분포되어 있다. 점 P(1, 2, 0)에서 전류밀도 **J**를 구하라.

풀이 **정답** $-0.4\mathbf{a}_z\,[\mathrm{A/m^2}]$

주어진 자계의 원인이 되는 전류밀도를 구하는 문제로써 식 (4.31)의 $\nabla \times \mathbf{H} = \mathbf{J}$ 로부터 다음과 같이 전류밀도를 구할 수 있다.

$$\nabla \times \mathbf{H} = \mathbf{J} = \begin{vmatrix} \mathbf{a}_x & \mathbf{a}_y & \mathbf{a}_z \\ \dfrac{\partial}{\partial x} & \dfrac{\partial}{\partial y} & \dfrac{\partial}{\partial z} \\ 0.3y^2 & 0.4xy & 0 \end{vmatrix}$$

$$= \frac{\partial}{\partial x}(0.4xy)\mathbf{a}_z - \frac{\partial}{\partial y}(0.3y^2)\mathbf{a}_z$$

$$= (0.4y - 0.6y)\mathbf{a}_z = -0.2y\mathbf{a}_z$$

따라서 점 P(1, 2, 0)에서의 전류밀도는 다음과 같다.

$$\mathbf{J}_p = -0.4\mathbf{a}_z\,[\mathrm{A/m^2}]$$

스토크스의 정리

식 (4.24)에서 벡터 **H**의 회전을 다음과 같이 정의하였다.

$$Curl\,\mathbf{H} = \lim_{\Delta S \to 0} \frac{1}{\Delta S}\left[\mathbf{a}_N \oint \mathbf{H} \cdot d\mathbf{L}\right]_{\max}$$

이 식으로부터 벡터 $\mathbf{H}$의 회전은 단위면적당 벡터 $\mathbf{H}$의 순환의 최댓값을 나타내며, $\mathbf{H}$의 회전은 벡터양이며 최댓값이 발생하는 방향임을 알았다.

이제 어떤 면적 S를 [그림 4-15]와 같이 매우 작은 미소면적 ΔS로 나누고, 하나의 미소면적 ΔS에 벡터 $\mathbf{H}$의 회전의 정의를 적용해보자. 첨자 N은 표면에 수직 방향으로 오른 나사가 진행하는 방향을 나타내고, 미소면적 ΔS에 수직한 방향의 단위벡터를 $\mathbf{a}_N$이라 하면, 위 식으로부터 다음 관계가 성립한다.

$$\oint \mathbf{H} \cdot d\mathbf{L}_{\Delta S} \doteq (\nabla \times \mathbf{H})_N \cdot \Delta \mathrm{S} = (\nabla \times \mathbf{H}) \cdot \mathbf{a}_N \Delta S = (\nabla \times \mathbf{H}) \cdot \triangle \mathbf{S}$$

이제 모든 미소면적 ΔS에서의 벡터 회전의 합을 계산해보자. S 내의 모든 미소면적 ΔS에서의 순환 즉, 선적분은 그림에서 알 수 있는 바와 같이 내부의 폐경로에 대해 서로 상쇄되어 바깥 경계면의 선분에 대한 적분만 남게 된다. 따라서 전체의 면적 S에 대해 다음 관계가 성립하며, 이를 **스토크스의 정리**(Stokes's theorem)라 한다.

★ 스토크스의 정리 ★

$$\oint \mathbf{H} \cdot d\mathbf{L} = \int (\nabla \times \mathbf{H}) \cdot d\mathbf{S} \tag{4.32}$$

스토크스의 정리는 '어떤 폐경로에 대한 벡터계의 선적분은 그 폐경로 내의 면적에 대한 벡터계의 회전의 면적적분과 같음'을 의미하며, 스토크스의 정리를 CHAPTER 02에서 배운 발산의 정리, 즉

$$\oint \mathbf{D} \cdot d\mathbf{S} = \int \nabla \cdot \mathbf{D}\, dv$$

와 비교해 보면 두 정리는 매우 닮아 있다. 즉, 발산의 정리는 면적적분과 체적적분의 관계에 대한 것으로 발산하는 물리량에 적용한다. 만약 물리량이 전속밀도이면 그 결과는 전속밀도의 원천이 되는 전하였다. 반면 스토크스의 정리는 선적분과 면적적분과의 관계이며, 또한 회전하는 여러 벡터계에 유용하게 적용할 수 있으나 벡터계가 자계일 경우 그 결과는 회전하는 자계의 원천인 전류가 된다. 스토크스의 정리는 앞으로 많은 전기 및 자기적 현상을 이해하기 위한 논법의 전개에도 유용하게 사용될 것이다.

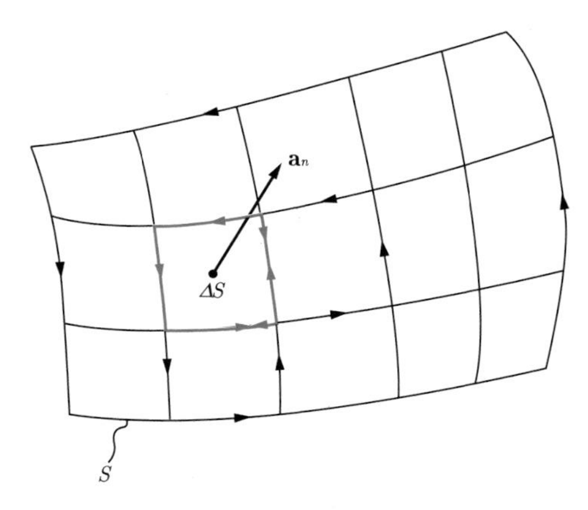

[그림 4-15] 스토크스의 정리
미소면적을 둘러싸고 있는 폐경로를 반시계 방향으로 선적분한 후, 적분을 전 면적에 대해 확대하면 스토크스의 정리를 얻는다.

한편 CHAPTER 02의 선적분과 전계의 보존의 성질에서 단위전하를 임의의 폐경로를 따라 일주시키는 데 필요한 일은 0이라는 중요한 사실을 알 수 있었다. 이를 $\oint \mathbf{E} \cdot d\mathbf{L} = 0$으로 나타내었으며, 이에 스토크스의 정리를 적용하면

$$\oint \mathbf{E} \cdot d\mathbf{L} = \int (\nabla \times \mathbf{E}) \cdot d\mathbf{S} = 0$$

이므로 다음과 같이 나타내며, 이를 **맥스웰의 제2방정식**이라 한다.[12]

★ 맥스웰의 제2방정식 ★

$$\nabla \times \mathbf{E} = 0 \tag{4.33}$$

예제 4-8

[그림 4-16]과 같이 $x=0$인 면의 점 $\mathrm{P}(0,\ y_1,\ 0)$을 중심으로 한 변의 길이가 d인 정사각형의 전류루프가 있다. 자계 $\mathbf{H} = 4y^2\mathbf{a}_z$일 때, 점 P에서 스토크스의 정리가 성립함을 확인하라.

12 이 정리를 적용할 때 $d\mathbf{L}$과 $d\mathbf{S}$의 방향관계에 조심해야 한다. 앞에서 언급한 바와 같이 오른손 법칙에 의해 $d\mathbf{L}$의 방향이 손의 방향이면 $d\mathbf{S}$의 방향은 엄지가 향하는 방향이 된다.

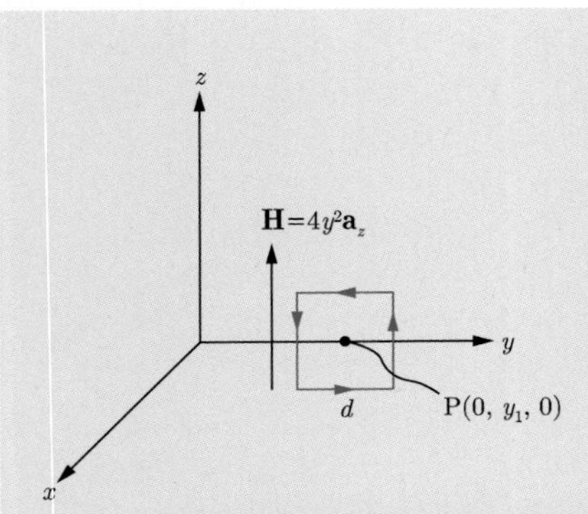

[그림 4-16] 정사각형의 전류루프에 대한 스토크스의 정리

풀이

먼저 스토크스의 정리 식 (4.32)는 다음과 같다.

$$\oint \mathbf{H} \cdot d\mathbf{L} = \int_S (\nabla \times \mathbf{H}) \cdot d\mathbf{S}$$

위 식의 좌변의 폐경로에 대한 선적분을 연산하면 다음과 같다.

$$\oint \mathbf{H} \cdot d\mathbf{L} = 4(y_1 + \frac{1}{2}d)^2 d + 0 - 4(y_1 - \frac{1}{2}d)^2 d + 0 = 8y_1 d^2$$

또한 스토크스의 정리 식의 우변을 계산하기 위해 먼저 $\mathbf{H}$ 의 회전을 계산하면

$$\nabla \times \mathbf{H} = \frac{\partial}{\partial y}(4y^2)\mathbf{a}_x = 8y\mathbf{a}_x$$

가 되고, 폐경로가 만드는 면적에 대해 면적분을 하면 다음과 같다.

$$\int_S (\nabla \times \mathbf{H}) \cdot d\mathbf{S} = \int_0^d \int_0^d 8y_1 \mathbf{a}_x \cdot dydz\, \mathbf{a}_x = 8y_1 d^2$$

따라서 $y = y_1$ 에서는 $8y_1 d^2$ 이 되어, 이 벡터계에서는 스토크스의 정리가 성립함을 알 수 있다.

예제 4-9

벡터계 $\mathbf{H} = \rho\cos\phi \mathbf{a}_\rho + \sin\phi \mathbf{a}_\phi$ 일 때, $0 \le \rho \le 4$, $0 \le \phi \le \pi/3$, $z = 0$ 인 면적과 이 면을 둘러싸고 있는 폐경로에 대해 스토크스의 정리를 확인하라.

풀이

스토크스의 정리 식 (4.32)는 다음과 같다.

$$\oint \mathbf{H}\cdot d\mathbf{L}=\int_s (\nabla\times H)\cdot d\mathbf{S}$$

위 식의 좌변의 폐경로에 대한 선적분을 연산하면 $d\mathbf{L}=d\rho\mathbf{a}_\rho+\rho d\phi\mathbf{a}_\phi+dz\mathbf{a}_z$ 이므로

$$\oint \mathbf{H}\cdot d\mathbf{L}=\int(\rho\cos\phi d\rho+\rho\sin\phi d\phi)$$

가 된다. 또한 [그림 4-17]에서와 같이 적분경로를 반시계 방향으로 정하면 경로 1과 경로 3에서는 각각 $\phi=0$과 $\pi/3$이므로 $d\phi=0$이 되고, 경로 2에서는 $\rho=4$이므로 $d\rho=0$이 되므로 위 식은 다음과 같이 계산할 수 있다.

$$\begin{aligned}\oint \mathbf{H}\cdot d\mathbf{L}&=\int(\rho\cos\phi d\rho+\rho\sin\phi d\phi)\\&=\int_0^4\rho\cos 0d\rho+\int_0^{\frac{\pi}{3}}4\sin\phi d\phi+\int_4^0\rho\cos\frac{\pi}{3}d\rho\\&=\left[\frac{\rho^2}{2}\right]+4[-\cos\phi]+\frac{1}{2}\left[\frac{\rho^2}{2}\right]=6\end{aligned}$$

또한 스토크스의 정리 식의 우변을 계산하기 위해 먼저 $\mathbf{H}$의 회전을 구하면 다음과 같다.

$$\nabla\times\mathbf{H}=\frac{1}{\rho}\frac{\partial}{\partial\rho}(\rho\sin\phi)\mathbf{a}_z-\frac{1}{\rho}\frac{\partial}{\partial\phi}(\rho\cos\phi)\mathbf{a}_z=\frac{1}{\rho}(1+\rho)\sin\phi\mathbf{a}_z$$

따라서 우변의 계산 결과는 다음과 같다.

$$\int(\nabla\times\mathbf{H})\cdot d\mathbf{S}=\int\frac{1}{\rho}(1+\rho)\sin\phi\rho d\rho d\phi=[-\cos\phi]\left[\rho+\frac{\rho^2}{2}\right]=6$$

따라서 주어진 벡터계에 대해 스토크스의 정리의 양변의 결과는 6[A]로 같으므로, 이 벡터계에서는 스토크스의 정리가 성립함을 알 수 있다.

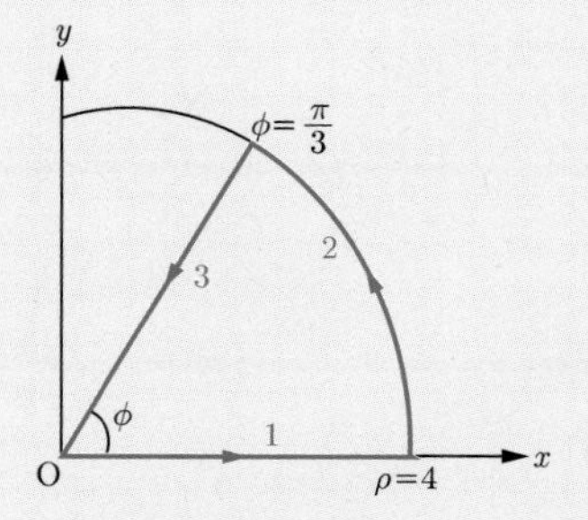

[그림 4-17] $0\le\rho\le4$, $0\le\phi\le\pi/3$, $z=0$의 폐경로

SECTION 04

자속과 자속밀도

이 절에서는 자속과 자속밀도를 이해하여 주어진 도체계에서 자속을 구하며, 자속밀도에 대한 맥스웰 방정식을 유도하고 이와 관련한 문제를 해결한다.

Keywords | 자속 | 자속밀도 | 투자율 | 맥스웰의 제4방정식 |

자속밀도와 맥스웰 방정식

자속(magnetic flux)은 자계를 구성하는 속선이며, 자계가 발생하는 공간에는 반드시 어떤 면적을 통과하는 자속이 존재한다. 자속의 면적밀도를 **자속밀도**(magnetic flux density)라 하며, 따라서 자속밀도의 방향은 자계와 동일하다. 자유공간의 투자율을 μ_0라 할 때, 자속밀도 $\mathbf{B}$와 자계 $\mathbf{H}$ 사이에는 다음 관계가 성립한다.

★ 자속밀도와 자계와의 관계 ★

$$\mathbf{B} = \mu_0 \mathbf{H} \tag{4.34}$$

이는 자유공간에서 전속밀도와 전계 사이에 성립하였던 $\mathbf{D} = \epsilon_0 \mathbf{E}$의 관계와 매우 유사하며, $\mathbf{B}$와 $\mathbf{D}$ 그리고 $\mathbf{H}$와 $\mathbf{E}$가 서로 대응하는 전형적인 예라 할 수 있다.[13]

자속의 단위는 웨버(Weber, [Wb])이므로, 자속밀도 $\mathbf{B}$는 웨버/m^2(Weber/m^2, [Wb/m^2]), 또는 테슬라(Tesla, [T])와 가우스(Gauss, [G])를 사용한다. 이들 단위 사이에는 $1[\text{Wb/m}^2] = 1[\text{T}] = 10{,}000[\text{G}]$의 관계가 있다.

한편 자유공간의 투자율(permeability) μ_0의 단위는 헨리/m(Henry/m, [H/m])로 상수이며, 그 값은 다음과 같다.

★ 자유공간의 투자율 ★

$$\mu_o = 4\pi \times 10^{-7}[\text{H/m}] \tag{4.35}$$

---

13 전기적 힘 즉, 전계를 구성하는 속선을 전속이라 하였다. 이에 대한 면적밀도를 전속밀도라 해 자유공간에서는 전계와의 사이에 $\mathbf{D} = \epsilon_0 \mathbf{E}$ 의 관계가 성립하였다.

자속밀도는 단위면적당의 자속이므로 주어진 면적을 통과하는 자속은 $\Phi = BS$ 의 개념으로 다음과 같이 표현된다.

★ 자속과 자속밀도와의 관계 ★

$$\Phi = \int_S \mathbf{B} \cdot d\mathbf{S} \tag{4.36}$$

이 식과 가우스 법칙을 비교해보면 매우 중요한 전계와 자계의 차이점이 나타난다. 즉, 임의의 폐곡면을 통과하는 전속 Ψ는 폐곡면 내의 총 전하량과 같음을 나타내는

$$\Psi = \oint \mathbf{D} \cdot d\mathbf{S} = Q$$

의 가우스 법칙으로부터 전계는 전하분포가 점전하, 선전하, 면전하에 관계없이 양전하에서 시작해 음전하에서 끝난다는 사실을 확인하였다. 이러한 중요한 사실을 맥스웰 방정식 $\nabla \cdot \mathbf{D} = \rho_v$로 나타내었으며, 이때 체적전하밀도 ρ_v는 발산하는 전속밀도 및 전계의 원천이라 하였다. 그러나 자계에서는 전류의 종류에 관계없이 자계의 발산의 원천은 존재하지 않으며 자속선은 항상 폐곡선을 형성한다. 이를 자계에 대한 가우스 법칙이라 한다.

★ 자계에 대한 가우스 법칙 ★

$$\oint \mathbf{B} \cdot d\mathbf{S} = 0 \tag{4.37}$$

이 식에 발산의 정리를 적용하면

$$\oint \mathbf{B} \cdot d\mathbf{S} = \int (\nabla \cdot \mathbf{B}) dv = 0$$

으로부터 다음 관계가 성립한다. 이를 **맥스웰의 제4방정식**이라 한다.

★ 맥스웰의 제4방정식 ★

$$\nabla \cdot \mathbf{B} = 0 \tag{4.38}$$

한편 자속밀도의 면적적분에 대한 식 (4.36)과 식 (4.37)의 차이에 주의해야 한다. 열린 면에 대한 자속밀도의 면적적분은 그 면을 통과하는 자속이 되며, 자계가 존재하면 자계 내의 한 단면을 통과하는 자속은 반드시 존재한다. 그러나 닫힌 면에 대한 자속밀도의 면적적분은 0이 된다. 이는 이미 설명한 바와 같이, 자속은 폐로를 형성하므로 닫힌 면의 한 단면을 출발한 자속은 반드시 이 면으로 되돌아오고, 이에 따라 닫힌 면에 대한 총 자속은 0이 된다. 이를 수식으로 표현하면 $\nabla \cdot \mathbf{B} = 0$이다. 즉, 맥스웰의 제4방정식은 자속밀도에 대한 발산의 원천은 존재하지 않음을 의미한다.

이제 정전계와 정자계에서의 맥스웰의 네 가지 방정식을 모두 구하였다. 맥스웰 방정식은 전계와 자계 그리고 전속밀도와 자속밀도의 기본적인 특성을 나타내며, **미분형 맥스웰 방정식**은 다음과 같다.

★ 미분형 맥스웰 방정식 ★

$$\begin{aligned} \nabla \cdot \mathbf{D} &= \rho_v \\ \nabla \times \mathbf{E} &= 0 \\ \nabla \times \mathbf{H} &= \mathbf{J} \\ \nabla \cdot \mathbf{B} &= 0 \end{aligned} \tag{4.39}$$

위 식들로부터 전계와 전속밀도는 발산하고 전속밀도의 발산의 원천은 체적전하밀도임을 알 수 있지만 자계 및 자속밀도는 회전하는 양으로써 폐로를 형성하기 때문에 자속밀도를 발산하는 원천은 존재하지 않으며,[14] 자속밀도의 발산은 0이 된다. 또한 자계의 회전의 결과는 그 점의 전류밀도임을 나타낸다. 한편 **적분형 맥스웰 방정식**은 다음과 같다.

★ 적분형 맥스웰 방정식 ★

$$\begin{aligned} \oint \mathbf{D} \cdot d\mathbf{S} &= Q \\ \oint \mathbf{E} \cdot d\mathbf{L} &= 0 \\ \oint \mathbf{H} \cdot d\mathbf{L} &= I \\ \oint \mathbf{B} \cdot dS &= 0 \end{aligned} \tag{4.40}$$

14 맥스웰 방정식으로부터 정전계 및 정자계에서는 전계와 자계는 독립적으로 존재하지만 CHAPTER 06에서 배울 시가변계에서는 전계 및 자계는 독립적으로 존재하지 않음을 알게 된다. 즉, 자속밀도가 전계를 형성하게 된다.

이제 반지름 a, 길이 d인 매우 긴 원주형 도체에 z의 양의 방향으로 균일하게 전류 I가 흐르는 경우, 이 도체의 단위길이당 자속을 구해보자. 원주형 도체 내부의 한 점 ρ에서의 자계의 세기와 자속밀도는 다음과 같다.

$$\mathbf{H} = \frac{I\rho}{2\pi a^2}\mathbf{a}_\phi$$

$$\mathbf{B} = \frac{\mu_0 I\rho}{2\pi a^2}\mathbf{a}_\phi$$

따라서 자속은 다음과 같고,

$$\Phi = \oint \mathbf{B} \cdot d\mathbf{S} = \int_0^d \int_0^a \frac{\mu_0 I\rho}{2\pi a^2} d\rho dz = \frac{\mu_0 Id}{2\pi a^2}\left[\frac{\rho^2}{2}\right]_0^a = \frac{\mu_0 Id}{4\pi}$$

단위길이당 자속 즉, 도체 표면에서의 자속은 위 식에서 $d=1$이므로 다음과 같다.

$$\Phi = \frac{\mu_0 I}{4\pi}$$

예제 4-10

내·외 도체의 반지름이 각각 a, b이고 길이가 d인 동축케이블에서 내·외 도체 사이의 단위길이당 자속을 구하라.

풀이 **정답** $\frac{\mu_0 I}{2\pi}\ln\frac{b}{a}$

동축케이블에서의 자계의 세기와 자속밀도는 다음과 같다.

$$\mathbf{H} = \frac{I}{2\pi\rho}\mathbf{a}_\phi, \ \mathbf{B} = \mu_0\mathbf{H} = \frac{\mu_0 I}{2\pi\rho}\mathbf{a}_\phi$$

식 (4.36)을 이용해 $a<\rho<b$, $0<z<d$ 사이의 면을 통과하는 자속 Φ를 구하면 다음과 같다.

$$\Phi = \int \mathbf{B} \cdot d\mathbf{S} = \int_0^d \int_a^b \frac{\mu_0 I}{2\pi\rho}\mathbf{a}_\phi \cdot d\rho dz \mathbf{a}_\phi = \frac{\mu_0 Id}{2\pi}\ln\frac{b}{a}$$

따라서 동축케이블의 단위길이당 자속은 다음과 같다.

$$\Phi = \frac{\mu_0 I}{2\pi}\ln\frac{b}{a}$$

SECTION
05

스칼라 자위와 벡터 자위

이 절에서는 스칼라 자위와 벡터 자위를 정의하고 이해하며, 자계에서의 위치에너지에 대한 개념을 확립한다. 또한 자위의 개념을 활용해 문제를 해결한다.

Keywords | 스칼라 자위 | 비보존계 | 벡터 자위 |

스칼라 자위

두 점 사이에 전위차가 존재하면 전계가 발생하며, 이때 전계는 두 점 사이에 대한 전위차의 크기에 비례한다. 즉, 전계는 전기적 위치에너지의 차이로 설명할 수 있었다. 이와 마찬가지로 자계도 자기적 위치에너지의 차이로 설명할 수 있다. 즉, 비오-사바르 법칙으로 정의하였던 자계를 자위를 정의함으로써 두 점 사이의 자위의 차에 의해 새롭게 설명할 수 있다. 정자계에서의 자위에는 스칼라 자위와 벡터 자위가 있다. 먼저 스칼라 자위에 대해 알아보자. **스칼라 자위**(scalar magnetic potential)를 V_m이라 하면, 전계와 전위와의 관계 $\mathbf{E} = -\nabla V$에 대응해 자계와 스칼라 자위 사이에 다음 관계가 성립한다.

★ 자계와 스칼라 자위의 관계 ★

$$\mathbf{H} = -\nabla V_m \tag{4.41}$$

이 식으로부터 자계는 두 점 사이의 스칼라 자위의 차이가 존재하기 때문에 발생하며, 그 방향은 거리의 변화에 대해 스칼라 자위가 가장 급격하게 감소하는 방향임을 알 수 있다. 이로부터 스칼라 자위 V_m은 다음과 같이 표현할 수 있다.

★ 스칼라 자위 ★

$$V_m = -\int \mathbf{H} \cdot d\mathbf{L} \tag{4.42}$$

이때 스칼라 자위 V_m은 자계를 거리에 대해 적분한 결과이므로 스칼라 자위의 단위는 암페어[A]이다.

한편 한 가지 흥미로운 사실은 맥스웰 방정식 $\nabla \times \mathbf{H} = \mathbf{J}$로부터

$$\nabla \times \mathbf{H} = \mathbf{J} = \nabla \times (-\nabla V_m)$$

이 되고, 위 식에서 $\nabla \times (-\nabla V_m) = 0$이므로([연습문제 4.26] 참조) 스칼라 자위는 반드시 $\mathbf{J} = 0$인 공간에서 정의된다. 즉, 전류 주위의 자계는 폐로를 형성하게 되고 폐로의 자속선의 두 점 사이에 스칼라 자위가 정의될 수 있다. 한편 자위에 대한 라플라스 방정식은

$$\nabla \cdot \mathbf{B} = \mu_0 \nabla \cdot \mathbf{H} = \mu_0 \nabla \cdot (-\nabla V_m) = 0$$

의 연산에 의해 다음과 같이 계산한다.

$$\nabla^2 V_m = 0 \tag{4.43}$$

비보존계인 자계의 성질

이제 무한히 긴 선전류에 의한 자계로부터 점 $\mathrm{P}\left(\rho, \frac{\pi}{4}, 0\right)$에서 스칼라 자위를 구해보자. z축의 양의 방향으로 흐르는 전류 I에 의한 점 P의 자계는 $\mathbf{H} = \left(\frac{I}{2\pi\rho}\right)\mathbf{a}_\phi$이며, 자계가 존재하는 공간에서는 $\mathbf{J} = 0$이므로 자계와 자위 사이에는

$$\mathbf{H} = -\nabla V_m = -\frac{\partial V_m}{\partial \rho}\mathbf{a}_\rho - \frac{1}{\rho}\frac{\partial V_m}{\partial \phi}\mathbf{a}_\phi - \frac{\partial V_m}{\partial z}\mathbf{a}_z$$

의 관계가 성립한다. 즉,

$$\frac{I}{2\pi\rho} = -\frac{1}{\rho}\frac{\partial V_m}{\partial \phi}$$

으로부터 스칼라 자위를 구하면 다음과 같다.

$$V_m = -\frac{I}{2\pi}\phi$$

따라서 점 $\mathrm{P}\left(\rho, \frac{\pi}{4}, 0\right)$에서 스칼라 자위는 $V_m = -\frac{I}{8}$[A]가 된다. [그림 4-18]에서 편의상 $x = 0$에서의 자위를 $V_m = 0$이라 하면 자위가 높은 $\rho = 0$인 위치에서 자위가 낮은 점 P로 향하는 $\mathbf{a}_\phi$ 방향의 자계를 형성하게 된다. 이는 전류의 방향을 지면으로 나오는 방향이라 할 때, 자계는 $\mathbf{a}_\phi$ 방향이 되는 기존의 결과에 부합하며, 점 $\mathrm{P}'(\rho, \pi, 0)$에서의 자위는 $V_m = -\frac{I}{2}$[A]가 되어 점 P

보다 스칼라 자위가 더 낮으므로 자계는 $\mathbf{a}_\phi$ 방향의 동심원을 형성한다는 것을 알 수 있다.

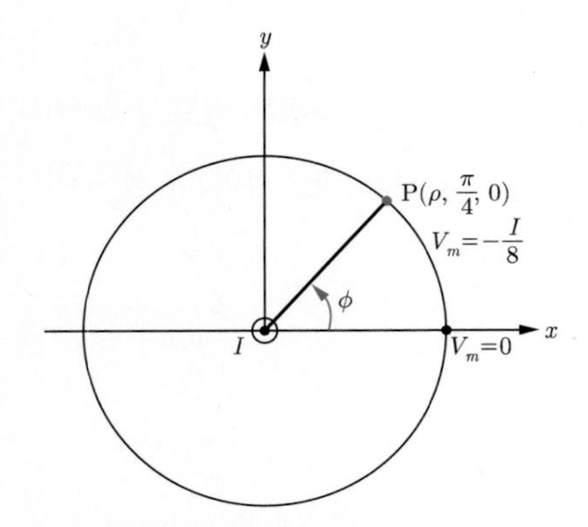

[그림 4-18] 무한 선전류에 의한 스칼라 자위 V_m

$x=0$에서 $V_m=0$이며, 점 P에서의 자위는 전위의 경우와 달리 여러 값을 가질 수 있다.

한편 $\phi=\pi/4,\ 9\pi/4,\ 17\pi/4,\ \cdots$ 또는 $\phi=-7\pi/4,\ -15\pi/4,\ -23\pi/4,\ \cdots$가 되어도 점 P는 위치가 동일하므로 변수 ϕ의 위치에 따라서 전위값이 모두 달라진다. 즉, 전위는 $V_m=-I/8,\ -9I/8,\ -17I/8,\ \cdots$ 등의 값을 가지므로, 동일한 점 P에서 여러 값을 가질 수 있음을 알 수 있다. 이는 한 점이 지정되면 반드시 하나의 값만을 갖는 정전계에서의 전위와 매우 다른 특성이다. 즉, 정전계와 정자계를 비교해 보면 우선 정전계에서는 다음 관계가 성립한다.

$$\oint \mathbf{E} \cdot d\mathbf{L} = 0$$

$$V_{ab} = -\int_b^a \mathbf{E} \cdot d\mathbf{L}$$

이 식에서 두 점 사이의 전위는 주어진 전계하에서 단위양전하를 옮기는 데 필요한 일을 의미하며 그 크기는 전계와 거리에 의존하지만 적분경로와는 무관함을 알 수 있다. 따라서 폐경로를 일주해 적분할 때 필요한 일의 양은 0이며, 이러한 계를 보존계라 하였다. 그러나 자계의 경우

$$\oint \mathbf{H} \cdot d\mathbf{L} = I$$

로 전류 주위를 순환해 한 번씩 돌 때마다 적분값은 I씩 증가한다. 정전계의 경우처럼 폐로에 대한 선적분의 결과는 0이 아니며, 전위와는 달리 자위는 보존계가 아니다. 따라서 비보존계인 자계의 경우 한 점에서 하나의 자위의 값을 가지려면 적분경로를 반드시 지정해야 한다. 즉, 지정된 적분경로에 대해 다음 결과가 성립한다.

$$V_{m,\ ab} = -\int_b^a \mathbf{H} \cdot d\mathbf{L} \tag{4.44}$$

예를 들어 [그림 4-18]과 같은 문제에서 적분경로를 $-\pi < \phi < \pi$로 지정하면 그 결과는 다음과 같다.

$$V_{m,\ ab} = -\int_b^a \mathbf{H} \cdot d\mathbf{L} = -\int_0^{\frac{\pi}{4}} \frac{I}{2\pi\rho}\mathbf{a}_\phi \cdot \rho d\rho \mathbf{a}_\phi = -\frac{I}{8}$$

예제 4-11

자계 $\mathbf{H} = \frac{70}{\rho}\mathbf{a}_\phi$[A/m]일 때, $\phi = 110^\circ$에서 스칼라 자위를 구하라. 단, $\phi = 0$에서 $V_m = 0$이며, ϕ는 180°를 넘을 수 없다.

풀이 **정답** -134.4[A]

[방법 1]

우선 자계와 스칼라 자위의 관계 식 (4.41)인 $\mathbf{H} = -\nabla V_m$을 이용하면 다음과 같다.

$$\mathbf{H} = -\nabla V_m = -\frac{1}{\rho}\frac{\partial V_m}{\partial \phi}\mathbf{a}_\phi = \frac{70}{\rho}\mathbf{a}_\phi$$

따라서 자위를 구하면 다음과 같다.

$$V_m = -70\phi + A$$

한편 $\phi = 0$이면 $V_m = 0$이므로 이를 위 식에 대입하면 $A = 0$이 된다. 따라서 V_m은 다음과 같다.

$$V_m = -70\phi = -70 \times \frac{110\pi}{180} = -134.4[\mathrm{A}]$$

[방법 2]

두 점 사이의 자위는 식 (4.44)를 이용해 다음과 같이 계산할 수 있다.

$$V_{m,\ ab} = -\int_b^a \mathbf{H} \cdot d\mathbf{L} = -\int_0^{\frac{110\pi}{180}} \frac{70}{\rho}\mathbf{a}_\phi \cdot \rho d\phi \mathbf{a}_\phi$$

$$= -70 \times \frac{110\pi}{180} = -134.4[\mathrm{A}]$$

벡터 자위

다음으로 **벡터 자위**(vector magnetic potential)를 알아보자. 정자계에서는

$$\nabla \cdot \mathbf{B} = 0$$

이고 어떤 벡터의 회전의 발산은

$$\nabla \cdot \nabla \times \mathbf{A} = 0$$

이므로 위 두 식으로부터 자속밀도 $\mathbf{B}$에 대한 벡터 $\mathbf{A}$의 회전 연산에 의해 벡터 자위를 구할 수 있다.

★ 벡터 자위 ★

$$\mathbf{B} = \nabla \times \mathbf{A} \tag{4.45}$$

자위의 단위는 [Wb/m]이다. 즉, 자속밀도 $\mathbf{B}$는 벡터 자위 $\mathbf{B}$의 회전 연산에 의해 구할 수 있다. 선전류 I[A]에 의한 벡터 자위의 정의 식은 미소전하에 의한 전위의 식

$$V = \int \frac{dQ}{4\pi\epsilon_o R}$$

와 $\mathbf{B} = \nabla \times \mathbf{A}$의 관계로부터 다음과 같이 정의된다.

★ 각종 전류분포에 의한 벡터 자위 ★

$$\mathbf{A} = \int \frac{\mu_o I d\mathbf{L}}{4\pi R} \tag{4.46}$$

$$\mathbf{A} = \int \frac{\mu_o \mathbf{K}\, dS}{4\pi R} \tag{4.47}$$

$$\mathbf{A} = \int \frac{\mu_o \mathbf{J}\, dv}{4\pi R} \tag{4.48}$$

한편

$$\Phi = \int_S \mathbf{B} \cdot d\mathbf{S} = \int_S (\nabla \times \mathbf{A}) \cdot d\mathbf{S}$$

이며, 위 식의 마지막 항에 스토크스의 정리를 사용하면

$$\Phi = \int_S (\nabla \times \mathbf{A}) \cdot d\mathbf{S} = \oint \mathbf{A} \cdot d\mathbf{L}$$

이 되어 벡터 자위와 자속 사이에는 관계가 성립한다.

★ 벡터 자위와 자속의 관계 ★

$$\Phi = \oint \mathbf{A} \cdot d\mathbf{L} \tag{4.49}$$

예제 4-12

벡터 자위 $\mathbf{A} = -4\rho^2 \mathbf{a}_z$[Wb/m]이다. $\phi = \frac{\pi}{2}$, $1 \leq \rho \leq 3$, $0 \leq z \leq 4$[m]인 단면을 통과하는 총 자속을 구하라.

풀이 **정답** 128[Wb]

[방법 1]

우선 벡터 자위 **A** 식 (4.45)를 이용하여 자속밀도를 계산하면 다음과 같다.

$$\mathbf{B} = \nabla \times \mathbf{A} = -\frac{\partial A_z}{\partial \rho}\mathbf{a}_\phi = -\frac{\partial}{\partial \rho}(-4\rho^2)\mathbf{a}_\phi = 8\rho\mathbf{a}_\phi$$

따라서 자속은 식 (4.36)을 이용하여 다음과 같이 계산한다.

$$\Phi = \int \mathbf{B} \cdot d\mathbf{S} = \int 8\rho\mathbf{a}_\phi \cdot d\rho dz \mathbf{a}_\phi = \int_0^4 \int_1^3 8\rho d\rho dz = 128[\mathrm{Wb}]$$

[방법 2]

자속은 벡터 자위의 폐선적분과 같으며, 주어진 벡터 자위는 $-\mathbf{a}_z$ 방향이다. 이때 원통좌표계에서 $d\mathbf{L} = d\rho\mathbf{a}_\rho + \rho d\phi \mathbf{a}_\phi + dz\mathbf{a}_z$이므로, 벡터 자위와 자속의 관계 식 (4.49)를 이용하여 다음과 같이 계산한다.

$$\begin{aligned}\Phi &= \oint \mathbf{A} \cdot d\mathbf{L} \\ &= \int_0^4 (-4\rho^2)_{\rho=1}\mathbf{a}_z \cdot dz\mathbf{a}_z + \int_0^4 (-4\rho^2)_{\rho=3}\mathbf{a}_z \cdot dz(-\mathbf{a}_z) = 128[\mathrm{Wb}]\end{aligned}$$

Note 비오-사바르 법칙의 유도

자속밀도와 벡터 자위 사이에 $\mathbf{B} = \nabla \times \mathbf{A}$의 관계가 성립함을 전제로 벡터 자위를 다음과 같이 정의하였다.

$$\mathbf{A} = \int \frac{\mu_0 \mathbf{J}\, dv}{4\pi R}$$

이를 이용해 비오-사바르 법칙을 유도해 보자. 우선 전류소가 존재하는 점 $P_1(x_1, y_1, z_1)$과 $\mathbf{H}$, $\mathbf{A}$를 구하는 점 $P_2(x_2,\ y_2,\ z_2)$를 생각하면 $\mathbf{H}_2$는 다음과 같다.

$$\mathbf{H}_2 = \frac{\mathbf{B}_2}{\mu_0} = \frac{\nabla_2 \times \mathbf{A}_2}{\mu_0} = \frac{1}{\mu_0} \nabla_2 \times \int_v \frac{\mu_0 \mathbf{J}_1 dv_1}{4\pi R_{12}} = \frac{1}{4\pi} \int_v \left(\nabla_2 \times \frac{\mathbf{J}_1}{R_{12}} \right) dv_1$$

이 식에서 R_{12}는 스칼라 값이고, V와 $\mathbf{D}$를 임의의 스칼라 및 벡터양이라 할 때, 벡터 항등식

$$\nabla \times (V\mathbf{D}) \equiv (\nabla V) \times \mathbf{D} + V(\nabla \times \mathbf{D})$$

를 이용해 위 식을 정리하면 다음과 같다.

$$\mathbf{H}_2 = \frac{1}{4\pi} \int_v \left[\left(\nabla_2 \frac{1}{R_{12}} \right) \times \mathbf{J}_1 + \frac{1}{R_{12}} (\nabla_2 \times \mathbf{J}_1) \right] dv_1$$

이 된다. 위 식에서 피적분함수 내의 두 번째 항은 x_1, y_1, z_1의 함수 $\mathbf{J}_1$을 변수 x_2, y_2, z_2로 편미분하므로 그 결과는 0이다. 또한

$$R_{12} = \sqrt{(x_2 - x_1)^2 + (y_2 - y_1)^2 + (z_2 - z_1)^2}$$

이므로 이를 이용해 다음을 계산하면

$$\nabla_2 \left(\frac{1}{R_{12}} \right) = -\frac{(x_2 - x_1)\mathbf{a}_x + (y_2 - y_1)\mathbf{a}_y + (z_2 - z_1)\mathbf{a}_z}{\left[(x_2 - x_1)^2 + (y_2 - y_1)^2 + (z_2 - z_1)^2 \right]^{3/2}}$$

$$\nabla_1 \left(\frac{1}{R_{12}} \right) = \frac{(x_2 - x_1)\mathbf{a}_x + (y_2 - y_1)\mathbf{a}_y + (z_2 - z_1)\mathbf{a}_z}{\left[(x_2 - x_1)^2 + (y_2 - y_1)^2 + (z_2 - z_1)^2 \right]^{3/2}}$$

가 된다. 따라서

$$\nabla_2 \left(\frac{1}{R_{12}} \right) = -\nabla_1 \left(\frac{1}{R_{12}} \right) = -\frac{\mathbf{R}_{12}}{R_{12}^2} = -\frac{\mathbf{a}_{R12}}{R_{12}^2}$$

의 관계가 성립하며, 이를 위의 적분 식에 대입하면

$$\mathbf{H}_2 = -\frac{1}{4\pi}\int_v \frac{\mathbf{a}_{R12} \times \mathbf{J}_1}{R_{12}^2} dv_1 = \int_v \frac{\mathbf{J}_1 \times \mathbf{a}_{R12}}{4\pi R_{12}^2} dv_1$$

이 된다. 결국 $Id\mathbf{L} = \mathbf{J}dv$ 의 관계를 이용하면 위 식은

$$\mathbf{H} = \oint \frac{I_1 d\mathbf{L}_1 \times \mathbf{a}_{R12}}{4\pi R_{12}^2}$$

가 되어 비오-사바르 법칙이 유도되었으며, 따라서 벡터 자위에 관한 표현식도 정확한 표현으로 인정할 수 있다.

CHAPTER

04 연습문제

4.1 반경 a인 무한 길이의 솔레노이드 표면에 표면전류밀도 $\mathbf{K} = K_\phi \mathbf{a}_\phi$가 흐르고 있다. 도체 내부의 한 점에서 자계의 세기를 비오–사바르 법칙으로 구하라.

4.2 반지름이 a이고 원통좌표계의 z축상의 임의의 점 $z = \pm z_1$에 같은 방향으로 전류가 흐르는 원형 루프 도선이 각각 놓여 있다. $z = 0$인 점에서의 자계를 비오–사바르 법칙을 이용해서 구하라.

4.3 $x = 1$, $y = -3$[m]를 통과하며 z축과 평행하게 양의 방향으로 무한히 긴 선전류 3[A]가 흐르고 있다. 점 P(4, 1, 3)[m]에서의 자계의 세기를 구하라.

4.4 y축상의 무한 길이의 직선 도체에 y축의 양의 방향으로 전류 π[A]가 흐르고 있다. P(4, −5, −3)[m]에서의 자계의 세기를 구하라.

4.5 8[A]의 전류가 무한히 먼 $+\infty$에서 y축을 따라 원점으로 흘러 들어오고 다시 z축을 따라 무한히 먼 곳으로 흘러 나간다. 점 P(0, 2, 4)[m]에서 자계의 세기 $\mathbf{H}$를 직각좌표계로 표시하라.

4.6 한 변의 길이가 3[m]인 정삼각형의 회로에 전류 2π[A]가 흐르고 있다. 삼각형의 중심에서 자계의 세기를 구하라.

4.7 한 변의 길이가 3[m]인 정육각형 도선에 전류 3[A]가 흐르고 있다. 정육각형 중심에서의 자계의 크기를 구하라.

4.8 원점에서 z축을 따라 1[m] 길이의 도선이 있다. 이 도선에 z축의 양의 방향으로 전류 4[A]가 흐를 때, 점 P(0, $\sqrt{3}$, 0)[m]에서 자계의 크기를 구하라.

4.9 반지름 $a = 4$[m]인 원형 도선에 전류 $I = 2$[A]가 흐르고 있다. 각 점에서의 자계의 세기를 구하라.

(a) $z = 3$[m]　　　　(b) 원점

4.10 점 P에서 왼쪽으로 a만큼, 오른쪽으로 b만큼 떨어진 지점에 무한 길이의 전류 I와 $4I$가 같은 방향으로 흐르고 있다. 이때 점 P에서의 자계가 0이 되기 위한 $\frac{a}{b}$를 구하라.

4.11 균일한 전류분포를 가지는 반지름 a[m]인 무한 길이의 원형단면을 가지는 원주형 도체에 전류 I[A]가 흐르고 있다. $\rho = \frac{a}{2}$인 점에서 자계의 세기가 $I/2\pi$[A/m]일 때 도선의 반지름을 앙페르의 주회법칙을 이용하여 구하라.

4.12 $z=0$, $z=5$[m]에 무한히 넓은 평판 도체가 있다. 각각 표면전류밀도 $\mathbf{K}=5[\mathrm{A/m}]\mathbf{a}_y$, $\mathbf{K}=-5[\mathrm{A/m}]\mathbf{a}_y$가 흐를 때 점 $\mathrm{P}_1(1, 1, 1)$, 점 $\mathrm{P}_2(1, 1, -1)$[m]에서 자계의 세기 $\mathbf{H}$를 구하라.

4.13 무한히 넓은 zx평면에 평행한 면 $y=3$, $y=-3$[m]에 각각 $\mathbf{K}=2[\mathrm{A/m}]\mathbf{a}_x$, $\mathbf{K}=-2[\mathrm{A/m}]\mathbf{a}_x$가 흐를 때, 전류판 사이와 바깥에서 자계의 세기를 구하라.

4.14 반지름 $a=0.25$[cm]이고 길이가 $d=10$[m]로 매우 긴 솔레노이드에 $N=250$ [회]의 코일이 감겨 있다. 전류 $I=4$[A]를 흘릴 때, 솔레노이드 내부의 자계를 구하라.

4.15 원형 단면을 가지는 토로이드 코일에 $N=2000$ [회]의 권선이 감겨 있다. 이 토로이드의 평균 반지름은 $\rho_0=15$[cm]이고 전류 $I=2.5$[A]가 흐를 때 앙페르의 주회법칙을 이용해 토로이드 단면 중심에서의 자계를 구하라.

4.16 발산 및 스토크스의 정리를 이용해 임의의 벡터 $\mathbf{A}$의 회전의 발산이 0이 됨을 보여라.

4.17 맥스웰 방정식의 미분형 $\nabla \times \mathbf{H} = \mathbf{J}$로부터 앙페르의 주회법칙을 유도하라.

4.18 자계 $\mathbf{H}=3x^2y\mathbf{a}_x+2xy\mathbf{a}_y-xz^2\mathbf{a}_z$[A/m]를 형성하는 점 P(1, 1, 1)[m]에서 전류밀도의 크기를 구하라.

4.19 다음 조건에서 전류밀도 $\mathbf{J}$를 구하라.

(a) $\mathbf{H}=4z^2\sin\phi\mathbf{a}_\rho+\rho^2\mathbf{a}_z$[A/m] 일 때, 점 $P(2,\ \frac{\pi}{2},\ 1)$에서 전류밀도

(b) $\mathbf{H}=\frac{1}{r^2\sin\theta}$[A/m] 일 때, 점 $P(2,\ 30°,\ 60°)$에서 전류밀도

4.20 자계 $\mathbf{H}=3xy\mathbf{a}_x-5y^2\mathbf{a}_y$[A/m] 일 때, $0\le x\le 2$, $0\le y\le 2$, $z=0$인 경로에 대해 스토크스의 정리의 양변을 계산하라.

4.21 자계 $\mathbf{H}=r\sin\phi\mathbf{a}_r+3r\sin\theta\cos\phi\mathbf{a}_\phi$일 때, $r=2$, $0\le\theta\le\pi/6$, $0\le\phi\le\pi/3$인 구의 표면에서 스토크스의 정리의 유효성을 확인하라.

4.22 권선을 N[회] 감은 토로이드 내부의 한 점에서 앙페르의 주회법칙을 이용해 자계 $\mathbf{H}$를 구하고 그 점에서의 전류밀도를 구하라.

4.23 동축케이블의 $\rho<a$ 및 $a<\rho<b$에서 앙페르의 주회법칙을 이용해 자계 $\mathbf{H}$를 구하고 각 위치에서의 전류밀도를 구하라.

4.24 반지름 $a=2$[mm]의 무한 길이의 원주형 도체에 전류 10[A]가 z의 양의 방향으로 균일하게 흐르고 있다. 다음을 구하라.

(a) $\rho=1$[mm] 에서의 자속밀도

(b) 단위길이당 총 자속

(c) $\rho<1$[mm]에서의 단위길이당 총 자속

(d) 도체 밖에서의 단위길이당 총 자속

4.25 z축의 양의 방향으로 무한히 긴 선전류 I[A]가 흐르고 있을 때, z축으로부터 직각거리 b[m] 떨어진 곳에 한 변의 길이가 a[m]인 정사각형의 단면이 있다. 이 단면을 통과하는 자속을 구하라.

4.26 어떤 스칼라양 V_m의 경도의 회전이 0이 됨을 보여라.

4.27 자계 $\mathbf{H}=\dfrac{70}{\rho}\mathbf{a}_\phi$[A/m] 일 때, $\phi=45°$ 에서 스칼라 자위를 구하라. 단, $\phi=0$ 에서 $V_m=0$ 이며, ϕ는 90°를 넘을 수 없다.

4.28 동축케이블의 내부 도체와 외부 도체 사이의 두 점 $P_1(\rho,\ \pi/6,\ 0)$과 $P_2(\rho,\ \pi/3,\ 0)$에서의 스칼라 자위를 구하고 자계의 방향을 논하라. 단, $\phi=0$ 에서 $V_m=0$ 이며, $-\pi<\phi<\pi$ 이다.

4.29 벡터 자위 $\mathbf{A}=-xy\mathbf{a}_x+4xyz\mathbf{a}_z$[Wb/m]일 때, 다음을 구하라.

(a) 점 P(1, 0, 1)[m]에서의 자속밀도 **B**

(b) $z=1,\ 0<x<2,\ 0<y<2$[m]의 면을 통과하는 자속

4.30 벡터 자위 $\mathbf{A}=-2\rho^2\mathbf{a}_z$[Wb/m]일 때, 다음을 구하라.

(a) 자계의 세기 **H**

(b) $0\le\rho\le 2,\ 0\le\phi\le\pi,\ z=0$를 통과하는 총 전류

(c) $\phi=\pi$에서 $0\le\rho\le 2,\ 0\le z\le 5$인 면을 통과하는 총 자속 Φ[Wb]

4.31 어떤 폐경로에 대한 벡터 자위 **A**의 선적분이 그 폐경로를 통과하는 전속과 같음을 증명하라.

CHAPTER 05

자기력, 자성재료, 인덕턴스

지금까지는 자유공간에서 비오-사바르 법칙과 앙페르의 주회 법칙을 이용하여 자계의 세기 및 그 성질을 파악하였다. 이 장에서는 운동하는 전하 및 전류 그리고 전류 사이에 작용하는 자기력을 공부하여 자계의 중요한 공학적 의미를 이해한다. 또한 회전력과 쌍극자모멘트 및 자화현상을 공부하며, 두 자성체의 경계면에서의 경계조건과 자기회로에 대한 학습을 통하여 자계를 해석하고, 자기에너지와 인덕턴스를 배운다.

CONTENTS

SECTION 01

자기력

자계가 하전입자와 전류에 미치는 힘(로렌츠의 힘)의 성질을 이해하고, 자속밀도가 전류에 작용하는 힘과 자속밀도 내에서 전류와 전류 사이에 발생하는 힘을 구한다.

Keywords | 운동하는 하전입자에 작용하는 힘 | 로렌츠의 힘 | 전류에 작용하는 힘 | 전류 사이에 작용하는 힘 |

운동하는 하전입자에 작용하는 힘

우리는 2장에서 배운 쿨롱의 법칙에서 전계 내의 하전입자는 자유롭지 못하고 전계로부터 $\mathbf{F}=Q\mathbf{E}$의 힘을 받으며, 이 힘을 쿨롱의 힘이라 하였다. 자계도 운동하는 하전입자에 힘을 작용하며, 이를 **로렌츠의 힘**(Lorentz force)이라 한다. 이 힘은 자속밀도 $\mathbf{B}$, 하전입자의 운동속도를 $\mathbf{v}$라 할 때, 다음과 같다.

★ 로렌츠의 힘 ★

$$\mathbf{F}=Q\mathbf{v}\times\mathbf{B} \tag{5.1}$$

이 식에서 자속밀도가 아무리 커도 하전입자가 정지하고 있으면 힘이 0임을 알 수 있다. 이때 하전입자가 받는 힘의 방향은 속도 $\mathbf{v}$와 자속밀도 $\mathbf{B}$에 수직이고, 오른손 법칙에 따라 $\mathbf{v}$에서 $\mathbf{B}$로 오른나사를 돌릴 때, 나사가 진행하는 방향을 정방향으로 한다.

한편 전계와 자속밀도 모두 하전입자에 힘을 작용하지만 그 힘의 성질은 매우 다르다. 쿨롱의 힘은 전하의 부호에 따라 전계와 같은 방향이거나 반대 방향이 된다. 즉, 전계에 의한 힘은 전계와의 연장선상에 놓여 있다. 따라서 쿨롱의 힘은 하전입자에 힘을 가하여 시간이 경과함에 따라 지속적으로 운동속도와 운동에너지를 증가시킬 수 있다. 그러나 자속밀도는 운동 방향에 수직인 방향으로 힘이 작용하여 운동속도 및 운동에너지를 증가시킬 수 없다. 반면 자속밀도에 의한 로렌츠의 힘은 하전입자를 회전시켜 원운동을 하게 된다. 즉, $\mathbf{F}=Q\mathbf{v}\times\mathbf{B}$에서 전하의 부호가 음(−)인 전자의 경우 $\mathbf{v}$가 $\mathbf{a}_\rho$ 방향이고 $\mathbf{B}$가 $\mathbf{a}_z$ 방향이라면 힘 $\mathbf{F}$는 $\mathbf{a}_\phi$ 방향으로 하전입자를 회전시킨다. 양이온의 경우 회전 방향은 반대 방향이 된다.

두 힘이 같이 존재하는 경우, 힘은 다음과 같이 표현한다.

★ 전계와 자계에 의한 힘 ★

$$\mathbf{F} = Q(\mathbf{E} + \mathbf{v} \times \mathbf{B}) \tag{5.2}$$

예제 5-1

전계 $\mathbf{E} = 2\mathbf{a}_x + \mathbf{a}_y - 3\mathbf{a}_z$[V/m], 자계 $\mathbf{B} = -2\mathbf{a}_x + 2\mathbf{a}_y - \mathbf{a}_z$[Wb/m^2] 내에서 $Q = 2$[C] 의 전하가 속도 $\mathbf{v} = 4\mathbf{a}_x - \mathbf{a}_y + 2\mathbf{a}_z$[m/sec]로 운동하고 있을 때 전하에 작용하는 힘을 구하라.

풀이 **정답** $-2\mathbf{a}_x + 2\mathbf{a}_y + 6\mathbf{a}_z$[N]

전하가 전계와 자계로부터 받는 힘은 식 (5.2)를 이용하여 다음과 같이 계산할 수 있다.

$$\mathbf{F} = Q(\mathbf{E} + \mathbf{v} \times \mathbf{B})$$

이 식에서 자계에 의한 힘을 구하기 위해 $\mathbf{v} \times \mathbf{B}$ 의 연산을 먼저 하면 다음과 같다.

$$\begin{aligned} \mathbf{v} \times \mathbf{B} &= \begin{vmatrix} \mathbf{a}_x & \mathbf{a}_y & \mathbf{a}_z \\ 4 & -1 & 2 \\ -2 & 2 & -1 \end{vmatrix} \\ &= [(-1) \times (-1) - 2 \times 2]\mathbf{a}_x + [2 \times (-2) - 4 \times (-1)]\mathbf{a}_y + [4 \times 2 - (-1) \times (-2)]\mathbf{a}_z \\ &= -3\mathbf{a}_x + 6\mathbf{a}_z \end{aligned}$$

따라서 구하고자 하는 힘은 다음과 같다.

$$\mathbf{F} = 2[(2\mathbf{a}_x + \mathbf{a}_y - 3\mathbf{a}_z) + (-3\mathbf{a}_x + 6\mathbf{a}_z)] = -2\mathbf{a}_x + 2\mathbf{a}_y + 6\mathbf{a}_z[\mathrm{N}]$$

예제 5-2

전하량이 $Q = 4$[C] 인 하전입자가 $\mathbf{v} = 2\mathbf{a}_y$[m/s]의 속도로 운동하고 있다. 이 입자에 전계 $\mathbf{E} = 5\mathbf{a}_z$[V/m] 와 $\mathbf{B} = B_0\mathbf{a}_x$[Wb/m^2] 를 인가하였을 때, 하전입자가 일정한 방향과 속도를 유지하기 위한 B_0를 구하라.

풀이 **정답** 2.5[Wb/m^2]

하전입자가 일정한 속도로 움직이기 위해 하전입자에 작용하는 전계와 자계에 의한 힘의 합은 0 이 되어야 한다.

$$\mathbf{F} = Q(\mathbf{E} + \mathbf{v} \times \mathbf{B}) = 0$$

여기에 전계와 자계, 하전입자의 속도를 대입하면 다음과 같다.

$$4[5\mathbf{a}_z + (2\mathbf{a}_y \times B_0\mathbf{a}_x)] = 0$$

$$-2B_0\mathbf{a}_z = -5\mathbf{a}_z$$

즉, $B_0 = 2.5[\mathrm{Wb/m^2}]$이다.

Note 하전입자의 운동에 미치는 전계와 자계의 차이

전계와 자계 내에 있는 하전입자는 전계와 자계로부터 각각 $\mathbf{F} = Q\mathbf{E}$ 및 $\mathbf{F} = Q\mathbf{v} \times \mathbf{B}$ 의 힘을 받는다. 즉 전계와 자계는 모두 하전입자에 작용하는 힘이며, 다만 전계는 쿨롱의 힘, 그리고 자계는 로렌츠의 힘으로써 하전입자에 미치는 힘의 성질이 다를 뿐이다. 이 힘의 차이를 알기 위해 우선 전계의 작용으로 하전입자가 $\mathbf{F} = m\mathbf{a}$ (운동가속도 $\mathbf{a}$)의 힘을 얻어 운동을 하게 되는 경우의 운동방정식을 생각해 보면 다음과 같다.

$$m\mathbf{a} = m\frac{d\mathbf{v}}{dt} = Q\mathbf{E}$$

이 식에서 전계는 $E = V/d$ 이고 양변을 적분하면

$$v = \frac{QV}{md}t$$

를 얻을 수 있다. 한편 위 식에서 전하량 Q, 전압 V, 하전입자의 질량 m, 그리고 전극 사이의 거리 d를 모두 일정한 값이라 할 수 있으므로 이를 상수 $\alpha = QV/md$ 로 두면 $v = \alpha t$ 로 하전입자의 속도는 시간에 따라 일정한 비율(α)로 변화하는 등가속도 운동을 함을 알 수 있다. 즉, 어떤 시간 t_1에서 속도 v_1의 하전입자의 운동에너지는 $\frac{1}{2}mv_1^2$이지만, t_2에서는 속도가 v_2가 되므로 운동에너지는 $\frac{1}{2}mv_2^2$으로 변한다. 결국 전계는 하전입자를 등가속도 운동을 하게 함으로써 시간의 경과와 함께 운동에너지가 변하게 한다.

그러나 자계에서의 운동방정식은 다음과 같다.

$$m\frac{d\mathbf{v}}{dt} = Q\mathbf{v} \times \mathbf{B}$$

이 식의 양변에 $\mathbf{v}$의 내적을 취하면

$$m\mathbf{v}\cdot\frac{d\mathbf{v}}{dt}=Q\mathbf{v}\cdot(\mathbf{v}\times\mathbf{B})$$

가 된다. 이 식의 좌변은 시간의 변화에 대한 운동에너지의 변화율이고, 우변은 $\mathbf{v}$와 $\mathbf{v}$에 수직인 벡터 $\mathbf{v}\times\mathbf{B}$ 와의 내적이므로 결과는 0이 된다. 따라서

$$\frac{d}{dt}\left(\frac{1}{2}mv^2\right)=0$$

이 되며, 이 식은 하전입자의 운동에너지는 항상 일정함을 나타낸다. 즉, 자계는 하전입자의 운동에너지의 변화에 영향을 주지 않는다.

전류에 작용하는 힘

운동하는 전하는 전류를 형성하므로 자속밀도는 움직이는 하전입자뿐만 아니라 전류에도 힘을 미친다. 이제 자계가 전류에 작용하는 힘인 로렌츠의 힘을 구해 보자. 우선 운동하는 하전입자가 받는 힘 $\mathbf{F}=Q\mathbf{v}\times\mathbf{B}$ 로부터 미소전하가 받는 힘은

$$d\mathbf{F}=dQ\mathbf{v}\times\mathbf{B}$$

로 표현할 수 있으며, 전하량 Q와 체적전하밀도 ρ_v 사이에

$$Q=\int\rho_v dv \text{ 또는 } dQ=\rho_v dv$$

의 관계를 대입하여

$$d\mathbf{F}=\rho_v\mathbf{v}\times\mathbf{B}\,dv$$

를 얻는다. 또한 대류전류밀도 $\mathbf{J}=\rho_v\mathbf{v}$의 관계로부터 위 식은

$$d\mathbf{F}=\mathbf{J}\times\mathbf{B}\,dv$$

가 되며, 따라서 체적전류밀도에 작용하는 로렌츠의 힘은 식 (5.3)과 같다. 물론 위의 체적전류밀도와 표면전류밀도 및 선전류 사이의 관계식 $Id\mathbf{L}=\mathbf{K}dS=\mathbf{J}dv$를 이용하여 다음과 같이 표현할 수 있다.

★ 각종 전류밀도에 작용하는 로렌츠의 힘 ★

$$\mathbf{F} = \int \mathbf{J} \times \mathbf{B}\, dv \tag{5.3}$$

$$\mathbf{F} = \int \mathbf{K} \times \mathbf{B}\, dv \tag{5.4}$$

$$\mathbf{F} = \oint Id\mathbf{L} \times B = -I \oint \mathbf{B} \times d\mathbf{L} \tag{5.5}$$

만약 자속밀도가 공간적으로 균일하다면

$$\mathbf{F} = I\mathbf{L} \times \mathbf{B} \tag{5.6}$$

이며, 전류와 자속밀도 사이의 각이 θ라면 위 식은 다음과 같이 표현할 수 있다. 이 식은 **플레밍의 왼손 법칙**으로 알려져 있다.

$$F = BIL\sin\theta \tag{5.7}$$

예제 5-3

자속밀도가 $0.3[\mathrm{Wb/m^2}]$인 평등자계 내에 전류 $0.5[\mathrm{A}]$가 흐르고 있는 길이 $10[\mathrm{m}]$의 도체를 자계에 대하여 $30°$로 놓았을 때 이 도체가 받는 힘을 구하라.

풀이 **정답** $0.075[\mathrm{N}]$

자속밀도가 공간적으로 균일하므로 자계가 도체에 흐르는 전류에 작용하는 힘은 식 (5.6), (5.7)을 이용하여 구할 수 있다.

$$\mathbf{F} = I\mathbf{L} \times \mathbf{B} = BIL\sin\theta$$

따라서 구하고자 하는 힘은 다음과 같다.

$$F = BIL\sin\theta = 0.3 \times 0.5 \times 10 \times \sin 30° = 0.075[\mathrm{N}]$$

예제 5-4

[그림 5-1]과 같이 z축을 따라 전류 $I_0 = 5[\mathrm{A}]$가 $-\infty$에서 $+\infty$로 흐르고 있다. 전류 $I = 4[\mathrm{mA}]$가 흐르고 있는 길이 $1[\mathrm{m}]$의 정사각형 루프가 받는 로렌츠의 힘을 구하라.

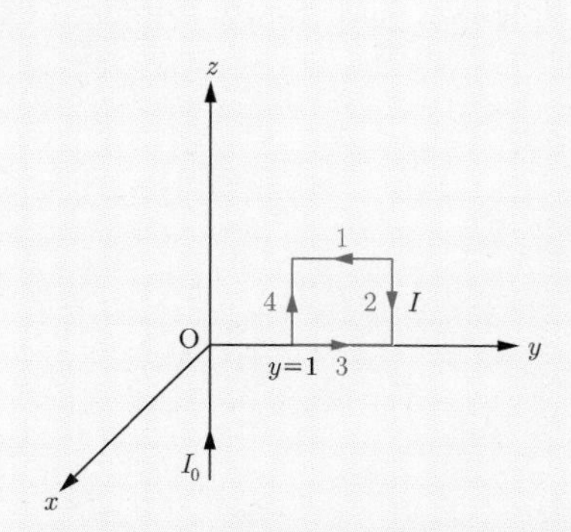

[그림 5-1] 미소전류루프에 작용하는 자기력

풀이 **정답** $-2\times10^{-9}\mathbf{a}_\rho$[N]

z축을 흐르는 $I_0=5$[A]의 무한 선전류에 의한 자속밀도는 4장에서 배운 바와 같이 $\mathbf{B}=\dfrac{\mu_0 I_0}{2\pi\rho}\mathbf{a}_\phi$이며, 선전류에 의한 로렌츠의 힘은 식 (5.5)에 주어진 바와 같이 $\mathbf{F}=\oint Id\mathbf{L}\times\mathbf{B}$로 계산한다.

[그림 5-1]에서 변 1과 변 3에서는 자속밀도 $\mathbf{B}$가 서로 같고 적분경로가 반대이므로 서로 상쇄된다. 따라서 변 2와 변 4에서의 힘 $\mathbf{F}_2$, $\mathbf{F}_4$를 구하면 다음과 같다.

$$\mathbf{F}_2=\int Idz(-\mathbf{a}_z)\times\frac{\mu_0 I_0}{2\pi\rho}\mathbf{a}_\phi=\frac{\mu_0 II_0}{2\pi\rho}\int_0^1 dz\mathbf{a}_\rho$$

$$=\frac{4\pi\times10^{-7}\times4\times10^{-3}\times5}{2\pi\times2}\mathbf{a}_\rho=2\times10^{-9}\mathbf{a}_\rho[\text{N}]$$

$$\mathbf{F}_4=\int Idz\mathbf{a}_z\times\frac{\mu_0 I_0}{2\pi\rho}\mathbf{a}_\phi=\frac{\mu_0 II_0}{2\pi\rho}\int_0^1 dz(-\mathbf{a}_\rho)=-4\times10^{-9}\mathbf{a}_\rho[\text{N}]$$

따라서 사각형의 루프를 흐르는 전류가 받는 힘을 구하면 다음과 같다.

$$\mathbf{F}=\mathbf{F}_2+\mathbf{F}_4=-2\times10^{-9}\mathbf{a}_\rho[\text{N}]$$

전류 사이에 작용하는 힘

자계 내에 전류가 흐르면 전류는 자계로부터 로렌츠의 힘을 받는다. 지금 [그림 5-2]와 같이 어떤 공간의 점 P_1과 P_2에 각각 전류 I_1과 I_2가 흐르고 있다고 하자. 만약 전류 I_1에 의해 점 P_1에 자속밀도 $\mathbf{B}_2$가 형성되면, P_2에 있는 전류 I_2는 자속밀도 $\mathbf{B}_2$로부터 힘 $\mathbf{F}_2$를 받는다. 이와 마찬가지로 I_2도 점 P_1에 자속밀도 $\mathbf{B}_1$을 형성하게 되므로 전류 I_1은 그 점에 발생되어 있는 자속밀도 $\mathbf{B}_1$으로부터 힘 $\mathbf{F}_1$을 받게 된다. 이러한 사실은 한 공간에 두 전류원이 존재하면 두 전류 사이에 힘이 발생함을 의미하는 것으로, 이는 두 전하 사이에 쿨롱의 힘이 발생하는 것과 유사한 현상으로 볼 수 있다.

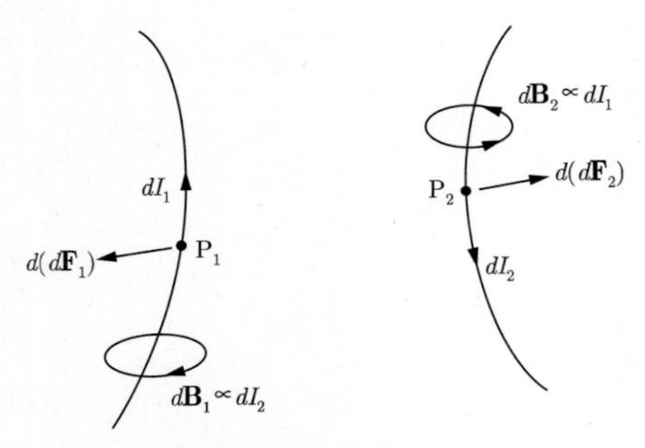

[그림 5-2] 전류 사이에 작용하는 힘
미소전류소 $I_1 d\mathbf{L}_1$은 점 P_2에 자속밀도 $d\mathbf{B}_2$를 발생시키므로 $I_2 d\mathbf{L}_2$는 힘 $d(d\mathbf{F}_2)$를 받는다.

Note 홀효과

자속밀도가 전류에 미치는 힘을 이용한 예로 **홀효과**(hall effect)가 있다. 이는 [그림 5-3]과 같이 하전입자가 x 방향으로 $\mathbf{v} = v_0 \mathbf{a}_x$ 의 속도로 이동하여 전류 I를 형성하고 여기에 수직 방향으로 자속밀도 $\mathbf{B} = B_0 \mathbf{a}_z$ 를 인가하면 $\mathbf{v}$와 $\mathbf{B}$에 수직인 방향으로 전계와 전압이 발생하는 현상을 말한다. 이때의 전압을 **홀전압**(hall voltage)이라 한다. 이는 금속도체 및 반도체 등의 물체에 자계를 인가하면 자계는 운동하는 전하에 힘을 작용하여 하전입자의 위치 변화를 초래하여 결과적으로 전압이 발생하기 때문이다. 만약 [그림 5-3]과 같이 하전입자의 운동에 자속밀도 $\mathbf{B}$에 의한 로렌츠의 힘과 이와 동시에 홀전계 $\mathbf{E}_h$가 발생하였다면 이 두 힘이 중첩되어 하전입자에는

$$\mathbf{F} = Q(\mathbf{E}_h + \mathbf{v} \times \mathbf{B})$$

의 힘이 작용한다. 이 힘이 0 이 되는 평형상태를 생각해 보면 즉,

$$\mathbf{E}_h + \mathbf{v} \times \mathbf{B} = 0$$

으로부터 홀전계는

$$\mathbf{E}_h = -\mathbf{v} \times \mathbf{B} = -v_0 \mathbf{a}_x \times B_0 \mathbf{a}_z = v_0 B_0 \mathbf{a}_y$$

가 되고, 따라서 홀전압은

$$V_h = -\int_d^0 v_0 B_0 \mathbf{a}_y \cdot dy \mathbf{a}_y = v_0 B_0 d$$

가 된다. 또한 운동하는 하전입자에 로렌츠의 힘이 가해져 하전입자의 경로 d가 변화하면 저항 $R=\rho\frac{d}{S}$의 관계에서 저항이 변하게 되는데 이를 자기저항효과라 한다. 이와 같이 자계에 의한 로렌츠의 힘에 의해 전압이 발생하거나 저항 및 전류가 변화하는 현상을 이용하여 다양한 센서가 개발되기도 한다.

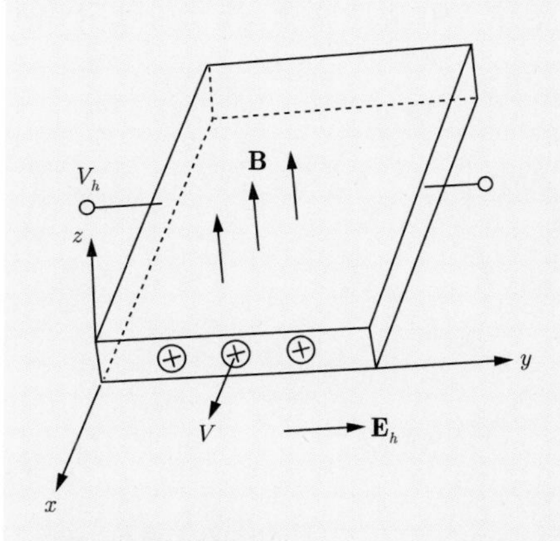

[그림 5-3] 홀효과
운동하는 하전입자에 자계를 가하면 수직 방향의 전계와 홀전압이 발생한다.

한편 같은 극성의 전하 사이에는 밀치는 힘이, 다른 극성의 전하 사이에는 서로 당기는 힘이 작용한다. 두 전하 사이에 작용하는 쿨롱의 힘은 다음과 같이 표현할 수 있다.

$$\mathbf{F}=\frac{Q_1 Q_2}{4\pi\epsilon_0 R^2}\mathbf{a}_R$$

이제 두 전류 사이에 작용하는 힘을 고찰하기 위하여 점 P_1과 P_2에 각각 점전하에 대응하는 매우 작은 미소전류소 $I_1 d\mathbf{L}_1$과 $I_2 d\mathbf{L}_2$가 있다고 하자. 우선 미소전류소 $I_1 d\mathbf{L}_1$이 P_2에 발생시키는 미소자속밀도 $d\mathbf{B}_2$는 비오-사바르 법칙에 의해

$$d\mathbf{B}_2=\frac{\mu_0 I_1 d\mathbf{L}_1\times\mathbf{a}_{R12}}{4\pi R_{12}^2}$$

와 같이 표현할 수 있다. 또한 $d\mathbf{B}_2$에 의해 미소전류소 $I_2 d\mathbf{L}_2$에 작용하는 미소힘을 $d(d\mathbf{F}_2)$라 하면, $d(d\mathbf{F}_2)=I_2 d\mathbf{L}_2\times d\mathbf{B}_2$로부터 다음과 같이 나타낸다.

$$d(d\mathbf{F}_2)=I_2\, d\mathbf{L}_2\times\frac{\mu_0}{4\pi R_{12}^2}(I_1 d\mathbf{L}_1\times\mathbf{a}_{R12}) \tag{5.8}$$

결국 위의 식으로부터 전 전류 I_1에 의해 P_2에 발생하는 자속밀도를 $\mathbf{B}_2$라 하고, $\mathbf{B}_2$에 의해 전 전류 I_2가 받는 힘을 $\mathbf{F}_2$라 하면 위 식을 적분하여 다음을 얻는다.

$$\mathbf{F}_2 = \frac{\mu_0 I_1 I_2}{4\pi} \oint \left[d\mathbf{L}_2 \times \oint \frac{d\mathbf{L}_1 \times \mathbf{a}_{R12}}{R_{12}^2} \right] \tag{5.9}$$

한편 같은 과정을 반복하여 전 전류 I_2에 의해 P_1에서의 전 전류 I_1이 받는 힘 $\mathbf{F}_1$을 구하면 다음과 같다.

$$\mathbf{F}_1 = \frac{\mu_0 I_1 I_2}{4\pi} \oint \left[d\mathbf{L}_1 \times \oint \frac{d\mathbf{L}_2 \times \mathbf{a}_{R21}}{R_{21}^2} \right] \tag{5.10}$$

즉 $\mathbf{F}_1$은 $\mathbf{F}_2$와 크기가 같고 방향은 반대임을 알 수 있다.

예제 5-5

$z=0$인 평면의 점 $\mathrm{P}_1(1,\ 0,\ 0)[\mathrm{m}]$에 미소전류소 $I_1 d\mathbf{L}_1 = 2\mathbf{a}_x [\mathrm{A \cdot m}]$, 그리고 점 $\mathrm{P}_2(5,\ 3,\ 0)[\mathrm{m}]$에 미소전류소 $I_2 d\mathbf{L}_2 = -3\mathbf{a}_y [\mathrm{A \cdot m}]$가 있다. 두 미소전류소 사이에 발생하는 힘을 구하라.

풀이 **정답** $d(d\mathbf{F}_2) = -72\mathbf{a}_x [\mathrm{nN}]$, $d(d\mathbf{F}_1) = 96\mathbf{a}_y [\mathrm{nN}]$

미소전류소 $I_1 d\mathbf{L}_1$에 의해 $I_2 d\mathbf{L}_2$가 받는 힘은 식 (5.8)을 이용하여 구할 수 있다. 거리벡터는 $\mathbf{R}_{12} = 4\mathbf{a}_x + 3\mathbf{a}_y$이고 거리벡터의 단위벡터는 $\mathbf{a}_{R12} = \frac{4}{5}\mathbf{a}_x + \frac{3}{5}\mathbf{a}_y$이므로, 구하고자 하는 힘 $d(d\mathbf{F}_2)$를 계산하면 다음과 같다.

$$\begin{aligned} d(d\mathbf{F}_2) &= I_2 d\mathbf{L}_2 \times \frac{\mu_0}{4\pi R_{12}^2} (I_1 d\mathbf{L}_1 \times \mathbf{a}_{R12}) \\ &= \frac{4\pi \times 10^{-7}}{4\pi \times 5} (-3\mathbf{a}_y) \times \left[(2\mathbf{a}_x) \times \left(\frac{4}{5}\mathbf{a}_x + \frac{3}{5}\mathbf{a}_y \right) \right] = -72\mathbf{a}_x [\mathrm{nN}] \end{aligned}$$

같은 방법으로 $d(d\mathbf{F}_1)$을 계산하면 다음과 같다.

$$d(d\mathbf{F}_1) = \frac{4\pi \times 10^{-7}}{4\pi \times 5} (2\mathbf{a}_x) \times \left[(-3\mathbf{a}_y) \times \left(-\frac{4}{5}\mathbf{a}_x - \frac{3}{5}\mathbf{a}_y \right) \right] = 96\mathbf{a}_y [\mathrm{nN}]$$

쿨롱의 법칙에서 전 전하 사이에 작용하는 힘은 서로 크기가 같고 방향은 반대이지만 위의 예에서 두 미소전류소 사이에 발생하는 힘은 방향도 다르고 크기의 합도 0이 되지 않는다. 물론 이 결과는 사실상 존재하지 않는 미소전류소를 가정하였기 때문이며, 실제로 전 전류 사이에 작용하는 힘은 크기가 같고 방향이 반대가 될 것이다.

예제 5-6

z축의 양의 방향으로 무한히 긴 전류 I_1[A]이 흐르고, d[m] 떨어진 곳에 z축과 평행한 방향으로 전류 I_2[A]가 흐를 때 두 전류 사이에 발생하는 단위길이당 힘을 구하라.

풀이 **정답** $\mathbf{F}_2 = \frac{\mu_0 I_1 I_2}{2\pi d}(-\mathbf{a}_y)$, $\mathbf{F}_1 = \frac{\mu_0 I_1 I_2}{2\pi d}\mathbf{a}_y$

무한 선전류 I_1에 의해 I_2 지점에 발생하는 자계 $\mathbf{H}_2$와 자속밀도 $\mathbf{B}_2$는 식 (4.7)로부터 다음과 같다.

$$\mathbf{H}_2 = \frac{I_1}{2\pi\rho}\mathbf{a}_\phi \quad \text{또는} \quad \mathbf{B}_2 = \frac{\mu_0 I_1}{2\pi\rho}\mathbf{a}_\phi$$

이 식을 직각좌표계로 표현하기 위하여 그 방향을 생각해 보자. 비오-사바르 법칙에서 자계의 방향은 $Id\mathbf{L}\times\mathbf{a}_R$에서 $\mathbf{a}_z \times \mathbf{a}_y = -\mathbf{a}_x$이므로 자속밀도 $\mathbf{B}_2$는 다음과 같다.

$$\mathbf{B}_2 = \frac{\mu_0 I_1}{2\pi\rho}\mathbf{a}_\phi = \frac{\mu_0 I_1}{2\pi d}(-\mathbf{a}_x)$$

이 자속밀도로부터 전류 I_2가 받는 힘은 식 (5.6)을 이용하여 다음과 같이 계산한다.

$$\mathbf{F}_2 = I_2\mathbf{L}_2 \times \mathbf{B}_2 = I_2 L_2 \mathbf{a}_z \times \frac{\mu_0 I_1}{2\pi d}(-\mathbf{a}_x) = \frac{\mu_0 I_1 I_2}{2\pi d}L_2(-\mathbf{a}_y)$$

따라서 위 식을 $\mathbf{L}_2$로 나누어 단위길이당 힘을 구하면 다음과 같다.

$$\mathbf{F}_2 = \frac{\mu_0 I_1 I_2}{2\pi d}(-\mathbf{a}_y)$$

이제 같은 방법으로 무한 선전류 I_2에 의해 I_1 지점에 발생하는 자속밀도를 구해보자. 자속밀도의 방향은 $Id\mathbf{L}\times\mathbf{a}_R$에서 $\mathbf{a}_z \times (-\mathbf{a}_y) = \mathbf{a}_x$ 이므로

$$\mathbf{B}_1 = \frac{\mu_0 I_2}{2\pi d}\mathbf{a}_\phi = \frac{\mu_0 I_2}{2\pi d}\mathbf{a}_x$$

가 되고 이를 이용하여 전류 I_1이 받는 단위길이당 힘을 구하면 $\mathbf{L}_1 = 1$이 되어

$$\mathbf{F}_1 = I_1\mathbf{L}_1 \times \mathbf{B}_1 = I_1 L_1 \mathbf{a}_z \times \frac{\mu_0 I_2}{2\pi d}\mathbf{a}_x = \frac{\mu_0 I_1 I_2}{2\pi d}\mathbf{a}_y$$

가 된다. 따라서 두 힘은 방향이 반대이고 서로 당기는 방향으로 힘이 작용함을 알 수 있다.

SECTION 02

회전력과 자기쌍극자모멘트

이 절에서는 자계에 의해 발생하는 회전력(토크)을 다룬다. 또한 자계에 의해 미소전류루프에 발생하는 회전력을 구하며 자기쌍극자모멘트를 정의한다.

Keywords | 회전력 | 토크 | 자기쌍극자모멘트 |

회전력

힘의 결과로 발생하는 운동에는 병진운동(translational motion)과 회전운동(rotational motion)이 있다. 병진운동의 경우 속도 v[m/s]로 시간 t[s] 동안 운동하면 이동한 거리 S[m]는 $S=vt$로 구한다. 같은 방법으로 회전운동의 경우 운동속도는 각속도 ω[rad/s]로 정의하며, 각속도로 시간 t[s] 동안 운동하였을 때, 물체의 위치를 θ라 하면 $\theta=\omega t$의 관계가 성립한다.

한편 회전운동에서 특히 중요한 물리량은 **토크**(torque)이다. 토크는 어떤 축에 대하여 힘이 물체를 회전시키고자 하는 경향을 나타내며, 일반적으로 **회전력** 또는 **힘의 능률**(moment)이라 한다. 예를 들어 [그림 5-4(a)]와 같이 원점 O에서 $\mathbf{R}$만큼 떨어진 점 P에 힘 $\mathbf{F}$를 가하였다고 하자.[1] 이때 회전력, 즉 토크 $\mathbf{T}$는 다음과 같이 나타낸다.

$$\mathbf{T}=\mathbf{R}\times\mathbf{F} \tag{5.11}$$

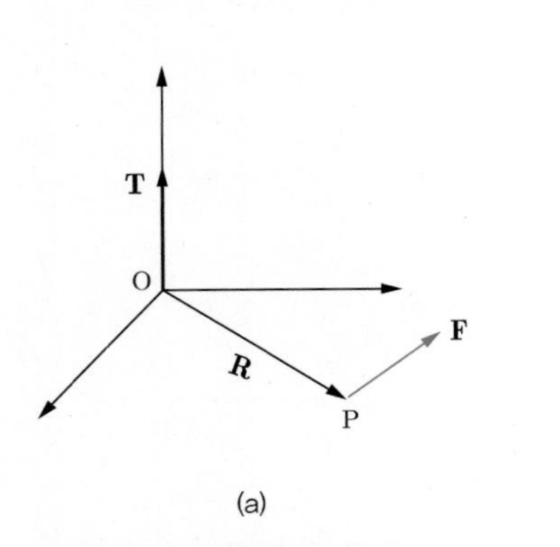

(a)

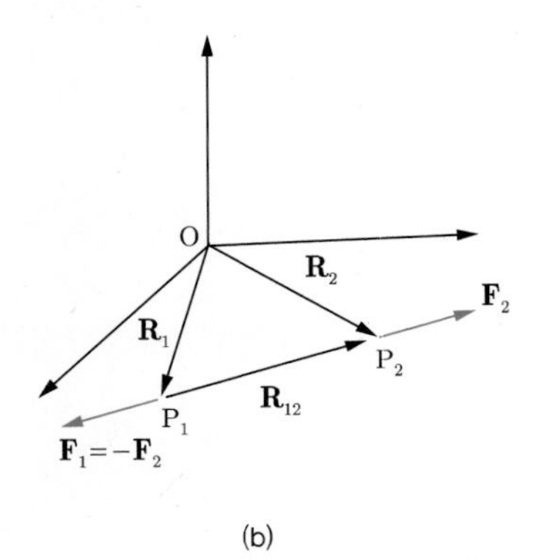

(b)

[그림 5-4] 회전력의 발생
계에 작용하는 힘이 $\mathbf{F}_1+\mathbf{F}_2=0$으로 0이 되어도 회전력은 발생한다.

1 벡터 $\mathbf{R}$의 크기 R을 힘 $\mathbf{F}$의 모멘트 팔(moment arm)이라 한다.

토크는 벡터양으로써 그 방향은 $\mathbf{R}$ 및 $\mathbf{F}$를 포함하는 면에 수직이며, $\mathbf{R}$에서 $\mathbf{F}$로 오른나사를 돌릴 때, 나사가 진행하는 방향이 정방향이다. 이번에는 [그림 5-4(b)]와 같이 원점에서 $\mathbf{R}_1$만큼 떨어진 점 P_1과 $\mathbf{R}_2$만큼 떨어진 P_2에 각각 크기가 같고 방향이 반대인 힘 $\mathbf{F}_1$과 $\mathbf{F}_2$를 가한 경우를 생각해 보자. 이 경우 원점에 작용하는 토크를 계산해 보면 다음과 같다.

$$\mathbf{T} = \mathbf{R}_1 \times \mathbf{F}_1 + \mathbf{R}_2 \times \mathbf{F}_2$$

이 식에서 $\mathbf{F}_2 = -\mathbf{F}_1$이므로 위 식은

$$\mathbf{T} = (\mathbf{R}_2 - \mathbf{R}_1) \times \mathbf{F} = \mathbf{R}_{12} \times \mathbf{F}_2$$

가 된다. 따라서 이 식으로부터 $\mathbf{F}_1 + \mathbf{F}_2 = 0$으로 계에 작용하는 힘은 0이지만 토크는 존재하며, 또한 $\mathbf{R}_{12}$는 두 점 사이의 거리를 나타내는 선분벡터로서 원점과 무관하게 어떤 점에서 토크를 계산하여도 그 값은 항상 일정하다는 사실을 알 수 있다.

한편 어떤 폐경로를 흐르는 전류가 자속밀도로부터 받는 힘의 식에서 자속밀도가 공간적으로 균일하다면

$$\mathbf{F} = -I\oint \mathbf{B} \times d\mathbf{L} = -I\mathbf{B} \times \oint d\mathbf{L}$$

이 되며, 폐경로에 대한 선적분 $\oint d\mathbf{L} = 0$이 되므로 위 식에서 힘은 $\mathbf{F} = 0$이 된다. 그러나 위에서 논의한 토크의 기본 성질을 이용하면 비록 폐경로를 흐르는 전류에 작용하는 힘은 0이지만 토크는 발생할 수 있음을 알 수 있다. 이러한 사실을 공간적으로 균일한 자속밀도 내에 전류가 흐르는 미소전류루프에 작용하는 힘과 토크를 구하여 확인해 보자.

전류루프에 작용하는 회전력

[그림 5-5]와 같이 $z=0$인 xy평면에 변의 길이가 매우 작은 dx와 dy로 이루어진 폐경로가 있고, 폐경로에 균일한 자속밀도 $\mathbf{B}_0 = B_{0x}\mathbf{a}_x + B_{oy}\mathbf{a}_y + B_{0z}\mathbf{a}_z$가 분포하고 있으며 전류 I가 반시계 방향으로 흐르고 있다고 하자.

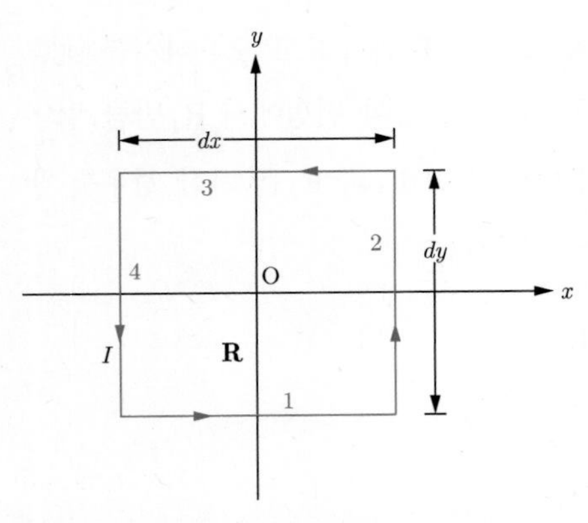

[그림 5-5] 자속밀도 내의 미소전류루프
균일한 자속밀도 내의 미소전류루프에 작용하는 힘은 0이지만 회전력은 존재한다.

변 1과 변 3에 작용하는 힘 $d\mathbf{F}_1$과 $d\mathbf{F}_3$는 각각 다음과 같이 계산한다.

$$d\mathbf{F}_1 = Idx\mathbf{a}_x \times \mathbf{B}_0 = Idx(B_{0y}\mathbf{a}_z - B_{0z}\mathbf{a}_y)$$
$$d\mathbf{F}_3 = -Idx\mathbf{a}_x \times \mathbf{B}_0 = -Idx(B_{0y}\mathbf{a}_z - B_{0z}\mathbf{a}_y)$$

즉 마주 보는 두 변에 작용하는 힘은 0이 된다. 마찬가지로 변 2와 변 4에 작용하는 힘도 크기가 같고 방향이 반대가 되어 0이 됨을 쉽게 확인할 수 있을 것이다. 따라서 자속밀도가 공간적으로 균일하기 때문에 폐경로를 흐르는 전류에 작용하는 힘은 0이 되지만 중심점 O에서의 토크를 구하면 반드시 0이 되지는 않는다. 즉, 변 1에 작용하는 힘에 의한 중심점에서의 토크를 구하면 다음과 같다.

$$d\mathbf{T}_1 = \mathbf{R}_1 \times d\mathbf{F}_1 = -\frac{1}{2}dy\mathbf{a}_y \times Idx(B_{0y}\mathbf{a}_z - B_{0z}\mathbf{a}_y)$$
$$= -\frac{1}{2}dxdyIB_{0y}\mathbf{a}_x$$

변 3에 작용하는 힘에 의한 토크도 같은 방법으로 계산해 보면

$$d\mathbf{T}_3 = \mathbf{R}_3 \times d\mathbf{F}_3 = \frac{1}{2}dy\mathbf{a}_y \times [-Idx(B_{0y}\mathbf{a}_z - B_{0z}\mathbf{a}_y)]$$
$$= -\frac{1}{2}dxdyIB_{0y}\mathbf{a}_x$$

가 되어 변 1과 변 3에 작용하는 힘에 의한 회전력의 합은 다음과 같다.

$$d\mathbf{T}_1 + d\mathbf{T}_3 = -Idxdy\,B_{0y}\mathbf{a}_x$$

같은 방법으로 변 2와 변 4에 작용하는 힘에 의한 회전력을 구하면 다음과 같다.

$$dT_2 + dT_4 = Idxdy\, B_{0x}\mathbf{a}_y$$

따라서 미소전류루프에 작용하는 회전력의 합은

$$d\mathbf{T} = Idxdy(B_{0x}\mathbf{a}_y - B_{0y}\mathbf{a}_x) = Idxdy\mathbf{a}_z \times \mathbf{B}_0$$

이며, 이 식에서 미소전류루프의 면적벡터는 $d\mathbf{S} = dxdy\,\mathbf{a}_z$ 이므로 위 식은 다음과 같다.

$$d\mathbf{T} = Id\mathbf{S} \times \mathbf{B}_0 \tag{5.12}$$

따라서 위의 논의를 확장하여 정리하면 자속밀도에 의해 전류에 작용하는 회전력은 다음과 같다.

★ 전류루프에 작용하는 회전력 ★

$$\mathbf{T} = I\mathbf{S} \times \mathbf{B} \tag{5.13}$$

예제 5-7

원점을 출발하여 $x = 0.5[\mathrm{m}]$와 점 $\mathrm{P}(0.5,\ 1,\ 0.8)[\mathrm{m}]$를 통과하여 원점으로 돌아오는 $I = 5[\mathrm{mA}]$인 전류루프가 있다. 균일한 자속밀도 $\mathbf{B} = \mathbf{a}_x + \mathbf{a}_y + 3\mathbf{a}_z[\mathrm{T}]$가 분포하고 있을 때, 다음을 구하라.

(a) x축상의 전류에 작용하는 힘
(b) 전류루프 전체에 작용하는 힘
(c) 원점에서의 회전력
(d) 점 $\mathrm{P}(3,\ -5,\ 2)$ 에서의 회전력

풀이 **정답** (a) $-7.5\mathbf{a}_y + 2.5\mathbf{a}_z[\mathrm{mN}]$ (b) 0 (c) $-4.25\mathbf{a}_x + 1.25\mathbf{a}_y + \mathbf{a}_z[\mathrm{mN}\cdot\mathrm{m}]$
(d) $-4.25\mathbf{a}_x + 1.25\mathbf{a}_y + \mathbf{a}_z[\mathrm{mN}\cdot\mathrm{m}]$

(a) 식 (5.6)을 이용하여 x축상의 전류에 작용하는 힘을 계산하면 다음과 같다.

$$\mathbf{F} = I\mathbf{L} \times \mathbf{B} = 5 \times 10^{-3} \times 0.5\mathbf{a}_x \times (\mathbf{a}_x + \mathbf{a}_y + 3\mathbf{a}_z)$$
$$= -7.5\mathbf{a}_y + 2.5\mathbf{a}_z[\mathrm{mN}]$$

(b) 주어진 자속밀도는 위치에 관계없이 일정하므로 식 (5.5)의 관계로부터 전류루프 전체에 작용하는 힘을 계산하면 다음과 같다.

$$\mathbf{F} = -I\oint \mathbf{B} \times d\mathbf{L} = -I\mathbf{B}\oint d\mathbf{L} = 0$$

(c) 식 (5.13)을 이용하여 원점에서의 회전력을 계산하면 다음과 같다.

$$\mathbf{T} = I\mathbf{S} \times \mathbf{B}$$

$$= 5 \times 10^{-3} \times \frac{1}{2} \times (0.5\mathbf{a}_x) \times (0.5\mathbf{a}_x + \mathbf{a}_y + 0.8\mathbf{a}_z) \times (\mathbf{a}_x + \mathbf{a}_y + 3\mathbf{a}_z)$$

$$= -4.25\mathbf{a}_x + 1.25\mathbf{a}_y + \mathbf{a}_z [\mathrm{mN \cdot m}]$$

(d) 회전력은 구하고자 하는 위치에 상관없이 일정하므로 점 $P_1(3, -5, 2)$에서의 회전력은 원점에서의 회전력과 같다.

$$\mathbf{T} = -4.25\mathbf{a}_x + 1.25\mathbf{a}_y + \mathbf{a}_z [\mathrm{mN \cdot m}]$$

자기쌍극자모멘트

이미 설명한 바와 같이 균일한 자속밀도 **B** 내의 폐경로를 흐르는 전류루프에 작용하는 힘은 0이다. 그러나 [그림 5-5]의 논의에서 전류루프의 중심점에 발생하는 토크는 다음과 같음을 배웠다.

$$\mathbf{T} = I\mathbf{S} \times \mathbf{B}$$

이 식으로부터 **자기쌍극자모멘트**(magnetic dipole moment) $\mathbf{m}[\mathrm{A \cdot m^2}]$을 전류와 전류가 흐르는 폐경로로 둘러싸인 면적의 곱으로 정의하면 다음과 같다.[2]

★ 자기쌍극자모멘트 ★

$$\mathbf{m} = I\mathbf{S} \tag{5.14}$$

회전력은 자기쌍극자모멘트를 이용하여 다음과 같이 나타낼 수 있다.

★ 회전력 ★

$$\mathbf{T} = \mathbf{m} \times \mathbf{B} \tag{5.15}$$

한편 [그림 5-6(a)]와 같이 자계분포를 형성하게 되는 길이가 L인 막대자석의 자하(magnetic charge)를 N극의 경우 Q_m, S극의 경우 $-Q_m$이라 하자. 여기에 [그림 5-6(b)]와 같이 외부 자속밀도 **B**를 인가할 때 발생하는 회전력은 다음과 같다.

$$\mathbf{T} = \mathbf{m} \times \mathbf{B} = Q_m L \times \mathbf{B} \tag{5.16}$$

2 쌍극자모멘트에 자계를 인가하면 쌍극자모멘트는 자계로부터 회전력(토크)을 받게 되어 특정한 방향으로 배향하게 된다. 이 과정에서 자성체의 성질이 결정되므로 자기쌍극자모멘트는 물질의 자기적 특성을 이해하기 위하여 매우 중요한 양이다.

따라서 막대자석에서의 자기쌍극자모멘트 $\mathbf{m}$은 다음과 같이 표현할 수 있다.

$$\mathbf{m} = Q_m \mathbf{L} \tag{5.17}$$

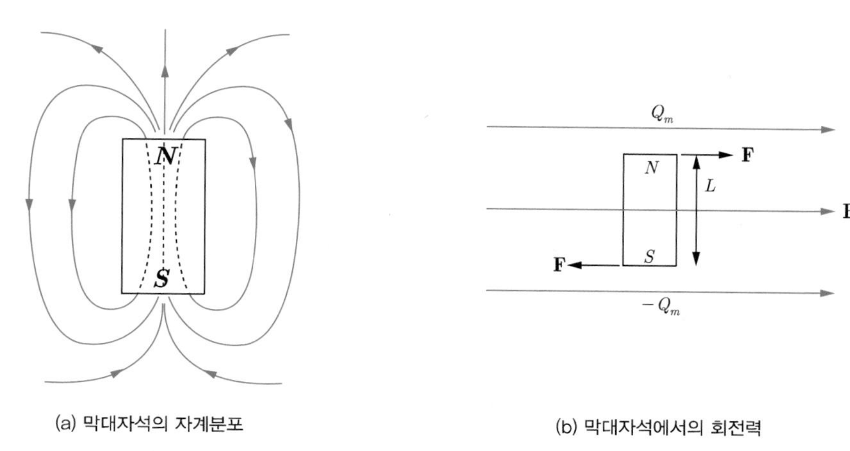

(a) 막대자석의 자계분포

(b) 막대자석에서의 회전력

[그림 5-6] 막대자석의 자계분포와 막대자석에서의 회전력

Note 전기쌍극자와 자기쌍극자에 의한 전계 및 자계 분포

3장의 정전계에서는 크기가 같고 극성이 반대인 두 전하 Q와 $-Q$가 매우 가까운 위치에 분포하는 전하분포를 전기쌍극자라 하였다. 또한 전기쌍극자의 전하분포에서 양전하와 음전하에서 양전하로 향하는 선분벡터의 곱을 전기쌍극자모멘트 $\mathbf{p} = Q\mathbf{d}$로 정의하였으며, 이를 이용하여 전위와 전계를 나타내면 다음과 같았다.

$$V = \frac{\mathbf{p}\cos\theta}{4\pi\epsilon_0 r^2} = \frac{p \cdot \mathbf{a}_r}{4\pi\epsilon_0 r^2}$$

$$\mathbf{E} = \frac{Qd}{4\pi\epsilon_0 r^3}(2\cos\theta\, \mathbf{a}_r + \sin\theta\, \mathbf{a}_\theta)$$

한편 [그림 4-8]에 나타낸 원형 전류를 매우 작은 여러 개의 미소전류로 분할할 때, 하나의 미소전류가 존재하는 점의 대칭되는 위치에는 반대 방향의 전류가 흐르고 있으므로 이러한 전류분포에 의한 자계현상을 자기쌍극자로 간주할 수 있다. 이 경우 자기쌍극자모멘트 $\mathbf{m}$이라 할 때, 벡터자위와 이를 이용한 자속밀도는 다음과 같다.

$$\mathbf{A} = \frac{\mu_0 \mathbf{m} \times \mathbf{a}_r}{4\pi r^2}$$

$$\mathbf{B} = \frac{\mu_0 \mathbf{m}}{4\pi r^3}(2\cos\theta \mathbf{a}_r + \sin\theta \mathbf{a}_\theta)$$

이 두 식을 비교하면 자유공간의 유전율 $1/\epsilon_o$이 μ_0으로 대체되어 있을 뿐 매우 유사한 성질을 나타내고 있음을 알 수 있다. 즉, 전계 및 자계를 생성하는 원천이 다를 뿐 전기쌍극자와 자기쌍극자가 만드는 전계와 자계는 유사한 분포를 나타낸다. 전기 및 자기쌍극자에 의한 전계와 자계를 표현하면 [그림 5-7]과 같다.

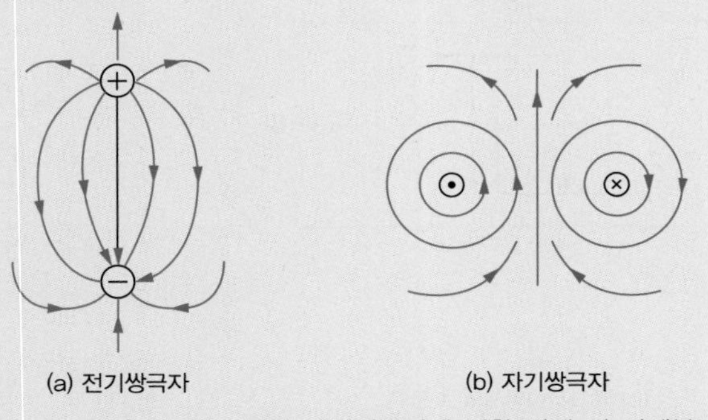

[그림 5-7] 전기쌍극자와 자기쌍극자에 의한 전계 및 자계분포

예제 5-8

공간적으로 균일한 자속밀도 $\mathbf{B} = -0.3\mathbf{a}_x + 0.4\mathbf{a}_y$[T] 내의 점 $P_0(0,\ 1,\ 1)$[m]에 중심이 있고 한 변의 길이가 2[m]인 정사각형 전류루프가 $x=0$인 yz평면에 놓여 있다. 이 전류루프에 전류 $I=3$[mA]가 반시계 방향으로 흐를 때, 전류루프의 중앙에서 자기쌍극자모멘트와 토크를 구하라.

풀이 **정답** $\mathbf{m} = 12\mathbf{a}_x$[mA · m²], $\mathbf{T} = 4.8\mathbf{a}_z$[mN · m]

[방법 1]

자기쌍극자모멘트는 식 (5.14)의 $\mathbf{m} = I\mathbf{S}$를 이용하여 구할 수 있다.

$$\mathbf{m} = I\mathbf{S} = 3\times10^{-3}(2\mathbf{a}_y \times 2\mathbf{a}_z) = 12\mathbf{a}_x\,[\text{mA}\cdot\text{m}^2]$$

또한 식 (5.15)를 이용하여 토크를 구하면 다음과 같고, 이는 위치에 관계없이 일정하다.

$$\begin{aligned}\mathbf{T} &= \mathbf{m}\times\mathbf{B}\\ &= 12\mathbf{a}_x \times(-0.3\mathbf{a}_x + 0.4\mathbf{a}_y) = 4.8\mathbf{a}_z\,[\text{mN}\cdot\text{m}]\end{aligned}$$

[방법 2]

토크는 식 (5.11)의 $\mathbf{T} = \mathbf{R}\times\mathbf{F}$를 이용하여 구할 수도 있다. 이때 힘 $\mathbf{F}$는 z축의 변부터 반시계 방향으로 변 1, 2, 3, 4로 두고 차례로 각 변에 작용하는 힘을 구한다.

변 1에 작용하는 힘 $\mathbf{F}_1$은

$$\begin{aligned}\mathbf{F}_1 &= I\mathbf{L}_1 \times \mathbf{B} \\ &= 3\times 10^{-3}(-2\mathbf{a}_z)\times(-0.3\mathbf{a}_x + 0.4\mathbf{a}_y) = 2.4\mathbf{a}_x + 1.8\mathbf{a}_y[\mathrm{mN}]\end{aligned}$$

이고 변 3에 작용하는 힘 $\mathbf{F}_3$는 $\mathbf{F}_1$과 크기는 같고 방향이 반대이므로 $\mathbf{F}_3 = -\mathbf{F}_1$ 이 된다.

$$\mathbf{F}_3 = -2.4\mathbf{a}_x - 1.8\mathbf{a}_y[\mathrm{mN}]$$

한편 변 2에 작용하는 힘 $\mathbf{F}_2$은

$$\mathbf{F}_2 = I\mathbf{L}_2 \times \mathbf{B} = 3\times 10^{-3}(2\mathbf{a}_y)\times(-0.3\mathbf{a}_x + 0.4\mathbf{a}_y) = 1.8\mathbf{a}_z[\mathrm{mN}]$$

이고 변 4에 작용하는 힘은 $\mathbf{F}_2$와 크기는 같고 방향이 반대이므로 $\mathbf{F}_4 = -1.8\mathbf{a}_z[\mathrm{mN}]$ 이 된다. 이를 이용하여 토크를 계산하면 다음과 같다.

$$\begin{aligned}\mathbf{T} &= (-\mathbf{a}_y)\times(2.4\mathbf{a}_x + 1.8\mathbf{a}_y) + (-\mathbf{a}_z)\times(1.8\mathbf{a}_z) + \mathbf{a}_y\times(-2.4\mathbf{a}_x - 1.8\mathbf{a}_y) + \mathbf{a}_z\times(-1.8\mathbf{a}_z) \\ &= 4.8\mathbf{a}_z[\mathrm{mN}\cdot\mathrm{m}]\end{aligned}$$

SECTION 03

물질의 자화와 자성체

이 절에서는 자화벡터를 정의하여 물질이 자화되는 현상을 공부한다. 또한 자화현상으로 인한 물질에서의 자속밀도와 자계의 세기에 대한 관계를 구하며, 자성체를 분류하고 각 자성체의 특성을 파악한다.

Keywords | 자화 | 속박전류 | 자화벡터 | 비투자율 | 자화율 | 감자현상 | 자성체 |

자화

어떤 물체에 자계를 인가하면 그 물체도 자기적 성질을 나타낸다. 이런 물체를 자성체라 하며, 자계를 인가할 때 물체가 자기적 성질을 나타내는 현상을 **자화**(magnetization)라 한다. 물체가 자화하는 것은 그 물체를 구성하는 원자들의 자기모멘트가 특정한 방향으로 배열되기 때문이다. 따라서 자기적 성질의 기원은 자기모멘트의 배열에 있다.

SECTION 02에서 정의한 바와 같이 자기모멘트는 $\mathbf{m} = I\mathbf{S}$ 이다. 물질의 자화현상을 논의할 때 전류 I는 원자 내의 전자의 궤도운동 및 스핀운동에 따른 속박전류(bounded current)로, 면적 $\mathbf{S}$는 전자의 궤도운동과 스핀운동의 결과 형성되는 면적으로 생각할 수 있다. 물론 원자에서의 자기모멘트는 전자의 궤도운동과 스핀운동 이외에 핵의 스핀운동에 의한 것도 생각할 수 있지만, 핵은 전자에 비해 스핀운동속도가 매우 느리기 때문에 핵스핀에 의한 전류는 매우 작다. 따라서 핵스핀운동에 따른 자기모멘트는 무시할 수 있다. 결국 원자의 자기모멘트는 전자의 스핀운동과 궤도운동에 의한 것으로 생각할 수 있다.

자화현상

이제 **자화에 의한 물질(자성체) 내의 자속밀도와 자계의 관계에 대하여 고찰해 보자.** 우선 원자 내의 전자운동에 의한 속박전류[3]를 I_b라 할 때, 자기모멘트 $\mathbf{m}$은 다음과 같다.

$$\mathbf{m} = I_b d\mathbf{S}$$

이때 그 물질이 단위체적당 n[개/m^3]의 원자를 가진다면 물체의 미소체적 Δv[m^3] 내에는 $n\Delta v$[개]의 원자가 존재하며, 이들 원자가 모두 자기모멘트를 가지게 되므로 Δv 내의 총 자기모

3 속박전류는 원자 내의 전자가 원자핵의 인력에 의해 속박되어 운동하며, 그 결과 형성되는 전류를 말한다. 이에 대하여 어떤 공간이나 물질 내를 자유롭게 움직이는 전자에 의한 전류를 자유전류라 한다.

멘트의 합은 다음과 같이 계산한다.

$$\mathbf{m} = \sum_{i=1}^{n\Delta v} \mathbf{m}_i$$

자화의 정도를 나타내는 벡터를 **자화벡터** $\mathbf{M}$이라 하고, 단위체적당 총 자기모멘트의 합으로 다음과 같이 정의한다.[4]

$$\mathbf{M} = \lim_{\Delta v \to 0} \frac{1}{\Delta v} \sum_{i=1}^{n\Delta v} \mathbf{m}_i \tag{5.18}$$

[그림 5-8]과 같이 $d\mathbf{L}$의 선상에 놓여 있는 원자를 생각해 보자. 매우 일반적인 경우로 전자의 운동으로 생성되는 미소면적 $d\mathbf{S}$는 $d\mathbf{L}$과 θ의 각을 이루고 있다고 하자. Δv 내에 $n\Delta v$[개]의 원자가 존재하므로 이들 원자가 모두 자기쌍극자모멘트를 가진다면 각 원자의 궤도운동으로 인한 Δv 내의 속박전류 I_b의 증분 dI_b는

$$dI_b = n\Delta v\, I_b = nI_b d\mathbf{S} \cdot d\mathbf{L}$$

로 나타낼 수 있다.[5] 이 식에서 $\mathbf{m} = I_b d\mathbf{S}$이고 $nI_b d\mathbf{S}$는 단위체적당 모멘트의 합이므로 자화벡터가 된다. 따라서 dI_b는 다음과 같다.

$$dI_b = nI_b d\mathbf{S} \cdot d\mathbf{L} = \mathbf{M} \cdot d\mathbf{L} \tag{5.19}$$

이를 물질의 모든 체적으로 확장해서 생각하면 다음과 같다.

$$I_b = \oint \mathbf{M} \cdot d\mathbf{L} \tag{5.20}$$

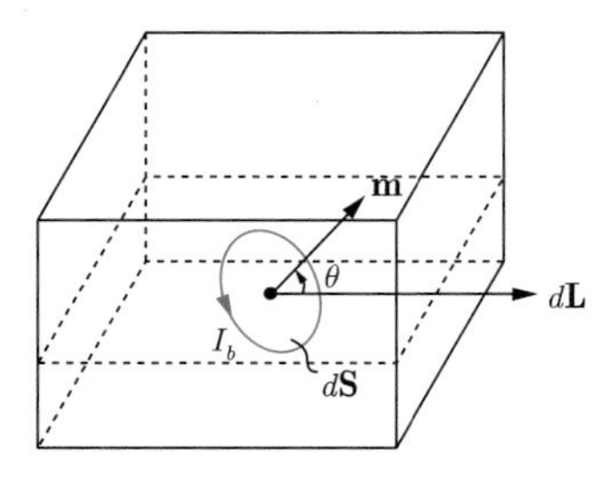

[그림 5-8] $d\mathbf{L}$ 선상에 놓여 있는 원자의 쌍극자모멘트

단위체적당 n[개]의 원자가 존재하는 미소체적 Δv 내에는 $dI_b = nI_b d\mathbf{S} \cdot d\mathbf{L} = \mathbf{M} \cdot d\mathbf{L}$만큼의 속박전류의 증분이 발생한다.

---

4 일반적으로 부피가 큰 물질에는 더 많은 원자가 포함되어 있으므로 단위체적당 $\mathbf{m}$의 합으로 정의되는 $\mathbf{M}$이 특정 물질의 자화의 특성을 본질적으로 나타낼 수 있다. 이는 작은 금속과 큰 나무의 무게를 직접 논할 수 없어 단위체적당의 무게 즉, 비중으로 두 물질의 무게에 대한 특성을 가늠하는 것과 같은 논리이다.

5 이 식에서 $\Delta v = d\mathbf{S} \cdot d\mathbf{L} = dSdL\cos\theta$이므로 $n\Delta v = nd\mathbf{S} \cdot d\mathbf{L} = ndSdL\cos\theta$는 미소체적 Δv 내의 원자의 개수이다. 즉, $n\Delta v = nd\mathbf{S} \cdot d\mathbf{L}$[개]의 원자가 자기쌍극자모멘트를 가지며, 원자 각각은 I_b 만큼의 속박전류를 가진다.

결국 자유공간에서와 달리 물질에 자계를 인가하면 그 물질 내에서 자화가 발생하므로 자화벡터 $\mathbf{M}$을 포함한 속박전류 I_b의 존재를 고려하여 전 전류 I_T는 다음과 같이 표현한다. 이때 자유전류 I_f는 I로 표현하였다.

$$I_T = I_f + I_b = I + I_b$$

앙페르의 주회법칙을 적용하여 투자율 μ인 자성체에서의 자유전류 I를 구하면 다음과 같다.

$$I = \oint \mathbf{H} \cdot d\mathbf{L}$$

여기서 자성체의 투자율을 μ라 하면, $\mathbf{B} = \mu\mathbf{H}$ 가 된다. 한편 총 전류 I_T는

$$I_T = \oint \frac{\mathbf{B}}{\mu_0} \cdot d\mathbf{L}$$

이므로

$$I = I_T - I_b = \oint \left(\frac{\mathbf{B}}{\mu_0} - \mathbf{M}\right) \cdot d\mathbf{L} = \oint \mathbf{H} \cdot d\mathbf{L} \tag{5.21}$$

이 된다. 이 식을 정리하여 다음 결과를 얻는다.

★ 자화를 고려한 자속밀도 ★

$$\mathbf{B} = \mu_0(\mathbf{H} + \mathbf{M}) \tag{5.22}$$

만약 자유공간이라면 자화가 발생하지 않으므로 식 (5.22)에서 $\mathbf{M} = 0$이 되어, 자속밀도와 자계 사이에는 $\mathbf{B} = \mu_0\mathbf{H}$의 관계가 성립한다. 즉, 자유공간에서는 자계에 투자율 μ_0를 곱한 만큼 자속밀도가 형성된다. 그러나 자성체에서는 자화현상으로 인하여 그 물질 내에 형성되는 자속밀도의 양은 달라지며, 식 (5.22)는 이 관계를 나타낸다.[6]

한편 자유공간의 투자율에 대한 물질의 투자율의 비인 **비투자율**(relative permeability) μ_R은 다음과 같이 나타내며, 자성체의 경우 1보다 크다.

---

6 이는 자유공간에서의 전계와 전속밀도의 관계가 $\mathbf{D} = \epsilon_0\mathbf{E}$ 이었지만 유전체라는 물질에서는 자유공간과 달리 유전분극현상이 발생하여 $\mathbf{D} = \epsilon_0\mathbf{E} + \mathbf{P}$가 된다는 사실과 유사한 현상으로 생각할 수 있다.

★ 비투자율 ★

$$\mu_R = \frac{\mu}{\mu_0} \tag{5.23}$$

또한 선형 등방성의 자성체에서는 자화는 외부 자계에 비례하므로 비례상수를 χ_m 이라 하면 다음 관계가 성립한다.

$$\mathbf{M} = \chi_m \mathbf{H} \tag{5.24}$$

이때 비례상수 χ_m 을 **자화율**(magnetic susceptibility)이라 하며 단위자계에 대한 자화의 크기를 나타낸다. 또한 식 (5.24)를 이용하여

$$\mathbf{B} = \mu_0(\mathbf{H} + \mathbf{M}) = \mu_0(\mathbf{H} + \chi_m \mathbf{H}) = \mu \mathbf{H} = \mu_0 \mu_R \mathbf{H}$$

의 관계로부터

$$\mu_R = 1 + \chi_m \tag{5.25}$$

이 된다. 한편 속박전류 I_b에 대하여 속박전류밀도를 $\mathbf{J}_b$라 하면

$$I_b = \oint \mathbf{M} \cdot d\mathbf{L} = \int (\nabla \times \mathbf{M}) \cdot d\mathbf{S} = \int \mathbf{J}_b \cdot d\mathbf{S}$$

로부터 다음의 관계가 성립한다.

$$\nabla \times \mathbf{M} = \mathbf{J}_b \tag{5.26}$$

예제 5-9

다음 자성체에 대하여 자계의 세기를 구하라. 단, $\mu_0 = 4\pi \times 10^{-7}$이다.

(a) 투자율은 $\mu = 1.5 \times 10^{-5}$[H/m]이며, 자화벡터는 $\mathbf{M} = 150$[A/m]이다.

(b) 비투자율은 $\mu_R = 24$이고 단위체적당 원자수는 5.6×10^{27}[개/m^3]이며, 각 원자의 자기쌍극자모멘트는 $\mathbf{m} = 4.2 \times 10^{-26}$[A · m^2]이다.

풀이 **정답** (a) 13.72[A/m] (b) 10.23[A/m]

(a) 우선 자계의 세기를 구하기 위해 비투자율과 자화율을 구해 보자. 식 (5.23)을 이용하여 비투자율을 구하고, 식 (5.25)를 이용하여 자화율을 구하면 다음과 같다.

$$\mu_R = \frac{\mu}{\mu_0} = \frac{1.5\times 10^{-5}}{4\pi\times 10^{-7}} = 11.94$$

$$\chi_m = \mu_R - 1 = 10.94$$

따라서 식 (5.24)의 $\mathbf{M} = \chi_m \mathbf{H}$ 의 관계로부터 자계의 세기를 구하면 다음과 같다.

$$\mathbf{H} = \frac{\mathbf{M}}{\chi_m} = \frac{150}{10.94} = 13.72[\mathrm{A/m}]$$

(b) 자화는 단위체적당 쌍극자모멘트의 총합이므로 다음과 같이 계산한다.

$$\mathbf{M} = 5.6\times 10^{27}\times 4.2\times 10^{-26} = 235.2[\mathrm{A/m}]$$

따라서 자계의 세기를 구하면 다음과 같다.

$$\mathbf{H} = \frac{\mathbf{M}}{\chi_m} = \frac{235.2}{24-1} = 10.23[\mathrm{A/m}]$$

예제 5-10

자화율 $\chi_m = 5$ 인 자성체에 자속밀도 $\mathbf{B} = 0.04y^2\mathbf{a}_x[\mathrm{T}]$가 분포되어 있을 때, $y = 4[\mathrm{cm}]$에서의 자유전류밀도 $\mathbf{J}$와 속박전류밀도 $\mathbf{J}_b$를 구하라

풀이 **정답** $\mathbf{J} = 424.6\mathbf{a}_z[\mathrm{A/m^2}]$, $\mathbf{J}_b = -2123\mathbf{a}_z[\mathrm{A/m^2}]$

투자율 μ 인 자성체에서 자속밀도 $\mathbf{B}$와 자계 $\mathbf{H}$ 사이에는 식 (5.22), 식 (5.24)에 의해 다음 관계가 성립한다.

$$\mathbf{B} = \mu_0(\mathbf{H}+\mathbf{M}) = \mu_0(\mathbf{H}+\chi_m\mathbf{H}) = \mu_0(1+\chi_m)\mathbf{H}$$

따라서 자계 $\mathbf{H}$는 다음과 같이 구할 수 있다.

$$\mathbf{H} = \frac{\mathbf{B}}{\mu_0(1+\chi_m)} = \frac{0.04y^2\mathbf{a}_x}{4\pi\times 10^{-7}\times 6} = 5308y^2\mathbf{a}_x[\mathrm{A/m}]$$

전류밀도는 식 (4.31)의 맥스웰 방정식 $\nabla\times\mathbf{H} = \mathbf{J}$ 를 이용하여 구할 수 있다. 위 식에서 자계가 H_x 성분이고 y 만의 함수이므로

$$\mathbf{J} = \nabla\times\mathbf{H} = -\frac{\partial H_x}{\partial y}\mathbf{a}_z = -10616y\mathbf{a}_z[\mathrm{A/m^2}]$$

이 되고, $y=4$[cm]에서의 자유전류밀도는 $\mathbf{J}=-424.6\mathbf{a}_z$[A/m^2]이다.

이제 속박전류밀도를 구해보자. 식 (5.24)를 이용하여 자화 $\mathbf{M}$을 구하면 다음과 같다.

$$\mathbf{M}=\chi_m\mathbf{H}=26540y^2\mathbf{a}_x[\text{A/m}]$$

따라서 속박전류밀도 $\mathbf{J}_b$는 식 (5.26)의 $\nabla\times\mathbf{M}=\mathbf{J}_b$의 관계를 이용하여 구할 수 있다. 위 식에서 $\mathbf{M}$은 M_x 성분이고 y만의 함수이므로 속박전류밀도는 다음과 같다.

$$\mathbf{J}_b=\nabla\times\mathbf{M}=-\frac{\partial M_x}{\partial y}\mathbf{a}_z=-53080y\mathbf{a}_z[\text{A/m}^2]$$

따라서 $y=4$[cm]에서의 속박전류밀도는 다음과 같다.

$$\mathbf{J}_b=-53080\times0.04=-2123\mathbf{a}_z[\text{A/m}^2]$$

감자현상

한편 일정한 크기의 자계 $\mathbf{H}_0$ 또는 자속밀도 $\mathbf{B}_0$ 중에 투자율 μ인 자성체를 놓으면 자유공간에서의 자계의 세기는 $\mathbf{H}_0=\mathbf{B}_0/\mu_0$이지만 자성체 내의 자계의 세기 $\mathbf{H}$는 $\mathbf{H}_0$보다 감소하는 현상이 발생한다. 이러한 현상을 **감자현상**이라 하며, $\mathbf{H}_d$를 **자기감자력** 또는 **감자력**이라 한다.

$$\mathbf{H}_d=\mathbf{H}_0-\mathbf{H} \tag{5.27}$$

이는 자계 중에 물질을 놓았을 때 물질이 자화하는 데에서 비롯된 것으로, 만약 자화가 없으면 감자현상도 발생하지 않는다. [그림 5-9]와 같이 평등자계 중에 자성체를 놓은 경우를 생각해 보자.

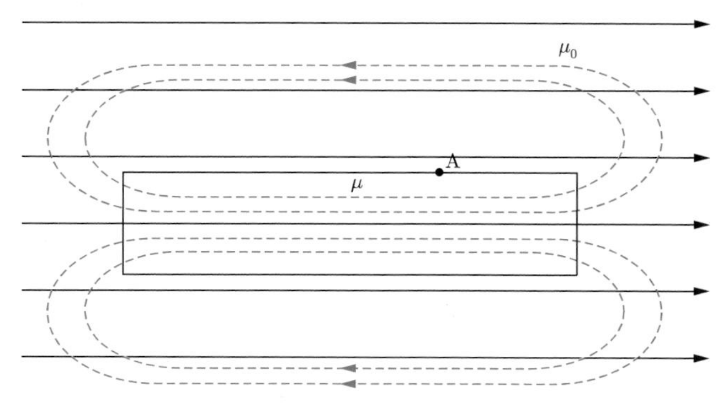

[그림 5-9] 평등자계 중에 자성체를 놓은 경우의 자속분포

우선 자성체의 자계는 점선으로 표현되며, 자성체 외부에서의 자속밀도는 기존의 자속밀도보다 감소하게 된다. 즉, 점 A 에서의 자계의 세기는 $\mathbf{H}_0$ 에 비해 자성체가 만드는 자계의 세기만큼 감소하게 되며, 이는 자성체 내부의 자계의 감소와 같다. 따라서 감자력은 자화 $\mathbf{M}$ 에 비례한다.

$$\mathbf{H}_d = N\mathbf{M} \tag{5.28}$$

비례상수 N은 물체의 형상에 의존하는 정수로 **감자율**이라 한다. 또한 $\mathbf{M} = \chi_m \mathbf{H}$ 이므로 $\mathbf{H}_d = \mathbf{H}_0 - \mathbf{H} = N\chi_m \mathbf{H}$ 가 되고 이로부터

$$\mathbf{H} = \frac{\mathbf{H}_0}{1 + N\chi_m} \tag{5.29}$$

$$\mathbf{H}_d = \frac{N\chi_m}{1 + N\chi_m}\mathbf{H}_0 \tag{5.30}$$

의 관계가 성립한다. 위 식을 투자율로 나타내면 $\mu_R = 1 + \chi_m$ 을 이용하여

$$\mathbf{H} = \frac{\mathbf{H}_0}{1 + N(\mu_R - 1)} \tag{5.31}$$

$$\mathbf{H}_d = \frac{N(\mu_R - 1)}{1 + N(\mu_R - 1)}\mathbf{H}_0 \tag{5.32}$$

가 되며, 일반적으로 강자성체에서 비투자율은 1보다 매우 크므로 위 식은

$$\mathbf{H}_d \doteq \left(1 - \frac{1}{N\mu_R}\right)\mathbf{H}_0 \tag{5.33}$$

가 된다. 마지막으로 자화율과의 관계는 $\mathbf{M} = \chi_m \mathbf{H}$ 와 식 (5.27)과 식 (5.28)을 이용하여 다음 식을 얻을 수 있다.

$$\mathbf{M} = \frac{\chi_m}{1 + N\chi_m}\mathbf{H}_0 = \frac{\mu_0(\mu_R - 1)}{1 + N(\mu_R - 1)}\mathbf{H}_0 \tag{5.34}$$

자성체의 분류

자성체가 가지는 자성은 원자의 자기쌍극자모멘트로부터 비롯되며, 전자의 궤도운동과 스핀운동에 의한 쌍극자모멘트를 생각하여 자성을 논해 보기로 한다.

우선 전자의 궤도운동에 의한 쌍극자모멘트를 생각해 보자. [그림 5-10]과 같이 전자가 $\mathbf{v} = v_0(-\mathbf{a}_\phi)$ 의 속도로 궤도를 운동하면 전자의 궤도운동에 의한 속박전류는 $\mathbf{a}_\phi$ 방향으로 흐르게

되므로 오른손 법칙에 의해 쌍극자모멘트 $\mathbf{m}$은 [그림 5-10]과 같이 $\mathbf{a}_z$ 방향을 향하게 된다. 이 경우 전자의 안정된 궤도운동을 위해서 쿨롱의 인력 $\mathbf{F}_1$과 원심력 $\mathbf{F}_2$ 사이에 $\mathbf{F}_1 = \mathbf{F}_2$의 관계가 성립된다. 그러나 만약 외부에서 자속밀도 $\mathbf{B} = B_0\mathbf{a}_z$를 인가하면 운동하는 하전입자는 자속밀도에 의해 로렌츠의 힘 $\mathbf{F}_3$를 받게 되므로 힘의 역학관계는 $\mathbf{F}_1 = \mathbf{F}_2 + \mathbf{F}_3$가 된다.[7] 즉, 다음 관계가 성립한다.

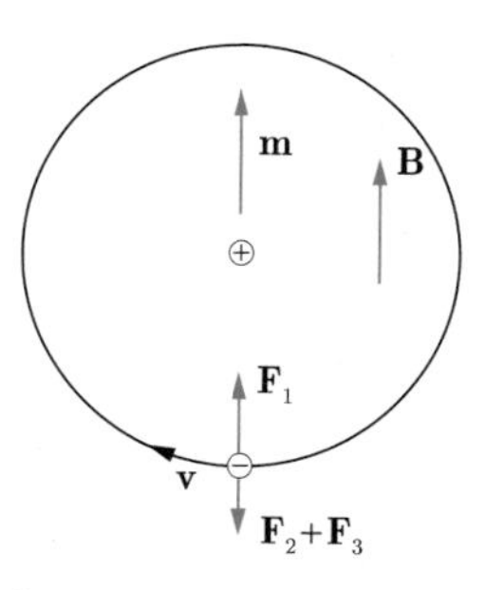

[그림 5-10] 전자의 궤도운동에 의한 힘의 작용

$$\frac{e^2}{4\pi\epsilon_0 r^2} = \frac{mv^2}{r} + evB$$

이 식에서 좌변은 외부 자계에 의해 변하지 않는 상수이므로 결국 외부 자계에 의한 로렌츠의 힘만큼 원심력 $\mathbf{F}_2$가 감소해야 한다. 그런데 원심력 즉, $\mathbf{F}_2$의 항에서 원자 반경 r과 전자의 질량 m은 외부 자계에 의해 변하지 않기 때문에 외부에서 자계를 가하면 전자의 궤도운동의 속도 v가 감소하게 된다. 이는 궤도운동에 의한 전류와 자기쌍극자모멘트의 감소를 유발하여 내부 자계는 외부 자계보다 작아지게 된다. 이를 **반자성**(diamagnetism)이라 한다.

이와 같이 전자의 궤도운동에 의한 자기쌍극자모멘트는 반자성의 특성을 가지고 있으므로 원자의 자기쌍극자모멘트는 궤도운동과 스핀운동에 의한 자기모멘트의 합이 0이 되는 경우와 0이 되지 않은 경우로 나눌 수 있다. 자기모멘트의 합이 0이 아닌 경우는 외부에서 자계를 인가하지 않아도 쌍극자모멘트를 가지게 되는데, 이를 영구 자기쌍극자모멘트라 한다. 자성체는 영구 자기쌍극자모멘트의 유무와 대소의 차이 등에 의해 다음과 같이 5가지로 구분한다.

반자성체

반자성체(diamagnetism)는 영구 자기쌍극자모멘트를 가지지 않는다. 즉, 전자의 궤도운동에 의해 자계가 발생하지만 스핀운동에 의한 자계와 상쇄되어 외부 자계가 없으면 자화하지 않으며, 외부 자계를 인가해도 외부 자계와 반대 방향으로 매우 약하게 자화하는 물질이다. 따라서 $\mathbf{M} = \chi_m \mathbf{H}$에서 자화율은 $\chi_m = -10^{-(4\sim6)}$ 정도이다. 대표적인 물질로는 비스머스(bismuth)가 있다.

상자성체

상자성체(paramagnetic material)는 매우 약한 영구 자기쌍극자모멘트를 가진다. 즉, 원자들은 외

7 자속밀도 $\mathbf{B}$를 인가하면 $\mathbf{F} = Q\mathbf{v}\times\mathbf{B}$의 로렌츠의 힘이 발생하는데 이 힘의 방향은 전자의 전하량을 $(-e)$라 할 때, $\mathbf{F}_3 = Q\mathbf{v}\times\mathbf{B} = (-e)v_0(-\mathbf{a}_\phi)\times B_0\mathbf{a}_z = ev_0B_0\mathbf{a}_\rho$가 되어 이 힘은 원심력 $\mathbf{F}_2$와 같은 방향이 된다.

부 자계가 없어도 약한 쌍극자모멘트를 가진다. 그러나 외부 자계가 없으면 쌍극자모멘트는 방향이 불규칙한 열운동을 하므로 물질 전체의 쌍극자모멘트는 0이 된다. 따라서 영구쌍극자모멘트는 있지만 외부 자계 없이는 자발적으로 자화하지 않는다. 여기에 자계를 인가하면 쌍극자모멘트는 토크를 받아 회전하여 같은 방향으로 배열하게 되므로 외부에서 인가한 자속밀도보다 조금 더 큰 내부 자속밀도를 가질 수 있다. 자화율은 $\chi_m = 10^{-(4\sim6)}$ 정도로 매우 작다. 칼륨, 텅스텐, 희토류원소, 산화이트륨 등이 상자성물질이다.

강자성체

강자성체(ferromagnetic material)는 전자의 스핀운동에 의한 모멘트가 궤도운동에 의한 모멘트에 비해 매우 크며, 따라서 큰 영구 자기쌍극자모멘트를 가진다. 강자성체는 외부 자계와 같은 방향으로 강하게 자화하며, 자화율은 $\chi_m = 10^6$ 정도로 매우 크다. 강자성체가 이러한 특성을 나타내는 것은 강자성체의 자구구조 때문이다.

자구(magnetic domain)는 [그림 5-11]과 같이 같은 방향의 모멘트를 갖는 크기가 약 $1[\mu\text{m}]$~수[cm] 정도의 영역으로 외부 자계가 없는 상태에서는 자구들의 쌍극자모멘트의 방향은 서로 다르다. 따라서 비록 매우 큰 영구 자기쌍극자모멘트를 가지지만 외부 자계가 없을 경우 물질 전체로의 자화는 0이다. 그러나 강자성체에 자계를 가하면 외부 자계와 같은 방향의 쌍극자모멘트를 갖는 자구가 주변으로 자신의 자벽(domain wall)을 이동하여 영역을 확장한다. 따라서 자계의 크기가 커지면 자화 및 내부의 자속밀도도 증가한다. 외부 자계에 의해 자속밀도가 증가하여 일정한 값에 도달하면, 강자성체는 하나의 같은 방향의 쌍극자모멘트를 갖는 자구로 통일되며, 더 큰 자계를 인가하여도 더 이상 자속밀도 및 자화가 진행되지 않고 포화하게 된다.

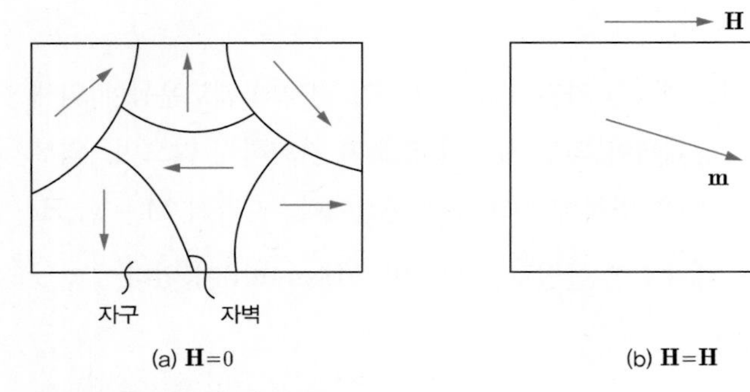

[그림 5-11] 강자성체의 자구 구조
자계를 가하면 $\mathbf{T}=\mathbf{m}\times\mathbf{B}$ 에 의해 결정되는 방향으로 자구 구조가 통일된다.

만약 자계를 다시 감소시키면 자구는 원래의 상태로 되돌아가야 하지만 자벽의 이동에 저항이 작용하여 자벽의 이동은 용이하지 않다. 따라서 자계를 감소시켜 $\mathbf{H}=0$이 되어도 자화가 남는다. 이를

잔류자화(remanent magnetism) B_r이라 한다. 따라서 잔류자화를 0으로 하기 위해서 반대 방향의 $-H_c$를 인가해야 하는데 이를 **보자력**(coercive force)이라 한다. 따라서 강자성체는 최초에 자계를 인가할 때의 $B-H$ 특성과 다시 자계를 감소할 때의 $B-H$ 특성이 다른 히스테리시스[8] 현상을 나타내게 된다. [그림 5-12]에 강자성체의 **자기이력곡선**(hysteresis loop)의 예를 나타낸다.

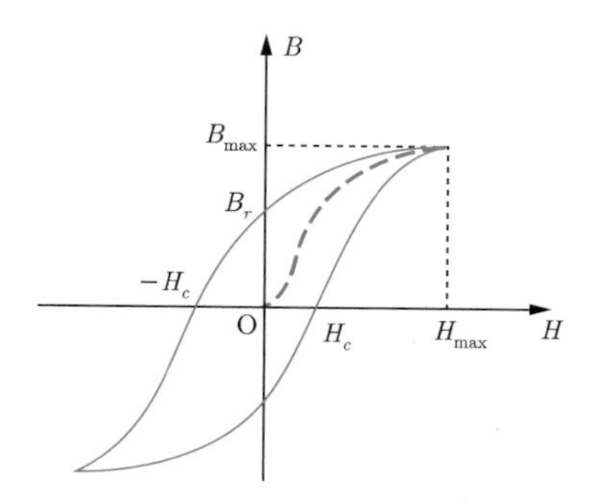

[그림 5-12] 강자성체의 자기이력곡선(히스테리시스 곡선)

한편 자벽의 이동은 외부 자계의 증가에 대하여 선형적으로 변화하지 않으므로 자속밀도와 자계 사이의 비례상수인 투자율도 자계의 크기에 따라 각각 다른 값을 가진다. 따라서 강자성체의 경우 투자율은 초투자율, 최대투자율 및 미분투자율로 구분하여 사용하고 있다. 강자성체는 산업분야에 활발하게 응용되므로 공학적으로 중요한 재료이며, 대표적으로 철(Fe), 니켈(Ni), 코발트(Co) 등이 강자성을 갖고 있다.

페리자성체

페리자성체(ferrimagnetic material)의 경우 인접한 두 원자의 자기쌍극자모멘트의 방향은 반대이지만 그 크기가 달라 모멘트는 서로 상쇄되지 않는다. 이러한 쌍극자모멘트의 구조는 강자성체에 비하면 그 영향이 작지만 외부 자계에 반응하여 큰 내부 자속밀도를 형성한다. 페라이트(ferrite)로 대표되는 페리자성체에는 자철광(Fe_3O_4), 니켈 페라이트($NiFe_2O_4$) 등이 있다. 주변 온도가 증가하여 퀴리온도[9] 이상이 되면 쌍극자모멘트의 열운동이 커져 강자성과 페리자성은 사라진다.

---

8 히스테리시스(hysteresis, 이력)란 어떤 물리량이 일의적으로 결정되지 않고, 한 개의 입력에 대해 두 개의 출력상태가 존재하는 현상이다. 즉 [그림 5-13] H_c의 자계에서 자속밀도는 아래쪽 곡선과 위쪽 곡선에 있는 두 개의 자속밀도 값을 가지게 되는 현상이다.

9 퀴리온도(Curie)란 강자성체가 상자성체로 상전이할 때의 온도를 말한다. 강자성체는 여러 방향으로 열운동을 하고 있는 쌍극자모멘트를 가진 자구들로 구성되어 있으며, 자계를 인가하면 한 방향으로 자구들이 배열하여 강자성이 나타나게 되는데 만약 온도가 증가하면 자구들의 쌍극자모멘트가 강한 열운동을 하게 되어 특정한 방향으로의 배열이 어려워지게 되어 강자성을 상실하게 된다. 이때의 온도를 퀴리온도라 한다.

반강자성체

반강자성체(antiferromagnetic material)에서는 한 원자의 쌍극자모멘트가 인접원자의 모멘트와 크기가 같고 방향이 반대이므로 순 자기쌍극자모멘트는 0이 되고 외부 자계의 영향이 거의 없다.

[그림 5-13]에 지금까지 분류한 자성체의 쌍극자모멘트의 배열(개념도)을 나타내었다.

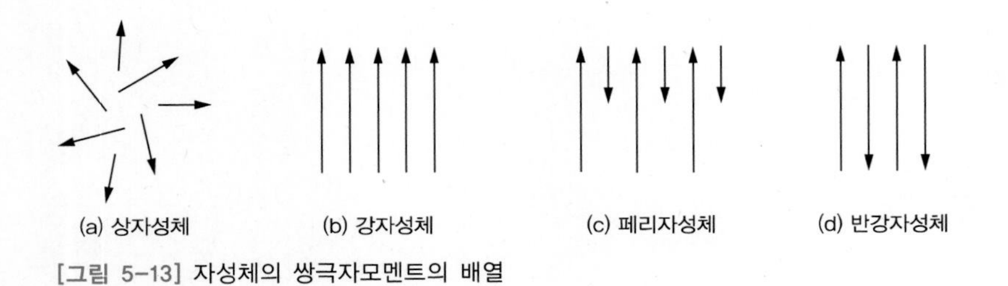

[그림 5-13] 자성체의 쌍극자모멘트의 배열

SECTION 04

경계조건

이 장에서는 투자율이 다른 두 자성체가 경계를 이루는 특수한 조건에서 경계면에서의 자계와 자속밀도를 해석하며, 이를 이용하여 자계와 자화벡터, 그리고 입사각에 대한 문제를 해결한다.

Keywords | 법선성분에 대한 경계조건 | 접선성분에 대한 경계조건 | 입사각에 대한 경계조건 | | 접선성분 | 법선성분 |

법선성분에 대한 경계조건

정전계에서 두 적분형의 맥스웰 방정식 $\oint \mathbf{D} \cdot d\mathbf{S} = Q$ 및 $\oint \mathbf{E} \cdot d\mathbf{L} = 0$을 이용하여 전계와 전속밀도의 경계조건을 구하였다. 그 결과 경계면에 전하가 존재하지 않을 경우, $D_{n1} = D_{n2}$ 및 $E_{t1} = E_{t2}$의 결과와 경계면에 대한 입사각의 정보 등을 구할 수 있었다. 특히 가우스 법칙을 통해 경계면에 대한 법선방향의 전계 및 전속밀도에 대한 정보를 구할 수 있었고, 그리고 식 $\oint \mathbf{E} \cdot d\mathbf{L} = 0$으로부터 경계면에 접선성분에 대한 정보를 구할 수 있었다.

정자계에서도 이와 마찬가지로 자계에 대한 맥스웰 방정식 $\oint \mathbf{B} \cdot d\mathbf{S} = 0$ 및 $\oint \mathbf{H} \cdot d\mathbf{L} = I$를 이용하여 경계면에 대한 자계 및 자속밀도에 대한 정보를 구할 수 있다. 우선 [그림 5-14]에 나타낸 바와 같이 투자율이 μ_1과 μ_2인 두 개의 서로 다른 매질이 접해 있을 경우, $\oint \mathbf{B} \cdot d\mathbf{S} = 0$를 적용하기 위한 가우스 원통을 선택하자. 적분은 원통의 폐면에서 수행되므로

$$\oint \mathbf{B} \cdot d\mathbf{S} = \int_{\text{윗면}} + \int_{\text{아랫면}} + \int_{\text{측면}} = 0$$

이다. 경계면에서는 $\Delta h = 0$이라 하면 원통의 측면의 면적은 0이 되므로 원통의 윗면과 아랫면에서의 연산만 수행하면 되며, 자계와 자속밀도의 경계면에 수직인 성분을 영역 1과 2에서 각각 H_{n1}, H_{n2} 또는 B_{n1}, B_{n2}라 하면,

$$B_{n1}\Delta S - B_{n2}\Delta S = 0$$

이 되어 다음의 경계조건을 얻는다.

★ 법선성분에 대한 경계조건 ★

$$\mathbf{B}_{n1} = \mathbf{B}_{n2} \tag{5.35}$$

$$\mu_1 \mathbf{H}_{n1} = \mu_2 \mathbf{H}_{n2} \tag{5.36}$$

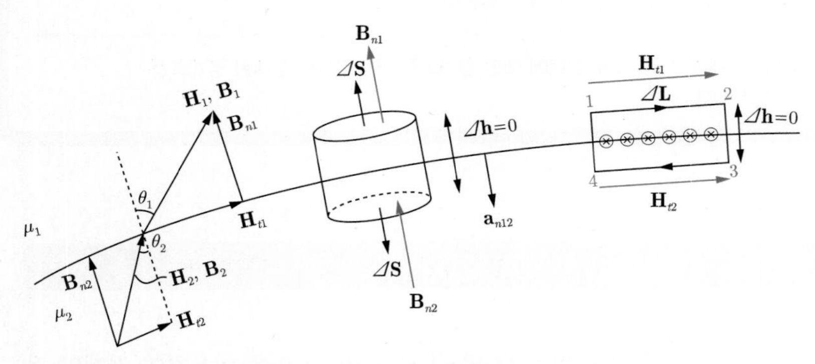

[그림 5-14] 투자율이 다른 두 자성체에서의 경계조건

이 결과로부터 자속밀도의 법선성분은 경계면의 종류에 관계없이 항상 일정하고 연속적이며, 같은 전류원에 의해 발생한 자계라도 **투자율이 작은 영역에는 투자율이 큰 영역에 비하여 더 큰 자계가 형성됨**을 알 수 있다.

또한 $\mathbf{M} = \chi_m \mathbf{H}$ 의 관계를 고려하면 식 (5.36)으로부터 자화에 대한 법선성분에 대한 경계조건을 얻는다.

$$\frac{M_{n2}}{\chi_{m2}} = \frac{\mu_1}{\mu_2} \frac{M_{n1}}{\chi_{m1}} \quad \text{또는} \quad M_{n2} = \frac{\mu_1}{\mu_2} \frac{\chi_{m2}}{\chi_{m1}} M_{n1} \tag{5.37}$$

접선성분에 대한 경계조건

한편 경계면의 접선성분에 대한 정보를 알기 위하여 [그림 5-14]에 적분을 위한 폐경로를 설정하여 $\oint \mathbf{H} \cdot d\mathbf{L} = I$를 적용하면 다음과 같다.

$$\oint \mathbf{H} \cdot d\mathbf{L} = \int_1^2 + \int_2^3 + \int_3^4 + \int_4^1 = I$$

두 번째와 네 번째 항은 자계와 적분경로의 방향이 서로 수직이므로 0이 되며, 영역 1과 영역 2에서 경계면에 대한 접선성분을 각각 H_{t1} 및 H_{t2}라 하면 위 식에서

$$H_{t1}\Delta L - H_{t2}\Delta L = I = K\Delta L$$

이 되어 다음의 결과를 얻는다.

$$H_{t1} - H_{t2} = K$$

접선성분에 대한 경계조건에 방향을 고려하여 영역 1에서 영역 2로 향하는 법선 단위벡터를 $\mathbf{a}_{n12}$ 라 할 때, 다음 관계가 성립한다.

★ 접선성분에 대한 경계조건 ★

$$(\mathbf{H}_{t1} - \mathbf{H}_{t2}) \times \mathbf{a}_{n12} = \mathbf{K} \tag{5.38}$$

이 식으로부터 두 영역에서 자계의 접선성분은 불연속이 되며, 표면전류밀도 $\mathbf{K}$에 의해 자계의 접선성분의 크기가 결정됨을 알 수 있다. 또한 $\mathbf{H} = \mathbf{H}_n + \mathbf{H}_t$ 이고 위 식의 단위벡터 $\mathbf{a}_{n12}$와 자계의 수직성분 $\mathbf{H}_n$은 같은 방향이므로 이들의 외적은 0이 된다. 따라서 위 경계조건은 다음과 같이 표현할 수 있다.

$$(\mathbf{H}_1 - \mathbf{H}_2) \times \mathbf{a}_{n12} = \mathbf{K} \tag{5.39}$$ [10]

한편 식 (5.38)을 자속밀도에 대하여 정리하면 다음과 같다.

$$\left(\frac{\mathbf{B}_{t1}}{\mu_1} - \frac{\mathbf{B}_{t2}}{\mu_2}\right) \times \mathbf{a}_{n12} = \mathbf{K} \tag{5.40}$$

자화의 접선성분에 대한 경계조건은 식 (5.38)으로부터 다음과 같이 계산한다.

$$\frac{M_{t1}}{\chi_{m1}} - \frac{M_{t2}}{\chi_{m2}} = K \quad \text{또는} \quad M_{t2} = \frac{\chi_{m2}}{\chi_{m1}} M_{t1} - \chi_{m2} K \tag{5.41}$$

만약 매질의 한 쪽이 도체가 아닌 경우에는 경계면에서 $\mathbf{K} = 0$ 이 되므로 경계조건은 다음과 같다. 이 경우 두 매질의 자계 $\mathbf{H}$의 접선성분은 연속이 되며 경계면에서 자계의 접선성분은 같다. 그러나 자속밀도 $\mathbf{B}$의 접선성분은 두 매질의 투자율의 차이에 따라 달라진다.

---

10 $(\mathbf{H}_1 - \mathbf{H}_2) \times \mathbf{a}_{n12} = [(\mathbf{H}_{n1} + \mathbf{H}_{t1}) - (\mathbf{H}_{n2} + \mathbf{H}_{t2}) \times \mathbf{a}_{n12}$ 에서 $\mathbf{a}_{n12}$와 $\mathbf{H}_{n1}$, $\mathbf{H}_{n2}$는 같은 방향이므로 이들의 외적은 0이다. 따라서 $(\mathbf{H}_1 - \mathbf{H}_2) \times \mathbf{a}_{n12} = (\mathbf{H}_{t1} - \mathbf{H}_{t2}) \times \mathbf{a}_{n12}$가 된다.

★ 접선성분에 대한 경계조건($\mathbf{K}=0$ 인 경우) ★

$$\mathbf{H}_{t1}=\mathbf{H}_{t2} \quad \text{또는} \quad \frac{\mathbf{B}_{t1}}{\mu_1}=\frac{\mathbf{B}_{t2}}{\mu_2} \tag{5.42}$$

예제 5-11

영역 1($x<0$)에 비투자율 $\mu_{R1}=2$인 매질이, 영역 2($x>0$)에 $\mu_{R2}=4$인 매질이 있으며 $x=0$인 평면에 표면전류밀도 $\mathbf{K}=80\mathbf{a}_y$[A/m]가 흐르고 있다. 영역 1에서의 자계가 $\mathbf{H}_1=50\mathbf{a}_x-20\mathbf{a}_y+30\mathbf{a}_z$[A/m] 일 때, 영역 2에서의 자계 $\mathbf{H}_2$를 구하라.

풀이 **정답** $25\mathbf{a}_x-20\mathbf{a}_y-50\mathbf{a}_z$[A/m]

영역 2에서의 자계를 $\mathbf{H}_2=H_{x2}\mathbf{a}_x+H_{y2}\mathbf{a}_y+H_{z2}\mathbf{a}_z$라 하자. 영역 1에서 영역 2로 향하는 법선 단위벡터인 $\mathbf{a}_{n12}$는 $\mathbf{a}_x$ 이므로 접선성분에 대한 경계조건 식 (5.39)를 적용하면 다음과 같다.

$$(\mathbf{H}_1-\mathbf{H}_2)\times\mathbf{a}_{n12}=\mathbf{K}$$

$$[(50-H_{x2})\mathbf{a}_x+(-20-H_{y2})\mathbf{a}_y+(30-H_{z2})\mathbf{a}_z]\times\mathbf{a}_x=80\mathbf{a}_y$$

이 식을 계산하여 정리하면

$$(20+H_{y2})\mathbf{a}_z+(30-H_{z2})\mathbf{a}_y=80\mathbf{a}_y$$

이므로 $H_{y2}=-20$, $H_{z2}=-50$ 이 된다. 한편 식 (5.35)의 수직성분에 대한 경계조건 $B_{n1}=B_{n2}$, 즉 $\mu_1 H_{n1}=\mu_2 H_{n2}$ 또는 $\mu_{R1}\mu_0 H_{x1}=\mu_{R2}\mu_0 H_{x2}$로부터

$$H_{x2}=\frac{\mu_{R1}}{\mu_{R2}}H_{x1}=50\times\frac{2}{4}=25$$

가 되어 영역 2에서의 자계 $\mathbf{H}_2$는 다음과 같다.

$$\mathbf{H}_2=25\mathbf{a}_x-20\mathbf{a}_y-50\mathbf{a}_z\text{[A/m]}$$

입사각에 대한 경계조건

지금까지 자계 및 자속밀도의 크기가 투자율이 다른 두 매질의 경계면에서 어떻게 변하는지 살펴보았다. 이제 경계면에서 $\mathbf{K}=0$인 비도전성 매질이 있는 경우의 입사각에 대한 정보를 구해 보자. [그림 5-14]에서 자속밀도 $\mathbf{B}_1$과 $\mathbf{B}_2$가 경계면의 법선에 대하여 각각 θ_1 및 θ_2의 각을 이루고 있다

면 경계조건에 의해 $B_{n1} = B_{n2}$이므로

$$B_1 \cos\theta_1 = B_2 \cos\theta_2$$

이며, 또한 $\mathbf{H}_{t1} = \mathbf{H}_{t2}$ 또는 $B_{t1}/\mu_1 = B_{t2}/\mu_2$으로부터 다음과 같이 표현한다.

$$\frac{B_1 \sin\theta_1}{\mu_1} = \frac{B_2 \sin\theta_2}{\mu_2}$$

즉 위 두 식으로부터 다음 관계를 얻을 수 있다.

★ 입사각에 대한 경계조건 ★

$$\frac{\tan\theta_1}{\tan\theta_2} = \frac{\mu_1}{\mu_2} \tag{5.43}$$

이 식으로부터 자계 및 자속밀도의 경계면에서의 굴절각의 크기는 매질의 투자율의 차이에 따라 변하게 되는 것을 알 수 있다. 만약 $\mu_1 > \mu_2$라면 $\theta_1 > \theta_2$가 된다. 또한 이러한 각의 관계로부터 영역 2에 대한 자계도 구할 수 있다. 즉,

$$H_2 = \sqrt{H_{n2}^2 + H_{t2}^2} = \sqrt{(H_2 \cos\theta_2)^2 + (H_2 \sin\theta_2)^2}$$

이며, [그림 5-14]에서 경계조건 $\mu_1 H_{n1} = \mu_2 H_{n2}$ 및 $H_{t1} = H_{t2}$으로부터

$$H_1 \sin\theta_1 = H_2 \sin\theta_2$$

$$\mu_1 H_1 \cos\theta_1 = \mu_2 H_2 \cos\theta_2$$

를 이용하여 계산하면 $\mathbf{H}_2$는 다음과 같다.

$$\mathbf{H}_2 = \sqrt{(H_2 \cos\theta_2)^2 + (H_2 \sin\theta_2)^2} = H_1 \left[\sin^2\theta_1 + \left(\frac{\mu_1}{\mu_2} \cos\theta_1 \right)^2 \right]^{\frac{1}{2}} \tag{5.44}$$

예제 5-12

비투자율 $\mu_{R1} = 3$인 매질 1과 비투자율 $\mu_{R2} = 1.5$인 매질 2가 $z = 0$인 평면에서 경계를 이루고 있다. 매질 1과 2의 자속밀도 $\mathbf{B}_1$과 $\mathbf{B}_2$가 경계에 대하여 수직인 면에 대하여 각각 θ_1 및 θ_2의 각을 이루고 있다. $\theta_1 = 45°$일 때 θ_2를 구하라. 단, 경계면에 표면전류밀도는 0이다.

풀이 **정답** 26.6°

경계면에 대한 자속밀도의 각의 관계는 식 (5.43)의 경계조건에서 $\frac{\tan\theta_1}{\tan\theta_2} = \frac{\mu_1}{\mu_2}$ 이므로 $\tan\theta_2$ 는 다음과 같이 구한다.

$$\tan\theta_2 = \frac{\mu_2}{\mu_1}\tan\theta_1 = \frac{\mu_0\mu_{R2}}{\mu_0\mu_{R1}}\tan\theta_1 = \frac{1}{2}\tan 45° = \frac{1}{2}$$

따라서 θ_2는 다음과 같다.

$$\theta_2 = \tan^{-1}\left(\frac{1}{2}\right) \doteq 26.6°$$

SECTION 05

자기회로

전기회로와의 비교를 통하여 자기회로를 이해하고 자기회로의 구성요소를 공부한다. 또한 자기회로를 이용하여 자계를 해석한다.

Keywords | 자기저항 | 기자력 | 자속 |

자기회로를 이용한 자계 해석

지금까지 우리는 비오-사바르 법칙과 앙페르의 주회법칙으로 자계를 구하였다. 그러나 강자성체의 경우 자속밀도와 자계 사이에는 비선형적 관계가 있으므로 주어진 자계조건하에서 자속밀도를 구하기가 쉽지 않다. 예를 들면 원하는 자속밀도를 얻기 위하여 주어진 도체계에 어떤 값의 자계를 인가하여야 할지를 결정하기가 쉽지 않다. 이 경우 자속의 흐름을 모의한 자기회로의 해석이 필요하다.

전기회로(electric circuit)는 전류의 흐름을 모의한 것으로 기전력(electromotive force, emf) $V[\mathrm{V}]$와 부하인 저항소자 $R[\Omega]$로 구성되며, 기전력이 전위차를 생성하면 $\mathbf{E} = -\nabla V$에 의해 전계가 형성되고 전계에 의해 하전입자가 움직여 전류 $I[\mathrm{A}]$를 흐르게 한다. 또한 부하(저항)에 전류가 흐르기 위하여 $V = RI$의 전압강하가 발생하게 된다.

이에 대하여 **자기회로**(magnetic circuit)는 자속 $\Phi[\mathrm{Wb}]$의 흐름을 모의한 것이다. 즉, 자기회로는 **기자력**(magnetomotive force, mmf) $V_m[\mathrm{A \cdot t}]$과 부하인 **자기저항**(릴럭턴스, reluctance) $R_m[\mathrm{A \cdot t/Wb}]$로 구성된다. 지금까지는 전류에 의해 자계가 발생함과 동시에 이 자계를 구성하는 자속의 흐름이 발생하는 것으로 공부해 왔지만, 자기회로에서는 전기회로의 $V = RI$에 대응하여 기자력 $V_m = R_m \Phi$에 의해 자속이 발생한다고 생각하면 된다. 선형 등방성의 자성체의 경우 자기저항은 자속이 통과하는 수직 단면적이 S이고 자속의 길이 즉, 자로의 길이를 d라 하면 다음과 같이 정의한다.

★ 자기저항 ★

$$R_m = \frac{d}{\mu S} \tag{5.45}$$

자기저항은 자속이 발생하여 통과하는 물체 즉, 자성체의 특성을 반영하여 자로의 길이에 비례하고 투자율과 단면적에 반비례한다. 자기회로에 대한 이해와 원활한 적용을 위하여 전기회로와 자기회로의 대응관계를 정리하여 [표 5-1]에 나타내었다.

[표 5-1] 전기회로와 자기회로의 구성요소의 대응관계

전기회로	자기회로	비고
$\mathbf{E} = -\nabla V$	$\mathbf{H} = -\nabla V_m$	전계와 자계
$V_{AB} = -\int_B^A \mathbf{E} \cdot d\mathbf{L}$	$V_{mAB} = -\int_B^A \mathbf{H} \cdot d\mathbf{L}$	기전력과 기자력
$\mathbf{J} = \sigma \mathbf{E}$	$\mathbf{B} = \mu_0 \mathbf{H}$	옴의 법칙의 미분형
$I = \int \mathbf{J} \cdot d\mathbf{S}$	$\Phi = \int \mathbf{B} \cdot d\mathbf{S}$	전류와 자속
$V = RI$	$V_m = R_m \Phi$	전기저항과 자기저항
$R = \dfrac{d}{\sigma S}$	$R_m = \dfrac{d}{\mu S}$	도전율과 투자율이 대응함
$\oint \mathbf{E} \cdot d\mathbf{L} = 0$	$\oint \mathbf{H} \cdot d\mathbf{L} = NI$	보존계와 비보존계

즉, 전위와 자위 또는 기전력과 기자력이 각각 전계 및 자계를 발생하며, $\mathbf{J} = \sigma \mathbf{E}$ 와 $\mathbf{B} = \mu_0 \mathbf{H}$ 의 관계에서 전류밀도와 자속밀도의 대응관계를 생각하면 도전율 σ 에 대응하여 투자율 μ 를 자기저항의 표현식에서 사용할 수 있다. 또한 자속의 흐름을 발생하는 기자력은 자성체를 감고 있는 외부 에너지원에 의한 것으로 코일의 권수를 N[turn, t] 이라 하면 다음과 같이 표현한다.

★ 기자력 ★

$$V_m = Hd = R_m \Phi = NI \tag{5.46}$$

이제 [그림 5-15(a)]와 같이 단면적 S, 평균반경 ρ_0 인 공심 토로이드에 N번의 코일을 감고 전류 I를 인가한 경우와, [그림 5-15(b)]와 같이 투자율 μ 인 강자성체로 채워진 같은 크기의 토로이드에 길이 d_g 의 공극이 발생한 경우의 자기회로를 생각해 보자.[11]

11 [그림 5-15(b)]와 같이 강자성체로 되어있는 토로이드에서 공극은 조립을 할 경우 피할 수 없이 발생하는 경우가 많으며, 자속을 제어하기 위해 공극을 발생하는 경우도 있다.

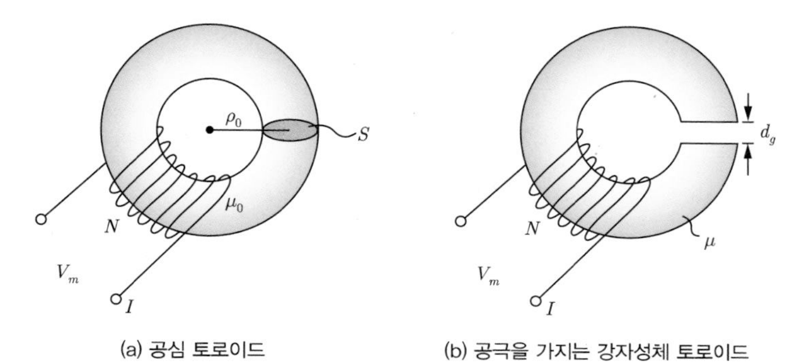

[그림 5-15] 공심 토로이드와 공극을 가지는 강자성체 토로이드

(a)는 공심 토로이드이므로 $R_g = d/(\mu_0 S)$의 단일 부하를 갖는 자기회로가 되며, (b)는 기자력 $V_m = NI$에 의해 자속은 강자성체와 공극 부분을 직렬로 통과하므로 두 개의 직렬 부하 $R_g = d_g/(\mu_0 S)$와 비선형 특성을 가지는 $R_s = d_s/(\mu S)$를 갖는 자기회로가 된다. 자기회로는 각각 [그림 5-16]의 (a), (b)로 나타낼 수 있다. 이때 [그림 5-16]의 (a), (b)에 나타난 자기회로의 회로 방정식은 각각 다음과 같다.

$$V_m = NI = \frac{d}{\mu_0 S}\Phi$$

$$V_m = NI = \left(\frac{d_g}{\mu_0 S} + \frac{d_s}{\mu S}\right)\Phi$$

한편 자기저항의 식 $R_m = d/(\mu S)$에서 d는 자속의 흐름의 길이, 즉 자로의 길이를 의미하며, 토로이드의 평균반경을 ρ_0라 할 때, 위 식의 자로는 $d = 2\pi\rho_0$와 $d_s = (2\pi\rho_0 - d_g)$가 된다.

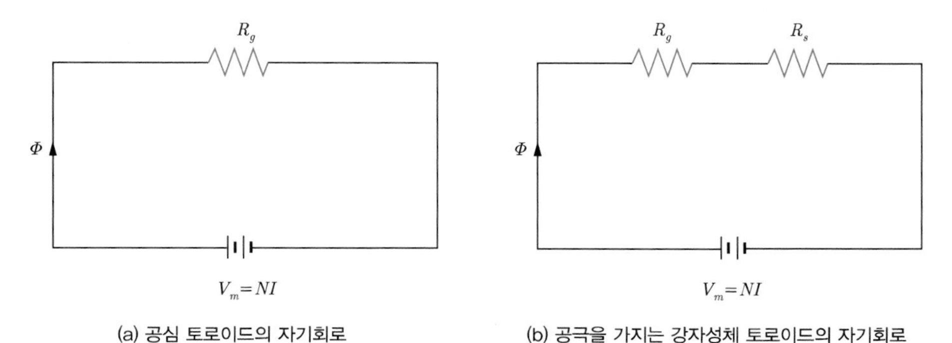

[그림 5-16] 공심 토로이드와 공극을 가지는 강자성체 토로이드의 자기회로
(b)의 경우 자속은 $R_g = d_g/(\mu_0 S)$와 $R_s = d_s/(\mu S)$의 부하가 직렬로 연결된 회로를 흐른다.

예제 5-13

권선 수 $N=800$[회], 단면적 $S=3[\text{cm}^2]$, 평균반경 $\rho_0=12$[cm]인 공심 토로이드에 전류 $I=3$[A]를 흘렸다. 이를 자기회로를 이용하여 토로이드 내의 자계를 구하라.

풀이 **정답** 3185[A · t/m]

공심 토로이드의 내부는 투자율이 μ_0인 자유공간이므로 하나의 부하를 가지는 자기회로가 된다. 자로의 길이는 $d=2\pi\rho_0$ 이므로 식 (5.45)를 이용하여 자기저항을 구하면 다음과 같다.

$$R_m=\frac{2\pi\times 12\times 10^{-2}}{4\pi\times 10^{-7}\times 3\times 10^{-4}}=2\times 10^9[\text{A}\cdot\text{t/Wb}]$$

또한 식 (5.46)을 이용하여 기자력과 자속을 구하면 다음과 같다.

$$V_m=N\times I=800\times 3=2400[\text{A}\cdot\text{t}]$$

$$\Phi=\frac{V_m}{R_m}=\frac{2400}{2\times 10^9}=1.2\times 10^{-6}[\text{Wb}]$$

한편 자계를 구하기 위해 자속밀도를 구하면

$$B=\frac{\Phi}{S}=\frac{1.2\times 10^{-6}}{3\times 10^{-4}}\doteq 4\times 10^{-3}=4[\text{mT}]$$

이 되므로, 토로이드 내의 자계는 다음과 같다.

$$H=\frac{B}{\mu_0}=\frac{4\times 10^{-3}}{4\pi\times 10^{-7}}\doteq 3185[\text{A}\cdot\text{t/m}]$$

예제 5-14

권선 수 $N=800$[회], 단면적 $S=3[\text{cm}^2]$, 평균반경 $\rho_0=12$[cm]인 토로이드는 2[mm]의 공극을 제외한 부분이 모두 강자성체 물질이다. 이때 토로이드 내부의 자속밀도를 0.6[T]로 하기 위한 전류를 구하라. 단, 강자성체의 자속밀도가 0.6[T]가 되게 하는 자계는 100[A · t/m]이다.

풀이 **정답** 1.4[A]

이 토로이드는 공극 부분과 강자성체 부분의 두 개의 릴럭턴스를 가지는 직렬 자기회로이며, 기자력은 두 부하에서 발생하는 기자력(전기회로의 전압강하)의 합이다. 또한 직렬회로이므로 자속은 두 부하에서 일정하다. 우선 자속을 구하고, 식 (5.45)를 이용하여 공극에서의 자기저항 R_g를 구하면 다음과 같다.

$$\Phi = BS = 0.6 \times 3 \times 10^{-4} = 1.8 \times 10^{-4}[\text{Wb}]$$

$$R_g = \frac{d_g}{\mu_0 S} = \frac{2 \times 10^{-3}}{4\pi \times 10^{-7} \times 3 \times 10^{-4}} = 5.3 \times 10^6[\text{A} \cdot \text{t/Wb}]$$

즉 공극에서의 기자력을 구하면 다음과 같다.

$$V_{mg} = R_g \Phi = 5.3 \times 10^6 \times 1.8 \times 10^{-4} = 1044[\text{A} \cdot \text{t}]$$

또한 강자성체의 자속밀도가 0.6[T]가 되는 자계는 100[A · t/m]이므로 식 (5.46)을 이용하여 강자성체에서의 기자력을 구하면 다음과 같다.

$$V_{ms} = Hd_s = 100 \times 2\pi \times 12 \times 10^{-2} \fallingdotseq 75[\text{A} \cdot \text{t}]$$

기자력의 합은 $V_m = V_{mg} + V_{ms} = 1119[\text{A} \cdot \text{t}]$이다. 따라서 식 (5.46)의 $V_m = NI$로부터 자속밀도 0.6[T]가 되게 하는 전류를 구하면 다음과 같다.

$$I = \frac{V_m}{N} = \frac{1119}{800} \fallingdotseq 1.4[\text{A}]$$

SECTION 06

자기에너지

이 절에서는 정자계에서 자기에너지를 정의하고 자기에너지의 표현식을 도출하며, 이를 이용하여 주어진 도체계에 축적되는 자기에너지를 구한다.

Keywords | 자기에너지 | 힘 |

자기에너지

정전계의 에너지는 점전하계를 무한원점에서 전계 내의 한 점으로 옮기는 데 필요한 일로 표현하였으며, 그 결과는 다음과 같았다.

$$W_E = \frac{1}{2}\int \mathbf{D} \cdot \mathbf{E}\, dv$$

정자계에서도 이와 마찬가지로 자계가 발생하면 주어진 공간에 에너지가 축적된다. 즉, 자계도 에너지를 보유하고자 하는 성질을 가지고 있다. 이를 설명하려는 자계를 형성하는 데 필요한 에너지를 알아야 한다. 정전계에서의 에너지는 전하를 옮기는 데 필요한 일임에 대응하여 **정자계에서의 에너지는 전류를 옮기는 데 필요한 일을 계산한다.**

그러나 어떤 공간에 먼저 옮겨온 전류가 있어 이 전류가 이미 자계를 형성하고 있는 상태에서 다시 무한히 먼 곳에서 다른 전류가 흐르는 도체판을 그 공간으로 옮겨오면 도체판과 기존의 자계가 서로 쇄교하여 패러데이 법칙에 의해 유도전압이 유기되는 결과를 초래하게 된다. 즉, 새로운 전압원이 생겨 이를 무시하고 자기에너지를 논의할 수 없다.[12] 따라서 여기서는 자기에너지를 정전계의 에너지에 대응하여 다음 식으로 정의하고 패러데이 법칙 등 시가변계를 공부한 후 이 정의의 유효성을 다시 논의하기로 하자.

$$W_H = \frac{1}{2}\int \mathbf{B} \cdot \mathbf{H}\, dv \tag{5.47}$$

그리고 $\mathbf{B} = \mu \mathbf{H}$ 의 관계식으로부터 정자계의 에너지는 다음과 같이 나타낼 수 있다.

$$W_H = \frac{1}{2}\int \mu \mathbf{H}^2 dv = \frac{1}{2}\int \frac{\mathbf{B}^2}{\mu} dv$$

12 정전에너지가 전계가 존재하는 공간에서만 정의되었듯이 자기에너지도 반드시 자계가 존재하는 공간에만 축적된다.

한편 에너지는 힘과 거리의 곱이고, 논의의 편의를 위하여 위 식에서 적분을 제거하면

$$dW_H = \frac{1}{2}\frac{B^2}{\mu}dv = \frac{1}{2}\frac{B^2}{\mu}Sd\mathbf{L} = Fd\mathbf{L}$$

이 되어 힘 $\mathbf{F}$는 다음과 같다.

$$\mathbf{F} = \frac{B^2 S}{2\mu}$$

동축케이블

동축케이블의 경우 외부 도체의 바깥에는 자계가 없으므로 자기에너지는 내부 도체의 내부와 내·외 도체 사이에 축적된다. 내·외 도체의 반지름을 각각 a, b라 할 때 내부 도체의 내부의 한 점에서 자계와 자속밀도는

$$\mathbf{H} = \frac{I\rho}{2\pi a^2}\mathbf{a}_\phi\ ,\ \mathbf{B} = \frac{\mu_0 I\rho}{2\pi a^2}\mathbf{a}_\phi$$

이며, 이를 이용하여 내부 도체의 단위길이당 자기에너지를 구하면 다음과 같다.

$$\begin{aligned} W_H &= \frac{1}{2}\int \mathbf{B}\cdot\mathbf{H}\,dv \\ &= \frac{1}{2}\int_0^1\int_0^{2\pi}\int_0^a \frac{\mu_0 I^2\rho^2}{4\pi^2 a^4}\rho d\rho d\phi dz = \frac{\mu_0 I^2}{16\pi} \end{aligned}$$

다음으로 내·외 도체 사이에서는 자계와 자속밀도가 각각

$$\mathbf{H} = \frac{I}{2\pi\rho}\mathbf{a}_\phi \quad \text{또는} \quad \mathbf{B} = \frac{\mu_0 I}{2\pi\rho}\mathbf{a}_\phi$$

이므로 단위길이당 자기에너지를 구하면 다음과 같다.

$$\begin{aligned} W_H &= \frac{1}{2}\int \mathbf{B}\cdot\mathbf{H}\,dv \\ &= \frac{1}{2}\int_0^1\int_0^{2\pi}\int_a^b \frac{\mu_0 I^2}{4\pi^2\rho^2}\rho d\rho d\phi dz = \frac{\mu_0 I^2}{4\pi}\ln\frac{b}{a} \end{aligned}$$

예제 5-15

단면적이 $S=3[\text{cm}^2]$ 인 N, S극의 전자석이 z 축상에서 서로 마주보고 있다. 이 전자석의 자속밀도가 $\mathbf{B}=1.6[\text{Wb/m}^2]$일 때, 전자석의 흡인력을 구하라.

풀이 **정답** $0.19\times 10^3[\text{N}]$

전자석의 N극을 F_z의 힘으로 Δz만큼 움직였을 때의 자기에너지의 변화 ΔW_H를 식 (5.47)을 응용하여 구하면 다음과 같다.

$$\Delta W_H=\frac{1}{2}\frac{\mathbf{B}^2}{\mu_0}dv=\frac{1}{2}\frac{\mathbf{B}^2}{\mu_0}S\Delta z=F_z\Delta z$$

즉 z 방향으로 작용하는 힘은 다음과 같다.

$$F_z=\frac{\mathbf{B}^2 S}{2\mu_0}=\frac{1.6^2\times 3\times 10^{-4}}{2\times 4\pi\times 10^{-7}}=0.3\times 10^3[\text{N}]$$

SECTION 07 인덕턴스

전류와 자속의 쇄교 개념을 이해하여 자기인덕턴스와 상호인덕턴스를 정의하고, 각 도체계에서의 인덕턴스를 구하며 인덕턴스를 이용하여 주어진 도체계에 축적되는 자기에너지를 구한다.

Keywords | 자기인덕턴스 | 상호인덕턴스 | 쇄교자속 |

인덕턴스의 개념

정전계에서 전압을 인가하면 전극에는 전하가 축적되며, 축적되는 전하량은 전압에 비례한다. 이때 비례상수를 정전용량 C[F] 라 하였다. 이와 유사하게 전자계에서는 폐회로에 전류가 흐르면 회로에는 자속이 발생하고 발생하는 자속의 양은 전류에 비례한다. 그 비례상수를 **인덕턴스** L[H] 라 한다. 따라서 인덕턴스는 정전용량과 함께 교류회로에 작용하는 저항소자이지만 그 물리적 의미는 단위전류를 인가할 때 발생하는 자속의 양으로 생각할 수 있다.

$$\Phi = LI \quad \text{또는} \quad L = \frac{\Phi}{I} \tag{5.48}$$

인덕턴스에서 가장 중요한 것은 자속과 전류의 쇄교 개념이다. 권선 수가 N인 코일에 전류 I가 흐르면 자속 Φ가 발생한다. 발생된 자속 Φ가 각 권선과 쇄교한다면, 쇄교하는 자속의 총량은 $\lambda = N\Phi$로 정의할 수 있다.[13] 즉, 쇄교자속은 권선 수 N과 각 권선을 쇄교하는 자속 Φ의 곱으로 정의한다. 이 경우 인덕턴스는 다음과 같이 정의한다.

★ 인덕턴스 ★

$$L = \frac{N\Phi}{I} \tag{5.49}$$

원통 도체, 동축케이블 등 권선이 1회인 도체계의 경우, 발생하는 자속 Φ는 모두 전류 I와 쇄교하며, 쇄교자속은 Φ가 되지만 솔레노이드나 토로이드와 같이 권선을 여러 번 감아 사용하는 도체의 경우 쇄교자속은 $\lambda = N\Phi$가 됨에 유의해야 한다.[14]

---

13 전류에 의해 발생된 자속이 전류가 흐르는 도체를 감싸게 될 때, 쇄교한다고 한다. 따라서 1선의 직선 도체는 자속이 쇄교하는 도체는 하나이지만 솔레노이드나 토로이드처럼 N 회의 권선에 전류를 흘리면 권선과 쇄교하는 자속은 N배가 된다.

14 물론 쇄교자속 $\lambda = N\Phi$ 의 개념은 N회의 권선을 매우 촘촘히 감았을 때 성립하며, 권선 사이에 간격이 있는 경우의 쇄교자속은 $N\Phi$ 대신 $\lambda = \sum \Phi_i$ 의 개념으로 생각하면 된다.

이제 [그림 5-17]과 같이 각각 전류 I_1과 I_2가 흐르고 있는 두 개의 코일이 가까이 있는 경우에 대해 생각해 보자.

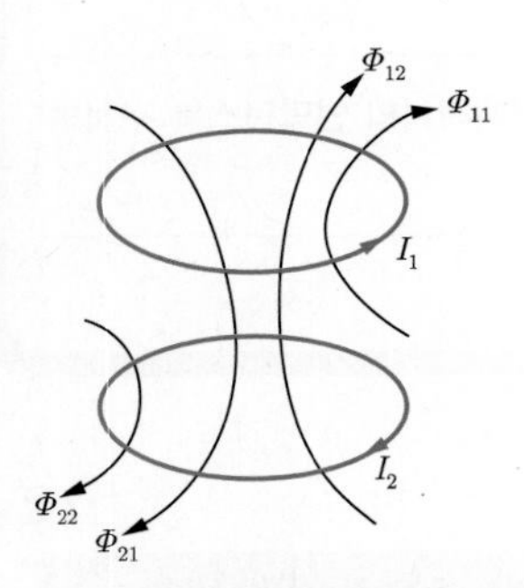

[그림 5-17] 두 회로에서 발생하는 자속과 전류와의 쇄교
Φ_{12}는 전류 I_1에 의해 발생된 자속이지만 I_2와 쇄교하는 자속 성분이다.

전류 I_1에 의해 발생하는 자속 중에는 전류 I_1과 쇄교하는 자속 성분과 인접한 전류 I_2와 쇄교하는 자속 성분이 있을 수 있다. 이를 각각 Φ_{11} 및 Φ_{12}라 하자. 이와 마찬가지로 전류 I_2에 의해 발생하는 자속 중 전류 I_2와 쇄교하는 자속을 Φ_{22}라 하고, 전류 I_1과 쇄교하는 자속을 Φ_{21}이라 하면, 자속 Φ_{11} 및 Φ_{12}는 전류 I_1이 만드는 자속이므로 전류 I_1에 비례하며 자속 Φ_{21} 및 Φ_{22}는 전류 I_2에 비례한다. 따라서 각 자속은 다음과 같이 표현할 수 있다.

$$\Phi_{11} = L_1 I_1 \quad \text{또는} \quad \Phi_{22} = L_2 I_2$$
$$\Phi_{12} = M_{12} I_1 \quad \text{또는} \quad \Phi_{21} = M_{21} I_2$$

이 식에서 L_1, L_2를 **자기인덕턴스**(self-inductance)라 하고 M_{12}, M_{21}을 **상호인덕턴스**(mutual inductance)라 한다. 상호인덕턴스는 코일 1, 2의 권선 수를 N_1, N_2라 하면 상호쇄교자속에 의해 다음과 같이 정의한다.

$$M_{12} = \frac{\lambda_{12}}{I_1} = \frac{N_2 \Phi_{12}}{I_1} \tag{5.50}$$

결국 인덕턴스는 [그림 5-17]과 같이 자기인덕턴스에 다른 전류에 의해 발생된 자속이 포함되면서 변하게 된다. 즉, 한 도체에 다른 도체에서 발생한 자속이 같이 쇄교하기 때문에 자속의 방향에 따라 인덕턴스는 증가할 수도 있고 감소할 수도 있다. 이러한 증가 또는 감소분이 상호인덕턴스이다. 따라서 총 인덕턴스 L_T는 다음과 같이 나타낼 수 있다.

$$L_T = L \pm M \tag{5.51}$$

한편 인덕턴스는 전류에 대한 쇄교자속의 비이므로 자계가 존재하지 않는 공간에서는 정의될 수 없다. 따라서 자기에너지가 축적되는 공간에서만 인덕턴스를 구할 수 있다. 이제 인덕턴스를 에너지의 관점에서 고찰해 보자. 자기에너지는

$$W_H = \frac{1}{2}\int \mathbf{B} \cdot \mathbf{H}\, dv$$

이며, 미소체적소를 미소면적소와 미소길이로 바꾸어 놓으면

$$W_H = \frac{1}{2}\left[\int \mathbf{B} \cdot d\mathbf{S}\right]\left[\oint \mathbf{H} \cdot d\mathbf{L}\right] = \frac{1}{2}\Phi I$$

가 된다. 이 식에 $\Phi = LI$ 의 관계를 적용하면 다음과 같이 표현할 수 있다.

★ 자기에너지 ★

$$W_H = \frac{1}{2}LI^2 \tag{5.52}$$

따라서 인덕턴스는 다음과 같이 표현된다.[15]

$$L = \frac{2W_H}{I^2} \tag{5.53}$$

또한 전류 I_1 과 쇄교하는 자속 Φ_1 에 의한 자기에너지를 W_{11} 이라 하면

$$W_{11} = \frac{1}{2}\int \mathbf{B}_1 \cdot \mathbf{H}_1\, dv = \frac{1}{2}L_1 I_1^2 \tag{5.54}$$

이며, 이를 정리하여 자기인덕턴스를 표현하면

$$L_1 = \frac{1}{I_1^2}\int \mathbf{B}_1 \cdot \mathbf{H}_1 dv_1 \tag{5.55}$$

이 된다. 같은 방법으로 생각하여 자기인덕턴스 L_2 는

$$L_2 = \frac{1}{I_2^2}\int \mathbf{B}_2 \cdot \mathbf{H}_2\, dv_2 \tag{5.56}$$

---

15 이것은 정전계의 정전용량의 정의와 매우 유사하다. 즉, 정전용량은 $C = 2W_E/V^2 = Q/V$ 였다. 또한 정전용량은 전계가 존재하며 따라서 정전에너지가 축적되는 공간에서 정의가 가능하였다. 예를 들어 동축케이블의 경우 내부와 외부 도체 사이에만 전계가 존재하므로 그 이외의 위치에서는 정전용량은 정의될 수 없다.

가 되고 상호인덕턴스는

$$M_{12} = \frac{1}{I_1 I_2}\int \mathbf{B}_1 \cdot \mathbf{H}_2 dv \tag{5.57}$$

$$M_{21} = \frac{1}{I_1 I_2}\int \mathbf{B}_2 \cdot \mathbf{H}_1 dv \tag{5.58}$$

로 표현된다. 한편 식 (5.57)과 (5.58)에서 $\mathbf{B}_1$과 $\mathbf{H}_2$는 동일한 공간에서 각각 전류 I_1과 I_2에 의해 발생되므로 $\mathbf{B}_1 \cdot \mathbf{H}_2 = \mu\mathbf{H}_1 \cdot \mathbf{H}_2 = \mathbf{H}_1 \cdot \mu\mathbf{H}_2 = \mathbf{H}_1 \cdot \mathbf{B}_2$가 되어 $M_{12} = M_{21}$이 된다.

예제 5-16

전류 I_1과 I_2가 흐르고 있는 두 개의 코일이 가까이 있다. 코일 1, 2의 자기인덕턴스와 상호인덕턴스를 벡터자위로 표현하라.

풀이

우선 자속 식 (4.45)의 $\mathbf{B} = \nabla \times \mathbf{A}$와 스토크스의 정리 $\oint \mathbf{H} \cdot d\mathbf{L} = \int (\nabla \times \mathbf{H}) \cdot d\mathbf{S}$의 관계를 이용하여 다음과 같이 표현한다.

$$\Phi = \int \mathbf{B} \cdot d\mathbf{S} = \int (\nabla \times \mathbf{A}) \cdot d\mathbf{S} = \oint \mathbf{A} \cdot d\mathbf{L}$$

또한 전류밀도 $\mathbf{J}$에 대하여 전류 I는

$$I = \int \mathbf{J} \cdot d\mathbf{S}$$

이고, $Id\mathbf{L} = \mathbf{J}\,dv$의 관계를 이용하여 자기에너지 W_H를 정리하면 다음과 같다.

$$W_H = \frac{1}{2}\Phi I = \frac{1}{2}\left(\oint \mathbf{A} \cdot d\mathbf{L}\right) I = \frac{1}{2}\int \mathbf{A} \cdot \mathbf{J}\,dv$$

또한 식 (5.52)에 의해 자기에너지와 인덕턴스 사이의 관계는

$$W_H = \frac{1}{2}LI^2 \text{ 또는 } W_H = \frac{1}{2}M_{12}I_1I_2$$

로 주어지므로 코일 1과 코일 2의 자기인덕턴스와 상호인덕턴스는 각각 다음과 같다.

$$L_1 = \frac{1}{I_1^2}\int \mathbf{A}_1 \cdot \mathbf{J}_1 dv_1,\ L_2 = \frac{1}{I_2^2}\int \mathbf{A}_2 \cdot \mathbf{J}_2 dv_2$$

$$M_{12}=\frac{1}{I_1 I_2}\int \mathbf{A}_1 \cdot \mathbf{J}_2 dv,\ M_{21}=\frac{1}{I_1 I_2}\int \mathbf{A}_2 \cdot \mathbf{J}_1 dv$$

각 도체계에서의 인덕턴스

이제 각 도체계에서 인덕턴스를 구해 보자.

토로이드

권선이 매우 촘촘히 N[회] 감긴 토로이드의 자속밀도는

$$\mathbf{B}=\frac{\mu_0 NI}{2\pi\rho}\mathbf{a}_\phi$$

이므로 토로이드의 수직 단면적 S를 통과하는 자속은 다음과 같다.

$$\Phi=\frac{\mu_0 NIS}{2\pi\rho}$$

이 토로이드에서 발생한 자속이 모두 권선과 쇄교한다면 쇄교자속은 $\lambda=N\Phi$가 되므로, 인덕턴스는 다음과 같이 정리할 수 있다.

$$L=\frac{N\Phi}{I}=\frac{\mu_0 N^2 S}{2\pi\rho} \tag{5.59}$$

원통 도체

다음으로 반경 a인 원통 도체의 인덕턴스를 구해보자. 반경 a인 원통의 전체 면적에 균일한 전류가 흐를 때 도체 내부 한 점에서의 자속밀도는 다음과 같다.

$$\mathbf{B}=\frac{\mu_0 I\rho}{2\pi a^2}\mathbf{a}_\phi$$

이때 자속밀도는 ρ의 함수이므로 도체 내부에서는 위치에 따라 자속밀도가 달라지므로, 전류가 쇄교하는 자속의 양도 다르다. 위 식에서

$$d\Phi=\mathbf{B}\cdot d\mathbf{S}=\frac{\mu_0 I\rho}{2\pi a^2}d\rho dz$$

이며, 지금 [그림 5-18]과 같이 $d\rho$에서 전류와 쇄교하는 자속을 $d\Phi'$라 하면

$$d\Phi' = \frac{\mu_0\,\rho}{2\pi a^2}\left(I\frac{\rho^2}{a^2}\right)d\rho dz$$

이므로 총 자속은

$$\Phi = \int_0^d \int_0^a \frac{\mu_0 I}{2\pi a^4}\rho^3 d\rho dz = \frac{\mu_0 Id}{8\pi} \tag{5.60}$$

이다. 따라서 단위길이당 인덕턴스는 다음과 같이 계산하며, 이 결과를 원통 도체의 내부인덕턴스라 한다.

$$L = \frac{\mu_0}{8\pi} \tag{5.61}$$

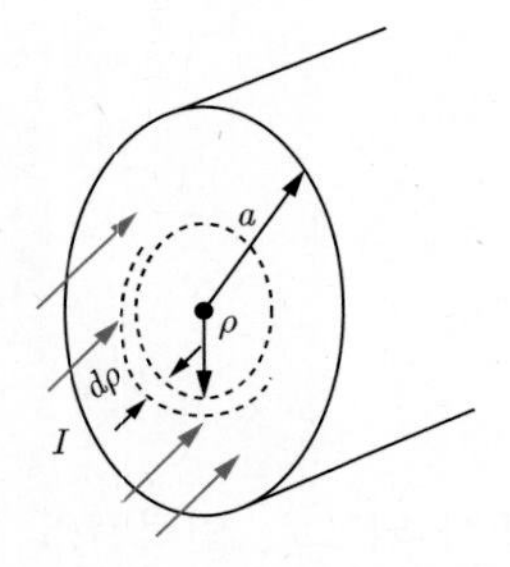

[그림 5-18] 전류가 흐르는 원통 도체
자속 $d\Phi'$가 쇄교하는 전류는 I의 도체 내부 면적 πa^2에 대한 $\pi\rho^2$의 면적 비이다.

예제 5-17

자기에너지 관계식을 이용하여 반경 a인 원통 도체의 단위길이당 인덕턴스를 구하라.

풀이 **정답** $\frac{\mu_0}{8\pi}[\mathrm{H}]$

원통 도체 내부의 한 점 ρ에서의 자계는 $\mathbf{H} = \frac{I\rho}{2\pi a^2}\mathbf{a}_\phi$이며, 이를 이용하여 도체 내부에 축적되는 단위길이당 자기에너지를 구하면 다음과 같다.

$$W_H = \frac{1}{2}\int \mathbf{B}\cdot\mathbf{H}dv = \frac{1}{2}\int_0^1\int_0^{2\pi}\int_0^a \frac{\mu_0 I^2\rho^2}{4\pi^2 a^4}\rho d\rho d\phi dz = \frac{\mu_0 I^2}{16\pi} = \frac{1}{2}LI^2$$

따라서 단위길이당 인덕턴스는 다음과 같다.

$$L = \frac{\mu_0}{8\pi}[\mathrm{H}]$$

동축케이블

동축케이블의 인덕턴스를 구하는 문제는, 단위길이당 인덕턴스는 $\rho < a$인 경우 반경 a인 원통 도체의 내부인덕턴스의 문제와 같다. 따라서 단위길이당 인덕턴스는 $L = \mu_0/8\pi$이며, $a < \rho < b$에서는 자속밀도는

$$\mathrm{B} = \frac{\mu_0 I}{2\pi\rho}\mathbf{a}_\phi$$

이고 이 영역을 통과하는 총 자속은

$$\Phi = \int_0^d \int_a^b \frac{\mu_0 I}{2\pi\rho}\mathbf{a}_\phi \cdot d\rho dz \mathbf{a}_\phi = \frac{\mu_0 I d}{2\pi}\ln\frac{b}{a}$$

이므로 인덕턴스와 단위길이당 인덕턴스는 각각 다음과 같다.

$$L = \frac{\mu_0 d}{2\pi}\ln\frac{b}{a} \tag{5.62}$$

$$L = \frac{\mu_0}{2\pi}\ln\frac{b}{a} \tag{5.63}$$

따라서 동축케이블의 인덕턴스는 단위길이당 인덕턴스에 식 (5.53)의 내부인덕턴스를 합한 값으로 다음과 같다.

$$L = \frac{\mu_0}{2\pi}\left(\frac{1}{4} + \ln\frac{b}{a}\right) \tag{5.64}$$

평행 왕복 도선

[그림 5-19]와 같이 도선의 단면이 원형이고 반지름이 a이며, 도선 중심 간의 거리가 $d(d \gg a)$인 평행한 왕복 도선의 단위길이당 인덕턴스를 구해보자.

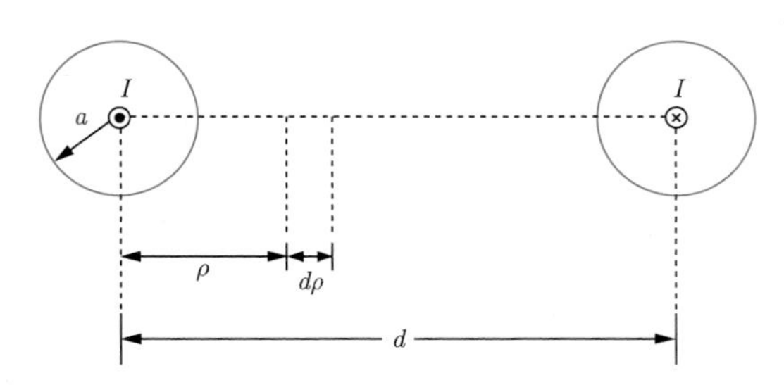

[그림 5-19] 평행 왕복 도선

평행 왕복 도선에서 전류의 방향은 서로 반대이며, 인덕턴스는 각각 내·외부인덕턴스의 두 배가 된다.

이 경우 인덕턴스는 내부인덕턴스와 외부인덕턴스의 합이며, 원통 도체에서 내부인덕턴스는 $L = \mu_0/8\pi$ 임을 이미 구하였다. 인덕턴스는 방향이 없으므로 도체가 두 개이면 인덕턴스도 두 배가 된다. 즉 평행 왕복 도선의 경우 내부인덕턴스는 다음과 같다.

$$L_{in.} = \frac{\mu_0}{4\pi} \tag{5.65}$$

이제 도체 사이의 인덕턴스를 구해 보자. 임의의 한 점 ρ 에서 자속밀도는 다음과 같다.

$$\mathbf{B} = \frac{\mu_0 I}{2\pi\rho}\mathbf{a}_\phi + \frac{\mu_0(-I)}{2\pi(d-\rho)}(-\mathbf{a}_\phi)$$

도체의 길이를 L이라 하면 위 식으로부터 [그림 5-19]의 $d\rho$층에서의 자속은 $d\Phi = BdS = BL\,d\rho$ 이지만 도체의 단위길이당의 자속은 $d\Phi = Bd\rho$ 이다. 따라서 두 도선 사이의 자속은

$$\Phi = \frac{\mu_0 I}{2\pi}\int_a^{d-a}\left(\frac{1}{\rho} + \frac{1}{d-\rho}\right)d\rho \doteq \frac{\mu_0 I}{\pi}\ln\frac{d}{a}$$

가 되며, 외부인덕턴스는 다음과 같다.

$$L_{ext.} = \frac{\mu_0}{\pi}\ln\frac{d}{a} \tag{5.66}$$

결국 내부인덕턴스와 외부인덕턴스를 더하면 이 도체계의 인덕턴스는 다음과 같다.

$$L = \frac{\mu_0}{\pi}\ln\frac{d}{a} + \frac{\mu_0}{4\pi} \tag{5.67}$$

솔레노이드

권선 수가 N[회] 인 무한히 긴 솔레노이드의 내부 한 점에서의 자속밀도는 $\mathrm{B} = (\mu IN)/d$ 이므로 솔레노이드의 수직 단면적을 S라 할 때, 자속은

$$\Phi = \frac{\mu NIS}{d}$$

가 되고, 쇄교자속은

$$N\Phi = \frac{\mu N^2 IS}{d}$$

가 된다. 따라서 솔레노이드의 인덕턴스는 다음과 같다.

$$L = \frac{\mu N^2 S}{d} \tag{5.68}$$

예제 5-18

반지름이 2[cm]의 원 단면을 갖는 매우 긴 솔레노이드에 권선 수 $N=2000$[회] 이고, 내부에는 비투자율 $\mu_R = 500$ 인 자성체가 있다. 이 솔레노이드에 전류 200[mA]를 흘릴 때, 다음을 구하라.

(a) 단위길이당 자기인덕턴스

(b) 단위길이당 자기에너지

풀이 **정답** (a) 3.2[H/m] (b) 64[mJ/m]

(a) 솔레노이드의 자기인덕턴스는 식 (5.68)을 이용하여 다음과 같이 구한다.

$$L = \frac{\mu N^2 S}{d} = \frac{4\pi \times 10^{-7} \times 500 \times 4 \times 10^6 \times \pi \times 4 \times 10^{-4}}{1} \doteq 3.2[\mathrm{H/m}]$$

(b) 자기에너지는 식 (5.52)를 이용하여 다음과 같이 구한다.

$$W_H = \frac{1}{2}LI^2 = \frac{1}{2} \times 3.2 \times 4 \times 10^4 \times 10^{-6} = 64[\mathrm{mJ/m}]$$

예제 5-19

내·외부 반지름이 각각 16[mm] 및 24[mm]이고 단면적 $S = 50[\mathrm{mm}^2]$ 인 원형 토로이드에 비투자율 $\mu_R = 100$ 인 자성체가 있다. 이 토로이드의 왼쪽에 $N_1 = 100$[회], 오른쪽에 $N_2 = 200$[회]의 코일을 감고 왼쪽 코일에 전류 $I_1 = 1.2$[A]를 흘렸다. 토로이드 왼쪽 부분의 자기인덕턴스와 상호인덕턴스를 구하라.

풀이 **정답** $L \doteq 4.6$[mH], $M_{12} \doteq 0.92$[mH]

자기인덕턴스를 구하기 위해 우선 자계와 자속밀도를 구해보자. 이 토로이드의 평균 반지름을 $\rho_0 = 20$[mm]라 할 때, 자계를 구하면

$$H = \frac{NI}{2\pi\rho_0} = \frac{100 \times 1.2}{2\pi \times 20 \times 10^{-3}} \doteq 955[\mathrm{A/m}]$$

이고 이를 이용하여 자속밀도와 자속을 구하면 각각 다음과 같다.

$$B = \mu_0 \mu_R H = 4\pi \times 10^{-7} \times 100 \times 955 \doteq 1.1[\mathrm{T}]$$

$$\Phi = BS = 1.1 \times 50 \times 10^{-6} = 55 \times 10^{-6}\,[\mathrm{Wb}]$$

따라서 자기인덕턴스와 상호인덕턴스를 구하면 각각 다음과 같다.

$$L = \frac{N_1 \Phi_1}{I_1} = \frac{100 \times 55 \times 10^{-6}}{1.2} \doteq 4.6\,[\mathrm{mH}]$$

$$M_{12} = \frac{N_2 \Phi_{12}}{I_1} = \frac{200 \times 55 \times 10^{-6}}{1.2} \doteq 0.92\,[\mathrm{mH}]$$

CHAPTER

05 연습문제

5.1 $Q=3$[C] 의 전하가 전계 $\mathbf{E}=\mathbf{a}_x-\mathbf{a}_y-2\mathbf{a}_z$[V/m] 및 자계 $\mathbf{B}=2\mathbf{a}_x-2\mathbf{a}_y+\mathbf{a}_z$[Wb/m^2] 내에서 속도 $\mathbf{v}=-\mathbf{a}_x+\mathbf{a}_y-2\mathbf{a}_z$[m/sec] 로 운동하고 있을 때 점전하에 작용하는 힘을 구하라.

5.2 $Q=2$[C] 의 전하량을 가진 하전입자가 $\mathbf{v}=v_0\mathbf{a}_y$[m/s] 의 속도로 운동하고 있다. 이 입자에 $\mathbf{E}=3\mathbf{a}_z$[V/m] 의 전계와 $\mathbf{B}=5\mathbf{a}_x$[Wb/m^2]의 자계를 인가하였다. 하전입자가 일정한 방향과 속도를 유지하기 위한 v_o를 구하라.

5.3 z축을 따라 무한히 긴 선전류 I_1이 흐르고 있다. yz 평면상의 점 P$(0,\ \rho+a/2,\ a/2)$에 중심이 있고 한 변의 길이가 a인의 정사각형 전류루프에 전류 I_2가 시계 방향으로 흐르고 있다. 이 전류루프에 발생하는 힘을 구하라.

5.4 y축을 따라 $+\infty$에서 $-\infty$로 $I=5$[A] 의 전류가 흐르고 있다. $z=0$인 평면의 점 P(2, 1, 0)[m]에 중심이 있고 한 변의 길이가 2[m]인 정사각형 루프가 있다. 이 루프에 3[mA]의 전류가 반시계 방향으로 흐를 때, 이 사각형 루프가 받는 힘을 구하라.

5.5 자속밀도가 0.4[Wb/m^2]인 균일한 자계 내에 5[A] 의 전류가 흐르고 있는 길이 2[m] 인 직선도체를 자계의 방향에 대하여 60°로 놓았을 때 이 도체가 받는 힘을 구하라.

5.6 어떤 점 $\mathrm{P}_1(1,\ 0,\ 0)$ 및 $\mathrm{P}_2(-1,\ 0,\ 0)$에 각각 미소전류소 $I_1d\mathbf{L}_1=10^{-5}\mathbf{a}_z$[A · m]과 $I_2d\mathbf{L}_2=(0.6\mathbf{a}_x-2\mathbf{a}_y+3\mathbf{a}_z)\times10^{-5}$[A · m]가 있다. $I_2d\mathbf{L}_2$에 작용하는 힘을 구하라.

5.7 d[m] 떨어진 평행한 무한 길이의 두 도선에 서로 반대 방향으로 전류 I[A]가 흐를 경우 두 전류 사이에 발생하는 단위길이당의 힘을 구하라.

5.8 공간적으로 균일한 자속밀도 $\mathbf{B}=2\mathbf{a}_x-\mathbf{a}_y+2\mathbf{a}_z$[T] 내에 원점을 출발하여 $x=2$[m], 점 P(1, 1, 1)[m]를 통과하여 원점으로 되돌아오는 $I=8$[mA] 의 전류루프가 있다. 이 루프에 전류가 반시계 방향으로 흐르고 있을 때, 다음을 구하라.

(a) x축의 전류소에 작용하는 힘

(b) 전류가 흐르는 폐경로에 작용하는 힘

5.9 [연습문제 5.8]의 조건에서 전류루프에 의한 원점에서의 회전력과 전류루프에 의한 점 P(−1, 3, 2)에서의 회전력을 구하라.

5.10 $z=0$인 평면에 지름이 8[cm]인 원의 절반에 시계 방향으로 $I=20$[A]의 전류가 흐르고 있다. 반원의 직선 변이 y축에 놓여 있고, 공간적으로 균일한 자속밀도 $\mathbf{B}=4\mathbf{a}_x-3\mathbf{a}_y+2\mathbf{a}_z$[T]를 인가할 때, 다음을 구하라.

(a) 반원의 직선 변에 작용하는 힘

(b) 직선 변의 중심을 기점으로 전류루프에 작용하는 회전력

5.11 비투자율 $\mu_R=17$인 자성체가 있다. 다음 조건에서 자화 M을 구하라.

(a) 자계 $H=130$[A/m]를 인가한 경우

(b) 단위체적당 원자수가 2.7×10^{28}[개/m^3]이고 각 원자의 자기쌍극자모멘트 $m=5\times10^{-27}$[A · m^2]인 경우

(c) 자성체의 자속밀도 $B=250$[μT] 인 경우

5.12 다음 자성체에서 자계의 세기를 구하라.

(a) 투자율 $\mu=6.28\times10^{-5}$[H/m]이며, $M=180$[A/m]인 경우

(b) 자속밀도 $B=480$[μT]이고 자화율 $\chi_m=9$인 경우

5.13 비투자율 $\mu_R=30$인 자성체에 $\mathbf{B}=0.004x^2\mathbf{a}_y$[T]의 자속밀도가 형성되었다. $x=2$[cm]에서 총 전류밀도를 구하라.

5.14 평균 자로의 길이가 1[m]인 토로이드가 있다. 이 토로이드에 500[회]의 권선을 감고 2[A]의 전류를 흘려 철심의 자속밀도를 1.5[Wb/m^2]으로 할 때, 철심에 대한 자화를 구하라.

5.15 $z>0$의 영역 1에 투자율 $\mu_1=2$[μH/m]인 매질이 있으며, $z<0$의 영역 2에 $\mu_2=4$[μH/m]인 매질이 있다. $z=0$인 평면에 표면전류밀도 $\mathbf{K}=500\mathbf{a}_x$[A/m]가 흐르고 있다. 영역 1에서의 자계가 $\mathbf{B}_1=5\mathbf{a}_x-2\mathbf{a}_y+3\mathbf{a}_z$[mT] 일 때, 영역 2에서의 자속밀도 $\mathbf{B}_2$를 구하라.

5.16 $2x-5y>0$인 영역 1은 자유공간으로 $\mathbf{H}_1=30\mathbf{a}_x$[A/m]의 자계가 형성되어 있고, 영역 2인 $2x-5y<0$에 비투자율 $\mu_{R2}=4$의 매질이 있다. 경계에서 표면전류밀도가 0일 때, 다음을 구하라.

(a) $\mathbf{B}_1$ (b) $\mathbf{B}_{n1}$

(c) $\mathbf{H}_{t1}$ (d) $\mathbf{H}_2$

5.17 매질 1은 비투자율 $\mu_R=4$인 자성체이고 매질 2는 자유공간이다. 두 매질이 경계를 이루고 있으며 매질 1과 2의 자속밀도 $\mathbf{B}_1$과 $\mathbf{B}_2$가 경계에 대하여 수직인 면에 각각 θ_1 및 θ_2의 각을 가질 때, $\theta_1=30°$이면 θ_2는 얼마인가? 단, 경계면에 표면전류밀도는 0이다.

5.18 권선 수 $N=1000$[회], 단면적 $S=5[\text{cm}^2]$, 평균반경 $\rho_0=16$[cm]의 공심 토로이드에 전류 $I=3$[A]를 흘렸다. 자기회로를 이용하여 토로이드 내의 자계를 구하라.

5.19 사각형 토로이드의 우측 철심의 중앙에 0.5[cm]의 공극을 제외한 나머지 부분은 강자성체인 실리콘 강으로 되어 있다. 좌측 철심의 단면적은 $6[\text{cm}^2]$이고 나머지 부분은 $5[\text{cm}^2]$이며, 좌측 철심의 자로는 8[cm], 공극부분을 제외한 나머지 부분의 자로는 14[cm]이다. 좌측 철심에서 자속밀도가 1[T]일 때 다음을 구하라. 단, 1[T]를 위한 자계는 200[A · t/m]이고 1.2[T]인 경우 자계는 400[A · t/m]이다.

(a) 공극 부분의 기자력

(b) 강자성체에서의 기자력

(c) 좌측 철심에 권선 수 $N=1500$[*turns*]일 때의 전류

5.20 평균자로가 $d=1$[m]이며 비투자율 $\mu_R=1000$인 강자성체로 되어있는 원형 토로이드에 미소한 공극 $d_g=1$[mm]가 발생할 때, 릴럭턴스의 변화를 구하라.

5.21 평균자로가 $d=2$[m]이며 비투자율 $\mu_R=1000$인 강자성체로 되어있는 원형 토로이드에 미소한 공극 $d_g=1$[mm]가 발생할 때, 자속의 비를 논하라.

5.22 권선 수 $N=1000$[회], 단면적 $S=4[\text{cm}^2]$, 평균반경 $\rho_0=10$[cm]인 토로이드가 2[mm]의 공극을 제외한 나머지 부분은 강자성체 물질로 되어 있다. 강자성체에서 $B=1$[T]를 위한 기자력을 구하여 공극에서의 기자력과 비교하라. 단, 강자성체에서 자속밀도 $B=1$[T]를 형성하기 위한 자계는 200[A · t/m]이다.

5.23 반지름 2[cm]의 무한 길이의 원통 도체에 $I=2$[mA]의 전류를 흘렸다. 다음을 구하라.

(a) 이 도체에 축적되는 단위길이당 자기에너지

(b) 단위길이당 내부인덕턴스

5.24 내부 도체와 외부 도체의 반지름이 각각 $a=2$[m] 및 $b=4$[m]인 무한히 긴 동축케이블에 전류 $I=4$[A]를 흘렸다. 다음을 구하라.

(a) 단위길이당 내부인덕턴스와 외부인덕턴스의 합

(b) 내부 도체에 축적되는 단위길이당 에너지

(c) 내부 도체와 외부 도체 사이에 축적되는 단위길이당 에너지

5.25 자기에너지의 식을 이용하여 자기인덕턴스 $L=\Phi/I$ 임을 증명하라.

5.26 반지름이 각각 a 및 $b(b>a)$인 원형 전류루프가 z축을 동축으로 $h(h \gg a,\ b)$만큼 떨어져 있다. 상호인덕턴스를 구하라.

5.27 평균자로가 $d=100$[cm], 단면적 $S=10[\text{cm}^2]$, 권선 수 $N=1000$[회], 비투자율 $\mu_R=100$인 토로이드에 전류 $I=10$[A]를 흘렸다. 인덕턴스와 자기에너지를 구하라.

CHAPTER

06

시가변 전자계와 맥스웰 방정식

이 장에서는 전계 및 자계가 시간에 따라 변화하는 전자계에서의 전기적·자기적 현상을 다룬다. 시가변 전자계에서의 각종 현상은 패러데이 법칙과 변위전류의 개념을 도입하여 쉽게 이해할 수 있다. 즉, 패러데이 법칙을 통하여 유도기전력의 발생과 응용을 공부하고, 변위전류의 개념을 이해하며 시가변 전자계에서의 맥스웰 방정식을 도출한다.

CONTENTS

SECTION 01

패러데이 법칙

이 절에서는 패러데이 법칙을 공부하여 유도기전력 및 유도전계의 개념을 이해한다. 또한 시간에 따라 변화하는 전자계에서의 제 현상을 정전계 및 정자계에서의 제 현상과 비교하여 그 차이점을 명확히 이해한다.

Keywords | 전자유도현상 | 패러데이 법칙 | 렌츠의 법칙 | 유도기전력 | 유도전계 | 운동유도전계 |

패러데이 법칙과 유도기전력

패러데이 법칙

[그림 6-1(a)]와 같이 전류계가 연결되어 있는 어떤 코일 속으로 자석을 가져가면 그 순간 전류계에는 전류가 흐른다. 그러나 자석을 코일에 넣은 후 일정한 시간이 경과하면 전류계의 눈금은 0이 된다. 다시 자석을 코일 바깥으로 빼내면 반대 방향으로 전류가 흐르고, 코일에서 자석을 제거한 후 시간이 지나면 전류는 다시 0이 된다. 자석을 코일에 가까이 하거나 멀리함에 따라 코일에 전류가 흐르는 것은 코일에 전압이 발생하였음을 의미하는 것이며, **이 전압은 오직 자속의 변화가 있을 때에만 발생하는 것으로 생각할 수 있다**. 즉, 자석을 코일에 넣은 후 시간이 경과하면 전류계의 눈금은 0이 된다는 사실로부터 시간에 따라 자속의 변화가 없을 때에는 전압이 발생하지 않는다는 사실을 알 수 있다.

이와 같은 결과를 얻기 위한 실험으로 [그림 6-1(b)]와 같이 두 코일을 가까이 두고 회로 A에 스위치 S와 건전지를 연결하고 회로 B에 전류계를 연결한 후, 회로 A의 스위치 S를 닫고 전류를 흘리면 회로 B의 전류계의 눈금이 움직인다. 그러나 전류계는 스위치를 닫아 회로 A에 전류가 흐르는 순간에만 움직이며, 시간이 경과하면 전류계의 눈금은 0이 된다. 즉, 회로 A의 스위치를 닫아 전류가 흐르면 자속이 발생하고, 이 자속의 시간적 변화가 있을 때에만 회로 B에 전류가 유기되며 이 전류에 대응하는 전압이 회로 B에 발생한 것으로 생각된다.

다시 스위치를 열어 회로 A의 전류를 차단하면 이전과는 반대 방향으로 전류계의 눈금이 잠시 움직이게 된다. 이렇게 회로 A의 스위치를 on/off 함으로써 회로 B에 전류가 흐르는 것은 회로 B에 기전력이 발생함을 의미하는 것으로 생각할 수 있다. 이와 같이 **어떤 회로와 쇄교하는 자속의 변화에 의해 기전력을 유기하는 현상을 전자유도**(electromagnetic induction) **현상이라 한다**.

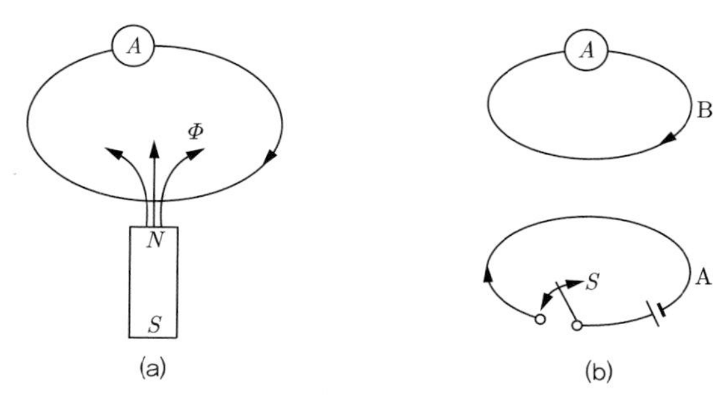

[그림 6-1] 자속의 시간적 변화에 의한 유도기전력의 발생

전자유도현상에 대하여 패러데이는 **어떤 회로에 자속의 변화에 의해 발생하는 기전력**(electromotive force, emf)**은 이 회로에 쇄교하는 자속의 시간적 감소율에 비례한다**라고 정의하였으며, 이를 **패러데이의 법칙**(Faraday's Law)이라 한다. 즉, 유도되는 기전력 V_{emf}는 다음과 같다.

★ 패러데이의 법칙 ★

$$V_{emf} = -\frac{d\Phi}{dt}[\mathrm{V}] \tag{6.1}$$

- 시간에 따라 변화하는 자속은 유도기전력을 발생시킨다.
- 유도기전력은 자속의 증가를 억제하는 전류를 생성하는 방향으로 발생한다.

이 식에서 (−)는 유기기전력에 의해 발생하는 자속은 기존의 자속의 증감을 억제하는 방향으로 발생됨을 의미하며, 결국 전자유도현상에 의한 유도기전력은 [그림 6-2]에서와 같이 자속의 변화를 억제하는 전류 및 전계를 생성하는 방향으로 발생한다고 결론지을 수 있다.[1]

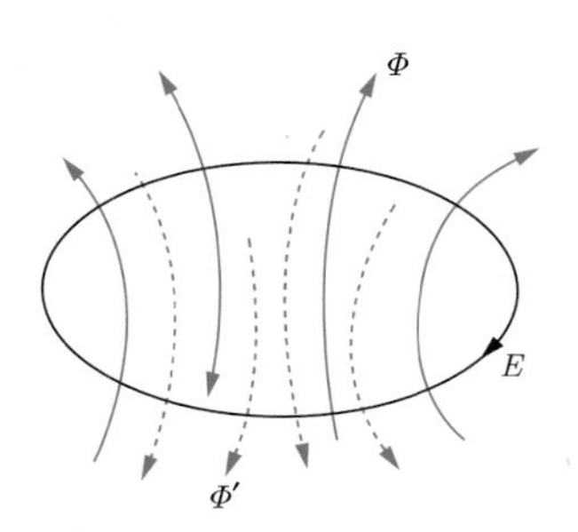

[그림 6-2] 시간에 따라 변화하는 자속과 유도전계의 방향

1 전자유도현상에 의해 발생하는 유도전압은 기존의 회로의 전압과 전류에 의한 자속의 증가를 억제하는 자속을 발생하는 방향으로 전류를 생성하므로 이는 역기전력의 개념으로 생각할 수 있다.

이를 **렌츠의 법칙**(Lenz's law)이라 한다. 만약 N[회]의 코일에서 전자유도현상이 발생할 경우 유도기전력은 다음과 같이 정의한다.

$$V_{emf} = -N\frac{d\Phi}{dt}[\mathrm{V}] \tag{6.2}$$

자속의 시간 변화에 의한 유도기전력

이제 이러한 전자유도현상을 시간에 따라 자속이 변화하여 발생하는 유도기전력과 일정한 자속 내를 도체가 운동하여 발생하는 유도기전력으로 나누어 고찰해 보자. 먼저 시간에 따라 자속이 변화하여 유도기전력이 발생하는 경우에 대하여 살펴보자. 정전계에서 전압과 전계 사이의 관계는

$$V = -\int \mathbf{E} \cdot d\mathbf{L}$$

이며, 특히 폐경로에 대한 전계의 선적분은

$$\oint \mathbf{E} \cdot d\mathbf{L} = 0$$

이다. 그러나 시간에 따라 변화하는 계에서는 폐경로에 대한 전계의 선적분은 0이 되지 않고 자속의 시간적 변화에 의해 발생하는 유도기전력은 그 방향을 고려하여

$$V_{emf} = \oint \mathbf{E} \cdot d\mathbf{L} \tag{6.3}$$

로 정의할 수 있으며, 식 (6.1)에서 $\Phi = \int \mathbf{B} \cdot d\mathbf{S}$ 이므로

$$V_{emf} = \oint \mathbf{E} \cdot d\mathbf{L} = -\frac{d}{dt}\int \mathbf{B} \cdot d\mathbf{S} \tag{6.4}$$

가 된다. 위 식의 좌변에 스토크스의 정리를 적용하면

$$\int (\nabla \times \mathbf{E}) \cdot d\mathbf{S} = -\int \frac{\partial \mathbf{B}}{\partial t} \cdot d\mathbf{S} \tag{6.5}$$

이다. 따라서 다음 관계가 성립한다.

★ 유도전계 ★

$$\nabla \times \mathbf{E} = -\frac{\partial \mathbf{B}}{\partial t} \tag{6.6}$$

이 식은 시가변계에서의 네 가지 맥스웰 방정식 중 하나로 이 식으로부터 **시간에 따라 변화하는 자속밀도는 회전하는 전계를 형성함**을 알 수 있으며, 이때 형성되는 전계를 유도전계라 한다. 또한 $\mathbf{J} = \sigma \mathbf{E}$ 의 관계를 적용하면 위 식은

$$\nabla \times \mathbf{J} = -\sigma \frac{\partial \mathbf{B}}{\partial t} \tag{6.7}$$

가 되어, 회전하는 전계에 대하여 회전하는 전류밀도를 **와전류밀도**(eddy current density)라 한다. 한편 정전계에서는 $\oint \mathbf{E} \cdot d\mathbf{L} = 0$ 이므로 스토크스의 정리를 적용하여 다음의 맥스웰 방정식을 얻었으나 시가변계에서는 식 (6.6)과 같이 맥스웰 방정식을 수정하여야 한다.

$$\nabla \times \mathbf{E} = 0$$

Note 변압기의 원리

변압기의 기본 원리는 자속이 시간에 따라 변할 때 유도기전력이 발생하는 현상으로 설명할 수 있다. [그림 6-3]과 같이 토로이드형의 도체의 좌측(1차 측)과 우측(2차 측)에 각각 권수 N_1 및 N_2의 코일을 감고 N_1 코일에 시간에 따라 정현적으로 변화하는 교류전압 $v_1 = V_m \sin\omega t$를 인가하면 이에 대응하여 $\Phi = \Phi_m \sin\omega t$의 자속이 발생한다고 하자. 이때 패러데이 법칙에 의해 발생되는 유기기전력은 다음과 같다.

$$e_1 = -N_1 \frac{d\Phi}{dt} = -N_1 \frac{d}{dt}(\Phi_m \sin\omega t) = -N_1 \omega \Phi_m \cos\omega t$$

그런데 시간에 따라 변화하는 이 자속은 동시에 우측 코일을 통과하여 우측 코일과 쇄교하면, 우측 코일에도 전압이 유기된다. 이때의 유기기전력을 e_2 라 하면 다음과 같다.

$$e_2 = -N_2 \frac{d\Phi}{dt} = -N_2 \frac{d}{dt}(\Phi_m \sin\omega t) = -N_2 \omega \Phi_m \cos\omega t$$

따라서 시간에 따라 변화하는 자속에 의해 코일의 1차 측과 2차 측에 크기가 다른 두 유기기전력이 발생하게 되며, 이때 유기기전력의 비는 다음과 같다.

$$\frac{e_1}{e_2} = \frac{N_1}{N_2} = a$$

즉, 코일의 1차 측과 2차 측의 권선 수에 의해 원하는 유기기전력을 얻을 수 있으며, 이러한 현상은 변압기의 원리가 된다.

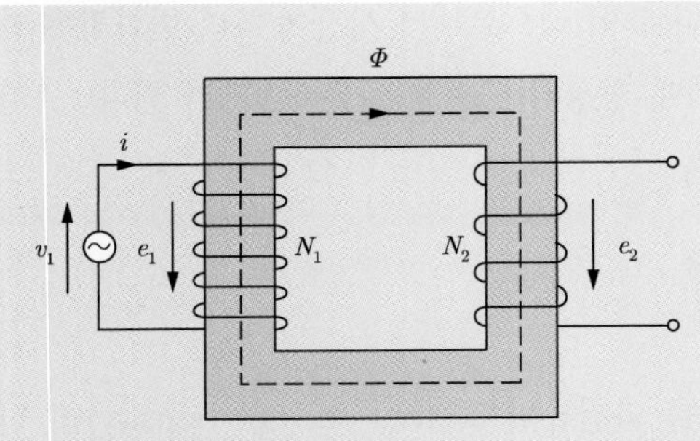

[그림 6-3] 전자유도현상에 의한 변압기의 원리

예제 6-1

반지름 $a=4[\mathrm{cm}]$인 원 단면을 가진 원통 도체가 있다. 이 원통 도체에 자속밀도 $\mathbf{B}=100\sin 10^6 t\mathbf{a}_z[\mathrm{Wb/m^2}]$를 인가할 때 발생하는 유도전계를 구하라.

풀이 **정답** $-2\times 10^6\cos 10^6 t[\mathrm{V/m}]$

[방법 1]

우선 식 (6.6)을 이용하여 시간에 따라 변화하는 자속밀도에 의해 발생하는 유도전계를 구해 보자.

$$\nabla\times\mathbf{E}=-\frac{\partial\mathbf{B}}{\partial t}$$

이 식에서 자속밀도는 $\mathbf{B}=100\sin 10^6 t\mathbf{a}_z[\mathrm{Wb/m^2}]$로 $\mathbf{a}_z$ 방향이므로 위 식의 $\nabla\times\mathbf{E}$의 연산 중 $(\nabla\times\mathbf{E})_z$ 성분만 고려하여 다음과 같이 계산한다.

$$(\nabla\times\mathbf{E})_z=\frac{1}{\rho}\frac{\partial(\rho E_\phi)}{\partial\rho}-\frac{1}{\rho}\frac{\partial E_\rho}{\partial\phi}$$

또한 자속밀도가 $\mathbf{a}_z$ 방향이면 이 자속밀도를 발생시킨 전류는 $\mathbf{a}_\phi$ 방향이고, 유도전계는 이 자속밀도의 증가를 억제하는 전류를 생성하는 방향으로 발생하므로 $-\mathbf{a}_\phi$ 방향이 됨을 예상할 수 있으므로 유도전계는 E_ϕ 성분만 존재한다. 따라서 위 식에서 전계의 E_ρ 성분은 0이므로 다음과 같다.

$$(\nabla\times\mathbf{E})_z=\frac{1}{\rho}\frac{\partial(\rho E_\phi)}{\partial\rho}$$

$$=-\frac{\partial B_z}{\partial t}=-\frac{\partial}{\partial t}(100\sin 10^6 t)=-10^8\cos 10^6 t$$ [2]

---

2 E_ϕ를 구하는 과정은 우선 $\frac{1}{\rho}\frac{\partial(\rho E_\phi)}{\partial\rho}=-10^8\cos 10^6 t$에서 이를 정리하면 $\frac{\partial(\rho E_\phi)}{\partial\rho}=-10^8\rho\cos 10^6 t$이고 양변을 적분하면

위 식을 적분하여 E_ϕ를 구하면 다음과 같다.

$$E_\phi = -2\times 10^6\cos 10^6 t[\text{V/m}]$$

(풀이 2)

유도전계는 식 (6.4)를 이용하여 구할 수 있다.

$$\oint \mathbf{E}\cdot d\mathbf{L} = \int -\frac{\partial \mathbf{B}}{\partial t}\cdot d\mathbf{S}$$

우선 유도전계는 E_ϕ 성분만이 존재하므로 원통의 한 점 ρ에서 위 식의 좌변은

$$\oint \mathbf{E}\cdot d\mathbf{L} = \int_0^{2\pi} E_\phi \mathbf{a}_\phi \cdot \rho d\phi \mathbf{a}_\phi = \int_0^{2\pi} E_\phi \rho d\phi = 2\pi\rho E_\phi$$

가 되며, 우변은

$$-\int \frac{\partial \mathbf{B}}{\partial t}\cdot d\mathbf{S} = -\int 10^8\cos 10^6 t\,\mathbf{a}_z\cdot \rho d\rho d\phi \mathbf{a}_z = -\pi\rho^2 10^8\cos 10^6 t$$

가 되므로 위 두 식으로부터 다음 결과를 얻는다.

$$E_\phi = -\frac{1}{2}\rho 10^8\cos 10^6 t[\text{V/m}]$$

이제 $\rho = a = 4[\text{cm}]$를 대입하면 다음 결과를 얻는다.

$$E_\phi = -2\times 10^6\cos 10^6 t[\text{V/m}]$$

예제 6-2

반지름 $a[\text{m}]$, 길이가 $d[\text{m}]$이고 단위길이당 권선 수 $n[\text{turns/m}]$인 솔레노이드에 전류 $I = I_m \sin\omega t[\text{A}]$를 흘렸다. 자성체 내의 단위길이당 와전류밀도를 구하라.

$\rho E_\phi = -\frac{1}{2}\rho^2 10^8\cos 10^6 t$ 가 된다. 따라서 $E_\phi = -\frac{1}{2}\rho 10^8\cos 10^6 t$ 가 되고, 도체의 단면에 발생하는 유도전계는 $\rho = a = 4[\text{cm}]$를 대입하여 $E_\phi = -2\times 10^6\cos 10^6 t[\text{V/m}]$ 가 된다.

풀이 **정답** $-\frac{1}{2}\omega\mu\sigma n^2 a I_m \cos\omega t$

솔레노이드 내의 자계는 식 (4.17)에서 $\mathbf{H}=nI\mathbf{a}_z$ 이므로 $H_z=nI_m \sin\omega t$이고 자속은 다음과 같이 계산한다.

$$\Phi=BS=\mu H_z S$$

위 식에서 도체의 단면적은 $S=\pi a^2$ 이고, 단위길이당 쇄교자속을 Φ'라 하면

$$\Phi'=\mu H_z \pi a^2 n=\mu n^2 \pi a^2 I_m \sin\omega t$$

가 된다. 또한 식 (6.3)을 이용하여 쇄교자속에 의한 유도기전력을 구하면 다음과 같다.

$$V_{emf}=\oint \mathbf{E}\cdot d\mathbf{L}=-\frac{d\Phi'}{dt}$$

한편 솔레노이드의 경우 권선에 $\mathbf{a}_\phi$ 방향으로 전류를 흘려 $\mathbf{a}_z$ 방향의 자계가 형성되었으므로 $-\mathbf{a}_\phi$ 방향으로 유도전계가 형성됨을 알 수 있다. 따라서 유도기전력은

$$V_{emf}=\int_0^{2\pi} E_\phi \mathbf{a}_\phi \cdot \rho d\phi \mathbf{a}_\phi=2\pi a E_\phi=-\frac{d\Phi'}{dt}=-\omega\mu n^2 \pi a^2 I_m \cos\omega t$$

가 된다. 위 식에서 유도전계 E_ϕ는

$$E_\phi=-\frac{1}{2}\omega\mu n^2 a I_m \cos\omega t$$

이므로 $\mathbf{J}=\sigma\mathbf{E}$ 로부터 와전류밀도를 구하면 다음과 같다.

$$J_\phi=-\frac{1}{2}\omega\mu\sigma n^2 a I_m \cos\omega t$$

도체의 운동에 의한 유도기전력

지금까지 유도기전력은 시간에 따라 변화하는 자속 즉, $d\Phi/dt$가 존재하는 경우에 발생함을 알았다. 이제 **시간에 대하여 일정한 자속 내를 도체가 운동함으로써 발생되는 유도기전력**에 대하여 알아보자. 즉, 자속이 일정해도 도체가 운동하면 도체와 쇄교하는 자속이 시간에 따라 변화하기 때문에 기전력이 유도된다. 지금 [그림 6-4]와 같이 z 방향으로 균일한 자속밀도 $\mathbf{B}$ 내에 x축에 평행한 길이 d인 막대도체가 속도 $\mathbf{v}$로 운동하는 경우에 대하여 생각해 보자.

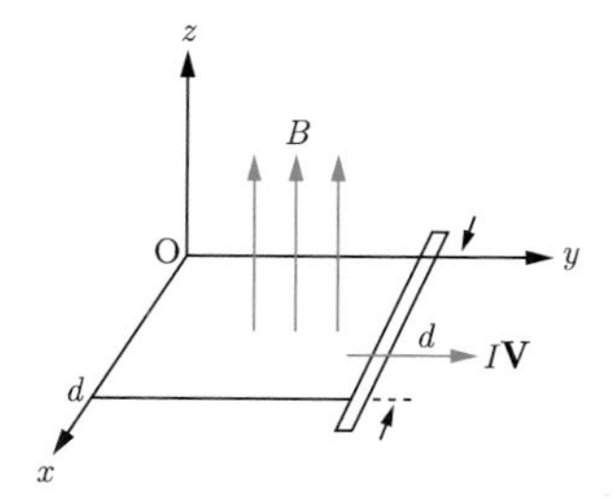

[그림 6-4] 균일한 자속 내에 도체가 운동하여 발생하는 쇄교자속의 변화

임의의 시간 t에서 막대도체의 위치를 y라 하면 폐곡면을 통과하는 자속은 다음과 같다.

$$\Phi = BS = Byd$$

이때 발생하는 유도기전력은 자속밀도와 도체의 길이가 일정하므로

$$V_{emf} = -\frac{d\Phi}{dt} = -B\frac{dy}{dt}d = -Bvd \tag{6.8}$$

가 된다. 주어진 시간에 y의 값이 클수록, 속도 v가 클수록 발생되는 기전력도 크다. 이때의 유도기전력을 **운동기전력**(motional emf)이라 한다. 이러한 사실을 운동유도전계의 개념을 도입하여 설명해 보자. 잘 아는 바와 같이 운동하는 전하에 작용하는 자기적 힘은 다음과 같다.

$$\mathbf{F} = Q\mathbf{v}\times\mathbf{B}$$

전계는 단위양전하에 작용하는 힘으로 정의하므로 위 식의 양변을 Q로 나눈 값을 **운동유도전계**(motional electric field intensity)라 하며, 다음과 같이 나타낸다.

★ 운동유도전계 ★

$$\mathbf{E}_m = \frac{\mathbf{F}}{Q} = \mathbf{v}\times\mathbf{B} \tag{6.9}$$

운동유도전계를 이용하여 유도기전력을 해석해 보면

$$V_{emf} = \oint \mathbf{E}_m \cdot d\mathbf{L} = \int (\mathbf{v}\times\mathbf{B}) \cdot d\mathbf{L} \tag{6.10}$$

에서 $\mathbf{E}_m = v\mathbf{a}_y \times B\mathbf{a}_z = vB\mathbf{a}_x$로 전계가 $\mathbf{a}_x$ 방향이다. 적분은 전위가 낮은 곳에서 높은 곳으로 수행되므로

$$V_{emf} = \int_d^0 vB\mathbf{a}_x \cdot dx\mathbf{a}_x = -Bvd$$

가 되어 식 (6.6)에서와 동일한 값의 유도기전력을 얻을 수 있다. 또한 시간에 따라 변화하는 자속 내를 운동하는 도체에 의한 유도기전력은 다음과 같다.

$$V_{emf} = \oint \mathbf{E}_m \cdot d\mathbf{L} = -\int \frac{\partial \mathbf{B}}{\partial t} \cdot d\mathbf{S} + \oint (\mathbf{v} \times \mathbf{B}) \cdot d\mathbf{L} \tag{6.11}$$

한편 식 (6.10)에서 스토크스의 정리를 적용하여

$$\oint (\nabla \times \mathbf{E}_m) \cdot d\mathbf{S} = \int \nabla \times (\mathbf{v} \times \mathbf{B}) \cdot d\mathbf{S}$$

로부터 다음 관계가 성립한다.

$$\nabla \times \mathbf{E}_m = \nabla \times (\mathbf{v} \times \mathbf{B}) \tag{6.12}$$

예제 6-3

$z=0$인 xy 평면에 시가변 자속밀도 $\mathbf{B} = -5\sin 10^6 t\mathbf{a}_z$[mWb/m^2]가 형성되어 있고, 길이 5[cm]인 막대도체가 y의 양의 방향으로 운동하고 있다. 다음을 구하라.

(a) 막대도체가 $y=6$[cm]의 위치에 있을 때의 유도기전력

(b) 막대도체가 $\mathbf{v} = 0.8\,\mathbf{a}_y$[m/s]의 속도로 운동할 때의 운동유도전계와 유도기전력

풀이 **정답** (a) $15\cos 10^6 t$[kV] (b) $-4\sin 10^6 t\mathbf{a}_x$[mV/m], $0.2\sin 10^6 t$[mV]

(a) 식 (6.4)를 이용하여 시가변계에서의 유도기전력을 구하면 다음과 같다.

$$\begin{aligned} V_{emf} &= \int -\frac{\partial \mathbf{B}}{\partial t} \cdot d\mathbf{S} = \int -\frac{\partial}{\partial t}(-5\sin 10^6 t)\mathbf{a}_z \cdot dx dy\, \mathbf{a}_z \\ &= \int_0^{0.06} \int_0^{0.05} 5(10^6)\cos 10^6 t\, dx\, dy \\ &= 15\cos 10^6 t\,[\text{kV}] \end{aligned}$$

(b) 막대도체가 시가변 자계를 일정속도로 운동할 때의 유도기전력을 구하기 위해 먼저 식 (6.9)를 이용하여 운동유도전계를 구하면 다음과 같다.

$$\mathbf{E}_m = \mathbf{v} \times \mathbf{B} = 0.8\mathbf{a}_y \times (-5\sin 10^6 t)\mathbf{a}_z = -4\sin 10^6 t\mathbf{a}_x\,[\text{mV/m}]$$

이때의 유도기전력은 식 (6.10)을 이용하여 구할 수 있으며, 전계가 $-\mathbf{a}_x$ 방향이므로 전위가 낮은 $x=0$에서 $x=0.05$로 적분하여 다음과 같이 구한다.

$$V_{emf} = \oint \mathbf{E}_m \cdot d\mathbf{L} = \int_0^{0.05} (-4\sin 10^6 t)dx = -0.2\sin 10^6 t\,[\text{mV}]$$

Note 발전기의 원리

운동유도기전력의 개념을 이용하여 발전기의 원리를 이해할 수 있다. 즉, 교류전압의 발생 원리를 이해할 수 있다. [그림 6-5]와 같이 N, S의 영구자석이 만드는 자속 내에 길이 d의 막대도체가 회전 운동하는 경우에 대하여 생각해 보자. 지금 막대도체가 $t=0$ 및 $\theta=0$의 위치에서 각속도 $\omega=vr$[rad/m]의 속도로 운동하여 시간이 경과함에 따라 위치 1, 2를 거쳐 위치 7, 8에 도달한다면 막대도체와 자속과의 쇄교량은 위치에 따라 달라짐을 알 수 있다. 따라서 패러데이 법칙에 따라 발생하는 유도전압도 달라지며, 이때 유도전압의 크기는 그림에 나타낸 바와 같이 정현적으로 변화함을 알 수 있다. 만약 시간 t_1에 θ_1의 위치에 있다면 $\theta_1=\omega t$가 되며, 자속 내를 운동한 결과 발생하는 전압 e_1은 자속과의 쇄교량에 비례하여

$$e_1 = E_m \sin\theta_1 = E_m \sin\omega t_1 [\mathrm{V}]$$

으로 나타낼 수 있다. 이때 막대도체는 발전기의 회전자의 역할을 한다.

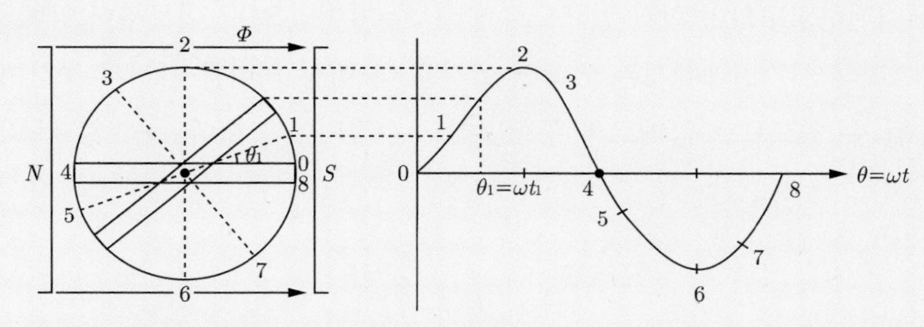

[그림 6-5] 발전기의 원리

균일한 자속 내를 막대도체가 운동하면 자속과의 쇄교량에 비례하는 정현파 전압이 발생한다.

SECTION 02

변위전류

이 절에서는 변위전류와 변위전류밀도의 개념을 명확히 이해하며, 시간에 따라 변화하는 전자계에서의 앙페르의 주회법칙을 도출한다.

Keywords | 변위전류 | 변위전류밀도 |

우리는 정전계(CHAPTER 03)에서 전하보존의 법칙으로부터 다음과 같은 전류의 연속식을 구하였다.

$$\nabla \cdot \mathbf{J} = -\frac{\partial \rho_v}{\partial t}$$

정전계에서는 시간에 대한 체적전하밀도의 변화가 없으므로 $\nabla \cdot \mathbf{J} = 0$ 이었으며, 이로부터 앙페르의 주회법칙이 성립되었다. 그러나 시가변계에서는 이러한 조건은 더 이상 의미를 가지지 못하며, 체적전하밀도도 시간함수가 될 수 있으므로 앙페르의 주회법칙도 수정되어야 한다. 즉, 앙페르의 주회법칙의 미분형

$$\nabla \times \mathbf{H} = \mathbf{J}$$

의 양변에 발산을 취하면,

$$\nabla \cdot (\nabla \times \mathbf{H}) = \nabla \cdot \mathbf{J}$$

가 되고, 이 식의 좌변 $\nabla \cdot (\nabla \times \mathbf{H})$는 어떤 벡터(자계)의 회전의 발산으로 그 결과는 항상 0 이 되지만 우변은 위에서 설명한 바와 같이 0 이 되지 않고 $-\partial \rho_v / \partial t$의 값을 갖게 되므로 앙페르의 주회법칙은 수정되어야 한다. 앙페르의 주회법칙에 대한 수정된 형태를

$$\nabla \times \mathbf{H} = \mathbf{J} + \mathbf{J}_{\mathrm{d}}$$

라 하고 양변에 대하여 다시 발산을 취하면 다음과 같다.

$$\nabla \cdot (\nabla \times \mathbf{H}) = 0 = \nabla \cdot \mathbf{J} + \nabla \cdot \mathbf{J}_d$$

이제 위 식을 정리하여 새롭게 도입한 $\mathbf{J}_d$가 어떠한 물리적 의미를 가지는지 생각해 보자. 우선 위 식에서

$$\nabla \cdot \mathbf{J}_d = -\nabla \cdot \mathbf{J}$$

이며, $\nabla \cdot \mathbf{J} = -\partial \rho_v / \partial t$와 $\nabla \cdot \mathbf{D} = \rho_v$의 관계를 이용하면 위 식은

$$\nabla \cdot \mathbf{J}_d = \frac{\partial \rho_v}{\partial t} = \frac{\partial}{\partial t}(\nabla \cdot \mathbf{D}) = \nabla \cdot \frac{\partial \mathbf{D}}{\partial t}$$

가 된다. 결국 우리가 도입한 $\mathbf{J}_d$는 다음과 같고, 이를 **변위전류밀도**(displacement current density)[3]라 한다.

$$\mathbf{J}_d = \frac{\partial \mathbf{D}}{\partial t}$$

따라서 수정된 앙페르의 주회법칙은 다음과 같다.

★ 시가변계에서의 앙페르의 주회법칙 ★

$$\nabla \times \mathbf{H} = \mathbf{J} + \frac{\partial \mathbf{D}}{\partial t} \tag{6.13}$$

이제 변위전류밀도의 물리적 의미를 생각해 보자. [그림 6-6]과 같은 커패시터를 포함한 전기회로에 시간에 따라 변화하는 전압 즉, 교류전압을 인가하면 전하가 도선을 따라 이동하여 전도전류를 형성함과 동시에 전하는 커패시터의 전극의 한 면에 $Q = CV$의 형태로 축적되어 전하의 흐름은 전극에서 끝나게 된다.

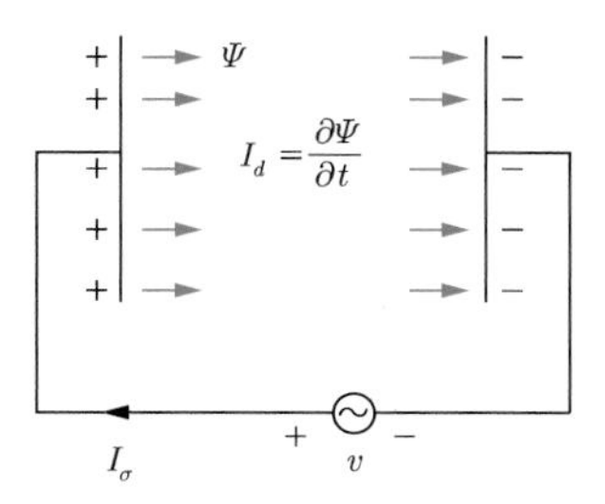

[그림 6-6] 커패시터회로에서 전도전류와 변위전류의 흐름

한편 커패시터의 두 전극 사이에는 전기가 통하지 않는 유전체로 채워져 있으며, 유전체에는 전하가 존재하지 않는다. 따라서 유전체에서 전도전류는 형성되지 않는다. 그러나 우리는 커패시터의 상대전극을 통하여 다시 도선을 따라 전도전류가 흘러나온다는 사실을 잘 알고 있으며, 이는 유전체에서 전류의 흐름을 연속시키는 무엇인가의 작용이 일어나고 있음을 의미한다. 이것이 변위전류

3 변위전류밀도 $\partial \mathbf{D}/\partial t$의 단위를 생각해 보면 전속밀도 $\mathbf{D}$는 $[\mathrm{C/m^2}]$이고 이를 시간으로 미분하였으므로 $\partial \mathbf{D}/\partial t$는 $[\mathrm{C/m^2 \cdot t}]$가 되어 $[\mathrm{A/m^2}]$, 즉 전류밀도와 같은 차원을 갖는다.

(밀도)이다. 즉, 전극에 전하가 축적됨과 동시에 축적되는 전하량에 비례하는 전속이 발생하며, 이 전속의 시간적 변화율에 해당하는 **변위전류**(displacement current) $\partial \Psi / \partial t = \partial Q / \partial t$ 또는 변위전류의 면적밀도인 변위전류밀도 $\partial \mathbf{D} / \partial t$가 발생하는 것이다.

따라서 시가변 전자계에서 커패시터회로의 동작을 생각해 보면, 우선 도선을 따라 전도전류가 흐르고, 전극에 전하가 축적되어 전도전류의 흐름은 멈추게 되지만 정전유도작용에 의해 상대전극에 반대 극성의 전하가 유도되므로 다시 전도전류가 발생하여 전원으로 되돌아온다. 이때, 전극 사이의 유전체에서는 변위전류의 형태로 전류가 연속적으로 흐른다고 생각하면 된다. 물론 변위전류는 하전입자의 이동에 의한 것이 아니고 정전유도현상에 의해 발생된 전속의 시간적 증가에 따른 것이며, 직류전원의 경우 $\partial Q / \partial t = 0$이므로 변위전류는 정의될 수 없다.

변위전류밀도를 적분하여 변위전류 I_d를 구하면 다음과 같다.

$$I_d = \int \mathbf{J}_d \cdot d\mathbf{S} = \int \frac{\partial \mathbf{D}}{\partial t} \cdot d\mathbf{S}$$

또한 시간에 따라 변화하는 전자계에 대한 앙페르의 주회법칙의 미분형의 양변을 면적 S에 대하여 적분하면

$$\nabla \times \mathbf{H} = \mathbf{J} + \frac{\partial \mathbf{D}}{\partial t}$$

에서

$$\int_S (\nabla \times \mathbf{H}) \cdot d\mathbf{S} = \int_S \mathbf{J} \cdot d\mathbf{S} = \int_S \frac{\partial \mathbf{D}}{\partial t} \cdot d\mathbf{S}$$

가 되고, 이 식에 스토크스의 정리를 적용하면 다음과 같다.

$$\oint \mathbf{H} \cdot d\mathbf{L} = \int \mathbf{J} \cdot d\mathbf{S} + \int \frac{\partial \mathbf{D}}{\partial t} \cdot d\mathbf{S} = I + I_d \tag{6.14}$$

이제 전류밀도를 정리해 보면 그 물리적 의미를 달리하는 전류밀도에는 세 가지가 있다. 전자 등 하전입자의 이동에 의해 형성되는 전도전류밀도는 도체에 전압을 인가할 때 발생하며 그 크기는 전계에 비례한다. 비례상수는 도전율 σ이며, $\mathbf{J} = \sigma \mathbf{E}$ 로 주어진다. 도체가 아닌 공간에도 하전입자가 발생할 수 있으며 이때의 체적전하밀도를 ρ_v라 한다. ρ_v가 일정한 속도 $\mathbf{v}$로 움직이면 $\mathbf{J} = \rho_v \mathbf{v}$로 주어지는 대류전류밀도가 발생한다. 마지막 한 가지는 변위전류밀도로, 이는 하전입자의 이동에 의해 형성되는 것이 아니고 시간의 변화에 대한 전속밀도의 변화율에 의해 결정되는 것으로 $\mathbf{J}_d = \partial \mathbf{D} / \partial t$이다.

예제 6-4

유전체의 유전율 ϵ, 전극간격 d, 극판의 면적 S인 커패시터회로에 정현파전압 $v = V_m \sin\omega t$ 를 인가하였다. 이때의 변위전류를 구하라.

풀이 **정답** $\frac{\omega\epsilon}{d} V_m \cos\omega t$

전극의 간격 d인 전극에 전압을 인가할 경우 전계는 $E = v/d$이며 전속밀도는 다음과 같다.

$$D = \epsilon E = \epsilon \frac{V_m}{d} \sin\omega t$$

따라서 변위전류 I_d는 식 (6.14)로부터

$$I_d = \int \frac{\partial \mathbf{D}}{\partial t} \cdot d\mathbf{S} = \omega \frac{\epsilon S}{d} V_m \cos\omega t$$

가 되며, 변위전류밀도는 변위전류를 면적 S로 나누어 다음과 같이 구한다.

$$J_d = \frac{\omega\epsilon}{d} V_m \cos\omega t$$

예제 6-5

어떤 유전체에서 비유전율과 도전율이 각각 ϵ_R 및 σ일 때, 전도전류밀도와 변위전류밀도가 동일하게 되는 주파수를 구하라.

풀이 **정답** $\frac{\sigma}{2\pi\epsilon}$

시간에 따라 변하는 전계를 $E = E_0 e^{j\omega t}$ 이라 하자. 이 전계에 의한 전도전류밀도 $\mathbf{J}$와 변위전류밀도 J_d는 다음과 같이 표현할 수 있다.

$$J = \sigma E = \sigma E_0 e^{j\omega t}$$

$$J_d = \frac{\partial D}{\partial t} = \epsilon \frac{\partial E}{\partial t} = \omega\epsilon E_0 e^{j\omega t}$$

위 두 식으로부터 두 전류밀도가 같아지기 위해서는 $\sigma = \omega\epsilon = 2\pi f \epsilon$이므로 주파수는 다음과 같다.

$$f = \frac{\sigma}{2\pi\epsilon}$$

SECTION 03

시가변 전자계의 맥스웰 방정식

이 절에서는 전자유도현상과 변위전류의 개념을 도입하여 시가변 전자계에서의 맥스웰 방정식을 완성하고, 이를 이해하여 시가변계에서의 전자기 현상을 공부한다.

Keywords | 미분형 맥스웰 방정식 | 적분형 맥스웰 방정식 |

우리는 SECTION 02에서 시간에 따라 변화하는 계에서 패러데이 법칙으로 전자유도현상을 설명하고 또한 앙페르의 주회법칙에 대한 수정의 당위성을 공부하면서 시가변계에서는 맥스웰 방정식이 정전계와 정자계에서와는 달라짐을 알았다. 즉, 수정된 맥스웰 방정식은 두 개의 벡터 회전에 대한 식으로 다음과 같이 나타낸다.

$$\nabla \times \mathbf{E} = -\frac{\partial \mathbf{B}}{\partial t} \tag{6.15}$$

$$\nabla \times \mathbf{H} = \mathbf{J} + \frac{\partial \mathbf{D}}{\partial t} \tag{6.16}$$

식 (6.15)는 시가변 자속밀도가 회전하는 전계를 발생하며, 시가변 자속이 기전력을 유기함을 의미하는 것으로 이를 패러데이 법칙이라 하였다. 또한 식 (6.16)은 시가변계에서 시간에 대한 전속밀도의 변화가 자계의 원천이 될 수 있다는 앙페르의 주회법칙을 수정한 것으로 변위전류 또는 변위전류밀도의 존재를 암시하는 중요한 식으로 생각할 수 있다. 위의 두 식으로부터 정전계와 정자계에서 전기적, 그리고 자기적 현상이 각각 독립적으로 설명될 수 있었던 것에 대하여 시가변계에서는 전계와 자속밀도, 그리고 자계와 전속밀도가 서로에게 영향을 미칠 수 있다는 새로운 사실을 알 수 있었다.

한편 시가변계의 나머지 두 맥스웰 방정식은 다음과 같으며, 이는 정전계와 정자계에서의 맥스웰 방정식과 같다.

$$\nabla \cdot \mathbf{D} = \rho_v \tag{6.17}$$

$$\nabla \cdot \mathbf{B} = 0 \tag{6.18}$$

즉, 벡터의 발산으로 표현되는 두 맥스웰 방정식은 시가변계에서도 전속밀도는 항상 발산하며, 그 원천은 체적전하밀도라는 사실과 자속밀도의 발산의 원천은 0이라는 사실 즉, 자속밀도는 항상 폐로를 형성한다는 두 물리량의 본질적 특성을 나타낸다. 따라서 우리는 벡터 발산에 대한 두 맥스웰 방정식으로부터 전계와 자계를 이해하고, 벡터 회전에 대한 두 식으로부터 시가변계에서의 새로운 현상을 이해할 수 있다.

한편 시가변계에서의 맥스웰 방정식의 적분형을 정리하면 다음과 같다.

$$\oint \mathbf{D} \cdot d\mathbf{S} = Q \tag{6.19}$$

$$\oint \mathbf{E} \cdot d\mathbf{L} = -\int \frac{\partial \mathbf{B}}{\partial t} \cdot d\mathbf{S} \tag{6.20}$$

$$\oint \mathbf{H} \cdot d\mathbf{L} = I + \int \frac{\partial \mathbf{D}}{\partial t} \cdot d\mathbf{S} \tag{6.21}$$

$$\oint \mathbf{B} \cdot d\mathbf{S} = 0 \tag{6.22}$$

이상의 시가변계에서의 맥스웰 방정식의 미분형이나 적분형에서 전속밀도와 자속밀도의 시간적 변화율 즉, $\partial \mathbf{D}/\partial t$ 및 $\partial \mathbf{B}/\partial t$를 0으로 두면 정전계와 정자계에서의 맥스웰 방정식과 일치한다는 사실을 알 수 있다. [표 6-1]에 시가변계와 시불변계의 맥스웰 방정식을 정리하였다.

[표 6-1] 정전계 및 정자계와 시가변 전자계에서의 맥스웰 방정식

정전계 및 정자계		시가변 전자계	
미분형	적분형	미분형	적분형
$\nabla \cdot \mathbf{D} = \rho_v$	$\oint \mathbf{D} \cdot d\mathbf{S} = Q$	$\nabla \cdot \mathbf{D} = \rho_v$	$\oint \mathbf{D} \cdot d\mathbf{S} = Q$
$\nabla \times \mathbf{E} = 0$	$\oint \mathbf{E} \cdot d\mathbf{L} = 0$	$\nabla \times \mathbf{E} = -\frac{\partial \mathbf{B}}{\partial t}$	$\oint \mathbf{E} \cdot d\mathbf{L} = -\int \frac{\partial \mathbf{B}}{\partial t} \cdot d\mathbf{S}$
$\nabla \times \mathbf{H} = \mathbf{J}$	$\oint \mathbf{H} \cdot d\mathbf{L} = I$	$\nabla \times \mathbf{H} = \mathbf{J} + \frac{\partial \mathbf{D}}{\partial t}$	$\oint \mathbf{H} \cdot d\mathbf{L} = I + \int \frac{\partial \mathbf{D}}{\partial t} \cdot d\mathbf{S}$
$\nabla \cdot \mathbf{B} = 0$	$\oint \mathbf{B} \cdot d\mathbf{S} = 0$	$\nabla \cdot \mathbf{B} = 0$	$\oint \mathbf{B} \cdot d\mathbf{S} = 0$

CHAPTER

06 연습문제

6.1 권선 수가 $N=50$[회] 인 코일의 쇄교자속이 0.1초 동안 0.7[Wb]에서 0.5[Wb]로 감소하였다. 이때 발생하는 유도기전력을 구하라.

6.2 단면적 $S=0.5[\text{m}^2]$, 권선 수 $N=100$[회]의 도체에 쇄교하는 자속밀도의 변화가 $3\times10^{-3}[\text{Wb/s}\cdot\text{m}^2]$이었다. 코일 양단에 발생하는 유도기전력을 구하라.

6.3 $\rho < a$인 원통 도체 내에 시가변 자속밀도 $\mathbf{B}=B_1e^{kt}\mathbf{a}_z$가 분포하고 있다. 이 시가변 자속밀도에 의해 유도되는 기전력을 구하고 이를 이용하여 유도전계를 구하라.

6.4 [연습문제 6.3]의 문제에서 유도되는 전계를 $\nabla\times\mathbf{E}=-\dfrac{\partial\mathbf{B}}{\partial t}$를 이용하여 구하라.

6.5 인덕턴스 $L=0.2$[H]인 코일이 있다. 0.02초 동안에 코일에 흐르는 전류가 25[A]에서 20[A]로 변할 때 유도기전력을 구하라.

6.6 상호인덕턴스 $M=100[\mu\text{H}]$인 도체의 1차 코일에 3초 동안에 전류가 3[A]에서 12[A]로 증가할 때, 2차 코일에 유도되는 기전력을 구하라.

6.7 자유공간에 자계 $\mathbf{H}=10\cos(360t)\mathbf{a}_z$[A/m]가 분포되어 있다. $z=0$인 xy평면상의 점 P(1, 1, 0)에 중심을 가지고 한 변의 길이가 2[m]인 사각형 회로에 발생하는 유도기전력을 구하라.

6.8 반지름 2[cm], 길이가 10[m]이고 단위길이당 권선 수 1,000[turns/m]인 솔레노이드에 전류 $I=300\sin(2\pi\times10^6)t$[A]를 흘렸다. 단위길이당 와전류밀도를 구하라. 단, 솔레노이드의 도전율과 투자율은 각각 $\sigma=3.2\times10^{-5}$[S/m], $\mu_R=4$이다.

6.9 $z=0$인 평면에 시간적으로 균일한 자속밀도 $\mathbf{B}=B_0\mathbf{a}_z$가 분포하고 있다. 길이 L[m]인 도체가 y방향으로 $\mathbf{v}=v_0\mathbf{a}_y$로 운동할 때, 유도기전력을 구하라.

6.10 [연습문제 6.9]에서 운동유도전계를 구하고 이를 이용하여 유기기전력을 구하라.

6.11 $x=0$인 yz평면에 시가변 자속밀도 $\mathbf{B}=4\cos 10^6 t\,\mathbf{a}_x$[mWb/m^2]의 균일한 자계를 길이 6[cm]의 막대도체가 z의 양의 방향으로 운동하고 있다. 막대도체가 $z=8$[cm]의 위에서 도체 양단에 발생하는 유도전압을 구하라.

6.12 $x=0$인 yz평면에 형성되어 있는 자속밀도 $\mathbf{B}=4\mathbf{a}_x$[mWb/m^2]의 자계를 길이 6[cm]의 막대도체가 z의 양의 방향으로 $\mathbf{v}=20\mathbf{a}_z$[m/s]의 속도로 운동하고 있다. 도체 양단에 발생하는 운동유도전계 및 전압을 구하라.

6.13 [연습문제 6.12]와 같은 상황에서 자속밀도 $\mathbf{B}=4\cos(10^6 t-z)\mathbf{a}_x$[mWb/m^2]의 자계를 $\mathbf{v}=20\mathbf{a}_z$[m/s]의 속도로 운동할 때, 도체 양단에 발생하는 유도기전력을 구하라.

6.14 면적이 4[cm^2], 전극 사이의 간격이 2[mm]인 평행평판 커패시터에 $\epsilon_R=2$인 유전체를 삽입한 후 $v=25\sin 10^5 t$[V]의 교류전압을 인가하였다. 변위전류밀도를 구하라.

6.15 자유공간에서 $\mathbf{E}=10\sin(\omega t-20y)\mathbf{a}_x$[V/m]의 시가변 전계가 분포하고 있다. 변위전류밀도를 구하라.

6.16 도전율 $\sigma=10^5$[S/m] 인 도체가 있다. 이 도체의 전도전류와 변위전류가 같아지는 주파수를 구하라. 단, 이 도체의 유전율은 ϵ_0이다.

6.17 구리와 바닷물의 도전율은 각각 6.7×10^7[S/m] 및 10[S/m]이다. 구리의 유전율을 ϵ_0라 하고 바닷물의 비유전율은 $\epsilon_R=80$이라 할 때, 주파수가 60[Hz]와 300[MHz]에서의 변위전류와 전도전류의 비를 구하라.

CHAPTER 07

균일평면파

이 장에서는 전자파의 파동현상을 이해하기 위하여 진행파로서의 전계 및 자계의 파동함수를 구하고, 위상속도, 주파수, 파장, 고유임피던스 등의 기본적인 파라미터를 배운다. 또한 자유공간과 유전체 그리고 도체에서의 매질 특성의 차이를 고려하여 파동현상을 공부하며, 포인팅벡터의 개념을 도입하여 전자파 에너지 전송을 이해한다. 뿐만 아니라 두 매질의 경계에서의 반사 및 투과현상과 정재파의 특성을 공부한다.

CONTENTS

SECTION 01

전자계의 페이저 해석

이 절에서는 균일평면파를 표현하기 위하여 진폭과 위상의 정보를 가지는 복소수 즉, 페이저를 정의하고 이를 이용하여 전자계를 표현하는 방법을 공부한다.

Keywords | 페이저함수 | 시간함수 |

지금부터 공부하게 될 전자파의 파동방정식에서는 공간에 대한 미분과 시간에 대한 미분이 복잡한 형태로 나타나게 되어 해석이 어려운 경우가 많다. 그러나 전자계의 파동함수는 일반적으로 정현파 또는 여현파 즉, 사인(sine)함수와 코사인(cosine)함수로 주어지며, 시간에 따라 변하는 전계와 자계가 정상상태에 도달하였다고 가정하면 페이저(phasor)를 이용하여 미분계산을 매우 편리하게 할 수 있다. 즉, **전자파를 페이저로 표현하면 진폭과 우상주파수만으로 그 신호를 특정 지을 수 있으며**, 전계와 자계에 대한 수식적인 계산은 매우 단순해진다. 페이저를 전계와 자계에 적용하기 전에 페이저의 개념에 대해서 간단하게 설명하기로 한다.

지수함수는 오일러(Euler) 공식에 의해 삼각함수를 이용하여 복소수로 나타낼 수 있다.

$$e^{j\omega t} = \cos\omega t + j\sin\omega t \tag{7.1}$$

어떤 전압이 $v = V_m \cos(\omega t + \theta)$로 주어질 때, 오일러의 공식을 이용하면 다음과 같다.

$$\begin{aligned} v = V_m \cos(\omega t + \theta) &= Re\{V_m[\cos(\omega t + \theta) + j\sin(\omega t + \theta)]\} \\ &= Re\left(V_m e^{j\omega t} e^{j\theta}\right) \end{aligned}$$

이 식에서 $e^{j\omega t}$은 전압의 주파수에 대한 표현을 담고 있으며, $e^{j\phi}$은 위상에 대한 정보를 담고 있다. 만약 전압이 정상상태에 도달하여 주파수에 대한 표현이 필요하지 않다면 전압은 진폭 V_m과 위상 정보 $e^{j\phi}$만으로 정의가 가능하다. 이때, $\mathbf{V}_s = V_m e^{j\phi}$를 전압파 v의 **페이저**(phasor)라 한다. 따라서 어떤 전압 $v = V_m \cos(\omega t + \theta)$의 페이저함수는 $\mathbf{V}_s = V_m e^{j\phi}$가 된다.

이제 페이저로 표현된 함수를 정현파 함수 즉, 시간함수로 변환하는 과정을 생각해 보자. 이는 v의 페이저함수 $\mathbf{V}_s = V_m e^{j\phi}$에 $e^{j\omega t}$을 곱한 후 Re 부분만 취하면 된다.

$$\begin{aligned} v = Re(\mathbf{V}_s)e^{j\omega t} &= Re\left(V_m e^{j\phi} e^{j\omega t}\right) \\ &= V_m Re[\cos(\omega t + \phi) + jsin(\omega t + \phi)] = V_m \cos(\omega t + \phi) \end{aligned}$$

어떤 시간함수를 페이저로 나타내는 방법을 정리하면 다음과 같다.

★ 시간함수 → 페이저함수 ★

시간함수를 오일러의 공식을 이용하여 지수함수로 나타낸 후 시간을 나타내는 부분 $e^{j\omega t}$과 실수기호 Re를 생략한다.

$$A\cos(\omega t+\beta z) \to Re\left[A\, e^{j(\omega t+\beta z)}\right] \to Re\left[A\, e^{j\omega t}\, e^{j\beta z}\right] \to A\, e^{j\beta z}$$

★ 페이저함수 → 시간함수 ★

페이저함수에 $e^{j\omega t}$을 곱한 후 오일러 공식에 의해 삼각함수로 전환하고 실수부인 Re 부분만 취한다.

$$\begin{aligned} Ae^{j\beta z} &\to Re\left(Ae^{j\beta z}\, e^{j\omega t}\right) \to Re\, A\left[\cos(\omega t+\beta z)+j\sin(\omega t+\beta z)\right] \\ &\to A\cos(\omega t+\beta z) \end{aligned}$$

이제 마지막으로 전자계를 시간으로 편미분한 결과에 대하여 고찰해 보자. 어떤 전계의 x 성분이 $E_x = E_{x0}\cos(\omega t+\phi)$와 같이 주어질 때, 이를 페이저함수를 이용하여 변환하면

$$\begin{aligned} E_x &= E_{x0}\cos(\omega t+\phi) = Re\, E_{x0}\, e^{j(\omega t+\phi)} = Re\, E_{x0} e^{j\omega t} e^{j\phi} \\ &= Re\, E_{xs}\, e^{j\omega t} \end{aligned}$$

이 되고 이 식에서 $E_{xs} = E_{x0}\, e^{j\phi}$이다. 따라서 전계를 시간에 대하여 미분하면 다음과 같다.

$$\frac{\partial E_x}{\partial t} = Re\,(j\omega)E_s\, e^{j\omega t}$$

이는 전자계를 시간으로 미분하면 자신의 페이저에 $j\omega$를 곱한 결과와 같음을 의미한다. 예를 들면 다음과 같은 전자계의 방정식

$$\frac{\partial E_x}{\partial z} = -\mu_0 \frac{\partial H_y}{\partial t}$$

를 페이저로 표현하면 다음과 같다.

$$\frac{\partial E_{xs}}{\partial z} = -j\omega\mu_0 H_{ys}$$

예제 7-1

시간함수로 나타낸 전계 $E_y(x,\ t) = 200\cos(10^6 t + 0.8x - 60°)$를 페이저함수로 표현하라.

풀이 **정답** $200\, e^{j0.8x}\, e^{-j60°}$

우선 위치 x와 시간 t의 함수인 전계를 지수함수로 표현하면

$$E_y(x,\ t) = Re\left[200\, e^{j(10^6 t + 0.8x - 60°)}\right]$$

가 되며, 이 식에서 Re와 시간함수인 $e^{j10^6 t}$항을 생략하면 다음과 같다.

$$E_{ys} = 200 e^{j(0.8x - 60°)} = 200\, e^{j0.8x}\, e^{-j60°}$$

예제 7-2

어떤 자계를 페이저함수로 나타내면 $H_{zs} = H_{z0}\, e^{-j100x}$이다. 이를 시간함수로 표현하라.

풀이 **정답** $H_{z0}\cos(\omega t - 100x)$

페이저함수에 $e^{j\omega t}$을 곱한 후 오일러 공식에 의해 삼각함수로 전환하고 실수(Re) 부분만 찾으면 된다.

$$\begin{aligned} H_z &= Re\left[H_{z0}\, e^{-j100x}\, e^{j\omega t}\right] = Re\left[H_{z0}\, e^{j(\omega t - 100x)}\right] \\ &= H_{z0}\cos(\omega t - 100x) \end{aligned}$$

SECTION 02

파동방정식과 자유공간에서의 파동현상

이 절에서는 맥스웰 방정식을 이용하여 파동방정식을 구하고 진행파로써의 전계와 자계를 정의한다. 또한, 위상속도 및 파장, 주파수 그리고 고유임피던스 등의 물질상수를 공부하여 자유공간에서의 전계와 자계의 전파현상을 이해한다.

Keywords | 파동방정식 | 파동함수 | 고유임피던스 | 위상속도 |

파동방정식 및 전계의 파동현상

자유공간은 유전율 ϵ_0, 투자율 μ_0인 공간으로 전하가 존재하지 않는 비전도성 매질이다. 즉, **자유공간에는 체적전하밀도가 없으므로, 어떠한 전도성 전류도 흐르지 않는 도전율 σ가 0인 공간이다.** 따라서 시가변계의 맥스웰 방정식은 다음과 같다.

$$\nabla \cdot \mathbf{E} = 0 \tag{7.2}$$

$$\nabla \times \mathbf{E} = -\mu_0 \frac{\partial \mathbf{H}}{\partial t} \tag{7.3}$$

$$\nabla \times \mathbf{H} = \epsilon_0 \frac{\partial \mathbf{E}}{\partial t} \tag{7.4}$$

$$\nabla \cdot \mathbf{H} = 0 \tag{7.5}$$

이를 페이저방정식으로 전환하면 다음과 같다.

$$\nabla \cdot \mathbf{E}_s = 0 \tag{7.6}$$

$$\nabla \times \mathbf{E}_s = -j\omega\mu_0 \mathbf{H}_s \tag{7.7}$$

$$\nabla \times \mathbf{H}_s = j\omega\epsilon_0 \mathbf{E}_s \tag{7.8}$$

$$\nabla \cdot \mathbf{H}_s = 0 \tag{7.9}$$

이제 자유공간에서의 맥스웰 방정식과 다음의 벡터항등식을 이용하여 파동방정식을 도출하여 보자. 즉, 다음의 벡터항등식

$$\nabla \times \nabla \times \mathbf{E}_s = \nabla(\nabla \cdot \mathbf{E}_s) - \nabla^2 \mathbf{E}_s$$

를 이용하면 우선 자유공간에서는 $\nabla \cdot \mathbf{E}_s = 0$이며, $\nabla \times \mathbf{E}_s = -j\omega\mu_0 \mathbf{H}_s$이므로

$$\nabla \times \nabla \times \mathbf{E}_s = -j\omega\mu_0 \nabla \times \mathbf{H}_s = \omega^2 \mu_0 \epsilon_0 \mathbf{E}_s = -\nabla^2 \mathbf{E}_s$$

의 관계가 성립한다. 위 식을 정리하면 다음과 같으며, 이 식은 이차미분방정식으로 **헬름홀츠** (Helmholtz equation) **방정식**이라고도 불린다.

★ 헬름홀츠 방정식 ★

$$\nabla^2 \mathbf{E}_s = -\omega^2 \mu_0 \epsilon_0 \mathbf{E}_s \tag{7.10}$$

이 식에서 전계는 벡터양으로 x, y, z 성분을 가질 수 있으며, 또한 전계는 3차원의 공간함수이므로 이 식은 매우 복잡하다. 따라서 우선 전계가 x 성분만을 가지며, z만의 함수로 가정하면 위 식은

$$\nabla^2 \mathbf{E}_{xs} = -\omega^2 \mu_0 \epsilon_0 \mathbf{E}_{xs} \tag{7.11}$$

로 주어지며, 전계가 z만의 함수로 가정하였으므로 이를 전개하면

$$\frac{\partial^2 E_{xs}}{\partial z^2} = -\omega^2 \mu_0 \epsilon_0 E_{xs} \tag{7.12}$$

가 된다. 이 방정식의 일반해는 다음과 같다.

$$E_{xs} = Ae^{-j\omega\sqrt{\mu_0\epsilon_0}\,z} + Be^{j\omega\sqrt{\mu_0\epsilon_0}\,z} \tag{7.13}$$

이제 페이저함수를 시간함수로 변환하면 다음과 같다.

$$\begin{aligned} E_x &= Re\left\{Ae^{-j\omega\sqrt{\mu_0\epsilon_0}\,z}e^{j\omega t}\right\} + Re\left\{Be^{j\omega\sqrt{\mu_0\epsilon_0}\,z}e^{j\omega t}\right\} \\ &= A\cos\left[\omega\left(t - z\sqrt{\mu_0\epsilon_0}\right)\right] + B\cos\left[\omega\left(t + z\sqrt{\mu_0\epsilon_0}\right)\right] \end{aligned} \tag{7.14}$$

이 식의 **우변의 첫째 항은 전계가 z의 양의 방향으로 진행하며, 그리고 두 번째 항은 z의 음의 방향으로 진행하는 파동을 나타낸다.** 우리는 이러한 파동의 기본적 특성을 알기 위하여 z의 양의 방향으로 진행하는 파동에 대하여 고찰해보자. 즉, 전계가

$$E_x = A\cos\left[\omega\left(t - z\sqrt{\mu_0\epsilon_0}\right)\right] \tag{7.15}$$

라 하고, 만약 이 전계가 $t = 0$, $z = 0$에서 $E = E_{x0}$ 라 하면 $A = E_{x0}$이므로 전계는

$$E_x = E_{x0}\cos\left[\omega\left(t - z\sqrt{\mu_0\epsilon_0}\right)\right] \tag{7.16}$$

로 표현할 수 있다. 이 식에서 우선 코사인 항의 $\omega\left(t - z\sqrt{\mu_0\epsilon_0}\right)$를 일정한 값으로 두고 양변을 미분하면

$$\omega\left(dt - dz\sqrt{\mu_0\epsilon_0}\right) = 0$$

이 되고 이로부터 다음을 얻을 수 있으며, 이를 **위상속도**(phase velocity)라 한다.

★ 위상속도 ★

$$v = \frac{dz}{dt} = \frac{1}{\sqrt{\mu_0\epsilon_0}} \tag{7.17}$$

전계의 진행에 방해가 없는 자유공간에서 μ_0 및 ϵ_0의 값을 대입하면 전계는 $c = 1/\sqrt{\mu_0\epsilon_0} = 3\times10^8$[m/sec]의 속도로 진행한다. 따라서 위 식은 자유공간에서의 전계의 파동함수는 다음과 같다.

★ 자유공간에서의 전계의 파동함수 ★

$$E_x = E_{x0}\cos\left[\omega\left(t - \frac{z}{c}\right)\right] \tag{7.18}$$

이 식으로부터 전계는 시간 t와 위치 z의 함수임을 알 수 있다.

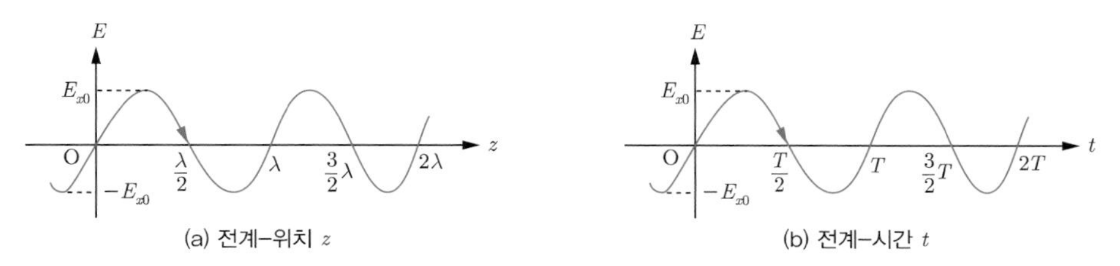

[그림 7-1] 위치 z와 시간 t의 함수로 나타낸 전계

이제 다음의 고찰을 통하여 전계의 파동현상을 이해해 보자. 만약 어떤 지점 A에서 전계가 형성되어 z 방향으로 진행한다면 그 지점으로부터 200[km] 떨어진 B지점에는 다음과 같은 전계가 형성된다.

$$E_x = E_{x0}\cos\left[\omega\left(t - \frac{2\times10^5}{3\times10^8}\right)\right] = E_{x0}\cos\left[\omega(t - 0.00067)\right]$$

이는 B지점의 전계는 약 0.00067초 이전의 A지점의 전계와 같음을 의미한다. 또한 자유공간에서의 전계는 약 0.00067초의 시간에 200[km]의 거리를 진행하여 에너지를 전달함을 알 수 있다. 이와 같이 **일정한 위상속도로 진행하는 파동을 진행파**(travelling wave)라 한다. 전계의 경우 자신은 x 성분을 가지고 진동하며, z 방향으로 진행하므로 **진동 방향과 진행 방향이 수직**이다. 이러한 파

동을 **횡파**(transverse wave)**라 한다.**[1]

한편 위 식에서 시간 $t=0$이라면

$$E_x = E_{x0}\cos\left[\omega\left(t-\frac{z}{c}\right)\right] = E_{x0}\cos\frac{\omega z}{c} \tag{7.19}$$

가 되어, 전계는 거리에 따라 그 크기가 주기적으로 변함을 알 수 있다. 이때의 주파수를 f라 하고 파장을 λ라 하면, $\omega = 2\pi f$이므로 다음 관계가 성립한다.

$$f = \frac{c}{\lambda} = \frac{\omega}{2\pi} \tag{7.20}$$

자계의 파동현상

이제 자계를 구해보자. 자계는 식 (7.7)의 맥스웰 방정식 $\nabla \times \mathbf{E}_s = -j\omega\mu_0\mathbf{H}_s$ 로부터 구할 수 있다. 이 경우 전계가 x 성분을 가지는 z만의 함수이면 자계는 y 성분을 가지게 되어 다음 식이 성립한다(334쪽의 Note 참조).

$$\frac{\partial E_{xs}}{\partial z} = -j\omega\mu_0 H_{ys} \tag{7.21}$$

전계에 대한 페이저 표현식 $E_{xs} = E_{x0}e^{-j\omega\sqrt{\mu_0\epsilon_0}z}$을 z에 대해 편미분하고 $c = 1/\sqrt{\mu_0\epsilon_0}$을 대입하면

$$H_{ys} = -\frac{1}{j\omega\mu_0}E_{x0}\left(-j\omega\sqrt{\mu_0\epsilon_0}\right)e^{-j\omega\sqrt{\mu_0\epsilon_0}z} = E_{x0}\sqrt{\frac{\epsilon_0}{\mu_0}}\,e^{-j\omega\frac{z}{c}} \tag{7.22}$$

이 되며, 실함수로 변환하면 다음과 같다.

$$H_y = E_{x0}\sqrt{\frac{\epsilon_0}{\mu_0}}\cos\left[\omega\left(t-\frac{z}{c}\right)\right] \tag{7.23}$$

이상의 결과로부터 자유공간에서 전계가 x 방향이면 자계는 y 방향으로 형성되어 전계와 자계는 서로 수직하며, 전계와 자계 모두 z 방향으로 진행되는 진행파임을 알 수 있다.[2] 또한 **자계도 자신**

---

1 진행파에는 진동 방향과 진행 방향이 서로 수직하는 횡파와 진동 방향과 진행 방향이 서로 같은 종파가 있다. 횡파에는 전자기파를 비롯하여 빛, 소리의 파동이 있으며, 종파에는 용수철의 전후진동과 지진파의 P파 등이 있다.

2 전계가 x 방향이라는 의미는 전계는 x 성분만을 가지며, 진동 방향이 x 방향이라는 뜻이다. 이와 마찬가지로 자계는 y 방향 즉, y 성분만을 가지며, 자계의 진동 방향도 y 방향이 된다. 그리고 전계와 자계는 모두 z 만의 함수이며, 이는 전계와 자계는 모두 z 방향으로 진행함을 의미한다.

의 진동 방향인 y 방향에 대하여 z 방향으로 진행하는 횡파이다.

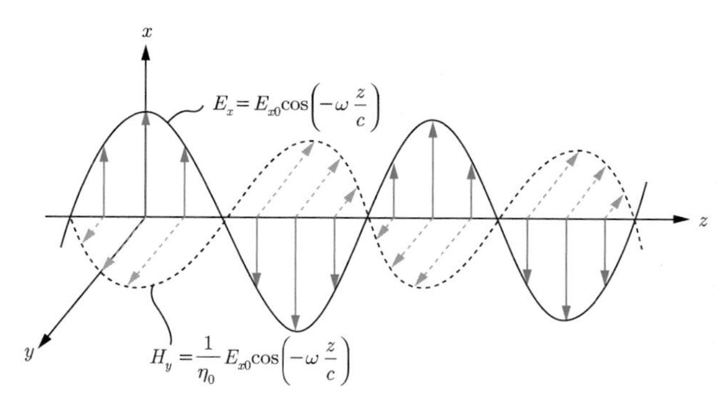

[그림 7-2] 전계와 자계의 진행 방향

전계와 자계는 각각 x 및 y 성분을 가지고 z 방향으로 진행한다. 실선은 전계이며, 파선은 자계를 나타낸다.

한편 전계에 대한 자계의 비를 **고유임피던스**(intrinsic impedance)라 한다.

$$\eta = \frac{E_x}{H_y} = \sqrt{\frac{\mu}{\epsilon}} \tag{7.24}$$

전계와 자계의 단위가 각각 [V/m] 및 [A/m]이므로 고유임피던스의 단위는 [V/A]로 옴[Ω]이다.[3] 자유공간에서의 고유임피던스는 다음과 같이 정의한다.

★ 자유공간에서의 고유임피던스 ★

$$\eta_0 = \sqrt{\frac{\mu_0}{\epsilon_0}} = 377 \doteq 120\pi\,[\Omega] \tag{7.25}$$

이를 이용하여 자유공간에서의 자계의 파동함수를 표현하면 다음과 같다.

★ 자유공간에서의 자계의 파동함수 ★

$$H_y = \frac{1}{\eta_0} E_{x0} \cos\left[\omega\left(t - \frac{z}{c}\right)\right] \tag{7.26}$$

---

3 투자율과 유전율의 단위는 μ[H/m] 및 ϵ[F/m]이고 자속 변화에 대한 유도기전력 $e = d\phi/dt = Ldi/dt$ 로부터 인덕턴스 L[H]의 단위는 [V·s/A]이고 $C = Q/V$와 $I = dQ/dt$ 로부터 정전용량 C[F]는 [A·s/V]의 단위를 가지므로 고유임피던스 η의 단위는 $\eta = \sqrt{\mu/\epsilon} = \sqrt{(\mathrm{H/m})/(\mathrm{F/m})} = [\mathrm{V/A}]$ 로 단위가 [Ω] 임을 알 수 있다.

Note 전계와 자계의 방향 관계

식 (7.21)에서 전계가 x 방향일 때 자계가 y 방향이 되는 것은 $\nabla\times\mathbf{E}_s=-j\omega\mu_0\mathbf{H}_s$ 의 맥스웰 방정식에서 자계 $\mathbf{H}_s$의 방향은 $\nabla\times\mathbf{E}_s$의 방향에 의해 결정되며, 이를 전개하면 다음과 같다.

$$\nabla\times\mathbf{E}_s=\left(\frac{\partial E_{zs}}{\partial y}-\frac{\partial E_{ys}}{\partial z}\right)\mathbf{a}_x+\left(\frac{\partial E_{xs}}{\partial z}-\frac{\partial E_{zs}}{\partial x}\right)\mathbf{a}_y+\left(\frac{\partial E_{ys}}{\partial x}-\frac{\partial E_{xs}}{\partial y}\right)\mathbf{a}_z$$

이 식에서 전계가 x 성분을 가지고 z 만의 함수라 하였으므로 위 식을 정리하면

$$\nabla\times\mathbf{E}_s=\frac{\partial E_{xs}}{\partial z}\mathbf{a}_y$$

가 되므로 자계는 y 성분을 가지게 된다.

이러한 전계와 자계에 대한 방향 관계를 좀 더 쉽게 이해하기 위하여 전계와 자계의 진동 방향을 나타내는 단위벡터를 각각 $\mathbf{a}_E$, $\mathbf{a}_H$라 하고, 이들의 진행 방향을 $\mathbf{a}_N$이라 하면

$$\mathbf{a}_E\times\mathbf{a}_H=\mathbf{a}_N$$

의 관계가 성립하며, 이 관계에 의해 전계와 자계의 방향이 결정된다. 만약 전계가 x 성분을 가지고 즉, 전계의 진동 방향이 $\mathbf{a}_x$ 방향이고 $\mathbf{a}_z$ 방향으로 진행한다면 $\mathbf{a}_x\times\mathbf{a}_y=\mathbf{a}_z$에 의해 자계는 $\mathbf{a}_y$ 방향이 되어야 한다는 것이다.

만약 x 성분을 가지는 전계가

$$E_x=E_{x0}\cos\left[\omega\left(t-z\sqrt{\mu_0\epsilon_0}\right)\right]+E_{x0}'\cos\left[\omega\left(t+z\sqrt{\mu_0\epsilon_0}\right)\right]$$

일 때, 우변의 첫째 항은 전계가 z의 양의 방향으로, 그리고 두 번째 항은 z의 음의 방향으로 진행하므로 첫째 항의 경우 $\mathbf{a}_x\times\mathbf{a}_y=\mathbf{a}_z$에 의해 자계는 $\mathbf{a}_y$ 방향이 되지만, 두 번째 항의 경우 $\mathbf{a}_x\times(-\mathbf{a}_y)=(-\mathbf{a}_z)$ 에 의해 자계는 $-\mathbf{a}_y$ 방향이 되어야 한다. 따라서 자계는 다음과 같이 표현할 수 있다.

$$H_y=\frac{1}{\eta}E_{x0}\cos\left[\omega\left(t-z\sqrt{\mu_0\epsilon_0}\right)\right]-\frac{1}{\eta}E_{x0}'\cos\left[\omega\left(t+z\sqrt{\mu_0\epsilon_0}\right)\right]$$

지금까지 자유공간에서 전자파의 파동현상에 대하여 고찰하였다. 자유공간에서의 **전계와 자계는 서로 수직하고 위상차 없이 진행하는 진행파이며, 각각의 진동 방향과 진행 방향이 서로 수직인 횡전자기파**(transverse electromagnetic wave : TEM)임을 알았다. 만약 매질의 특성상 전계와 자계의 전파 도중 감쇠현상이 발생하면 전계는 다음과 같이 표현할 수 있다.

$$E_x = E_{x0}\, e^{-\alpha z} \cos\left[\omega\left(t - \frac{z}{c}\right)\right]$$
$$= E_{x0}\, e^{-\alpha z} \cos(\omega t - \beta z) \tag{7.27}$$

이 식은 전계가 z의 양의 방향으로 진행함에 따라 지수함수 항에 의해 감쇠함을 의미하며, 감쇠의 정도를 나타내는 상수 α를 **감쇠상수**라 한다. 물론 자유공간에서는 $\alpha = 0$이 되어 전계는 식 (7.18)과 같다. 감쇠상수는 무차원의 단위 네이퍼($Neper$, Np)를 이용하여 나타내며, 감쇠상수의 단위는 [Np/m]이다. 만약 z의 양의 방향으로 $1/\alpha$의 거리를 진행하면 전계의 크기는 $z = 0$에서의 E_{x0}의 $e^{-1} = 0.368$배로 작아진다.

또한 이 식에서 $\beta = \omega/c$로 두었으며, 이는 위상에 관련된 정수로서 **위상상수**라 한다. $\omega = 2\pi f$이고 $\lambda = c/f$이므로 위상상수는 다음과 같이 정의된다. 따라서 위상상수는 파의 길이 즉, 파장을 결정하는 중요한 상수이며, 단위는 [rad/m]가 된다.

★ 위상상수 ★

$$\beta = \frac{\omega}{c} = \frac{2\pi}{\lambda} = \omega\sqrt{\mu_0 \epsilon_0} \tag{7.28}$$

한편 식 (7.27)에서 전계는 다음과 같이 표현할 수 있다.

$$E_x = E_{x0}\, e^{-\alpha z} \cos(\omega t - \beta z) = Re\, E_{x0}\, e^{-\alpha z} e^{j(\omega t - \beta z)}$$

따라서 페이저 형으로 표현된 전계는

$$E_{xs} = E_{x0}\, e^{-\alpha z} e^{-j\beta z} = E_{x0}\, e^{-\gamma z} \tag{7.29}$$

이 된다. 이 식에서 **복소전파상수** γ를 다음과 같이 정의한다.

$$\gamma = \alpha + j\beta \tag{7.30}$$

이제 $E_{xs} = E_{x0}\, e^{-\gamma z}$을 식 (7.12)의 $\partial^2 E_{xs}/\partial z^2 = -\omega^2 \mu_0 \epsilon_0 E_{xs}$에 대입하면

$$\frac{\partial^2 E_{xs}}{\partial z^2} = \gamma^2 E_{x0}\, e^{-\gamma z} = -\omega^2 \mu_0 \epsilon_0 E_{x0}\, e^{-\gamma z}$$

이 되어, 복소전파상수 γ는 다음과 같다.

$$\gamma = \pm j\omega\sqrt{\mu_0 \epsilon_0} \tag{7.31}$$

즉, 자유공간에서는 $\alpha = 0$이 되며, $\beta = \omega\sqrt{\mu_0\epsilon_0}$ 의 관계를 얻을 수 있다.

예제 7-3

전계 $\mathbf{E} = 377\cos(6.28\times10^6 t - \beta z)\mathbf{a}_x$[V/m]가 자유공간을 진행하고 있다. 이 전계에서 다음을 구하라.

(a) 주파수 (b) 파장 (c) 위상상수 (d) 자계

풀이 **정답** (a) 10^6[Hz] (b) 300[m] (c) 2.1×10^{-2}[rad/m]

(d) $\cos(6.28\times10^6 t - 2.1\times10^{-2}z)\mathbf{a}_y$[A/m]

진행파인 전계가 $\mathbf{E} = E_{x0}e^{-\alpha z}\cos(\omega t - \beta z)\mathbf{a}_x$로 표현될 때, 이 식은 다음과 같은 의미가 있다.

① 전계는 진동 방향이 $\mathbf{a}_x$ 방향이므로 E_x 성분을 가지고

② $\cos(\omega t - \beta z)$의 항에서 z의 양의 방향으로 $v = \omega/\beta$의 속도로 전파하고 있으며

③ $e^{-\alpha z}$의 항에서 z의 양의 방향으로 전파하는 중 α의 비율로 진폭이 감쇠함

문제에서 $E_{x0} = 377$, $\omega = 6.28\times10^6$이고, 자유공간이므로 감쇠상수 $\alpha = 0$이며, 위상속도는 $v = c = 3\times10^8$[m/s]이다. 따라서 주파수 및 파장, 위상정수는 다음과 같다.

(a) $\omega = 2\pi f$에서 주파수는 $f = \omega/2\pi = 6.28\times10^6/2\pi = 10^6$[Hz]이다.

(b) 식 (7.20)에서 $f = \dfrac{c}{\lambda}$이므로 $\lambda = c/f = 3\times10^8/10^6 = 300$[m]이다.

(c) 위상상수는 식 (7.28)을 이용하여 계산하면 다음과 같다.

$$\beta = \omega\sqrt{\mu_0\epsilon_0} = 6.28\times10^6\times\frac{1}{3}\times10^{-8} = 2.1\times10^{-2}\text{[rad/m]}$$

(d) 고유임피던스 $\eta = \sqrt{\dfrac{\mu_0}{\epsilon_0}} = 377[\Omega]$이고, 식 (7.26)에 의해 전계가 x 성분이면 자계는 y 방향이므로 자계는 다음과 같다.

$$\mathbf{H} = \frac{1}{\eta}\mathbf{E} = \cos(6.28\times10^6 t - 2.1\times10^{-2}z)\mathbf{a}_y\text{[A/m]}$$

SECTION 03

유전체에서의 파동현상

이 절에서는 완전유전체와 손실유전체로 나누어 그 파동현상을 논의한다. 특히, 복소량인 전파상수 및 고유임피던스 그리고 손실탄젠트 등의 물성상수를 공부하여 손실유전체의 전파특성을 이해한다.

Keywords | 완전유전체 | 손실유전체 | 복소전파상수 | 손실탄젠트 |

지금부터 논의할 유전체에서의 전계와 자계는 자유공간에서와 매우 유사한 파동현상을 나타낸다. 다만 매질이 유전체이므로 자유공간과 비교하여 유전체의 특성을 반영하면 된다. 이 절에서는 **유전체를 완전유전체**(perfect dielectric)**와 손실이 있는 유전체**(lossy dielectric)**로 나누어 생각하기로 한다.**

완전유전체에서의 파동현상

완전유전체는 **도전율이 전혀 없는 공간**으로 전도전류밀도를 0 으로 생각할 수 있으므로 자유공간에서의 매질정수인 유전율과 투자율 ϵ_0 및 μ_0를 대신하여 유전율 ϵ과 투자율 μ만 대체하여 논의하면 된다. 또한 완전유전체에서는 전계 및 자계가 진행함에 따라 감쇠현상이 없으므로 식 (7.27)에서 감쇠상수 $\alpha = 0$이 되므로 전계 및 자계의 파동함수는 다음과 같다.

★ 완전유전체에서 전계/자계의 파동함수 ★

$$E_x = E_{x0}e^{-\alpha z}\cos(\omega t - \beta z) = E_{x0}\cos(\omega t - \beta z) \tag{7.32}$$

$$H_y = \frac{1}{\eta}E_{x0}\cos(\omega t - \beta z) \tag{7.33}$$

즉 전계와 자계는 동위상으로 서로 수직하며, 위 식에서 위상속도 $v = \omega/\beta$는 위상상수가 $\beta = \omega\sqrt{\mu\epsilon}$ 이므로

$$v = \frac{\omega}{\beta} = \frac{\omega}{\omega\sqrt{\mu\epsilon}} = \frac{1}{\sqrt{\mu_R\epsilon_R}\sqrt{\mu_0\epsilon_0}} = \frac{c}{\sqrt{\mu_R\epsilon_R}} \tag{7.34}$$

가 된다. 일반적으로 $\sqrt{\mu_R\epsilon_R} \gg 1$이므로 완전유전체에서의 전자기파의 위상속도는 자유공간에서의 속도 c보다 느리다. 또한 자유공간에서의 파장을 $\lambda_0 = c/f$라 할 때, 유전체에서 전자기파의 파

장은 다음과 같다.

$$\lambda = \frac{v}{f} = \frac{c}{f\sqrt{\mu_R \epsilon_R}} = \frac{\lambda_0}{\sqrt{\mu_R \epsilon_R}} \tag{7.35}$$

즉, 유전체의 비투자율은 $\mu_R = 1$ 이고 비유전율 $\epsilon_R \gg 1$ 이므로 전자기파의 파장이 자유공간에 비해 짧아진다. 즉 고유임피던스는 다음과 같다.

$$\eta = \sqrt{\frac{\mu}{\epsilon}} = \sqrt{\frac{\mu_0}{\epsilon_0}}\sqrt{\frac{\mu_R}{\epsilon_R}} = \eta_0\sqrt{\frac{\mu_R}{\epsilon_R}} \tag{7.36}$$

따라서 유전체의 고유임피던스도 자유공간에 비해 작아진다.

예제 7-4

비유전율과 비투자율이 각각 $\epsilon_R = 78$ 및 $\mu_R = 1$ 인 완전유전체를 z의 양의 방향으로 전파하는 주파수 $f = 300[\mathrm{MHz}]$ 의 전계 E_x의 최대치는 $100[\mathrm{V}]$ 이다. 이때 다음을 구하라.

(a) 위상속도, 위상정수, 파장　　　(b) 전계와 자계

풀이 **정답** (a) $0.34 \times 10^8[\mathrm{m/s}]$, $55.5[\mathrm{rad/m}]$, $0.113[\mathrm{m}]$

(b) $100\cos(6\pi \times 10^8 t - 55.5z)$, $2.34\cos(6\pi \times 10^8 t - 55.5z)$

(a) 식 (7.34)와 식 (7.35)를 이용하여 위상속도와 위상정수, 파장을 계산하면 다음과 같다.

$$v = \frac{c}{\sqrt{\mu_R \epsilon_R}} = \frac{3 \times 10^8}{\sqrt{78}} = 0.34 \times 10^8[\mathrm{m/s}]$$

$$\beta = \omega\sqrt{\mu\epsilon} = 2\pi \times 300 \times 10^6\sqrt{78\mu_0\epsilon_0} = 55.5[\mathrm{rad/m}]$$

$$\lambda = \frac{v}{f} = \frac{0.34 \times 10^8}{300 \times 10^6} = 0.113[\mathrm{m}]$$

(b) 자계를 구하기 위해 식 (7.36)을 이용하여 고유임피던스를 계산하면 다음과 같다.

$$\eta = \sqrt{\frac{\mu}{\epsilon}} = \eta_0\sqrt{\frac{\mu_R}{\epsilon_R}} = \frac{377}{\sqrt{78}} = 42.7[\Omega]$$

한편 전계의 진폭은 $100[\mathrm{V}]$ 이고, $\omega = 2\pi f = 6\pi \times 10^8$ 이므로 전계는 다음과 같다.

$$E_x = 100\cos(6\pi \times 10^8 t - 55.5z)$$

또한 식 (7.26)에 의해 전계가 x 방향이면 자계는 y 방향이므로 자계는 다음과 같다.

$$H_y = \frac{1}{\eta}E_x = 2.34\cos(6\pi \times 10^8 t - 55.5z)$$

손실이 있는 유전체에서의 파동현상

이제 **손실을 고려한 유전체**에서의 전자파의 파동현상에 대하여 고찰해 보자. 사실 모든 유전체는 약간의 도전율을 가진다. 이는 모든 유전체의 저항률이 무한대가 아니라는 의미이다. 따라서 손실이 존재하는 일반적인 유전체의 경우 맥스웰 방정식은 다음과 같다.

$$\nabla \cdot \mathbf{E} = 0 \tag{7.37}$$

$$\nabla \times \mathbf{E} = -\mu\frac{\partial \mathbf{H}}{\partial t} \tag{7.38}$$

$$\nabla \times \mathbf{H} = \sigma\mathbf{E} + \epsilon\frac{\partial \mathbf{E}}{\partial t} \tag{7.39}$$

$$\nabla \cdot \mathbf{H} = 0 \tag{7.40}$$

식 (7.38)과 (7.39)에 회전을 취하고 또한 벡터항등식 $\nabla \times \nabla \times \mathbf{E} = \nabla(\nabla \cdot \mathbf{E}) - \nabla^2\mathbf{E}$를 이용하여 정리하면

$$\nabla \times \nabla \times \mathbf{E} = -\nabla^2\mathbf{E} = -\mu\sigma\frac{\partial \mathbf{E}}{\partial t} - \mu\epsilon\frac{\partial^2 \mathbf{E}}{\partial t^2}$$

$$\nabla \times \nabla \times \mathbf{H} = -\nabla^2\mathbf{H} = -\mu\sigma\frac{\partial \mathbf{H}}{\partial t} - \mu\epsilon\frac{\partial^2 \mathbf{H}}{\partial t^2}$$

로 주어진다. 따라서 이를 정리한 유전체에서의 파동방정식은 다음과 같다.

★ 유전체에서의 파동방정식 ★

$$\nabla^2\mathbf{E} = \mu\sigma\frac{\partial \mathbf{E}}{\partial t} + \mu\epsilon\frac{\partial^2 \mathbf{E}}{\partial t^2} \tag{7.41}$$

$$\nabla^2\mathbf{H} = \mu\sigma\frac{\partial \mathbf{H}}{\partial t} + \mu\epsilon\frac{\partial^2 \mathbf{H}}{\partial t^2} \tag{7.42}$$

만약 전계 및 자계가 정상상태에 도달하였다면 페이저방정식은 전계 및 자계의 페이저에 $j\omega$를 곱하여 다음과 같이 정리할 수 있다.

$$\nabla^2 \mathbf{E}_s = j\omega\mu(\sigma + j\omega\epsilon)\mathbf{E}_s \tag{7.43}$$

$$\nabla^2 \mathbf{H}_s = j\omega\mu(\sigma + j\omega\epsilon)\mathbf{H}_s \tag{7.44}$$

식 (7.43)에서 만약 전계가 x 성분이고 z만의 함수라면

$$\frac{\partial^2 E_{xs}}{\partial z^2} = j\omega\mu(\sigma + j\omega\epsilon)E_{xs} \tag{7.45}$$

이므로 식 (7.29)의 $E_{xs} = E_{x0}e^{-\gamma z}$을 식 (7.45)에 대입하여 정리하면

$$\frac{\partial^2 E_{xs}}{\partial z^2} = \gamma^2 E_{x0}e^{-\gamma z} = \gamma^2 E_{xs} = j\omega\mu(\sigma + j\omega\epsilon)E_{xs}$$

가 되어 전파상수는 다음과 같다.

$$\gamma^2 = (\sigma + j\omega\epsilon)(j\omega\mu) \tag{7.46}$$

따라서 일반적인 유전체에서의 복소전파상수는 및 고유임피던스는 각각 다음과 같다.

★ 일반적인 유전체에서의 복소전파상수와 고유임피던스 ★

$$\gamma = \sqrt{(\sigma + j\omega\epsilon)(j\omega\mu)} = j\omega\sqrt{\mu\epsilon}\sqrt{1 - j\frac{\sigma}{\omega\epsilon}} \tag{7.47}$$

$$\eta = \sqrt{\frac{j\omega\mu}{\sigma + j\omega\epsilon}} = \sqrt{\frac{\mu}{\epsilon}}\frac{1}{\sqrt{1 - j\frac{\sigma}{\omega\epsilon}}} \tag{7.48}$$

이상과 같이 손실유전체에서 전파상수와 고유임피던스에 대하여 살펴보았다. 두 물리량은 복소량이므로 전파정수의 경우 $\gamma = \alpha + j\beta$ 로 α의 정도로 감쇠를 겪을 것이며 **전계와 자계의 관계를 결정하는 고유임피던스도 복소량이므로 전계와 자계 사이에는 위상차가 존재하게 된다.** 따라서 전계와 자계 사이에 θ의 위상차가 발생한다고 하고 고유임피던스를 $\eta = \eta_m \angle \theta$ 라 하면 전계와 자계는 다음과 같이 표현할 수 있다.

$$E_x = E_{x0}e^{-\alpha z}\cos(\omega t - \beta z)$$

$$H_y = \frac{1}{\eta}E_x = \frac{1}{\eta_m}E_{x0}e^{-\alpha z}\cos(\omega t - \beta z - \theta)$$

[그림 7-3]은 전계가 z의 방향으로 진행함에 따라 $e^{-\alpha z}$에 비례하여 진폭이 감쇠하고 있음을 나타낸다.

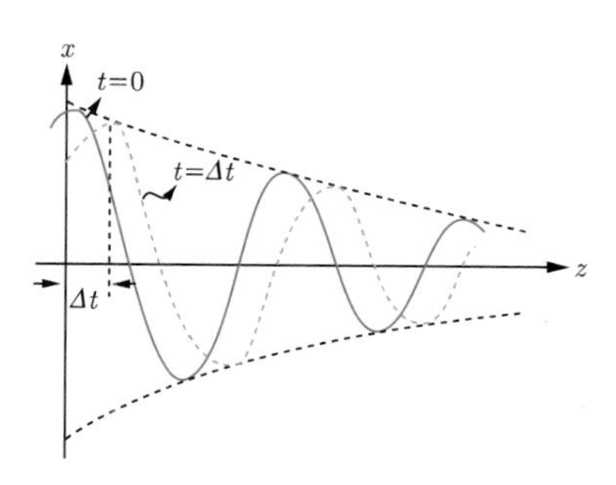

[그림 7-3] 균일평면파의 진폭의 감쇠

손실유전체에서의 손실탄젠트를 정의하기 위하여 앙페르의 주회법칙을 다시 한 번 살펴보자.

$$\nabla \times \mathbf{H}_s = \mathbf{J}_{\sigma s} + \mathbf{J}_{ds} = \sigma \mathbf{E}_s + j\omega\epsilon \mathbf{E}_s = (\sigma + j\omega\epsilon)\mathbf{E}_s \tag{7.49}$$

이 식에서 $\mathbf{J}_{\sigma s} = \sigma \mathbf{E}_s$는 전도전류밀도이며, 유전체의 도전성을 고려한 성분으로 전계에 비례하고 전자파의 에너지 손실을 나타낸다. 따라서 전계와의 위상차는 없다. 즉, $|\mathbf{J}_{\sigma s}| = \sigma \mathrm{E} \angle 0°$이다. 이에 대하여 $\mathbf{J}_{ds} = j\omega\epsilon \mathbf{E}_s$는 변위전류밀도로써 에너지 저장에 관련된 항으로 생각할 수 있으며 복소공간에서 전계에 대하여 $90°$의 위상차를 가진다. 즉, $|\mathbf{J}_{ds}| = \omega\epsilon \mathrm{E} \angle 90°$이다. 두 전류밀도의 비를 [그림 7-4]에서처럼 다음과 같이 정의하고 이를 **손실탄젠트**(loss tangent)라 한다.

★ 손실탄젠트 ★

$$\tan\theta = \frac{\sigma \mathbf{E}_s}{\omega\epsilon \mathbf{E}_s} = \frac{\sigma}{\omega\epsilon} \tag{7.50}$$

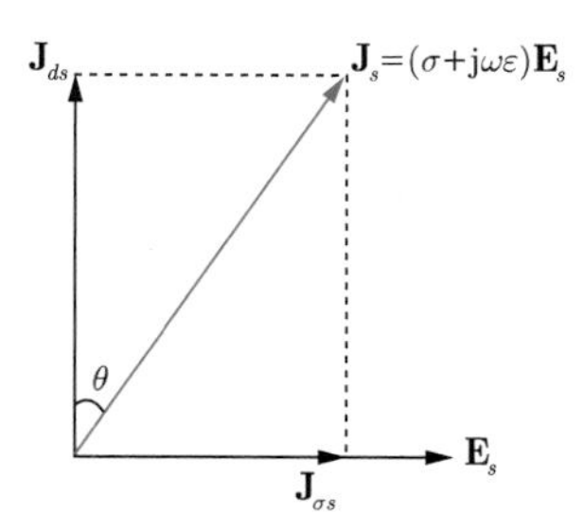

[그림 7-4] 복소공간에서 전도전류밀도와 변위전류밀도의 관계 및 손실탄젠트

전도전류밀도는 실수부로, 변위전류밀도는 허수부로 나타낼 수 있다. 회로이론의 $R-C$ 직렬회로에서 변위전류는 커패시터를 흐르는 충전전류에, 그리고 전도전류는 저항을 흐르는 저항성 전류에 대응해서 생각하면 된다. 이들의 위상차는 충전전류가 저항전류보다 $90°$ 앞선다.

손실탄젠트는 특히 손실유전체에서 변위전류밀도에 대한 전도전류밀도의 크기 즉, 전자파의 에너지 손실비를 나타내는 중요한 물리량이다. 일반적으로 유전체의 경우 도전율은 매우 작기 때문에

$\dfrac{\sigma}{\omega\epsilon} \ll 1$ 이다. 손실탄젠트가 작다는 것은 변위전류밀도에 비해 전도전류밀도가 작다는 의미로 전자파가 전파될 때의 손실이 작다는 의미이다. 이 경우 전파상수는 식 (7.47)에서

$$\gamma = j\omega\sqrt{\mu\epsilon}\sqrt{1-j\frac{\sigma}{\omega\epsilon}} = \alpha + j\beta$$

이고 이항전개[4]를 이용하여 실수부와 허수부를 근사적으로 분리하면

$$\sqrt{1-j\frac{\sigma}{\omega\epsilon}} = \left(1-j\frac{\sigma}{\omega\epsilon}\right)^{1/2} = 1-j\frac{\sigma}{2\omega\epsilon}+\frac{\sigma^2}{8\omega^2\epsilon^2}-\cdots \tag{7.51}$$

이다. 유전체의 경우 $\sigma \ll \omega\epsilon$ 이므로 위 전개식의 네 번째 항부터 무시하면

$$\gamma = j\omega\sqrt{\mu\epsilon}\sqrt{1-j\frac{\sigma}{\omega\epsilon}} \doteq j\omega\sqrt{\mu\epsilon}\left(1-j\frac{\sigma}{2\omega\epsilon}+\frac{\sigma^2}{8\omega^2\epsilon^2}\right) \tag{7.52}$$

이 되고 $\gamma = \alpha + j\beta$ 이므로 α와 β는 근사적으로 다음과 같이 나타낼 수 있다.

$$\alpha = \omega\sqrt{\frac{\mu\epsilon}{2}\left[\sqrt{1+\left(\frac{\sigma}{\omega\epsilon}\right)^2}-1\right]} \tag{7.53}$$

$$\beta = \omega\sqrt{\frac{\mu\epsilon}{2}\left[\sqrt{1+\left(\frac{\sigma}{\omega\epsilon}\right)^2}+1\right]} \tag{7.54}$$

또한 고유임피던스도 복소량으로 이항정리를 이용하여 정리하면 다음과 같다.

$$\eta \doteq \sqrt{\frac{\mu}{\epsilon}}\left(1+j\frac{\sigma}{2\omega\epsilon}\right) \tag{7.55}$$

예제 7-5

주파수 $f = 3[\mathrm{MHz}]$ 인 전계 $E_{xs} = 40e^{-(5+j6)z}[\mathrm{V/m}]$ 가 어떤 매질을 진행하고 있을 때 다음을 구하라.

(a) 시간함수로의 전계

(b) 위상속도, 파장, 주파수

(c) z 의 양의 방향으로 $0.2[\mathrm{m}]$ 진행할 때 전계의 최댓값

4 이항전개식은 $(1+x)^n = 1+nx+\dfrac{n(n-1)}{2!}+\dfrac{n(n-1)(n-2)}{3!}+\cdots$ 과 같다.

풀이 **정답** (a) $40e^{-5z}\cos(6\pi\times10^6 t-6z)$

(b) $v=3.14\times10^6$[m/s], $\lambda\doteq1.05$[m], $f\doteq3\times10^6$[Hz] (c) 14.7[V/m]

(a) 전계의 페이저함수 식 (7.29)는 다음과 같다.

$$E_{xs}=E_{x0}e^{-(\alpha+j\beta)z}=E_{x0}e^{-\gamma z}$$

이때 전파상수 $\gamma=5+j6$에서 $\alpha=5$, $\beta=6$이고, $f=3$[MHz]에서 $\omega=2\pi f=6\pi\times10^6$이며, 진폭은 $E_{x0}=40$[V/m]이다. 또한 전계를 시간함수로 표현하려면 $e^{j\omega t}$을 곱하고 실수부를 취하면 된다. 따라서 E_x는 다음과 같다.

$$\begin{aligned}E_x&=Re\,E_{x0}e^{-\alpha z}e^{-j\beta z}e^{j\omega t}=Re\,E_{x0}e^{-\alpha z}e^{j(\omega t-\beta z)}\\&=E_{x0}e^{-\alpha z}\cos(\omega t-\beta z)\\&=40e^{-5z}\cos(6\pi\times10^6 t-6z)\end{aligned}$$

(b) 식 (7.34)를 이용하여 위상속도를 계산하면 다음과 같다.

$$v=\frac{\omega}{\beta}=\frac{2\pi\times3\times10^6}{6}=3.14\times10^6\text{[m/s]}$$

또한 식 (7.28)의 $\beta=\dfrac{\omega}{c}=\dfrac{2\pi}{\lambda}$로부터 파장을 계산하면 다음과 같다.

$$\lambda=\frac{2\pi}{\beta}=\frac{2\pi}{6}\doteq1.05\text{[m]}$$

위에서 구한 위상속도와 파장으로부터 주파수를 계산하면 다음과 같다.

$$f=\frac{v}{\lambda}\doteq3\times10^6\text{[Hz]}$$

(c) 전계의 감쇠 항에서 $e^{-\alpha z}=e^{-5\times0.2}=e^{-1}=0.368$이므로 0.2[m] 진행할 때의 전계의 최댓값은 $40\times0.368=14.7$[V/m]가 된다.

예제 7-6

비유전율과 비투자율, 그리고 도전율이 각각 $\epsilon_R=6$, $\mu_R=1$, $\sigma=1$[S/m]인 유전체에 균일평면파가 진행하고 있다. 전도전류밀도와 변위전류밀도가 같아지는 평면파의 주파수와 주파수 10[kHz]에서의 손실탄젠트를 구하라.

풀이 **정답** $f_c = 3[\text{GHz}]$, $\tan\theta = 3\times10^5$

손실탄젠트는 식 (7.50)에서 논의한 바와 같이 전도전류밀도에 대한 변위전류밀도의 비를 나타내며, $\tan\theta = \dfrac{\sigma}{\omega\epsilon} = 1$일 때 두 전류밀도가 같아진다. 따라서 이때의 주파수 f_c를 구하면 다음과 같다.

$$f_c = \frac{\sigma}{2\pi\epsilon} = \frac{1}{2\pi\times\dfrac{1}{36\pi}\times10^{-9}\times6} = 3\times10^9 = 3[\text{GHz}]$$

또한 $f = 10[\text{kHz}]$에서의 손실탄젠트는 다음과 같다.

$$\tan\theta = \frac{\sigma}{\omega\epsilon} = \frac{\sigma}{2\pi f\epsilon} = \frac{f_c}{f} = \frac{3\times10^9}{10^4} = 3\times10^5$$

SECTION
04

전력의 이동과 포인팅벡터

이 절에서는 시가변계의 앙페르의 주회법칙으로부터 포인팅벡터를 도출하고, 그 의미를 공부하여 전자계에 축적되는 에너지의 개념과 전력에너지의 흐름을 이해한다.

Keywords | 포인팅벡터 | 평균전력 |

포인팅벡터

우리는 정전계와 정자계에서 정전에너지와 정자기에너지를 다음과 같이 정의하였다.

$$W_E = \frac{1}{2}\int \mathbf{D}\cdot\mathbf{E}\,dv$$

$$W_H = \frac{1}{2}\int \mathbf{B}\cdot\mathbf{H}\,dv$$

이제 포인팅벡터를 정의하여 전자기에너지와 전력과의 관계를 명확히 하고 이러한 전자기에너지가 전력의 형태로 어떻게 전파되어 오는가에 대한 에너지의 전송현상에 대하여 고찰하기로 한다.

교류 회로이론에서는 전력은 전압 V와 전류 I, 그리고 $\cos\theta$(θ는 전압과 전류의 위상차)의 곱으로 나타낸다. 전력의 단위는 [W]($= VI = J/s$)이다. 전계와 자계의 단위가 각각 [V/m]와 [A/m]인 것을 감안하면, 전계와 자계의 곱은 단위면적당의 전력, 즉 전력밀도($VA/m^2 = W/m^2$)가 될 것이라는 것을 쉽게 짐작할 수 있다.

전압과 전류에 의해 발생되는 전계와 자계는 지금까지 배워온 바와 같이 파동현상을 나타낸다. 전력을 전압과 전류의 곱으로 나타낼 수 있고, 전압은 전계를 그리고 전류는 자계를 주어진 공간에 형성한다는 점을 생각하면 전력도 파동현상을 나타내며 전계와 자계에 의해 결정되는 어떤 특정 방향으로 전송될 것임을 예상할 수 있다. **전계와 자계의 벡터곱으로 나타낸 물리량을 전자파의 전력밀도벡터** 또는 **포인팅벡터**(Poynting vector, S)라 한다. 이는 **단위면적당의 전력 또는 순시전력밀도를 나타내며**, 그 방향은 임의의 한 점에서 전력이 전달되는 방향을 나타낸다.

★ 포인팅벡터 ★

$$\mathbf{S} = \mathbf{E}\times\mathbf{H}\,[\mathrm{W/m^2}] \tag{7.56}$$

한편 **전자기파의 전파의 공학적 의미는 에너지의 전달에 있으며**, 포인팅벡터는 이러한 전자계의 에너지(전력)의 전송현상을 표현한 것이다. 또한 교류회로에서 전력은 전압과 전류 그리고 이들의 위상차의 코사인값의 곱으로 나타내었으나 포인팅벡터를 공부함으로써 전압은 전계를 그리고 전류는 자계를 생성하는 물리량에 불과할 뿐, 전자계의 에너지(전력) 및 에너지의 수송은 전계와 자계의 외적 즉, $\mathbf{E}\times\mathbf{H}$의 형태로 수행되며, 전압과 전류의 위상차도 자유공간, 손실유전체, 도체 등 전자기파가 진행하는 매질에 따라 결정된다는 사실을 알아야 한다.

포인팅벡터를 이용한 전자기에너지 해석

이제 다음의 논의를 통하여 포인팅벡터 $\mathbf{S}$가 임의의 한 점에서의 순시전력밀도임을 그리고 주어진 도체계에서 전자기에너지가 어떤 형태로 축적되고 또한 소모되는가에 대해 알아보자. 우선 시가변계에서의 맥스웰 방정식

$$\nabla \times \mathbf{H} = \mathbf{J} + \frac{\partial \mathbf{D}}{\partial t}$$

의 양변에 벡터 $\mathbf{E}$와 내적을 취하면 다음과 같다.

$$\mathbf{E}\cdot\nabla\times\mathbf{H} = \mathbf{E}\cdot\mathbf{J} + \mathbf{E}\cdot\frac{\partial \mathbf{D}}{\partial t} \tag{7.57}$$

여기에 두 벡터 $\mathbf{A}$와 $\mathbf{B}$ 사이에 성립하는 항등식([연습문제 7.20] 참조)

$$\nabla\cdot(\mathbf{A}\times\mathbf{B}) = \mathbf{B}\cdot(\nabla\times\mathbf{A}) - \mathbf{A}\cdot(\nabla\times\mathbf{B})$$

의 관계를 이용하면 위 식은 다음과 같이 정리된다.

$$-\nabla\cdot(\mathbf{E}\times\mathbf{H}) = \mathbf{E}\cdot\mathbf{J} + \mathbf{E}\cdot\frac{\partial \mathbf{D}}{\partial t} - \mathbf{H}\cdot\nabla\times\mathbf{E} \tag{7.58}$$

이 식에 $\nabla\times\mathbf{E} = -\frac{\partial \mathbf{B}}{\partial t}$의 관계를 대입하면

$$-\nabla\cdot(\mathbf{E}\times\mathbf{H}) = \mathbf{E}\cdot\mathbf{J} + \mathbf{E}\cdot\epsilon\frac{\partial \mathbf{E}}{\partial t} + \mathbf{H}\cdot\mu\frac{\partial \mathbf{H}}{\partial t} \tag{7.59}$$

가 된다. 한편 이 식의 오른쪽 두 항은 다음과 같이 정리할 수 있다.

$$\epsilon\mathbf{E}\cdot\frac{\partial \mathbf{E}}{\partial t} = \frac{\partial}{\partial t}\left(\frac{1}{2}\mathbf{D}\cdot\mathbf{E}\right) \tag{7.60}$$

$$\mu\mathbf{H}\cdot\frac{\partial \mathbf{H}}{\partial t} = \frac{\partial}{\partial t}\left(\frac{1}{2}\mathbf{B}\cdot\mathbf{H}\right) \tag{7.61}$$

따라서 위 식은

$$-\nabla \cdot (\mathbf{E}\times\mathbf{H}) = \mathbf{J} \cdot \mathbf{E} + \frac{\partial}{\partial t}\left(\frac{1}{2}\mathbf{D} \cdot \mathbf{E}\right) + \frac{\partial}{\partial t}\left(\frac{1}{2}\mathbf{B} \cdot \mathbf{H}\right) \tag{7.62}$$

이 되고 양변을 체적적분하면 다음과 같다.

$$\int -\nabla \cdot (\mathbf{E}\times\mathbf{H})dv = \int \mathbf{J} \cdot \mathbf{E}\,dv + \int \frac{\partial}{\partial t}\left(\frac{1}{2}\mathbf{D} \cdot \mathbf{E}\right)dv + \int \frac{\partial}{\partial t}\left(\frac{1}{2}\mathbf{B} \cdot \mathbf{H}\right)dv$$

마지막으로 위 식에 $\mathbf{J} = \sigma\mathbf{E}$ 의 관계와 왼쪽 항에 발산의 정리를 적용하여 정리하면 위 식은 다음과 같다.

$$-\oint (\mathbf{E}\times\mathbf{H}) \cdot d\mathbf{S} = \int \sigma E^2\,dv + \frac{\partial}{\partial t}\int\left(\frac{1}{2}\epsilon E^2 + \frac{1}{2}\mu H^2\right)dv \tag{7.63}$$
[5]

이 식에 대하여 고찰해 보면 좌변의 면적적분은 어떤 체적을 둘러싸고 있는 면에 대한 적분으로 좌변의 항을 **어떤 체적 속으로 흘러 들어오는 총 전력**이라 할 때, 우변의 첫 번째 항은 주어진 **도체에서 소비되는 옴 손실**이고 두 번째 항은 **전계 및 자계의 형태로 축적되는 에너지의 시간에 대한 증분 즉, 에너지를 증가시키는 순시전력**으로 생각할 수 있다. 즉, 위 식은 어떤 공간에 좌변에 표시된 형태의 에너지가 들어오면 그 에너지는 우변과 같이 전계 및 자계의 형태로 축적되거나 도체의 발열에 의해 소비됨을 의미한다. [그림 7-5]에 동축케이블의 포인팅벡터와 전자계에 축적되는 에너지의 개념을 나타내었다.

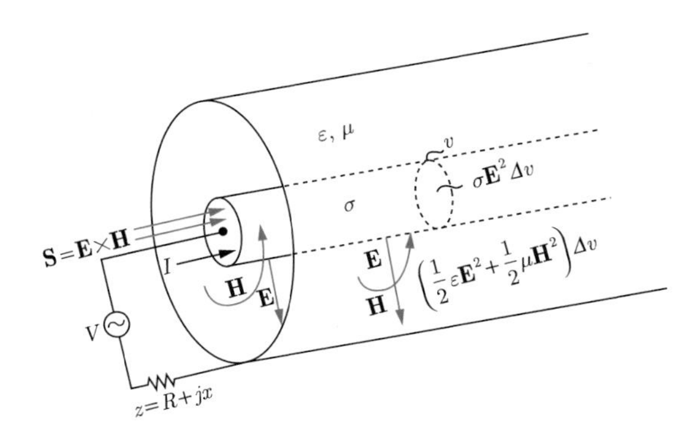

[그림 7-5] 포인팅벡터 및 전자계에 축적되는 에너지

5 $\int \sigma E^2 = \int \mathbf{J} \cdot \mathbf{E}dv = \left[\int \mathbf{J} \cdot d\mathbf{S}\right]\left[\oint \mathbf{E} \cdot d\mathbf{L}\right] = VI = RI^2$ 이 되어 저항에서 소비되는 전력이라 생각할 수 있다.

한편 이 식의 좌변을 어떤 체적으로 흘러들어오는 총 전력이라면 이 체적에서 흘러나가는 총 전력은 다음과 같다.

$$\oint(\mathbf{E}\times\mathbf{H})\cdot d\mathbf{S}[\mathrm{W}] \tag{7.64}$$

이때 식 (7.64)의 전계와 자계의 외적을 **포인팅벡터**(Poynting vector)라 하며, 이는 단위면적당 전력, 즉 순시전력밀도를 나타낸다.

$$\mathbf{S}=\mathbf{E}\times\mathbf{H}[\mathrm{W/m^2}]$$

이제 자유공간과 완전유전체, 그리고 손실유전체에서 포인팅벡터를 구해 보자. 우선 자유공간에서는 고유임피던스 $\eta_0=\sqrt{\mu_0/\epsilon_0}$ 라 할 때, 전계와 자계가 각각

$$E_x=E_{x0}\cos(\omega t-\beta z)$$

$$H_y=\frac{1}{\eta_0}E_{x0}\cos(\omega t-\beta z)$$

이므로 전력은 $\mathbf{S}=\mathbf{E}\times\mathbf{H}=E_x\mathbf{a}_x\times H_y\mathbf{a}_y=E_x H_y\mathbf{a}_z$ 로부터

$$S_z=\frac{1}{\eta_0}E_{x0}^2\cos(\omega t-\beta z)\cos(\omega t-\beta z) \tag{7.65}$$

가 된다. 이 전력의 시간에 대한 평균전력은

$$\begin{aligned}S_{zave.}&=\frac{1}{2\pi}\int_0^{2\pi}\frac{1}{\eta_0}E_{x0}^2\cos^2(\omega t-\beta z)dt\\&=\frac{1}{2\pi}\frac{E_{x0}^2}{\eta_0}\int_0^{2\pi}\frac{1}{2}[1+\cos 2(\omega t-\beta z)]\,dt^{6}\\&=\frac{1}{2\eta_0}E_{x0}^2\end{aligned} \tag{7.66}$$

가 되어 자유공간에서는 손실 없이 z 방향으로 전력이 이동함을 알 수 있다. 또한 완전유전체에서도 손실이 없으므로 고유임피던스를 $\eta=\sqrt{\mu/\epsilon}$ 라 하면 전력의 시간평균은 자유공간에서와 동일하게 다음과 같이 나타낸다.

$$S_{zave.}=\frac{1}{2\eta}E_{x0}^2 \tag{7.67}$$

6 이 식에서 삼각함수의 배각공식 $\cos A\cos B=\frac{1}{2}[\cos(A-B)+\cos(A+B)]$ 의 관계를 이용하였다.

만약 손실이 존재하는 유전체에서의 고유임피던스는 $\eta = \eta_m \angle \theta$이고, 자계가 전계에 비해 θ만큼 위상이 뒤진다고 하면

$$E_x = E_{x0} e^{-\alpha z} \cos(\omega t - \beta z)$$

$$H_y = \frac{1}{\eta} E_x = \frac{1}{\eta_m} E_{x0} e^{-\alpha z} \cos(\omega t - \beta z - \theta)$$

로 주어지며, 이 경우 전력을 포인팅벡터로 나타내면 다음과 같다.

$$\begin{aligned} S_z &= \frac{1}{\eta_m} E_{x0}^2 e^{-2\alpha z} \cos(\omega t - \beta z) \cos(\omega t - \beta z - \theta) \\ &= \frac{1}{2\eta_m} E_{x0}^2 e^{-2\alpha z} [\cos(2\omega t - 2\beta z - \theta) + \cos\theta] \end{aligned} \tag{7.68}$$

이 식에서 θ는 전계와 자계 사이의 위상차로 이는 유전체의 매질정수에 의해 결정되는 상수이다. 이 전력의 시간평균은 다음과 같으며, 전계와 자계가 $e^{-\alpha z}$에 비례하여 감쇠하면 전력은 $e^{-2\alpha z}$의 비율로 감쇠함을 알 수 있다.

$$S_{zave.} = \frac{1}{2\eta_m} E_{x0}^2 e^{-2\alpha z} \cos\theta \tag{7.69}$$

예제 7-7

주파수 $f = 3[\mathrm{MHz}]$이며 최댓값이 $50[\mathrm{V/m}]$인 전계 E_x가 자유공간의 z의 양의 방향으로 진행하고 있다. 이때 다음을 구하라.

(a) 자계 (b) 전력밀도

풀이 **정답** (a) $\frac{50}{120\pi} \cos(6\pi \times 10^6 t - 2\pi \times 10^{-2} z)$, (b) $3.32[\mathrm{W/m^2}]$

(a) 먼저 주파수는 $f = 3[\mathrm{MHz}]$이므로 $\omega = 2\pi f = 6\pi \times 10^6 [\mathrm{rad/s}]$이다. 또한 식 (7.25)에서 자유공간의 고유임피던스는 $\eta_0 = 120\pi[\Omega]$이며, 위상정수는 식 (7.31)로부터 $\beta = \omega\sqrt{\mu_0 \epsilon_0} = 2\pi \times 10^{-2} [\mathrm{rad/m}]$가 된다. 따라서 구한 상수를 이용하여 전계와 자계를 표현하면 다음과 같다.

$$E_x = 50\cos(6\pi \times 10^6 t - 2\pi \times 10^{-2} z)$$

$$H_y = \frac{50}{120\pi} \cos(6\pi \times 10^6 t - 2\pi \times 10^{-2} z)$$

(b) 전계와 자계를 각각 $E_x = E_{x0}\cos(\omega t - \beta z)$ 및 $H_y = \frac{1}{\eta_0}E_{x0}\cos(\omega t - \beta z)$ 라 할 때, 전력밀도는 식 (7.65)와 같이 $S_z = \frac{1}{\eta_0}E_{x0}^2\cos^2(\omega t - \beta z)$ 이다. 식 (7.66)을 이용하여 이 전력밀도의 시간에 대한 평균을 구하면 다음과 같다.

$$S_{zave.} = \frac{1}{\eta_0}\frac{1}{2\pi}\int_0^{2\pi} E_{x0}^2\cos^2(\omega t - \beta z)\,dt = \frac{1}{2\eta_0}E_{x0}^2 \doteq 3.32\,[\mathrm{W/m^2}]$$

SECTION
05

도체에서의 파동현상

이 절에서는 표피효과를 정의하여 도체에서의 전자파의 파동현상을 이해하며, 도체에서의 표피두께를 구한다.

Keywords | 회전력 | 토크 | 자기쌍극자모멘트 |

전자기파가 도체의 공간을 전파할 때 나타나는 중요한 현상 중 표피효과가 있다. 이는 전자파가 도체 내부로 전파함에 따라 지수함수로 감쇠하는 현상을 말한다. 우리가 손실탄젠트를 논할 때, 유전체에서는 도전율이 매우 작아 $\sigma/\omega\epsilon \ll 1$이었다. 그러나 도전율 σ가 매우 큰 양도체의 경우 손실탄젠트는 $\sigma/\omega\epsilon \gg 1$이 되며, 변위전류밀도에 비해 매우 큰 전도전류밀도가 흐르게 된다. 따라서 **도체를 진행하는 전자파는 전도전류밀도에 의해 옴 손실이 발생하여 그 크기가 지속적으로 감쇠하게 되는데 이를 표피효과**(skin effect)라 한다. 표피효과는 특히 도체를 진행하는 전류밀도를 대상으로 고찰하면 매우 흥미롭다.

지금 도체 내를 전계 $E_x = E_{x0}e^{-\alpha z}\cos(\omega t - \beta z)$가 일정한 감쇠를 겪으며 z 방향으로 진행하고 있다고 하자. 이 전계에 의해 도체에는 전도전류밀도 $\mathbf{J} = \sigma\mathbf{E}$가 흐르게 되므로 전도전류밀도는

$$J_x = \sigma E_{x0}e^{-\alpha z}\cos(\omega t - \beta z) \tag{7.70}$$

로 표현할 수 있다. 이 경우 도체 내의 전류밀도는 표피효과에 의해 그 최댓값이 작아지게 되는데 이를 고찰해 보자. 우선 손실유전체의 감쇠상수를 나타내는 식

$$\gamma = j\omega\sqrt{\mu\epsilon}\sqrt{1 - j\frac{\sigma}{\omega\epsilon}} \tag{7.71}$$

에서 $\sigma/\omega\epsilon \gg 1$이므로 전파상수는 다음과 같다.

$$\begin{aligned}\gamma &= j\omega\sqrt{\mu\epsilon}\sqrt{-j\frac{\sigma}{\omega\epsilon}} = j\sqrt{-j\omega\mu\sigma} \\ &= (j1+1)\sqrt{\pi f\mu\sigma} = \alpha + j\beta^{7}\end{aligned} \tag{7.72}$$

따라서 감쇠상수와 위상상수는

7 이 식에서 $\sqrt{-j} = \sqrt{1\angle -90^\circ} = 1\angle -45^\circ = \frac{1}{\sqrt{2}} - j\frac{1}{\sqrt{2}}$ 의 관계를 이용하였다.

$$\alpha = \beta = \sqrt{\pi f \mu \sigma} \tag{7.73}$$

가 되며, 양도체를 진행하는 전류밀도는

$$J_x = \sigma E_{x0} e^{-\sqrt{\pi f \mu \sigma} z} \cos(\omega t - \sqrt{\pi f \mu \sigma} z) \tag{7.74}$$

가 되어 z의 양의 방향으로 진행함에 따라 $\alpha = \sqrt{\pi f \mu \sigma}$의 측도로 감쇠를 겪게 된다. 만약 $z = 1/\sqrt{\pi f \mu \sigma}$의 거리만큼 진행하면 전류밀도의 x 성분인 $J_x = \sigma E_{x0}$의 e^{-1}배$(= 0.368)$로 감소하게 되며, **이를 표피두께**(skin depth) **또는 침투깊이**(depth of penetration)라 한다. 즉, 표피두께 δ는 다음과 같다.

★ 표피두께 ★

$$\delta = \frac{1}{\sqrt{\pi f \mu \sigma}} = \frac{1}{\alpha} = \frac{1}{\beta} \tag{7.75}$$

결국 도체를 흐르는 전도전류밀도는 도체의 전 면적을 균일하게 흐를 수 없고, 도체의 표면에 집중하여 흐르게 되며, 전계는 다음과 같이 나타낼 수 있다.

$$E_x = E_{x0} e^{-\sqrt{\pi f \mu \sigma} z} \cos(\omega t - \sqrt{\pi f \mu \sigma} z) \tag{7.76}$$

한편 자계를 구하기 위하여 고유임피던스에 대하여 고찰하면

$$\eta = \sqrt{\frac{j\omega\mu}{\sigma + j\omega\epsilon}}$$

에서 $\sigma/\omega\epsilon \gg 1$이므로 위 식의 분모항의 $\omega\epsilon$을 무시할 수 있다. 따라서 위 식은

$$\eta = \sqrt{\frac{j\omega\mu}{\sigma}} \tag{7.77}$$

가 된다. 또한 이 식은

$$\eta = \sqrt{\frac{j\omega\mu}{\sigma}} = \frac{\sqrt{j2\pi f\mu \cdot \frac{1}{\pi f \mu \sigma}}}{\sqrt{\frac{\sigma}{\pi f \mu \sigma}}} = \frac{\sqrt{2}\sqrt{j}}{\sigma\delta} = \frac{1}{\sigma\delta} + j\frac{1}{\sigma\delta} \tag{7.78}$$ [8]

8 이 식에서 $\sqrt{j} = \sqrt{1\angle 90°} = 1\angle 45° = \frac{1}{\sqrt{2}} + j\frac{1}{\sqrt{2}}$ 이며 전계와 자계는 $\frac{\pi}{4}$ 의 위상차가 발생한다.

이 되어 전계와 자계 사이에는 $\pi/4$의 위상차가 발생한다. 만약 자계가 전계에 비해 위상이 $\pi/4$ 늦다고 하면

$$E_x = E_{x0} e^{-z/\delta} \cos\left(\omega t - \frac{z}{\delta}\right) \tag{7.79}$$

$$H_y = \frac{1}{\eta} E_x = \frac{\sigma\delta}{\sqrt{2}} E_{x0} e^{-z/\delta} \cos\left(\omega t - \frac{z}{\delta} - \frac{\pi}{4}\right)^{9} \tag{7.80}$$

가 된다. 따라서 전력밀도는

$$\begin{aligned} S_z &= \frac{1}{\eta_m} E_{x0}^2 \, e^{-2z/\delta} \cos\left(\omega t - \frac{z}{\delta}\right) \cos\left(\omega t - \frac{z}{\delta} - \frac{\pi}{4}\right) \\ &= \frac{1}{2\eta_m} E_{x0}^2 \, e^{-2z/\delta} \left[\cos\left(2\omega t - \frac{2z}{\delta} - \frac{\pi}{4}\right) + \cos\frac{\pi}{4}\right] \end{aligned} \tag{7.81}$$

가 되고 이 전력의 시간평균은 다음과 같다.

$$\begin{aligned} S_{zave.} &= \frac{1}{2} \frac{\sigma\delta}{\sqrt{2}} E_{x0}^2 \, e^{-2z/\delta} \cos\frac{\pi}{4} \\ &= \frac{1}{4} \sigma\delta \, E_{x0}^2 \, e^{-2z/\delta} \end{aligned} \tag{7.82}$$

이 식으로부터 만약 표면에서 침투깊이만큼 떨어진 지점에서의 전력밀도는 표면에서의 전력밀도의 $e^{-2} (= 0.135)$배로 작아짐을 알 수 있다.

예제 7-8

바닷물의 도전율은 $\sigma = 4$[S/m] 이고, 주파수 $f = 1$[MHz]에서의 비유전율은 $\epsilon_R = 81$이다. 이 바닷물의 손실탄젠트와 표피두께, 바닷물에서의 전자파의 위상속도와 파장을 구하라.

풀이 **정답** $\tan\theta = 8.9 \times 10^2$, $\delta = 0.25$[m], $v = 1.6 \times 10^6$[m/s], $\lambda \doteqdot 1.6$[m]

우선 식 (7.50)을 이용하여 손실탄젠트를 계산하면 다음과 같다.

$$\tan\theta = \frac{\sigma}{\omega\epsilon} = \frac{4}{2\pi \times 10^6 \times 81 \times \dfrac{1}{36\pi} \times 10^{-9}} = 8.9 \times 10^2$$

9 $\eta = \eta_m \angle\theta$라 할 때, $\eta = \dfrac{1}{\sigma\delta} + j\dfrac{1}{\sigma\delta}$에서 $\eta_m = \sqrt{\left(\dfrac{1}{\sigma\delta}\right)^2 + \left(\dfrac{1}{\sigma\delta}\right)^2} = \dfrac{\sqrt{2}}{\sigma\delta}$가 되어 $\eta = \dfrac{\sqrt{2}}{\sigma\delta} \angle \dfrac{\pi}{4}$이다.

이로부터 바닷물은 $\sigma \gg \omega\epsilon$으로 양도체임을 알 수 있다. 또한 식 (7.75)를 이용하여 표피두께를 계산하면 다음과 같다.

$$\delta = \frac{1}{\sqrt{\pi f \mu \sigma}} = \frac{1}{\sqrt{\pi \times 10^6 \times 4\pi \times 10^{-7} \times 4}} = 0.25[\text{m}]$$

한편 식 (7.34)의 $v = \dfrac{\omega}{\beta}$와 식 (7.75)의 $\delta = \dfrac{1}{\alpha} = \dfrac{1}{\beta}$의 관계로부터 위상속도는

$$v = \omega\delta = 2\pi \times 10^6 \times 0.25 = 1.6 \times 10^6[\text{m/s}]$$

가 되고, 파장은 식 (7.35)의 $\lambda = \dfrac{v}{f}$에서 $v = \omega\delta$이므로 다음과 같다.

$$\lambda = \frac{v}{f} = \frac{\omega\delta}{f} = 2\pi\delta \doteq 1.6[\text{m}]$$

예제 7-9

전계 $E_x = 800e^{-\alpha z}\sin(2\pi \times 10^3 t - \beta z)[\text{mV/m}]$가 $\mu_R = 100$, $\sigma = 4 \times 10^4[\text{S/m}]$인 도체를 전파하고 있다. 이때 표피두께와 자계를 구하라.

풀이 **정답** $8 \times 10^{-3}[\text{m}]$, $181e^{-125z}\sin\left(2\pi \times 10^3 t - 125z - \dfrac{\pi}{4}\right)[\text{A/m}]$

주어진 전계로부터 $\omega = 2\pi f = 2\pi \times 10^3$이므로 주파수는 $f = 1[\text{KHz}]$이다. 따라서 표피두께는 식 (7.75)에서

$$\delta = \frac{1}{\sqrt{\pi f \mu \sigma}} = \frac{1}{\sqrt{\pi \times 10^3 \times 100 \times 4\pi \times 10^{-7} \times 4 \times 10^4}} \doteq 8 \times 10^{-3}[\text{m}]$$

이다. 또한 $\delta = \dfrac{1}{\alpha} = \dfrac{1}{\beta} = 8 \times 10^{-3}[\text{m}]$이므로 감쇠정수 및 위상정수는 각각

$$\alpha = 1.25 \times 10^2[\text{Neper/m}],\ \beta = 1.25 \times 10^2[\text{rad/m}]$$

가 되고 파장과 위상속도는 [예제 7-8]에서 논한 바와 같이 $\lambda = 2\pi\delta$ 및 $v = \omega\delta$이므로

$$\lambda = 2\pi\delta \doteq 0.05[\text{m}],\ v = \omega\delta = 50.24[\text{m/s}]$$

이다. 또한 식 (7.78)에서 $\eta = \dfrac{1}{\sigma\delta} + j\dfrac{1}{\sigma\delta}$이고 $\eta = \eta_m \angle \theta$라 할 때, 고유임피던스는 다음과 같다.

$$\eta_m = \sqrt{\left(\frac{1}{\sigma\delta}\right)^2 + \left(\frac{1}{\sigma\delta}\right)^2} = \frac{\sqrt{2}}{\sigma\delta}$$

따라서 $\eta = \frac{\sqrt{2}}{\sigma\delta} \angle \frac{\pi}{4}$ 가 되고 η_m을 구하면

$$\eta_m = \frac{\sqrt{2}}{\sigma\delta} = \frac{\sqrt{2}}{4 \times 10^4 \times 8 \times 10^{-3}} \doteq 4.4 \times 10^{-3}$$

이므로 $\eta = \eta_m \angle \theta$ 에서 자계는 다음과 같다.

$$H_y = \frac{1}{\eta} E_x \doteq 181 e^{-125z} \sin\left(2\pi \times 10^3 t - 125z - \frac{\pi}{4}\right) [\mathrm{A/m}]$$

SECTION 06

전자파의 반사와 투과현상

이 절에서는 두 매질의 경계면에서 발생하는 반사와 투과현상을 공부하며, 반사계수와 투과계수를 정의한다. 또한 경계면에서 진행파가 전반사할 때 형성되는 정재파를 공부한다.

Keywords | 진행파 | 반사계수 | 투과계수 | 정재파 |

반사와 투과현상

전자파는 진행 도중 매질정수가 다른 매질을 만날 경우 투과하거나 반사한다. [그림 7-6(a)]와 같이 영역 1에 유전율과 투자율, 도전율이 각각 ϵ_1, μ_1, σ_1인 전계와 자계 $\mathbf{E}_i$ 및 $\mathbf{H}_i$가 z의 양의 방향으로 진행하여 ϵ_2, μ_2, σ_2의 영역 2의 매질로 수직 입사하는 경우를 생각해 보자.

영역 1의 전계 및 자계 중 반사되어 z의 음의 방향으로 되돌아가는 전계와 자계를 $\mathbf{E}_r$, $\mathbf{H}_r$라고 하고, 영역 2로 투과하는 전계와 자계를 $\mathbf{E}_t$ 및 $\mathbf{H}_t$라 하자. 만약 z의 양의 방향으로 진행하는 **입사파**(incident wave) $\mathbf{E}_i$가 x 성분을 가진다고 하면 $\mathbf{H}_i$는 y 성분을 가지게 되므로 이를 각각 E_{xi} 및 H_{yi}라 하면

$$\mathbf{E}_{xi} = E_{x0i}e^{-\alpha_1 z}\cos(\omega t - \beta_1 z)$$

$$\mathbf{H}_{yi} = \frac{1}{\eta_1}E_{x0i}e^{-\alpha_1 z}\cos(\omega t - \beta_1 z)$$

로 표현할 수 있다. 영역 1에서의 전파상수 및 임피던스를 각각 $\gamma_1 = \alpha_1 + j\beta_1$, $\eta_1 = \sqrt{\dfrac{j\omega\mu_1}{\sigma_1 + j\omega\epsilon_1}}$이라 할 때, 이들의 페이저방정식은 다음과 같다.

$$E_{xsi} = E_{x0i}e^{-\alpha_1 z}e^{-j\beta_1 z} = E_{x0i}e^{-\gamma_1 z} \tag{7.83}$$

$$H_{ysi} = \frac{1}{\eta_1}E_{x0i}e^{-\gamma_1 z} \tag{7.84}$$

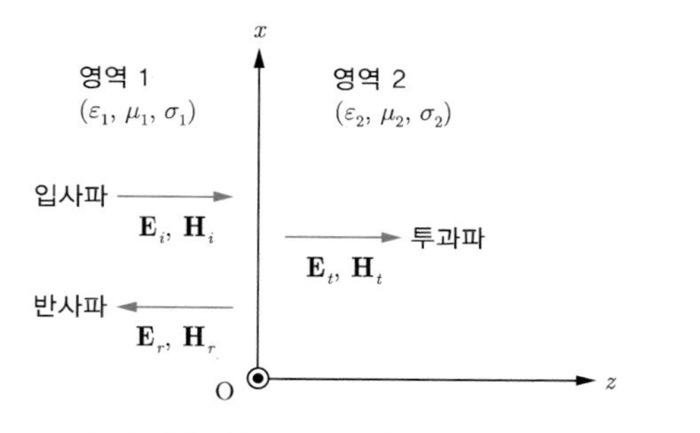

(a) 경계면에서의 균일평면파의 반사와 투과

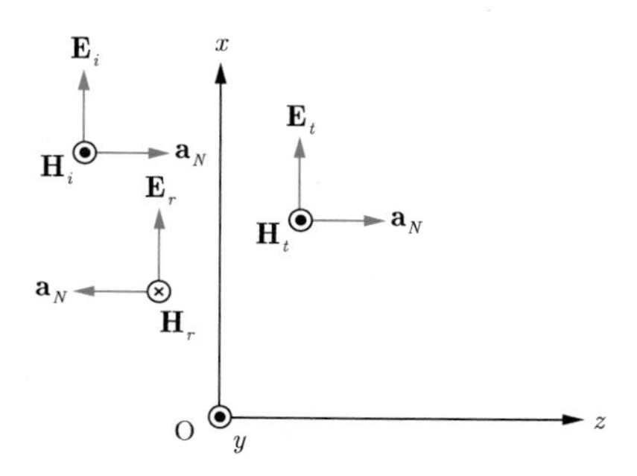

(b) 입사파, 반사파와 투과파의 진행 방향

[그림 7-6] 경계면에서의 반사와 투과

전자파의 투과와 반사가 발생할 때, 경계면에서 입사파와 반사파의 합은 투과파와 그 크기가 같다.

또한 영역 2에서의 전파상수와 임피던스를 $\gamma_2 = \alpha_2 + j\beta_2$, $\eta_2 = \sqrt{\dfrac{j\omega\mu_2}{\sigma_2 + j\omega\epsilon_2}}$ 라 할 때, 영역 2를 z의 양의 방향으로 진행하는 **투과파**(transmitted wave)는 다음과 같다.

$$E_{xst} = E_{x0t}\, e^{-\gamma_2 z} \tag{7.85}$$

$$H_{yst} = \frac{1}{\eta_2} E_{x0t}\, e^{-\gamma_2 z} \tag{7.86}$$

한편 반사파(reflected wave)는 영역 1을 z의 음의 방향으로 진행하게 되므로 전계의 반사파는 다음과 같이 표현할 수 있다.

$$E_{xsr} = E_{x0r}\, e^{\gamma_1 z} \tag{7.87}$$

반사되는 전계가 x 성분을 가질 때, 자계는 [그림 7-6(b)]에 표현한 바와 같이 $\mathbf{a}_E \times \mathbf{a}_H = \mathbf{a}_N$의 관계에서 전계와 자계가 $-\mathbf{a}_z$ 방향으로 즉, z의 음의 방향으로 진행하므로 $\mathbf{a}_x \times (-\mathbf{a}_y) = (-\mathbf{a}_z)$에 의해 자계는 $-\mathbf{a}_y$ 방향이 되어야 한다. 따라서 자계의 반사파는 다음과 같이 표현할 수 있다.

$$H_{ysr} = -\frac{1}{\eta_1} E_{x0r}\, e^{\gamma_1 z} \tag{7.88}$$

반사파의 표현식에서 지수항에 음$(-)$의 부호가 없는 것은 반사파는 z의 음의 방향으로 되돌아 진행함에 따라 진폭이 감쇠하기 때문이다.[10]

두 영역의 경계면인 $z = 0$에서 전계와 자계는 연속이어야 하므로 $E_{xi} + E_{xr} = E_{xt}$이다. 따라서 다음 관계가 성립한다.

10 z의 음의 방향으로 진행함에 따라 진폭이 감쇠하는 것은 양의 방향으로 진폭이 증가한다는 사실의 등가적 표현이다.

$$E_{x0i} + E_{x0r} = E_{x0t} \tag{7.89}$$

$$\frac{1}{\eta_1} E_{x0i} - \frac{1}{\eta_1} E_{x0r} = \frac{1}{\eta_2} E_{x0t} \tag{7.90}$$

위 식으로부터

$$E_{x0t} = E_{x0i} + E_{x0r} = \frac{\eta_2}{\eta_1} E_{x0i} - \frac{\eta_2}{\eta_1} E_{x0r}$$

이므로 입사파의 진폭에 대한 반사파의 진폭은

$$E_{x0r} = \frac{\eta_2 - \eta_1}{\eta_2 + \eta_1} E_{x0i}$$

가 되어 **입사파에 대한 반사파의 비**는 다음과 같으며, **이를 반사계수**(reflection coefficient)라 한다.

★ 반사계수 ★

$$\Gamma = \frac{E_{x0r}}{E_{x0i}} = \frac{\eta_2 - \eta_1}{\eta_2 + \eta_1} \tag{7.91}$$

한편 **입사파에 대한 투과파의 크기의 비를 투과계수**(transmission coefficient)라 하며, 투과계수는 다음과 같이 표현할 수 있다.

★ 투과계수 ★

$$\tau = \frac{E_{x0t}}{E_{x0i}} = \frac{E_{x0i} + E_{x0r}}{E_{x0i}} = 1 + \Gamma = \frac{2\eta_2}{\eta_1 + \eta_2} \tag{7.92}$$

반사계수와 투과계수는 두 매질의 고유임피던스의 크기에 의존하며 고유임피던스가 복소량이므로 반사계수와 투과계수도 복소량이 될 수 있다. 다만 자유공간과 손실이 없는 완전유전체 등의 매질에서는 고유임피던스는 복소량이 아니므로 반사계수와 투과계수는 실수로 나타낼 수 있다. 경계면 주위에서의 전계와 자계를 [표 7-1]에 정리했다.

[표 7-1] 경계면 주위에서의 전계와 자계

구분	입사파	반사파	투과파
전계	$\mathbf{E}_i = E_{0i} e^{-\gamma_1 z} \mathbf{a}_x$	$\mathbf{E}_r = \Gamma E_{0i} e^{\gamma_1 z} \mathbf{a}_x$	$\mathbf{E}_t = \tau E_{0i} e^{-\gamma_2 z} \mathbf{a}_x$
자계	$\mathbf{H}_i = \frac{1}{\eta_1} E_{0i} e^{-\gamma_1 z} \mathbf{a}_y$	$\mathbf{H}_r = -\frac{1}{\eta_1} \Gamma E_{0i} e^{\gamma_1 z} \mathbf{a}_y$	$\mathbf{H}_t = \frac{1}{\eta_2} \tau E_{0i} e^{-\gamma_2 z} \mathbf{a}_y$

예제 7-10

주파수가 3[GHz]인 전계 $\mathbf{E}_{si}=20e^{-j\beta_1 z}\mathbf{a}_x$[V/m]가 자유공간인 영역 1에서 비유전율과 비투자율이 각각 $\epsilon_R=9$, $\mu_R=1$인 영역 2의 유전체의 경계면에 직각 방향으로 입사하고 있다. 이때 경계면에서의 반사파와 투과파를 구하라.

풀이 **정답** $\mathbf{E}_{sr}=-10e^{j20\pi z}\mathbf{a}_x$[V/m], $\mathbf{E}_{st}=10e^{-j60\pi z}\mathbf{a}_x$[V/m]

자유공간의 고유임피던스를 η_0라 할 때, 우선 영역 2에서의 고유임피던스를 식 (7.36)을 이용하여 계산하면 다음과 같다.

$$\eta_2=\eta_0\sqrt{\frac{\mu_R}{\epsilon_R}}=\frac{1}{3}\eta_0$$

따라서 식 (7.91)과 (7.92)를 이용하여 반사계수와 투과계수를 계산하면 다음과 같다.

$$\Gamma=\frac{E_r}{E_i}=\frac{\eta_2-\eta_0}{\eta_2+\eta_0}=\frac{\frac{1}{3}\eta_0-\eta_0}{\frac{1}{3}\eta_0+\eta_0}=-\frac{1}{2}$$

$$\tau=1+\Gamma=\frac{1}{2}$$

또한 $\omega=2\pi f=6\pi\times10^9$[rad/s]이고 위상상수는 $\beta=\omega\sqrt{\mu\epsilon}$이므로 자유공간에서의 위상상수 β_1과 영역 2에서의 위상상수 β_2를 계산하면 각각 다음과 같다.

$$\beta_1=\omega\sqrt{\mu_0\epsilon_0}=6\pi\times10^9\times\frac{1}{3}\times10^{-8}=20\pi[\text{rad/m}]$$

$$\beta_2=\beta_1\sqrt{\mu_R\epsilon_R}=3\beta_1=60\pi[\text{rad/m}]$$

따라서 식 (7.85)와 식 (7.87)을 이용하여 반사파와 투과파를 계산하면 다음과 같다.

$$\mathbf{E}_{sr}=-10e^{j20\pi z}\mathbf{a}_x[\text{V/m}]$$

$$\mathbf{E}_{st}=10e^{-j60\pi z}\mathbf{a}_x[\text{V/m}]$$

예제 7-11

$z\le0$인 자유공간에서 자계의 입사파 $H_{xi}=5\cos(10^6t-\beta z)$[A/m]가 $\epsilon_R=2$, $\mu_R=8$인 무손실 매질에 수직 방향으로 입사하고 있다. 이때 전계와 자계의 반사파와 투과파를 구하라.

풀이 **정답** $E_{yt} = -800\pi\cos\left(10^6 t - \frac{4}{3}\times 10^{-2}z\right)$[V/m], $H_{xt} = 3.33\cos\left(10^6 t - \frac{4}{3}\times 10^{-2}z\right)$[A/m]

자유공간에서의 위상상수와 고유임피던스는 각각 식 (7.28)과 식 (7.25)에 의해

$$\beta_1 = \frac{\omega}{c} = \frac{10^6}{3\times 10^8} = \frac{1}{3}\times 10^{-2},\ \eta_0 = 120\pi$$

로 계산한다. 또한 식 (7.34)를 이용하여 무손실 매질에서에서의 위상상수를 계산하고, 식 (7.36)을 이용하여 고유임피던스를 계산하면 다음과 같다.

$$\beta_2 = \omega\sqrt{\mu\epsilon} = \omega\sqrt{\mu_0\epsilon_0}\sqrt{\mu_R\epsilon_R} = \frac{\omega}{c}\sqrt{\mu_R\epsilon_R} = 4\beta_1 = \frac{4}{3}\times 10^{-2}$$

$$\eta_2 = \eta_0\sqrt{\frac{\mu_R}{\epsilon_R}} = 2\eta_0$$

주어진 자계는 x 성분을 가지고 $\mathbf{a}_z$ 방향으로 진행하므로 $\mathbf{a}_E\times\mathbf{a}_H = \mathbf{a}_N$, 즉 $-\mathbf{a}_y\times\mathbf{a}_x = \mathbf{a}_z$에 의해 전계는 $-y$ 성분 즉, $-\mathbf{a}_y$ 방향으로 진동하고 $\mathbf{a}_z$ 방향으로 진행한다. 따라서 전계의 입사파는

$$E_{yi} = -600\pi\cos\left(10^6 t - \frac{1}{3}\times 10^{-2}z\right)[\mathrm{V/m}]$$

가 된다. 반사파를 구하기 위해 먼저 식 (7.91)을 이용하여 반사계수를 계산하면 다음과 같다.

$$\Gamma = \frac{E_r}{E_i} = \frac{\eta_2-\eta_0}{\eta_2+\eta_0} = \frac{2\eta_0-\eta_0}{2\eta_0+\eta_0} = \frac{1}{3}$$

한편 전계의 반사파는 $-\mathbf{a}_y$ 방향으로 진동하며 입사파와 반대 방향인 $-\mathbf{a}_z$ 방향으로 진행하므로 자계는 $-\mathbf{a}_y\times(-\mathbf{a}_x) = -\mathbf{a}_z$ 의 관계에 의해 $-\mathbf{a}_x$ 방향이 된다. 따라서 전계와 자계의 반사파는 다음과 같다.

$$E_{yr} = -200\pi\cos\left(10^6 t + \frac{1}{3}\times 10^{-2}z\right)[\mathrm{V/m}]$$

$$H_{xr} = -1.7\cos\left(10^6 t + \frac{1}{3}\times 10^{-2}z\right)[\mathrm{A/m}]$$

또한 투과계수는 식 (7.92)에 의해 $\tau = 1+\Gamma = \frac{4}{3}$ 이고 무손실 매질의 고유임피던스가 $\eta_2 = 2\eta_0 = 240\pi$ 이므로 전계와 자계의 투과파는 다음과 같다.

$$E_{yt} = \frac{4}{3}E_{yi} = -800\pi\cos\left(10^6 t - \frac{4}{3}\times 10^{-2}z\right)[\mathrm{V/m}]$$

$$H_{xt} = \frac{1}{\eta_2} E_{yt} = 3.33\cos\left(10^6 t - \frac{4}{3} \times 10^{-2} z\right) [\text{A/m}]$$

예제 7-12

무손실 매질인 순수한 물을 전파하는 최댓값이 50[V/m]의 전계가 자유공간을 만났다. 이 전계의 주파수는 $f = 1$[MHz]로 이때의 물의 비유전율은 $\epsilon_R = 81$이며, 비투자율은 $\mu_R = 1$이다. 이때 반사계수와 투과계수, 두 영역에서의 전력밀도를 구하라.

풀이 **정답** $\Gamma = 0.8$, $\tau = 1.8$, **전력밀도는 풀이 참고**

우선 영역 1을 순수한 물, 영역 2를 자유공간이라 하자. 식 (7.36)을 이용하여 영역 1에서의 고유임피던스를 계산하면 $\eta_1 = \eta_0 \sqrt{\mu_R / \epsilon_R} = 42[\Omega]$ 이고, 영역 2(자유공간)에서의 고유임피던스는 $\eta_1 = 397[\Omega]$이다. 식 (7.91)을 이용하여 반사계수를 계산하면 다음과 같다.

$$\Gamma = \frac{E_{0r}}{E_{0i}} = \frac{\eta_2 - \eta_1}{\eta_2 + \eta_1} = \frac{377 - 42}{377 + 42} = 0.8$$

따라서 입사파의 최댓값 $E_{x0i} = 50$[V/m]로부터 반사파는

$$E_{0r} = \Gamma E_{x0i} = 0.8 \times 50 = 40[\text{V/m}]$$

가 되며, 이를 영역 1의 고유임피던스로 나누어 자계의 최댓값을 구하면 다음과 같다.

$$H_{0i} = \frac{E_{0i}}{\eta_1} \doteq 1.19[\text{A/m}]$$

$$H_{0r} = -\frac{E_{0r}}{\eta_1} \doteq -0.95[\text{A/m}]$$

또한 식 (7.92)를 이용하여 투과계수를 구하면

$$\tau = \frac{E_{0t}}{E_{0i}} = 1 + \Gamma = \frac{2\eta_2}{\eta_1 + \eta_2} \doteq 1.8$$

이므로 투과파의 전계와 자계의 최댓값은 다음과 같다.

$$E_{0t} = 50 \times 1.8 = 90[\text{V/m}]$$

$$H_{0t} = \frac{90}{377} \doteq 0.24[\text{A/m}]$$

한편 순수한 물과 자유공간은 무손실 매질이므로 식 (7.69)에 $\alpha=0$, $\cos\theta=1$을 대입하여 전력밀도의 시간평균을 계산하면 다음과 같다.

$$S_{ave.}=\frac{1}{2\eta_m}E_0^2e^{-2\alpha z}\cos\theta=\frac{1}{2\eta_m}E_0^2$$

또한 자유공간과 순수한 물에서는 전계와 자계는 위상차가 없으며, 최댓값을 각각 E_0와 H_0라 할 때, $H_0=\frac{1}{\eta_m}E_0$이므로 전력밀도의 시간평균은 다음과 같다.

$$S_{ave.}=\frac{1}{2\eta_m}E_0^2=\frac{1}{2}E_0H_0$$

따라서 입사파, 반사파 및 투과파의 전력밀도 $S_{iave.}$, $S_{rave.}$, $S_{tave.}$는 다음과 같이 계산한다.

$$S_{iave.}=\frac{1}{2}\times 50\times 1.19 \doteq 29.75[\text{W/m}^2]$$

$$S_{rave.}=-\frac{1}{2}\times 40\times(-0.95)=19[\text{W/m}^2]$$

$$S_{tave.}=\frac{1}{2}\times 90\times 0.24=10.74[\text{W/m}^2]$$

정재파

이제 이 장의 마지막 논의로 **정재파**(standing wave)에 대하여 알아보자. 정재파는 전자기파가 도전율이 매우 높은 완전도체를 만나는 매우 특별한 경우에 발생한다. 지금 영역 1을 완전유전체 그리고 영역 2를 완전도체라 하자. 영역 2에서의 고유임피던스

$$\eta_2=\sqrt{\frac{j\omega\mu_2}{\sigma_2+j\omega\epsilon_2}}$$

에서 완전도체의 도전율은 매우 크므로 $\sigma\to\infty$라 하면 $\eta_2=0$이 된다. 따라서 식 (7.92)의 투과계수가 $\tau=2\eta_2/(\eta_1+\eta_2)=0$이 되어, 전자파는 완전도체를 투과하지 못하고 전반사되어 영역 1로 되돌아오게 된다. 따라서 영역 1에서는 입사파와 반사파가 중첩된다. 이는 식 (7.92)에서 $\tau=1+\Gamma=0$이므로 반사계수는 $\Gamma=-1$이 되며, 식 (7.91)의 $\Gamma=E_{x0r}/E_{x0i}=-1$로부터 $E_{x0r}=-E_{x0i}$가 됨을 의미한다. 이를 이용하여 전계의 입사파와 반사파를 표현하면 다음과 같다.

$$E_{xsi}=E_{x0i}e^{-\gamma_1 z}=E_{x0i}e^{-\alpha_1 z}e^{-j\beta_1 z}$$

$$E_{xsr} = E_{x0r}e^{\gamma_1 z} = -E_{x0i}e^{\alpha_1 z}e^{j\beta_1 z}$$

또한 영역 1의 완전유전체에서는 감쇠가 없으므로 $\alpha_1 = 0$ 임을 고려하여 전반사로 인하여 영역 1에 형성되는 합성전계 E_{xs1} 을 구하면

$$\begin{aligned} E_{xs1} &= E_{xsi} + E_{xsr} = E_{x0i}e^{-j\beta_1 z} - E_{x0i}e^{j\beta_1 z} \text{[11]} \\ &= -j2\sin\beta_1 z E_{x0i} \end{aligned} \tag{7.93}$$

가 된다. 이를 실함수로 변환하면 영역 1에서의 합성전계 E_{x1}은 다음과 같다.

★ 전계의 정재파 ★

$$E_{x1} = 2E_{x0i}\sin\omega t\sin\beta_1 z \text{[12]} \tag{7.94}$$

이러한 전자파의 파동현상은 시간변수와 위상변수가 분리되어 지금까지 다룬 진행파 $E_x = E_{x0}\cos(\omega t - \beta z)$와는 다른 형태를 취하고 있다. 즉, 전계는 $2E_{x0i}\sin\beta_1 z$의 형태로 위치 z의 변화에 따라 정현적으로 변함과 동시에 시간 t에 따라 $\sin\omega t$의 형태로 진동한다고 생각할 수 있다. 또한 ωt가 0이거나 π의 정수배이면 $\beta_1 z$와 무관하게 전계는 항상 0이 되며, 마찬가지로 $\beta_1 z$가 0이거나 π의 정수배이면 시간에 무관하게 전계는 항상 0이 되어 전계는 주어진 시간과 위치에서 일정한 크기를 가지게 되며 진행하지 않는다. 이러한 형태의 파동을 정재파라 한다.

위 식에 위상상수 $\beta_1 = 2\pi/\lambda_1$를 대입하면 다음과 같다.

$$E_{x1} = 2E_{x0i}\sin\omega t\sin\frac{2\pi}{\lambda_1}z \tag{7.95}$$

$\sin\omega t = 0$이 아닌 조건에서 경계면으로부터 $\lambda/2$의 정수배만큼 떨어진 위치인 $z = 0$, $-\lambda_1/2$, $-\lambda_1$, $-3\lambda_1/2$, $\cdots$ 에서 전계는 0 이 된다. 또한 $\lambda/4$ 의 홀수배만큼 떨어진 위치인 $z = -\lambda_1/4$, $-3\lambda_1/4$, $-5\lambda_1/4$, $\cdots$ 에서 전계는 최댓값인 $2E_{x0i}$가 된다. 이 경우 ωt의 값은 전계의 최댓값의 크기에 영향을 미칠 뿐이다. $\omega t = \pi/2$ 와 $3\pi/2$ 인 경우에 대하여 위치 z의 변화에 대한 전계의 분포는 [그림 7-7(a)]와 같다.

---

11 식 (7.93)은 $E_{x0i}e^{-j\beta_1 z} - E_{x0i}e^{j\beta_1 z} = E_{x0i}(\cos\beta_1 z - j\sin\beta_1 z) - E_{x0i}(\cos\beta_1 z + j\sin\beta_1 z) = -j2\sin\beta_1 z E_{x0i}$ 의 계산을 이용하여 구하였다.

12 합성전계의 실함수는 페이저에 $e^{j\omega t}$ 을 곱하고 그 결과의 실수부를 취하면 되므로 다음과 같이 계산하여 식 (7.94)를 얻을 수 있다.
$E_{x1} = Re(-j2\sin\beta_1 z E_{x0i}e^{j\omega t}) = Re[-j2E_{x0i}\sin\beta_1 z(\cos\omega t + j\sin\omega t)] = 2E_{x0i}\sin\omega t\sin\beta_1 z$

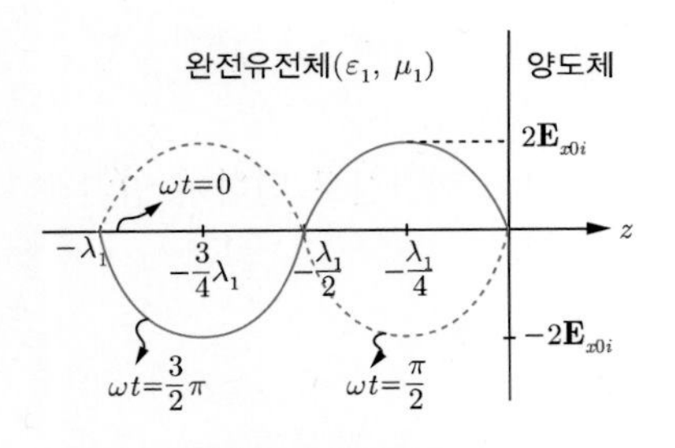

(a) 전계의 정재파

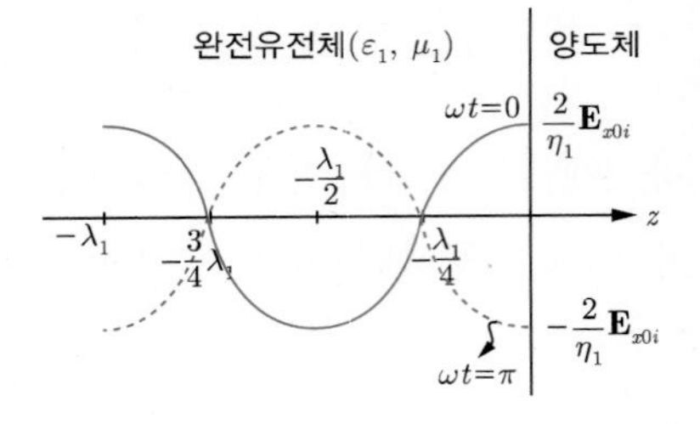

(b) 자계의 정재파

[그림 7-7] 양도체에서 전반사되어 영역 1에 형성되는 전계와 자계의 정재파
전계와 자계에는 $\pi/2$의 위상차가 발생한다.

한편 자계의 입사파와 반사파는 각각 다음과 같다.

$$H_{ysi} = \frac{1}{\eta_1} E_{x0i} e^{-j\beta_1 z}$$

$$H_{ysr} = -\frac{1}{\eta_1} E_{x0r} e^{j\beta_1 z}$$

또한 $E_{x0r} = -E_{x0i}$ 의 관계를 이용하여 영역 1에서의 합성자계 H_{ys1} 을 구하면 다음과 같다.

$$\begin{aligned} H_{ys1} &= H_{ysi} + H_{ysr} = \frac{1}{\eta_1} E_{x0i} e^{-j\beta_1 z} - \frac{1}{\eta_1} E_{x0r} e^{j\beta_1 z} \\ &= \frac{1}{\eta_1} E_{x0i}\left(e^{-j\beta_1 z} + e^{j\beta_1 z}\right) = \frac{2}{\eta_1} \cos\beta_1 z E_{x0i} \end{aligned} \tag{7.96}$$

따라서 실함수는 다음과 같다.

★ 자계의 정재파 ★

$$H_{y1} = \frac{2}{\eta_1} E_{x0i} \cos\omega t \cos\beta_1 z \tag{7.97}$$ [13]

자계의 경우도 경계면에서의 전반사로 영역 1에서 정재파를 형성하게 되며, 전계가 0 이 되는 지점에서 자계는 최대가 되므로 전계와 90° 의 위상차가 발생함을 알 수 있다. 따라서 이 경우 전력전송은 일어나지 않는다.

---

13 합성전계의 실함수는 페이저에 $e^{j\omega t}$ 을 곱하고 그 결과의 실수부를 취하면 되므로 다음의 계산에 의해 식 (7.97)을 얻을 수 있다.

$$H_{y1} = Re\left(\frac{2}{\eta_1} E_{x0i} \cos\beta_1 z\, e^{j\omega t}\right) = Re\left[\frac{2}{\eta_1} E_{x0i} \cos\beta_1 z(\cos\omega t + j\sin\omega t)\right] = \frac{2}{\eta_1} E_{x0i} \cos\omega t \cos\beta_1 z$$

CHAPTER
07 연습문제

7.1 전계가 $E_x(z,\ t) = E_{x0}e^{-\alpha z}\cos(\omega t - \beta z)$ 로 주어질 때, 이를 페이저로 표현하라.

7.2 전압과 전류의 시간함수인 $v(t) = 20\cos(5t + 60°)$, $i(t) = 30\cos(\omega t - 60°)$를 페이저로 표현하라.

7.3 페이저로 표현된 전계 $\mathbf{E}_x = E_{x0}\angle\theta_x$를 시간함수로 표현하라.

7.4 페이저로 표현된 자계 $H_{ys} = 20e^{j0.5x}e^{-j\pi}$을 시간함수로 표현하라.

7.5 손실이 있는 유전체에서의 맥스웰 방정식 $\nabla \times \mathbf{E} = -\dfrac{\partial \mathbf{B}}{\partial t}$ 및 $\nabla \times \mathbf{H} = \mathbf{J} + \dfrac{\partial \mathbf{D}}{\partial t}$를 페이저방정식으로 표현하라.

7.6 벡터항등식 $\nabla \times \nabla \times \mathbf{E}_s = \nabla(\nabla \cdot \mathbf{E}_s) - \nabla^2\mathbf{E}_s$가 성립함을 보여라.

7.7 자유공간에서 전계가 $\mathbf{E} = E_{x1}\cos(\omega t - \beta z)\mathbf{a}_x + E_{x2}\sin(\omega t + \beta z)\mathbf{a}_y\,[\mathrm{V/m}]$로 표현될 때, 자계를 구하라.

7.8 비유전율과 비투자율이 각각 $\epsilon_R = 3$, $\mu_R = 3$의 공간에서 전자파의 파장이 $\lambda = 10[\mathrm{m}]$이다. 이 전자파의 위상속도와 주파수를 구하라.

7.9 비유전율과 비투자율이 각각 $\epsilon_R = 81$, $\mu_R = 1$인 매질에서의 전자파의 위상속도와 파장 그리고 고유임피던스는 자유공간의 몇 배인지를 구하라.

7.10 어떤 전계 $\mathbf{E}(x,\ t) = 50e^{-\alpha x}\cos(\omega t - 0.5x)\mathbf{a}_y\,[\mathrm{V/m}]$ 가 고유임피던스 $\eta = 100\angle 60°[\Omega]$ 의 손실유전체를 전파할 때, 자계를 구하라.

7.11 전계 $\mathbf{E} = 20\cos(\omega t - 3z)\mathbf{a}_x + 80\sin(\omega t - 3z)\mathbf{a}_y$[V/m] 가 고유임피던스와 비투자율이 각각 $\eta = 40\pi$[Ω], $\mu_R = 1$ 인 무손실 매질을 진행하고 있다. 비유전율과 주파수, 자계를 구하라.

7.12 비유전율과 비투자율, 그리고 도전율이 각각 $\epsilon_R = 36$, $\mu_R = 1$, $\sigma = 3$[S/m] 인 유전체에 균일평면파가 진행하고 있다. 전도전류밀도와 변위전류밀도가 같아지는 평면파의 주파수를 구하고 주파수 3[MHz] 에서의 손실탄젠트를 구하라.

7.13 어떤 도체의 도전율은 $\sigma = 1 \times 10^7/\pi$[s/m] 이고 비투자율은 $\mu_R = 100/4\pi$ 이다. 전자파의 주파수가 $f_1 = 10$[kHz], $f_2 = 1$[MHz], $f_3 = 10$[GHz] 일 때의 표피두께를 구하고 비교하라.

7.14 주파수 $f = 1$[MHz] 의 균일평면파가 $\epsilon_R = 80$, $\mu_R = 1$, $\sigma = 4$ 의 매질을 전파하고 있다. 이 평면파의 최댓값이 1/100로 감소하는 거리를 구하라.

7.15 전계 $E_x = 10e^{-\alpha x}\cos(\omega t - 0.6x)$[V/m] 가 어떤 유전체를 전파하고 있다. 이 전계에 의해 유전체에 형성되는 전도전류밀도는 변위전류밀도의 $\sqrt{3}$ 배일 때 감쇠정수와 표피두께를 구하라.

7.16 바닷물의 도전율은 $\sigma = 4$[S/m] 이고, 주파수 $f = 1$[MHz] 에서의 비유전율은 $\epsilon_R = 81$ 이고 비투자율은 $\mu_R = 1$ 이다. 이 바닷물의 손실탄젠트와 표피두께, 파장 그리고 위상속도를 구하라.

7.17 주파수 $f = 1$[MHz], 최댓값 500[V/m] 인 전계 $E_x = 360\pi e^{-\alpha z}\sin(\omega t - \beta z)$[V/m] 가 $\epsilon_R = 1$, $\mu_R = 10000$, $\sigma = 1.6 \times 10^5$[S/m] 인 매질을 전파하고 있다. 이때 표피두께와 자계를 구하라.

7.18 균일평면파 $E_{xs} = 800e^{-(2+j10)z}$[V/m] 가 어떤 매질을 진행하고 있다. 이 전계의 위상속도를 $v = 2.5 \times 10^8$[m/s] 라 할 때, 다음을 구하라.

(a) 시간함수로 표현한 평면파

(b) 파장, 주파수

(c) z 의 양의 방향으로 0.5[m] 진행할 때의 평면파의 최댓값

7.19 주파수 $f=300$[MHz]의 전계가 $\mu_R=1$, $\epsilon_R=78$의 무손실 매질을 전파하고 있다. 전계의 최대치를 427[V/m]이라 할 때, 다음을 구하라.

(a) 위상속도

(b) 위상정수

(c) 파장

(d) 고유임피던스

(e) 진행파의 형태로 나타낸 전계와 자계

7.20 벡터항등식 $\nabla \cdot (\mathbf{A} \times \mathbf{B}) = \mathbf{B} \cdot (\nabla \times \mathbf{A}) - \mathbf{A} \cdot (\nabla \times \mathbf{B})$를 증명하라.

7.21 전계 $E_x = 10\sin(2\pi \times 10^8 t - 0.6z)$[V/m]가 $\mu = \mu_0$인 비 전도성 매질을 전파할 때, 다음을 구하라.

(a) 이 물질의 비유전율과 고유임피던스

(b) 전력밀도

7.22 자유공간에서 z의 양의 방향으로 진행하고 있는 전계의 입사파 $\mathbf{E}_{xsi} = 9e^{-j\beta_1 z}\mathbf{a}_x$[V/m]가 $\epsilon_R = 4$, $\mu_R = 1$의 매질을 만났다. 입사파의 주파수를 $f = 1.43 \times 10^8$[Hz] 라 할 때, 반사파와 투과파를 구하라.

7.23 $z \le 0$의 자유공간에서 $E_{xi} = 100\cos(10^6 t - \beta z)$[V/m]의 전계가 $\epsilon_R = 2$, $\mu_R = 8$인 무손실 매질로 수직입사하고 있다. 전계와 자계의 반사파와 투과파를 구하라.

7.24 균일평면파인 전계 $E_{xi} = 500e^{-\alpha z}\cos(300\pi \times 10^9 t - \beta z)$[V/m]가 두 유전체의 경계면에 직각 방향으로 전파하고 있다. 영역 1과 2에서의 유전율과 투자율이 각각 $\epsilon_1 = \epsilon_0$, $\mu_1 = \mu_0$, $\epsilon_{R2} = 9$, $\mu_{R2} = 1$일 때, 다음을 구하라.

(a) 영역 1에서의 위상정수와 주파수

(b) 경계면에서의 반사계수와 투과계수

7.25 자계 $H_{xi} = -\frac{1}{4\pi}\sin(\omega t - \beta z)$[A/m]가 자유공간을 전파하고 있다. 다음을 구하라.

(a) 자유공간에서의 전계

(b) 자유공간에서의 전계와 자계가 완전도체를 만났을 때의 반사파

(c) 두 영역에서의 전력밀도

7.26 고유임피던스 $\eta_1 = 50$[Ω]인 영역 1에서 $\eta_2 = 150$[Ω]인 영역 2로 경계면에 수직 방향으로 진행하는 전계의 입사파의 최댓값이 $E_{xi} = 200$[V/m]이다. 다음을 구하라.

(a) 반사계수와 투과계수

(b) 전계와 자계의 입사파, 반사파, 투과파의 크기

(c) 영역 1의 전력밀도와 영역 2의 전력밀도

CHAPTER

08

전송선로

이 장에서는 일반 전기회로와의 차이점에 주목하여 전송선로의 의미를 파악하고 선로에서의 제 문제를 공부한다. 우선 전송선로의 등가회로를 확립하여 전송선로 방정식을 유도하며, 선로정수를 이용하여 전압과 전류를 구한다.

CONTENTS

SECTION 01

무손실 전송선로의 등가회로

이 절에서는 전송선로의 의미와 전송선로에 대한 해석의 필요성을 이해한다. 또한 전송선로를 등가회로로 나타내어 전송선로 방정식을 도출한다.

Keywords | 전송선로 | 전송선로의 등가회로 | 전송선로 방정식 |

전송선로 해석의 필요성

어떤 신호를 한 점에서 다른 한 점으로 이동하기 위해서는 전송선로가 필요하다. 즉, 신호가 발생된 입력단자에서 부하의 출력단자까지 그 신호를 유도하는 매개물이 전송선로이다. 이들 선로를 따라 무선 및 TV 송신기로부터 안테나 사이, 전력을 생산하는 발전소에서 가정으로, 그리고 컴퓨터 및 각종 전자부품의 모듈들 사이에 신호의 전달이 발생한다.

어떤 신호가 발신지에서 부하까지 전달되는 과정에는 저항과 커패시터 그리고 인덕터(inductor)로 모의되는 여러 가지 부품들을 거치게 되며, 전원과 이들 부하 사이 그리고 부품들 사이에는 반드시 일정한 거리가 있다.[1] 이 경우, **전달되는 신호의 주파수 또는 파장은 전원과 부하 사이의 거리**(**신호를 전달하는 회로의 길이**)**와 관련하여 매우 중요하다**.

예를 들어 컴퓨터에서 어떤 고주파 아날로그 회로의 부품 사이를 전파하는 전자기파를 생각해 보자. 부품 사이의 거리가 12[cm]이고 이들 사이에 비유전율과 비투자율이 각각 $\epsilon_R = 3$, $\mu_R = 1$인 매질이 있다면 전자기파의 위상속도는 $v = c/\sqrt{\mu_R \epsilon_R} = 1.73 \times 10^8\,[\mathrm{m/s}]$이다. 전자기파가 이들 부품을 통과하는 데에는 약 $t = 0.12/(1.73 \times 10^8) = 0.7\,[\mathrm{ns}]$의 **시간지연**(time-delay)**이 생기고, 이로 인해 위상차가 생긴다.** 이 정도의 시간지연은 컴퓨터의 특성에 큰 영향을 미칠 수 있다. 따라서 신호를 전달하는 회로의 길이가 파장에 비해서 충분히 짧지 않은 경우, 임의의 시간에 회로상의 전압은 크기나 위상이 변화할 수 있다. 즉, 회로의 입력단자의 전압이 최대치를 나타낼 때 출력단자의 전압은 0이 될 수 있다는 것이다.

1 전기회로에서는 부품 사이의 거리가 무시할 수 있을 정도로 짧으며 따라서 어떤 신호가 전달되는데 발생하는 시간지연효과를 무시하여 회로는 저항, 커패시터, 인덕터 등의 집중(lumped)요소로 구성된다. 그러나 매우 긴 전송선로의 경우 부품들 사이의 거리가 충분히 길어서 시간지연효과를 무시할 수 없는 분포(distributed)요소로 생각해야 하며, 일반적으로 임피던스(impedance) 성분을 가지는 회로로 구분한다.

이와 같이 회로의 길이가 신호의 파장에 비해서 충분히 짧지 않은 경우의 신호전달회로를 **전송선로**(transmission line)라고 한다. 따라서 전송선로의 해석은 회로이론에서 배웠던 옴의 법칙이나 키르히호프의 법칙만으로는 해석할 수 없으며, 신호의 파동적 특성이 반영되어야 한다.

전송매질도 다양하여 [그림 8-1(a)]에 나타낸 바와 같이 동축케이블의 경우 두 도체 사이를 전기적으로 절연하고 있는 유전체를 통해 신호가 전달되며, 이상적인 동축케이블의 경우에는 전계나 자계가 동축케이블의 외부에 존재할 수 없기 때문에 손실이 가장 적은 전송선로다. 따라서 고주파 신호를 전송할 때 많이 사용한다.

[그림 8-1(b)]에 나타낸 마이크로스트립 라인은 접지판과 신호 전달판이 절연체를 사이에 두고 평행하게 배치되어 있다. 마이크로스트립 라인은 인쇄회로기판(PCB, printed circuit board)을 구성하기 위해서 쉽게 제작될 수 있고 부품들의 기판표면에 실장하기도 용이하기 때문에 실용적으로 많이 사용하는 형태의 전송선로다.

[그림 8-1(c)]에서의 평행 왕복 도선은 두 개의 도선이 절연체인 공기로 분리되어 있는 형태이며, 선로의 손실이 비교적 많기 때문에 고주파회로에서는 잘 사용되지 않는다.

일반적으로 **전송선로는 선로와 선로 사이의 매질에서 약간의 손실이 발생한다.** 이는 선로의 도체가 유한한 저항값을 가지고 있기 때문이며, 또한 도체와 도체를 분리하는 유전체에서도 손실이 발생할 수 있음을 의미한다. 그러나 비록 GHz 대역의 주파수에서는 표피효과로 인하여 도체의 저항에 의한 손실이 중요하지만 대부분의 실용적인 전송선로의 경우 이러한 손실이 매우 작은 편이므로 그 영향은 무시할 수 있다. 따라서 무손실 전송선로의 특성을 이해하는 것이 전송선로의 일반적인 이해를 위해 좋은 방법이다.

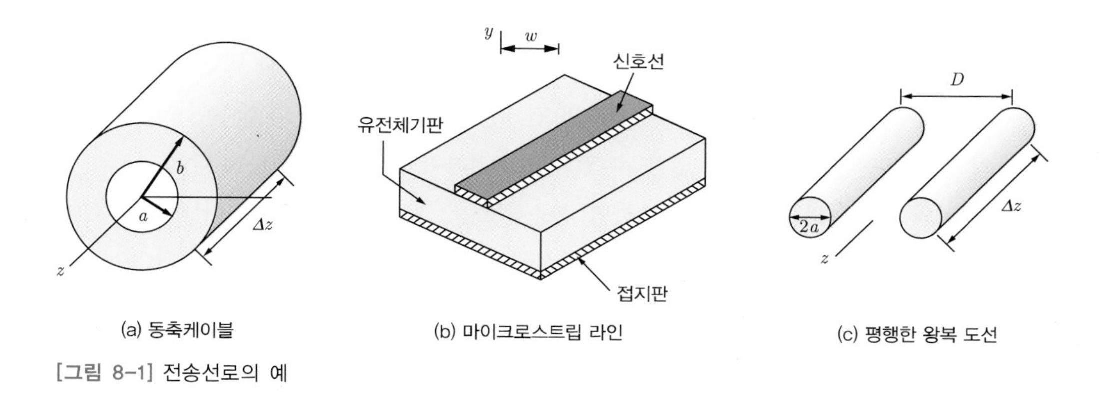

[그림 8-1] 전송선로의 예

등가회로와 전송선로 방정식

이제 전송선로의 등가회로를 모의하여 전송선로 방정식을 구해 보자. 우선 전송선로에서 커패시턴스 C와 인덕턴스 L에 대하여 단위길이당의 커패시턴스와 인덕턴스를 각각 $c(=C/\Delta z)$ 및 $l(=L/\Delta z)$이라 하면 전송선로는 L, C 및 l, c를 이용하여 [그림 8-2]와 같은 등가회로로 나타낼 수 있다.

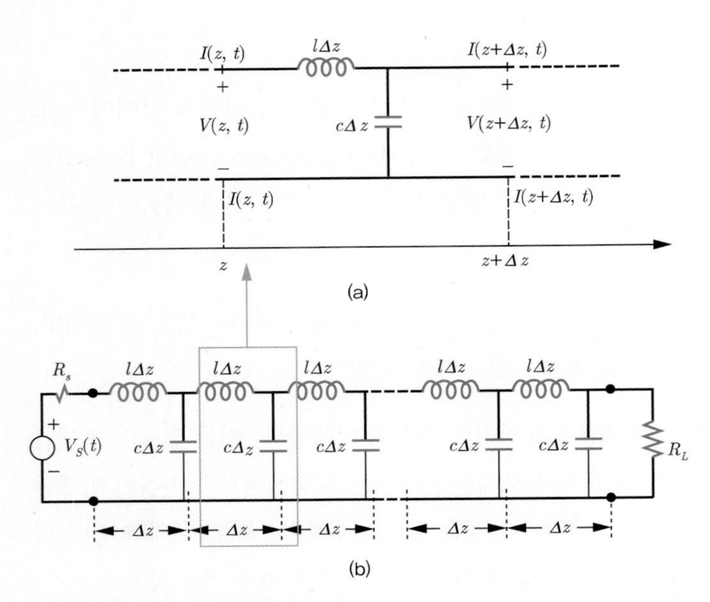

[그림 8-2] 무손실 전송선로의 등가회로

전송선로는 전원을 V_S, 그리고 부하저항을 R_L이라 할 때, (a)와 같은 등가회로로 나타낼 수 있다. 즉, 전송선로에는 Δz가 충분히 작다고 가정할 때 많은 수의 $l\Delta z$와 $c\Delta z$가 직렬 및 병렬로 연결되어 있다고 볼 수 있다. (b)는 전송선로의 일부 $(z \sim z+\Delta z)$를 확대한 것이다.

평행한 왕복 도선의 경우, 가장 일반적인 등가회로는 직렬로 연결된 하나의 L과 병렬로 연결된 하나의 C로 나타낼 수 있지만, 전송선로상에서 전압과 전류는 시간 t와 위치 z의 함수이므로 선로의 각 부분에서의 전압과 전류는 동일하지 않을 수 있음을 고려하여 한 **선로를 충분히 작은 Δz의 길이를 가지는 선로의 조각들의 모임으로 생각하면** 전송선로는 [그림 8-2(b)]에 나타낸 것과 같이 매우 많은 그리고 충분히 작은 Δz의 길이를 가지는 선로의 조각들의 모임으로 볼 수 있다.

즉, 직렬로 연결된 $l\Delta z$와 병렬로 연결된 $c\Delta z$로 모의할 수 있다. 또한 무손실 전송선로에서는 선로의 손실이 없으므로 등가회로에는 손실을 나타내는 성분은 없다. [그림 8-2(b)]의 회로의 한 조각에서 전압과 전류 사이에는 키르히호프의 법칙에 의해 다음 관계가 성립한다.

★ 회로의 한 조각에서의 전압, 전류의 관계 ★

$$V(z+\Delta z,\ t)-V(z,\ t)=-l\Delta z\frac{\partial}{\partial t}I(z,\ t) \tag{8.1}$$

$$I(z+\Delta z,\ t)-I(z,\ t)=-c\Delta z\frac{\partial}{\partial t}V(z+\Delta z,\ t) \tag{8.2}$$

식 (8.1)의 양변을 Δz로 나누고 $\Delta z \to 0$으로 극한을 취하면 다음과 같다.

$$\lim_{\Delta z\to 0}\frac{V(z+\Delta z,\ t)-V(z,\ t)}{\Delta z}=-l\frac{\partial I(z,\ t)}{\partial t} \tag{8.3}$$

이 식의 좌변은 미소거리 Δz의 변화에 대한 $z=z+\Delta z$와 $z=z$ 사이의 전압의 변화율을 나타내므로

$$\lim_{\Delta z\to 0}\frac{V(z+\Delta z,\ t)-V(z,\ t)}{\Delta z}=\frac{\partial V(z,\ t)}{\partial z}$$

와 같다. 따라서 위 두 식으로부터 첫 번째 **전송선로 방정식**(transmission-line equation)을 얻는다.

★ 무손실 전송선로에서의 전송선로 방정식 ★

$$\frac{\partial V(z,\ t)}{\partial z}=-l\frac{\partial I(z,\ t)}{\partial t} \tag{8.4}$$

또한 식 (8.2)의 우변에 식 (8.1)을 대입하여 정리하면

$$\begin{aligned} I(z+\Delta z,\ t)-I(z,\ t)&=-c\Delta z\frac{\partial}{\partial t}\left[V(z,\ t)-l\,\Delta z\frac{\partial}{\partial t}I(z,\ t)\right] \\ &=-c\Delta z\frac{\partial}{\partial t}V(z,\ t)+lc\Delta z^2\frac{\partial^2}{\partial t^2}I(z,\ t) \end{aligned} \tag{8.5}$$

가 되고, 위 식의 양변을 Δz로 나누고 $\Delta z\to 0$의 극한을 취하면

$$\lim_{\Delta z\to 0}\frac{I(z+\Delta z,\ t)-I(z,t)}{\Delta z}=\frac{\partial I(z,\ t)}{\partial z}=-c\frac{\partial}{\partial t}V(z,\ t) \tag{8.6}$$

로부터 다음과 같은 두 번째 전송선로 방정식을 얻는다.

★ 무손실 전송선로에서의 전송선로 방정식 ★

$$\frac{\partial I(z,\ t)}{\partial z} = -c\frac{\partial V(z,\ t)}{\partial t} \tag{8.7}$$

각 방정식은 전압과 전류의 항을 포함하고 있으며, 전송선로의 전압과 전류를 구하기 위하여 전압과 전류만으로 구성된 방정식을 구해 보자. 우선 식 (8.4)를 z에 대하여 미분하고, 식 (8.7)을 시간 t에 대하여 미분하면 다음 관계식을 얻는다.

$$\frac{\partial^2 V(z,\ t)}{\partial z^2} = -l\frac{\partial^2 I(z,\ t)}{\partial z\,\partial t}$$

$$\frac{\partial^2 I(z,\ t)}{\partial z\,\partial t} = -c\frac{\partial^2 V(z,\ t)}{\partial t^2}$$

위 두 식으로부터 다음 식을 얻을 수 있다.

$$\frac{\partial^2 V(z,\ t)}{\partial z^2} = lc\frac{\partial^2 V(z,\ t)}{\partial t^2} \tag{8.8}$$

같은 방법으로 식 (8.4)를 t에 대하여 미분하고, 식 (8.7)을 z에 대하여 미분하여

$$\frac{\partial^2 V(z,\ t)}{\partial z\,\partial t} = -l\frac{\partial^2 I(z,\ t)}{\partial t^2}$$

$$\frac{\partial^2 I(z,\ t)}{\partial z^2} = -c\frac{\partial^2 V(z,\ t)}{\partial z\,\partial t}$$

로부터

$$\frac{\partial^2 I(z,\ t)}{\partial z^2} = lc\frac{\partial^2 I(z,\ t)}{\partial t^2} \tag{8.9}$$

가 된다. 식 (8.8)과 식 (8.9)의 좌변은 공간에 대한 2차 미분을 나타내고, 우변은 시간에 대한 2차 미분을 나타낸다. 즉, 식 (8.8)과 식 (8.9)는 전송선로에서 전압과 전류에 대한 시간적인 변화와 공간적인 변화를 함께 나타내고 있기 때문에, 이 방정식을 풀이하면 전송선로에서의 전압과 전류를 구할 수 있다.

한편 l과 c가 각각 단위길이당의 인덕턴스와 커패시턴스로 $l[\mathrm{H/m}]$, $c[\mathrm{F/m}]$의 차원을 고려하면, 전송선로를 전파하는 전파속도 $v = dz/dt$는 다음과 같이 나타낼 수 있다.

★ 전파속도 ★

$$v = \frac{1}{\sqrt{lc}} [\mathrm{m/s}]^{2} \tag{8.10}$$

식 (8.4)와 식 (8.7)의 전송선로 방정식을 이용하면 전송선로에서의 전압과 전류 사이의 관계를 알 수 있지만 전송선로 방정식은 시간과 공간에 대한 변수를 가지고 있어 이를 해석하기가 쉽지 않다. 만약 전압과 전류가 정상상태의 정현파라고 한다면 페이저를 이용하여 좀더 쉬운 형태로 나타낼 수 있다. 식 (8.4)과 식 (8.7)의 전송선로 방정식을 페이저 형태로 나타내면 다음과 같다.

$$\frac{d\mathbf{V}(z)}{dz} = -j\omega l\, \mathbf{I}(z) \tag{8.11}$$

$$d\frac{\mathbf{I}(z)}{dz} = -j\omega c \mathbf{V}(z) \tag{8.12}$$

페이저 형태로 표현된 전송선로 방정식은 시간미분을 하지 않아도 되기 때문에 방정식의 해석이 간단하여 다음 절에서 다룰 전송선로의 주파수 영역에 대한 해석에서 이용하게 된다.

2 l과 c가 각각 단위길이당의 인덕턴스와 커패시턴스로 l[H/m], c[F/m]이며, 이는 투자율과 유전율의 단위 즉, μ[H/m] 및 ϵ[F/m]와 같다. 따라서 진행파인 균일평면파의 위상속도 $v = 1/\sqrt{\mu\epsilon}$과 전송선로의 전파속도 $v = 1/\sqrt{lc}$은 서로 같다.

SECTION 02

무손실 전송선로의 주파수 영역 해석

이 절에서는 전송선로 방정식을 위치만의 함수인 페이저함수로 나타낸다. 또한, 전송선로의 특성저항과 위상상수를 정의하여, 전압과 전류의 관계를 나타낸다.

Keywords | **특성저항** | **위상속도** | **위상상수** |

선로에 전압을 인가하면 임의의 크기를 가지는 전압에 도달하기까지 과도상태를 거치게 된다. 이때의 현상은 전송선로의 시간 영역 해석으로 고찰할 수 있으나, 이 책에서는 정상상태에서의 전압이나 전류를 고찰하는 것이 목적이기 때문에 시간 영역에 대한 해석은 다루지 않기로 한다. 따라서 이 절에서는 전송선로에 신호전압을 인가할 때, 과도현상이 완전히 사라진 정상상태의 선로를 다룬다.

정상상태에서는 전원 및 전송선로에서의 전압과 전류를 페이저 형태로 나타낼 수 있다. 페이저방정식은 시간변수가 배제된 위치만의 함수이며, 또한 진폭과 주파수만으로 그 신호를 특정지을 수 있으므로 해석하기가 매우 편리하다. 지금 전송선로에 $V(t) = V_m \cos\omega t$의 전압이 인가되었다고 하자. 선로의 전압과 전류는 위치 z와 시간 t의 함수이며, 다음과 같이 페이저로 표시할 수 있다.

$$V(z,\ t) = Re\left[\mathbf{V}(z)e^{j\omega t}\right] \tag{8.13}$$

$$I(z,\ t) = Re\left[\mathbf{I}(z)e^{j\omega t}\right] \tag{8.14}$$

한편 CHAPTER 07에서 배운 바와 같이 전자계를 시간으로 미분하면 자신의 페이저에 $j\omega$를 곱한 결과와 같으므로 식 (8.4)과 식 (8.7)의 전송선로 방정식을 페이저 형태로 나타내면 SECTION 02에서 제시한 바와 같이

$$\frac{d\mathbf{V}(z)}{dz} = -j\omega l\mathbf{I}(z)$$

$$\frac{d\mathbf{I}(z)}{dz} = -j\omega c\mathbf{V}(z)$$

가 된다. 이 식을 z로 미분하여 전압과 전류만으로 구성된 이차 전송선로 방정식을 페이저로 나타내면 다음과 같다.

★ 페이저로 나타낸 이차 전송선로 방정식 ★

$$\frac{d^2\mathbf{V}(z)}{dz^2} = -j\omega l \frac{d\mathbf{I}(z)}{dz} = -\omega^2 lc\mathbf{V}(z) \tag{8.15}$$

$$\frac{d^2\mathbf{I}(z)}{dz^2} = -j\omega c \frac{d\mathbf{V}(z)}{dz} = -\omega^2 lc\mathbf{I}(z) \tag{8.16}$$

이때 이차 미분방정식의 해는 다음과 같다.

$$\mathbf{V}(z) = \mathbf{V}_m^+ e^{-j\beta z} + \mathbf{V}_m^- e^{j\beta z} \tag{8.17}$$

$$\mathbf{I}(z) = \frac{\mathbf{V}_m^+}{R_C} e^{-j\beta z} - \frac{\mathbf{V}_m^-}{R_C} e^{j\beta z} \tag{8.18}$$ [3]

이 식의 전압과 전류는 두 개의 항으로 구성되어 있다. 첫 번째 항은 입사파로써 z의 양의 방향으로, 그리고 두 번째 항은 반사파로써 z의 음의 방향으로 진행하고 있음을 나타낸다. 또한 이 식에서 R_C는 **특성저항**(characteristic resistance)으로서 무손실 전송선로에서 전압과 전류의 비를 나타내며, 단위는 $[\Omega]$이 된다. 즉, 특성저항과 위상상수 β는 다음과 같다.[4]

★ 특성저항과 위상상수 ★

$$R_C = \sqrt{\frac{l}{c}}\ [\Omega] \tag{8.19}$$

$$\beta = \omega\sqrt{lc} = \frac{\omega}{v}\ [\mathrm{rad/m}] \tag{8.20}$$

이제 페이저 형태로 표현된 전압과 전류를 실함수로 변환하면 페이저에 $e^{j\omega t}$을 곱하고 실수항을 선택하면 된다. 진행파와 반사파의 위상을 각각 θ^+와 θ^-라 하면, 실함수로 변환한 전압과 전류는 다음과 같다.

---

3 식 (8.18)에서 두 번째 항의 (−)의 부호는 균일평면파에서 해석하였듯이 첫 번째 항이 입사파이고 두 번째 항이 반사파에 해당한다면 반사파는 $-\mathbf{a}_z$ 방향으로 진행하므로 전압파를 $\mathbf{a}_x$ 방향, 전류파를 $\mathbf{a}_y$ 방향이라 할 때, 첫 번째 항의 경우 $\mathbf{a}_x \times \mathbf{a}_y = \mathbf{a}_z$에 의해 전류는 $\mathbf{a}_y$ 방향이 되지만 두 번째 항의 경우 $\mathbf{a}_x \times (-\mathbf{a}_y) = (-\mathbf{a}_z)$에 의해 전류파는 $-\mathbf{a}_y$ 방향이 되어야 하기 때문이다.

4 무손실 전송선로에서 특성저항과 위상정수는 각각 $R_C = \sqrt{l/c}\ [\Omega]$ 및 $\beta = \omega\sqrt{lc}\ [\mathrm{rad/m}]$로 이는 무손실 매질을 전파하는 균일평면파의 고유임피던스 $\eta = \sqrt{\mu/\epsilon}\ [\Omega]$와 위상정수 $\beta = \omega\sqrt{\mu\epsilon}\ [\mathrm{rad/m}]$와 비교하여 유사한 형태라는 것을 알 수 있다. 무손실 전송선로에서의 특성임피던스 $Z_C = \sqrt{l/c}$는 복소수가 아닌 실수의 값을 취하므로 특성저항 R_C라 불러도 무방하다. 그러나 손실이 있는 전송선로에서는 특성임피던스는 복소량으로 취급된다. 특성저항 R_C는 순방향 및 역방향으로 진행하는 전압파와 전류파 사이의 관계를 나타낸다.

$$V(z,\ t) = V_m^+ \cos(\omega t - \beta z + \theta^+) + V_m^- \cos(\omega t + \beta z + \theta^-) \tag{8.21}$$

$$I(z,\ t) = \frac{V_m^+}{R_C} \cos(\omega t - \beta z + \theta^+) - \frac{V_m^-}{R_C} \cos(\omega t + \beta z + \theta^-) \tag{8.22}$$

예제 8-1

내부 도체와 외부 도체의 반지름에 비해 길이가 매우 긴 30[m]의 동축케이블에 주파수 1[GHz]의 신호전압을 인가하였다. 이 동축케이블의 인덕턴스와 커패시턴스가 각각 270[μH] 및 300[nF]라 할 때, 특성저항과 위상정수 및 위상속도를 구하라.

풀이 **정답** $R_C = 30[\Omega]$, $\beta = 600\pi[\text{rad/m}]$, $v = 0.33 \times 10^7[\text{m/s}]$

우선 단위길이당 인덕턴스와 커패시턴스를 계산하면 다음과 같다.

$$l = 270 \times \frac{10^{-6}}{30} = 9 \times 10^{-6}[\text{H/m}]$$

$$c = 300 \times \frac{10^{-9}}{30} = 1 \times 10^{-8}[\text{F/m}]$$

따라서 식 (8.19)를 이용하여 특성저항을 계산하면 다음과 같다.

$$R_C = \sqrt{\frac{l}{c}} = \sqrt{\frac{9 \times 10^{-6}}{1 \times 10^{-8}}} = 30[\Omega]$$

또한 식 (8.20)과 (8.10)을 이용하여 위상정수와 위상속도를 계산하면 다음과 같다.

$$\beta = \omega\sqrt{lc} = 2\pi \times 10^9 \times \sqrt{9 \times 10^{-6} \times 10^{-8}} = 600\pi[\text{rad/m}]$$

$$v = \frac{\omega}{\beta} = \frac{1}{\sqrt{lc}} = \frac{1}{\sqrt{9 \times 10^{-6} \times 10^{-8}}} = 0.33 \times 10^7[\text{m/s}]$$

예제 8-2

주파수 100[MHz]에서 특성저항 $40\pi[\Omega]$과 위상정수 3[rad/m]를 가지는 무손실 매질의 전송선로의 단위길이당 커패시턴스와 인덕턴스를 구하라.

풀이 **정답** $c \doteq 38[\mathrm{pF/m}]$, $l \doteq 599.5[\mathrm{nH/m}]$

식 (8.19)와 식 (8.20)을 이용하여 특성저항과 위상정수를 계산하면 다음과 같다.

$$R_C = \sqrt{\frac{l}{c}}\ [\Omega]$$

$$\beta = \omega\sqrt{lc}\,[\mathrm{rad/m}]$$

즉 위 두 식으로부터 다음 관계를 구할 수 있다.

$$\frac{R_C}{\beta} = \frac{1}{\omega c}$$

따라서 단위길이당 커패시턴스와 인덕턴스는 다음과 같이 계산한다.

$$c = \frac{\beta}{\omega R_C} = \frac{3}{2\pi \times 10^8 \times 40\pi} \doteq 38[\mathrm{pF/m}]$$

$$l = cR_C^2 = 38 \times 10^{-12} \times (40\pi)^2 \doteq 599.5[\mathrm{nH/m}]$$

SECTION 03

손실이 있는 전송선로의 전송선로 방정식

이 절에서는 선로의 저항과 매질 특성에 의해 발생하는 전송선로의 손실 현상을 이해하고 손실이 있는 경우의 등가회로와 전송선로 방정식을 도출하며, 선로정수 r, l, g, c를 구한다.

Keywords | 전파상수 | 특성임피던스 | 선로정수 |

등가회로와 전송선로 방정식

전송선로 방정식

일반적인 전송선로에서는 전류가 흐르는 도체의 저항과 선로 사이의 매질에서 손실이 발생한다. 손실이 없는 경우에는 선로의 등가회로가 $l\Delta z$와 $c\Delta z$로 구성되었지만, 손실이 존재하면 전송선로의 등가회로에 저항 성분과 컨덕턴스 성분을 고려하여야 한다. 특성저항과 전파상수도 손실을 고려하여 수정되어야 한다.

이제 손실을 고려한 경우의 전송선로 방정식을 유도해 보자. [그림 8-3]에 나타낸 바와 같이 전송선로의 등가회로에는 **손실을 고려하여 단위길이당 저항** $r[\Omega/\mathrm{m}]$**과 단위길이당 컨덕턴스** $g\,[\mathrm{S/m}]$ **를 삽입하였다.**

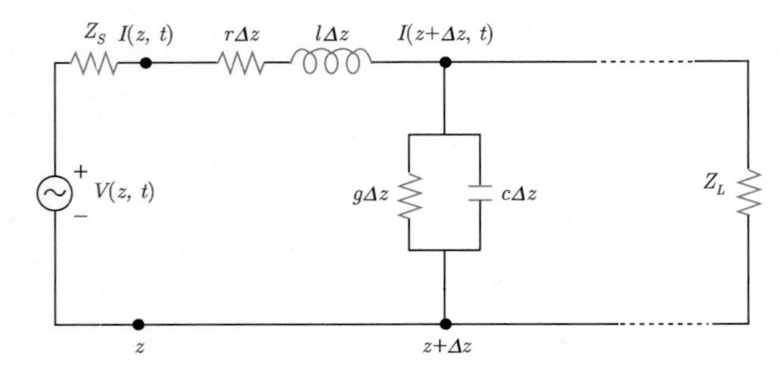

[그림 8-3] 손실이 있는 전송선로의 등가회로

이 회로에 키르히호프의 전압법칙과 전류법칙을 적용하면 다음과 같다.

$$V(z,\ t) = r\Delta z I(z,\ t) + l\Delta z \frac{\partial}{\partial t} I(z,\ t) + V(z+\Delta z,\ t) \tag{8.23}$$

$$I(z,\ t) = g\Delta z\, V(z+\Delta z,\ t) + c\Delta z \frac{\partial}{\partial t} V(z+\Delta z,\ t) + I(z+\Delta z,\ t) \tag{8.24}$$

이 식의 양변을 Δz로 나누고, $\Delta z = \infty$의 극한을 취하면 위 식은 다음과 같이 전송선로의 방정식으로 나타난다.

★ 손실이 있는 전송선로의 전송선로 방정식 ★

$$\frac{\partial V(z,\ t)}{\partial z} = -rI(z,\ t) - l\frac{\partial I(z,\ t)}{\partial t} \tag{8.25}$$

$$\frac{\partial I(z,\ t)}{\partial z} = -gV(z,\ t) - c\frac{\partial V(z,\ t)}{\partial t} \tag{8.26}$$

이 식에서 전압과 전류 $V(z,\ t)$ 및 $I(z,\ t)$의 페이저를 각각 $\mathbf{V}(z)$ 및 $\mathbf{I}(z)$라 하면 다음과 같이 다시 쓸 수 있다.

$$-\frac{d\mathbf{V}(z)}{dz} = (r + j\omega l)\mathbf{I}(z) \tag{8.27}$$

$$-\frac{d\mathbf{I}(\mathrm{z})}{dz} = (g + j\omega c)\mathbf{V}(z) \tag{8.28}$$

식 (8.27)에서 전압만으로 구성된 방정식을 구해보면, 식 (8.27)을 z로 미분하고 여기에 식 (8.28)을 대입하면 다음 관계가 성립한다.

$$\frac{d\mathbf{V}^2(z)}{dz^2} = (r + j\omega l)(g + j\omega c)\mathbf{V}(z) \tag{8.29}$$

$$\frac{d\mathbf{V}^2(z)}{dz^2} - \gamma^2\mathbf{V}(z) = 0 \tag{8.30}$$

이때 전파상수 γ는 다음과 같다.

★ 전파상수 ★

$$\gamma = \alpha + j\beta = \sqrt{(r + j\omega l)(g + j\omega c)} \tag{8.31}$$

또한 같은 방법으로 전류만으로 구성된 방정식을 구하면

$$\frac{d\mathbf{I}^2(z)}{dz^2} - \gamma^2\mathbf{I}(z) = 0 \tag{8.32}$$

이 되며, 식 (8.30)과 식 (8.32)의 방정식을 풀어 전압과 전류에 대한 해를 다음과 같이 구할 수 있다. 즉,

$$\mathbf{V}(z) = \mathbf{V}_m^+ e^{-\gamma z} + \mathbf{V}_m^- e^{\gamma z} \tag{8.33}$$

$$\mathbf{I}(z) = \mathbf{I}_m^+ e^{-\gamma z} + \mathbf{I}_m^- e^{\gamma z} = \frac{\mathbf{V}_m^+}{\mathbf{Z}_C} e^{-\gamma z} - \frac{\mathbf{V}_m^-}{\mathbf{Z}_C} e^{\gamma z} \tag{8.34}$$

이 되며, 전압과 전류의 실함수는 다음과 같다.

$$\begin{aligned} V(z,\ t) &= Re\left[\mathbf{V}(z) e^{j\omega t}\right] \\ &= V_m^+ e^{-\alpha z} \cos(\omega t - \beta z) + V_m^- e^{\alpha z} \cos(\omega t + \beta z) \end{aligned} \tag{8.35}$$

$$I(z,\ t) = \frac{V_m^+}{Z_C} e^{-\alpha z} \cos(\omega t - \beta z) - \frac{V_m^-}{Z_C} e^{\alpha z} \cos(\omega t + \beta z) \tag{8.36}$$

특성임피던스

한편 식 (8.34)의 $\mathbf{Z}_C$는 **특성임피던스**(characteristic impedance)로 무손실 전송회로의 특성저항 R_C 및 전자기파의 고유임피던스 η와 등가적인 양으로 생각할 수 있다. 따라서 특성임피던스 $\mathbf{Z}_C$는 전압과 전류의 비로 정의되며 단위는 $[\Omega]$으로 다음과 같이 나타낸다.

★ 특성임피던스 ★

$$\mathbf{Z}_C = \frac{V_m^+}{I_m^+} = -\frac{V_m^-}{I_m^-} = \frac{r + j\omega l}{\gamma} = \frac{\gamma}{g + j\omega c} \tag{8.37}$$

$$\mathbf{Z}_C = \sqrt{\frac{r + j\omega l}{g + j\omega c}} = R_C + jX_C \tag{8.38}$$

이상의 논의에서 전파상수 γ와 특성임피던스 $\mathbf{Z}_C$는 전원의 주파수 및 선로정수인 R, L, G, C 등에 의존하는 매우 중요한 상수이며, 특성임피던스 $\mathbf{Z}_C$의 역수를 **특성어드미턴스**(characteristic admittance)라 한다. 무손실 전송선로의 경우, 특성임피던스는 저항과 컨덕턴스가 0이므로 실수항만 존재하게 되며, 식 (8.38)로부터 $Z_C = R_C = \sqrt{l/c}$ 임을 알 수 있다.

예제 8-3

주파수 300[MHz]에서 특성임피던스 $Z_C = 50[\Omega]$과 감쇠정수 및 위상정수가 각각 $\alpha = 0.05$[Np/m] 및 $\beta = 3$[rad/m] 인 매질을 가지는 전송선로에서 선로정수 r, l, g, c를 구하라.

풀이 **정답** $r = 2.5[\Omega/\mathrm{m}]$, $l = 79.5$[nH/m], $g = 0.001$[S/m], $c = 31.8$[pF/m]

주어진 특성임피던스는 $Z_C = 50[\Omega]$이고, $\alpha = 0.05$[Np/m], $\beta = 3$[rad/m]이므로 전파정수는 $\gamma = \alpha + j\beta = 0.05 + j3$ 이며, 식 (8.31)에 의해 다음과 같이 표현된다.

$$\gamma = \alpha + j\beta = \sqrt{(r + j\omega l)(g + j\omega c)} = \sqrt{Z_C^2 (g + j\omega c)^2}$$
$$= 50(g + j\omega c) = 0.05 + j3$$

따라서 이 식으로부터 $g = 0.001$[S/m], $c = 31.8$[pF/m]를 얻는다. 또한 특성임피던스 Z_C는 식 (8.38)에 의해 다음과 같다.

$$Z_C = \sqrt{\frac{r + j\omega l}{g + j\omega c}}$$

이 식에서 양변을 제곱하여 정리하면 다음과 같다.

$$Z_C^2 (g + j\omega c) = r + j\omega l$$

이 식에 $Z_C = 50[\Omega]$, $g = 0.001$[S/m], $c = 31.8$[pF/m]로 대입하면 다음과 같다.

$$50^2 (0.001 + j\omega 31.8 \times 10^{-12}) = 2.5 + j\omega 79.5 \times 10^{-9} = r + j\omega l$$

따라서 $r = 2.5[\Omega/\mathrm{m}]$, $l = 79.5$[nH/m]를 얻는다.

SECTION 04

무손실 전송선로의 반사계수와 입력임피던스

이 절에서는 무손실 전송선로에서 신호의 반사현상을 이해하고 반사계수 및 입력임피던스의 관계를 공부하며, 이를 이용하여 입력단자와 부하단자에서의 전압을 구한다.

Keywords | 반사계수 | 입력임피던스 |

반사계수와 입력임피던스

CHAPTER 07에서 균일평면파가 두 매질의 경계를 진행할 때, 경계면에서 투과 및 반사현상이 발생하였듯이 전송선로에서도 신호의 반사현상이 발생할 수 있다. 입력신호가 선로를 전파하여 부하를 만나게 되면 입력신호는 부하에서 투과 및 반사현상을 일으키게 된다. 전송선로에서 신호가 반사된다는 것은 원하는 신호가 부하에 전달되지 않는다는 의미이다. 예를 들어 입사파의 신호가 전력이라면 투과파는 유효전력을 말하며, 반사파는 무효전력이라 생각할 수 있다. 이러한 신호의 반사현상은 전원과 선로, 부하 사이의 임피던스가 일치하지 않을 때 발생한다.

[그림 8-4]와 같이 내부임피던스가 $\mathbf{Z}_S$이며, 전원의 전압 $\mathbf{V}_S = V_S \angle 0°$ 에 복소임피던스 $\mathbf{Z}_L$인 부하가 연결되어 있는 전송선로를 생각해 보자.

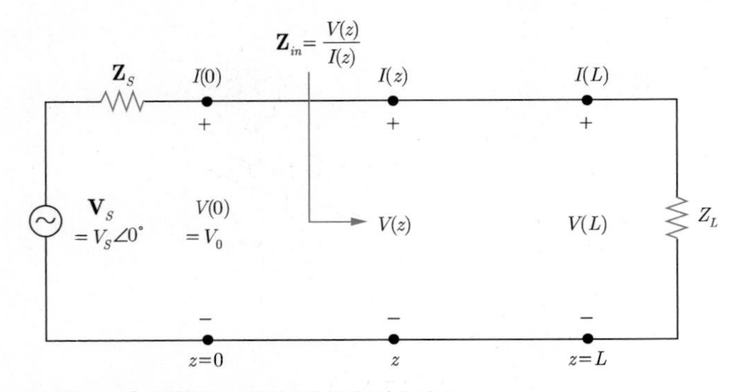

[그림 8-4] 전원과 부하가 연결된 전송선로

이때 입사파인 신호원 전압 $\mathbf{V}(z) = \mathbf{V}_m^+ e^{-j\beta z}$ 에 대하여 반사파 전압은 $\mathbf{V}_m^- e^{j\beta z}$이 되므로 **입사파에 대한 반사파 전압의 비를 반사계수로 정의하면** 반사계수는 다음과 같다.

★ 반사계수 ★

$$\Gamma(z) = \frac{\mathbf{V}_m^- e^{j\beta z}}{\mathbf{V}_m^+ e^{-j\beta z}} = \frac{\mathbf{V}_m^-}{\mathbf{V}_m^+} e^{j2\beta z} \tag{8.39}$$

따라서 위 식에서 $V_m^- e^{j\beta z} = \Gamma(z) V_m^+ e^{-j\beta z}$ 이므로 무손실 전송선로에서 전압과 전류를 나타내는 식 (8.17)과 식 (8.18)은 반사계수를 이용하여 다음과 같이 표현할 수 있다.

★ 반사계수로 나타낸 전압과 전류 ★

$$\mathbf{V}(z) = \mathbf{V}_m^+ e^{-j\beta z}[1 + \Gamma(z)] \tag{8.40}$$

$$\mathbf{I}(z) = \frac{\mathbf{V}_m^+}{R_C} e^{-j\beta z}[1 - \Gamma(z)] \tag{8.41}$$

한편 [그림 8-4]의 전송선로의 임의의 한 지점에서 부하 쪽으로 본 임피던스는 선로의 총 전압과 총 전류의 비로 나타낼 수 있다.

$$\mathbf{Z}_{in}(z) = \frac{\mathbf{V}(z)}{\mathbf{I}(z)} \tag{8.42}$$

임피던스 $Z_{in}(z)$는 선로의 임의의 위치 $z = z$에서 부하측을 들여다 본 등가임피던스를 의미하며, 이를 입력임피던스(input impedance)라 한다. 입력임피던스를 이용하면 [그림 8-5(a)]와 같이 표현된 전송선로를 [그림 8-5(b)]와 같이 간단히 나타낼 수 있다. 식 (8.42)에 식 (8.40)과 식 (8.41)의 전압과 전류를 대입하면 다음과 같다.

★ 입력임피던스 ★

$$\mathbf{Z}_{in}(z) = R_C \frac{1 + \Gamma(z)}{1 - \Gamma(z)} \tag{8.43}$$

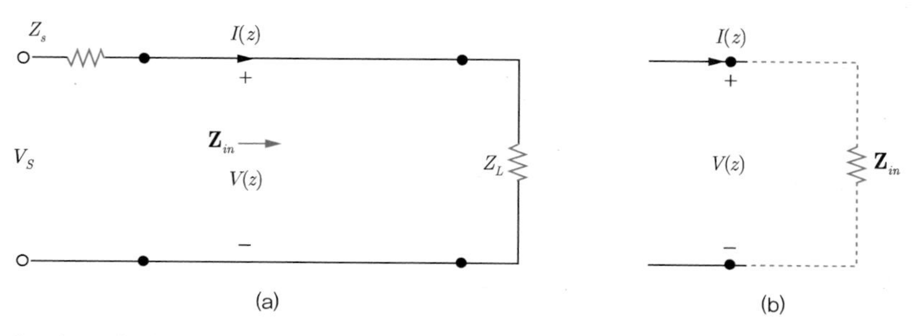

[그림 8-5] 전송선로에서 임피던스 $\mathbf{Z}_{in}$을 이용한 등가회로

만약 부하단자에서 입력임피던스를 구한다면 위 식에서 $z = L$이므로

$$\mathbf{Z}_{in}(Z) = \mathbf{Z}_L = R_C \frac{1+\Gamma(L)}{1-\Gamma(L)} \tag{8.44}$$

가 되며, 식 (8.39)에 $z = L$ 을 대입하여 부하단자에서의 반사계수를 구하면 다음과 같다.

$$\Gamma(L) = \Gamma_L = \frac{\mathbf{V}_m^-}{\mathbf{V}_m^+} e^{j2\beta L} \tag{8.45}$$

한편 식 (8.44)에서 반사계수 Γ_L 을 특성저항 R_C 와 부하임피던스 $\mathbf{Z}_L$로 나타내면 다음과 같다.

★ 반사계수 ★

$$\Gamma_L = \frac{\mathbf{Z}_L - R_C}{\mathbf{Z}_L + R_C} \tag{8.46}$$

이 식으로부터 알 수 있듯이 특성저항과 부하임피던스가 동일한 값을 가지게 되면 부하에서의 반사계수는 0 이 되어, 신호는 부하에서 반사되지 않고 투과된다. 이러한 경우를 **임피던스가 정합되었다**(impedance matching)고 한다. 부하임피던스와 특성저항의 차이가 클 경우, 반사계수도 커지며 신호의 많은 부분이 반사되므로 신호를 부하로 전달할 수 없다. 따라서 고주파 전원을 부하에 입력할 경우 임피던스의 정합을 위하여 일반적으로 정합기(matching box)를 사용한다.

한편 전송선로의 반사계수는 부하단자의 반사계수에 비례하므로 식 (8.39)의 반사계수는 부하단자의 반사계수 Γ_L 을 이용하여 나타낼 수 있다. 즉, 식 (8.45)에서

$$\frac{\mathbf{V}_m^-}{\mathbf{V}_m^+} = \Gamma_L e^{-j2\beta L}$$

이므로 이를 식 (8.39)에 대입하면 다음 관계를 얻을 수 있다.

$$\Gamma(z) = \Gamma_L e^{j2\beta(z-L)} \tag{8.47}$$

예제 8-4

단위길이당 커패시턴스와 인덕턴스가 각각 100[pF/m] 및 0.64[μH/m]인 전송선로에 진폭이 400[V]인 신호전압이 인가되고 있다. 신호원의 저항이 200[Ω]이고 부하단자가 단락되어 있을 때, 특성저항과 전파속도를 구하고 신호원과 부하에서의 반사계수를 구하라.

풀이 **정답** $R_C = 80[\Omega]$, $v = 125[\text{m}/\mu\text{s}]$, $\Gamma_L = -1$

식 (8.19)와 식 (8.10)을 이용하여 특성저항과 전파속도를 구하면 다음과 같다.

$$R_C = \sqrt{\frac{l}{c}} = \sqrt{\frac{0.64 \times 10^{-6}}{100 \times 10^{-12}}} = 80[\Omega]$$

$$v = \frac{1}{\sqrt{lc}} = 125[\text{m}/\mu\text{s}]$$

신호원 저항이 $R_S = 200[\Omega]$이고 선로의 특성저항이 $R_C = 80[\Omega]$이므로 식 (8.46)을 응용하여 신호원에서의 반사계수 Γ_S를 구하면 다음과 같다.

$$\Gamma_S = \frac{R_S - R_C}{R_S + R_C} = \frac{200 - 80}{200 + 80} = 0.43$$

부하단자가 단락회로이므로 부하임피던스 $\mathbf{Z}_L = 0$이며, 식 (8.46)을 이용하여 반사계수를 구하면 다음과 같다.

$$\Gamma_L = \frac{\mathbf{Z}_L - R_C}{\mathbf{Z}_L + R_C} = \frac{0 - 80}{0 + 80} = -1$$

즉 부하가 단락된 경우 부하에서의 반사계수는 $\Gamma_L = -1$ 이 되어 전반사됨을 알 수 있다.

예제 8-5

길이가 2[m]인 전송선로의 특성저항이 $R_C = 50[\Omega]$이고 위상속도 $v = 800[\text{m}/\mu\text{s}]$일 때, 입력단자의 전압을 구하라. 단, 200[MHz]의 신호전압은 $\mathbf{V}_S = 20\angle 60°$이고, 신호원의 임피던스와 부하임피던스는 각각 $\mathbf{Z}_S = 30 + j40[\Omega]$ 및 $\mathbf{Z}_L = 100 + j100[\Omega]$ 이다.

풀이 **정답** $14.76\cos(4\pi \times 10^t + 58.1°)$

입력단자의 전압은 식 (8.40)에 $z = 0$을 대입하여 다음과 같이 표현할 수 있다.

$$\mathbf{V}(0) = V_m^+ [1 + \Gamma(0)]$$

이때, $\Gamma(0)$는 입력단자에서의 반사계수이므로 식 (8.47)에 $z = 0$를 대입하면

$$\Gamma(0) = \Gamma_L e^{-j2\beta L}$$

이 된다. 이 식에서 우선 $\beta = \omega/v$를 이용하여 지수항의 $-2\beta L$을 계산하면 다음과 같다.

$$-2\beta L = -2\frac{\omega}{v}L = -2\frac{2\pi f}{v}L$$

$$= -\frac{4\pi \times 200 \times 10^6}{800 \times 10^6} \times 2 = -2\pi[\text{rad}] = -360°$$

즉, $e^{-j2\beta L} = 1\angle -360°$이다. 또한 식 (8.46)을 이용하여 부하의 반사계수 Γ_L을 구하면

$$\Gamma_L = \frac{\mathbf{Z}_L - R_C}{\mathbf{Z}_L + R_C} = \frac{(100 + j100) - 50}{(100 + j100) + 50} = \frac{(50 + j100)(150 - j100)}{(150 + j100)(150 - j100)}$$

$$= 0.54 + j0.31 = 0.62\angle 29.86°$$

이므로, $-j\beta L$과 Γ_L을 이용하여 $\Gamma(0)$를 구하면 다음과 같다.

$$\Gamma(0) = \Gamma_L e^{-j2\beta L} = 0.62\angle(-360° + 29.86°) = 0.62\angle -330.14°$$

$$= 0.54 + j0.31$$

한편 식 (8.43)을 이용하여 입력임피던스를 구하면 다음과 같다.

$$\mathbf{Z}_{in} = R_C\frac{1 + \Gamma(0)}{1 - \Gamma(0)} = 50 \times \frac{1 + (0.54 + j0.31)}{1 - (0.54 + j0.31)}$$

$$= 98.4 + j100 = 140.3\angle 45.5°$$

다음으로 입력단자에서의 전압 $\mathbf{V}(0)$는 [그림 8-4]에서 전압의 분배법칙에 의해

$$\mathbf{V}(0) = \frac{\mathbf{Z}_{in}}{\mathbf{Z}_{in} + \mathbf{Z}_S}\mathbf{V}_S$$

로 주어지고, $\mathbf{V}_S = 20\angle 60°$를 복소수 형식으로 변환하면 다음과 같다.

$$\mathbf{V}_S = 20\angle 60° = 20(\cos 60° + j\sin 60°) = 10 + j17.32$$

따라서 $\mathbf{V}(0)$는 다음과 같다.

$$\mathbf{V}(0) = \frac{\mathbf{Z}_{in}}{\mathbf{Z}_{in} + \mathbf{Z}_S}\mathbf{V}_S = \frac{98.4 + j100}{(98.4 + j100) + (30 + j40)}(10 + j17.32)$$

$$= 7.8 + j12.53 = 14.76\angle 58.1°$$

이제 입력단자 $z=0$에서 전압파의 최댓값 V_m^+을 구해보자. 식 (8.40)에 $z=0$을 대입하면 $\mathbf{V}(0)=V_m^+[1+\Gamma(0)]$ 이므로 $\mathbf{V}_m^+$ 는 다음과 같이 다시 쓸 수 있다.

$$\mathbf{V}_m^+=\frac{\mathbf{V}(0)}{1+\Gamma(0)}=\frac{7.8+j12.5}{1+(0.54+j0.31)}$$
$$=6.44+j6.84=9.4\angle 46.7°$$

따라서 입력단자의 전압은

$$\mathbf{V}(0)=\mathbf{V}_m^+[1+\Gamma(0)]=(6.44+j6.84)[1+(0.54+j0.31)]$$
$$=7.8+j12.53=14.76\angle 58.1°$$

가 되고, 이를 실함수로 변환하면 입력단자와 부하단자에서의 전압은 다음과 같다.

$$V(0,\ t)=14.76\cos(4\pi\times 10^8 t+58.1°)$$

SECTION 05

무손실 전송선로의 입력·출력단자에서의 전압과 전류

이 절에서는 무손실 전송선로에서 반사계수와 입력임피던스를 구하고 이를 이용하여 입력단자(전원), 출력단자(부하) 및 선로에서의 전압과 전류를 구한다.

Keywords | 입력단자 | 출력단자 |

입력·출력단자에서의 반사계수와 입력임피던스

전송선로는 입력단자(신호원)과 전송매질, 그리고 출력단자(부하)로 구성된다. 전송선로가 정상상태라도 입력단자와 출력단자에서 신호의 반사현상이 존재할 수 있으며, 또한 전송매질 및 신호의 파장에 의존하여 신호의 지연현상이 발생할 수 있으므로 **선로의 위치에 따라 전압과 전류는 그 크기가 달라질 수 있다.** 즉, 선로상에서 전압과 전류는 위치함수가 된다. 이 절에서는 입력임피던스를 이용하여 선로에서의 전압과 전류를 정의한다.

식 (8.40)과 식 (8.41)에 $z=0$을 대입하여 전원에서 부하까지의 길이가 L인 무손실 전송선로의 입력단자의 전압과 전류는

$$\mathbf{V}(0)=\mathbf{V}_m^+[1+\Gamma(0)] \tag{8.48}$$

$$\mathbf{I}(0)=\frac{\mathbf{V}_m^+}{R_C}[1-\Gamma(0)] \tag{8.49}$$

가 되고, $z=L$을 대입하여 출력단자의 전압과 전류를 구하면 다음과 같다.

$$\mathbf{V}(L)=\mathbf{V}_m^+e^{-j\beta L}[1+\Gamma(L)] \tag{8.50}$$

$$\mathbf{I}(L)=\frac{\mathbf{V}_m^+}{R_C}e^{-j\beta L}[1-\Gamma(L)] \tag{8.51}$$

한편 입력단자와 출력단자에서의 전압과 전류를 구하기 위하여 우선 미지수인 V_m^+을 구해 보면

$$\mathbf{V}(z)=\mathbf{V}_m^+e^{-j\beta z}+\mathbf{V}_m^-e^{j\beta z}$$

$$\mathbf{I}(z)=\frac{\mathbf{V}_m^+}{R_C}e^{-j\beta z}-\frac{\mathbf{V}_m^-}{R_C}e^{j\beta z}$$

로부터 $z=0$에서 $\mathbf{V}(0)=\mathbf{V}_0$, $\mathbf{I}(0)=\mathbf{I}_0$ 라 하면 $\mathbf{V}_0$, $\mathbf{I}_0$는 다음과 같다.

$$\mathbf{V}_0 = \mathbf{V}_m^+ + \mathbf{V}_m^- \tag{8.52}$$

$$\mathbf{I}_0 = \frac{\mathbf{V}_m^+}{R_C} - \frac{\mathbf{V}_m^-}{R_C} \tag{8.53}$$

이 식으로부터 다음 관계를 얻는다.

$$\mathbf{V}_m^+ = \frac{1}{2}(\mathbf{V}_0 + R_C\mathbf{I}_0) \tag{8.54}$$

$$\mathbf{V}_m^- = \frac{1}{2}(\mathbf{V}_0 - R_C\mathbf{I}_0) \tag{8.55}$$

입력단자의 입력임피던스를 $\mathbf{Z}_{in}$이라 할 때, 입력전압 $\mathbf{V}_0$, 전류 $\mathbf{I}_0$는 [그림 8-4]로부터 다음과 같이 구한다.

$$\mathbf{V}_0 = \frac{\mathbf{Z}_{in}}{\mathbf{Z}_{in} + \mathbf{Z}_S}\mathbf{V}_S,\ \mathbf{I}_0 = \frac{\mathbf{V}_S}{\mathbf{Z}_{in} + \mathbf{Z}_S} \tag{8.56}$$

또한 식 (8.17)과 식 (8.18)에 $z=L$을 대입한 결과를 $\mathbf{V}(L)=\mathbf{V}_L$, $\mathbf{I}(L)=\mathbf{I}_L$ 이라 하고, $\mathbf{V}_L = \mathbf{Z}_L\mathbf{I}_L$의 관계를 이용하면 다음과 같이 정리할 수 있다.

$$\mathbf{V}_m^+ = \frac{1}{2}(\mathbf{V}_L + R_C\mathbf{I}_L)e^{j\beta L} = \frac{1}{2}\mathbf{I}_L(\mathbf{Z}_L + R_C)e^{j\beta L} \tag{8.57}$$

$$\mathbf{V}_m^- = \frac{1}{2}(\mathbf{V}_L - R_C\mathbf{I}_L)e^{-j\beta L} = \frac{1}{2}\mathbf{I}_L(\mathbf{Z}_L - R_C)e^{-j\beta L} \tag{8.58}$$

이 결과를 다시 식 (8.17)과 식 (8.18)에 대입하면 다음과 같은 전압과 전류에 대한 표현식을 얻을 수 있다.

$$\begin{aligned}\mathbf{V}(z) &= \frac{1}{2}\mathbf{I}_L\left[(\mathbf{Z}_L + R_C)e^{j\beta(L-z)} + (\mathbf{Z}_L - R_C)e^{-j\beta(L-z)}\right] \\ &= \mathbf{I}_L\left[\mathbf{Z}_L\frac{e^{j\beta(L-z)} + e^{-j\beta(L-z)}}{2} + R_C\frac{e^{j\beta(L-z)} - e^{-j\beta(L-z)}}{2}\right] \\ &= \mathbf{I}_L\left[\mathbf{Z}_L\cosh j\beta(L-z) + R_C\sinh j\beta(L-z)\right]\end{aligned} \tag{8.59}$$

$$\mathbf{I}(z) = \frac{\mathbf{I}_L}{R_C}\left[\mathbf{Z}_L\sinh j\beta(L-z) + R_C\cosh j\beta(L-z)\right] \tag{8.60}$$

한편, 식 (8.42)에 식 (8.59)와 식 (8.60)을 대입하여 정리하면 무손실 전송선로의 임의의 한 점에서의 입력임피던스는 다음과 같다.

★ 무손실 전송선로에서의 입력임피던스 ★

$$\mathbf{Z}_{in}(z) = R_C \frac{\mathbf{Z}_L + jR_C \tan\beta(L-z)}{R_C + j\mathbf{Z}_L \tan\beta(L-z)} \tag{8.61}$$

또한 전원단자에서 부하측을 들여다 본 입력임피던스 $\mathbf{Z}_{in}(0)$는 다음과 같으며, 입력임피던스는 부하로부터의 거리 L에 따라 주기적으로 변하는 특성을 가진다.

★ 전원단자에서 바라본 입력임피던스 ★

$$\mathbf{Z}_{in}(0) = R_C \frac{\mathbf{Z}_L + jR_C \tan\beta L}{R_C + j\mathbf{Z}_L \tan\beta L} \tag{8.62}$$

예제 8-6

특성저항과 위상상수가 $R_C = 50[\Omega]$ 및 $\beta = \frac{\pi}{4}[\text{rad/m}]$ 인 무손실 전송선로의 전원전압은 $V_S = 450[\text{V}]$이고 전원의 내부임피던스가 $Z_S = 50[\Omega]$이다. 그리고 $z = 2[\text{m}]$의 위치에 $\mathbf{Z}_L = 100[\Omega]$의 부하임피던스가 연결되어 있다. 다음을 구하라.

(a) 입력임피던스 $\mathbf{Z}_{in}$

(b) 전원단자에서의 전류 I_{in}

(c) 전송선로의 중앙을 흐르는 전류 $I_{z=1}$

(d) 부하에 흐르는 전류 I_L

풀이 **정답** (a) $25[\Omega]$ (b) $6[\text{A}]$ (c) $3\sqrt{2} - j1.5\sqrt{2}[\text{A}]$ (d) $-j3[\text{A}]$

(a) 우선 $z = 2[\text{m}]$에 부하가 있으므로 선로의 길이는 $L = 2[\text{m}]$이고, $\beta = \frac{\pi}{4}[\text{rad/m}]$이다. 따라서 $\tan\beta L = \tan\frac{\pi}{2} = \infty$이며, 식 (8.62)를 이용하여 입력임피던스 $\mathbf{Z}_{in}(0)$를 구하면 다음과 같다.

$$\mathbf{Z}_{in}(0) = R_C \frac{\mathbf{Z}_L + jR_C \tan\beta L}{R_C + j\mathbf{Z}_L \tan\beta L} = R_C \frac{\dfrac{\mathbf{Z}_L}{\tan\beta L} + jR_C}{\dfrac{R_C}{\tan\beta L} + j\mathbf{Z}_L}$$

$$= R_C \frac{jR_C}{j\mathbf{Z}_L} = \frac{R_C^2}{\mathbf{Z}_L} = \frac{50^2}{100} = 25[\Omega]$$

(b) 전원전압은 $V_S = 450[\mathrm{V}]$이고 전원의 내부저항이 $Z_S = 50[\Omega]$이며, 입력임피던스 $Z_{in} = 25[\Omega]$이 직렬로 연결되어 있다. 따라서 식 (8.56)을 이용하여 입력단자의 전류를 구하면 다음과 같다.

$$I_{in} = \frac{V_S}{\mathbf{Z}_S + \mathbf{Z}_{in}} = \frac{450}{50+25} = \frac{450}{75} = 6[\mathrm{A}]$$

(c) 식 (8.17)과 식 (8.18)을 이용하여 전송선로의 임의의 위치에서의 전압과 전류를 구하면 다음과 같다.

$$\mathbf{V}(z) = \mathbf{V}_m^+ e^{-j\beta z} + \mathbf{V}_m^- e^{j\beta z} \ , \ \mathbf{I}(z) = \frac{\mathbf{V}_m^+}{\mathbf{R}_C} e^{-j\beta z} - \frac{\mathbf{V}_m^-}{\mathbf{R}_C} e^{j\beta z}$$

이 식에서 전압의 최댓값 $\mathbf{V}_m^+$을 구하기 위해 우선 입력단자 $z=0$에서의 전압과 전류의 값을 구하면 다음과 같다.

$$\mathbf{V}(0) = V_{in} = \mathbf{V}_m^+ + \mathbf{V}_m^- = V_S - \mathbf{Z}_S I_{in} = 450 - (50 \times 6) = 150[\mathrm{V}]$$

$$\mathbf{I}(0) = I_{in} = \frac{\mathbf{V}_m^+}{R_C} - \frac{\mathbf{V}_m^-}{R_C} = \frac{\mathbf{V}_m^+}{50} - \frac{\mathbf{V}_m^-}{50} = 6[\mathrm{A}]$$

위 두 방정식에서 구한 전압의 최댓값은 $\mathbf{V}_m^+ = 225[\mathrm{V}]$, $\mathbf{V}_m^- = -75[\mathrm{V}]$이다. 한편, 무손실 전송선로에서는 $\alpha = 0$이고 $\gamma = \alpha + j\beta = j\frac{\pi}{4}$이므로, 전송선로의 중앙 $z = 1[\mathrm{m}]$에서의 전류를 구하면 다음과 같다.

$$\begin{aligned}\mathbf{I}_{z=1} &= \frac{\mathbf{V}_m^+}{R_C} e^{-j\beta z} - \frac{\mathbf{V}_m^-}{R_C} e^{j\beta z} = \frac{225}{50} e^{-j45^\circ} - \frac{(-75)}{50} e^{j45^\circ} \\ &= 4.5(\cos 45^\circ - j\sin 45^\circ) + 1.5(\cos 45^\circ + j\sin 45^\circ) \\ &= 4.5\left(\frac{1}{\sqrt{2}} - j\frac{1}{\sqrt{2}}\right) + 1.5\left(\frac{1}{\sqrt{2}} + j\frac{1}{\sqrt{2}}\right) \\ &= 3\sqrt{2} - j1.5\sqrt{2}[\mathrm{A}]\end{aligned}$$

(d) 부하단자는 $z = 2[\mathrm{m}]$이므로 위 식의 지수항에서 $j\beta z = j90^\circ$가 된다. 따라서 부하에 흐르는 전류는 다음과 같다.

$$\begin{aligned}\mathbf{I}_L = I_{z=2} &= \frac{225}{50} e^{-j90^\circ} - \frac{(-75)}{50} e^{j90^\circ} \\ &= 4.5\left(\cos\frac{\pi}{2} - j\sin\frac{\pi}{2}\right) + 1.5\left(\cos\frac{\pi}{2} + j\sin\frac{\pi}{2}\right) = -j3[\mathrm{A}]\end{aligned}$$

예제 8-7

선로의 길이가 $\lambda/4$인 손실이 없는 전송선로에 전압 $\mathbf{V}_S = 60e^{j60°}$[V]가 인가되었다. 전송선로의 특성저항이 $R_C = 50[\Omega]$이고 전원임피던스와 부하임피던스가 각각 $Z_S = 50[\Omega]$ 및 $Z_L = 100[\Omega]$일 때, 입력임피던스를 고려한 부하로의 입력전압을 구하라.

풀이 **정답** $20\cos\left(\omega t + \frac{\pi}{3}\right)$[V]

우선 식 (8.46)을 이용하여 부하에서의 반사계수를 구하면 다음과 같다.

$$\Gamma_L = \frac{\mathbf{Z}_L - R_C}{\mathbf{Z}_L + R_C} = \frac{100-50}{100+50} = \frac{1}{3}$$

또한 식 (8.62)의 입력임피던스 $\mathbf{Z}_{IN} = \frac{\mathbf{Z}_L + jR_C\tan\beta L}{R_C + j\mathbf{Z}_L\tan\beta L}$에서 $\beta L = \frac{2\pi}{\lambda}\frac{\lambda}{4} = \frac{\pi}{2}$이므로

$\tan\beta L = \tan\frac{\pi}{2} = \infty$가 되어, [예제 8-6]에서와 같이

$$\mathbf{Z}_{in} = \frac{R_C^2}{\mathbf{Z}_L} = 25[\Omega]$$

이다. 따라서 식 (8.56)에 주어진 바와 같이 부하로의 입력전압 $\mathbf{V}_{in}$은

$$\mathbf{V}_{in} = \frac{\mathbf{Z}_{in}}{\mathbf{Z}_S + \mathbf{Z}_{in}}\mathbf{V}_S = \frac{25}{50+25}60e^{j60°} = 20e^{j\frac{\pi}{3}}$$

이 되고, 이 전압의 실함수는 다음과 같다.

$$V_{in} = Re\,\mathbf{V}_{in}e^{j\omega t} = Re\left[20e^{j\left(\omega t + \frac{\pi}{3}\right)}\right] = 20\cos\left(\omega t + \frac{\pi}{3}\right)[\text{V}]$$

SECTION 06

전송선로의 단락과 개방

이 절에서는 전송선로에서 부하의 단락과 개방의 의미를 이해하며, 부하의 단락과 개방에 따른 반사계수 및 부하임피던스와 입력임피던스의 변화를 구한다.

Keywords | 단락 | 개방 | 입력임피던스 | 반사계수 |

부하의 단락과 개방에 의한 전압과 전류 특성

이제 부하단자가 단락 및 개방된 경우에 대하여 살펴보기로 하자. 전송선로에서 부하의 단락과 개방은 부하임피던스가 0 또는 ∞가 되는 매우 특수한 경우이지만 선로의 전압과 전류, 입력임피던스의 기본적인 특성을 이해하는 데 많은 도움이 된다. **부하단자가 단락된 경우 부하임피던스 $\mathrm{Z}_L = 0$이므로 부하단자에서의 반사계수가 $\Gamma_L = -1$이 되며, 부하단자가 개방되면 부하임피던스 및 반사계수는 각각 $\mathrm{Z}_L = \infty$ 및 $\Gamma_L = 1$이 된다.**

우선 전송선로의 임의의 한 점 z에서의 전압과 전류는 식 (8.40)과 식 (8.41)에서

$$\mathrm{V}(z) = \mathrm{V}_m^+ e^{-j\beta z}[1 + \Gamma(z)]$$

$$\mathrm{I}(z) = \frac{\mathrm{V}_m^+}{R_C} e^{-j\beta z}[1 - \Gamma(z)]$$

이며, 부하단자의 반사계수 Γ_L을 이용하여 나타낸 식 (8.47)의 $\Gamma(z) = \Gamma_L e^{j2\beta(z-L)}$을 이용하면 위 식은

$$\mathrm{V}(z) = \mathrm{V}_m^+ e^{-j\beta z}\left[1 + \Gamma_L e^{j2\beta(z-L)}\right] \tag{8.63}$$

$$\mathrm{I}(z) = \frac{\mathrm{V}_m^+}{R_C} e^{-j\beta z}\left[1 - \Gamma_L e^{j2\beta(z-L)}\right] \tag{8.64}$$

이 된다. 전송선로의 임의의 한 점을 부하로부터 떨어진 위치 $d = L - z$에서의 전압과 전류를 각각 $\mathrm{V}(d)$, $\mathrm{I}(d)$라 하고 위 식에서 전압과 전류의 크기를 취하면 다음과 같다.

$$|\mathrm{V}(d)| = |\mathrm{V}_m^+|\,|e^{-j\beta z}|\,|1 + \Gamma_L e^{-j2\beta d}| \tag{8.65}$$

$$|\mathrm{I}(d)| = \frac{|\mathrm{V}_m^+|}{R_C}|e^{-j\beta z}|\,|1 - \Gamma_L e^{-j2\beta d}| \tag{8.66}$$

부하단자가 단락된 경우 이미 설명한 바와 같이 부하단자에서의 반사계수가 $\Gamma_L = -1$이며, 또한 $|e^{-j\beta z}| = 1$이므로 식 (8.65)와 식 (8.66)은 다음과 같다.

$$|\mathbf{V}(d)| = |\mathbf{V}_m^+||1 - e^{-j2\beta d}| = |\mathbf{V}_m^+||e^{j\beta d} - e^{-j\beta d}|^5 \tag{8.67}$$

$$|\mathbf{I}(d)| = \frac{|\mathbf{V}_m^+|}{R_C}|1 + e^{-j2\beta d}| = \frac{|\mathbf{V}_m^+|}{R_C}|e^{j\beta d} + e^{-j\beta d}| \tag{8.68}$$

이 식에서 $|e^{j\beta d} - e^{-j\beta d}| = |2j\sin(\beta d)|$와 $|e^{j\beta d} + e^{-j\beta d}| = |2\cos(\beta d)|$의 관계를 고려하면 전압과 전류는 각각 $\sin(\beta d)$와 $\cos(\beta d)$에 비례하게 된다. 비례상수를 각각 $\mathbf{V}_d$, $\mathbf{I}_d$라 하여 정리하면 다음과 같다.

★ 부하단자가 단락된 경우의 전압, 전류 특성 ★

$$|\mathbf{V}(d)| = |\mathbf{V}_d||\sin\beta d| = |\mathbf{V}_d|\left|\sin\left(2\pi\frac{d}{\lambda}\right)\right| \tag{8.69}$$

$$|\mathbf{I}(d)| = |\mathbf{I}_d||\cos\beta d| = |\mathbf{I}_d|\left|\cos\left(2\pi\frac{d}{\lambda}\right)\right| \tag{8.70}$$

이 결과를 그림으로 나타내면 [그림 8-6(a)]와 같다. 그림으로부터 부하단자가 단락된 경우, 전압은 부하단자와 부하단자로부터 거리가 $\lambda/2$의 정수배가 되면 0이 된다. 즉, 0, $\frac{\lambda}{2}$, λ, $\frac{3\lambda}{2}$, ⋯의 위치에서 전압은 0이 되며, 전류는 부하단자에서 최댓값을 가지고 부하로부터의 거리가 $\lambda/4$의 홀수배가 되면 0이 됨을 알 수 있다.

한편, 부하단자가 개방되어 부하임피던스 및 반사계수가 각각 $\mathbf{Z}_L = \infty$, $\Gamma_L = 1$일 때, 전압과 전류는 다음과 같다.

★ 부하단자가 개방된 경우의 전압, 전류 특성 ★

$$|\mathbf{V}(d)| = |\mathbf{V}_d||\cos\beta d| = |\mathbf{V}_d|\left|\cos\left(2\pi\frac{d}{\lambda}\right)\right| \tag{8.71}$$

$$|\mathbf{I}(d)| = |\mathbf{I}_d||\sin\beta d| = |\mathbf{I}_d|\left|\sin\left(2\pi\frac{d}{\lambda}\right)\right| \tag{8.72}$$

5 식 (8.67)에서 $|1 - e^{-j2\beta d}| = |e^{-j\beta d}||e^{j\beta d} - e^{-j\beta d}| = |e^{j\beta d} - e^{-j\beta d}|\,(\because |e^{-j\beta d}| = 1)$의 연산의 결과, $|\mathbf{V}(d)| = |\mathbf{V}_m^+||e^{j\beta d} - e^{-j\beta d}|$가 된다.

즉, 부하단자가 개방된 경우에는 [그림 8-6(b)]에 나타낸 바와 같이 전류는 부하단자와 부하단자로부터 거리가 $\lambda/2$의 정수배가 되면 0이 되고, 전압은 부하단자에서 최댓값을 가지며 부하로부터의 거리가 $\lambda/4$의 홀수배가 되면 0이 됨을 알 수 있다.

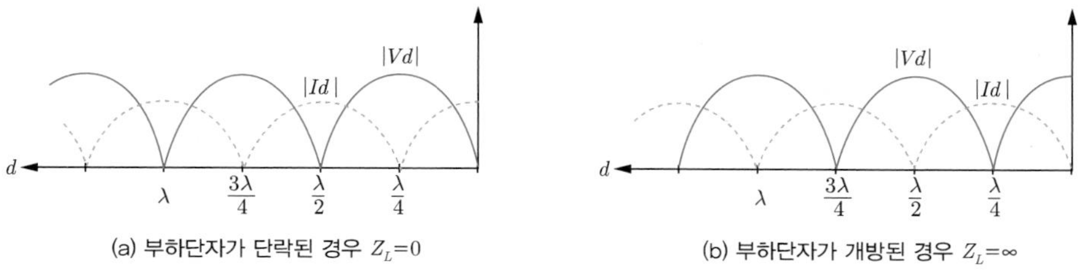

(a) 부하단자가 단락된 경우 $Z_L=0$

(b) 부하단자가 개방된 경우 $Z_L=\infty$

[그림 8-6] 부하단자의 변화에 대한 전압과 전류

부하의 단락과 개방에 의한 입력임피던스 특성

마지막으로 부하단자가 단락 및 개방될 때의 입력임피던스를 알아보자. 우선 전송선로의 부하단자가 단락되었을 때, 입력단자(전원단자)에서 본 입력임피던스는 식 (8.62)에 $\mathbf{Z}_L = 0$을 대입하여 다음과 같이 구할 수 있다.

$$\mathbf{Z}_{in}(0) = R_C \frac{0 + jR_C \tan\beta L}{R_C + j0\tan\beta L} = jR_C \tan\beta L \qquad (8.73)$$

이 식에 위상정수 $\beta = \frac{\omega}{v} = \frac{2\pi}{\lambda}$의 관계를 대입하면 다음과 같다.

★ 단락 시 입력임피던스 ★

$$\mathbf{Z}_{in}(0) = jR_C \tan\frac{2\pi L}{\lambda} \qquad (8.74)$$

이 식으로부터 알 수 있듯이 입력임피던스는 허수의 항으로 표현되며, 이는 부하단자가 단락되어 반사계수가 $\Gamma_L = -1$이 되면 임피던스는 리액턴스 성분만을 가지게 된다는 의미이다. 식 (8.74)의 입력임피던스를 선로의 길이에 대하여 나타내면 [그림 8-7]과 같다. 이 그림에서 알 수 있듯이 전송선로의 길이가 0에서 $\lambda/4$에 접근함에 따라 입력임피던스는 유도성으로 증가하여 $\lambda/4$에서 무한대가 되며, $\lambda/4 \sim \lambda/2$의 구간에서 임피던스는 용량성 부하로서 선로의 길이에 따라 작아지고 있음을 알 수 있다.

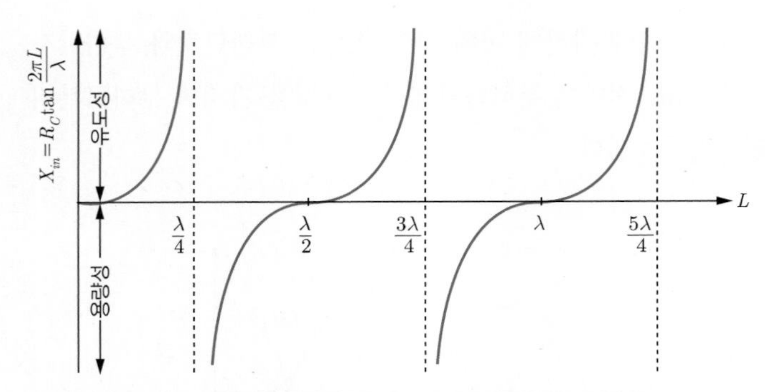

[그림 8-7] 무손실 전송선로에서 부하가 단락되었을 때의 입력임피던스

종단이 단락되었을 때, 전송선로의 길이가 $\lambda/4$보다 짧을 경우에는 유도성(inductive) 리액턴스를 나타내고, 전송선로의 길이가 $\lambda/4 \sim \lambda/2$일 때에는 용량성(Capacitive) 리액턴스를 나타낸다.

한편, 식 (8.62)에 $\mathbf{Z}_L = \infty$를 대입하여 전송선로의 부하단자가 개방된 경우의 입력단자에서 본 임피던스를 구하면 다음과 같다.

★ 개방 시 입력임피던스 ★

$$\mathbf{Z}_{in}(\infty) = \frac{R_C}{j\tan\beta L} = -j\frac{R_C}{\tan\frac{2\pi L}{\lambda}} \tag{8.75}$$ [6]

이를 길이 L에 대하여 나타내면 [그림 8-8]과 같다. 이 그림에서 알 수 있듯이 선로의 길이가 0에서 $\lambda/4$에 접근함에 따라 입력임피던스는 용량성으로 증가하여 0으로 접근하고, 선로의 길이가 $\lambda/4$에서 입력임피던스는 0이 된다. 또한 $\lambda/4 \sim \lambda/2$의 구간에서의 입력임피던스는 유도성 부하로서 선로의 길이에 따라 무한대로 커지고 있음을 알 수 있다. 결국 **전송선로의 전압과 전류의 크기는 $\lambda/2$마다 같은 값이 반복되며, 입력임피던스는 $\lambda/2$의 정수배가 되는 위치마다 같은 값을 가지게 됨을 알 수 있다.**

한편, 식 (8.74)와 (8.75)로부터 선로를 개방하여 측정한 입력임피던스와 단락 시의 입력임피던스를 이용하여 특성저항을 다음과 같이 나타낼 수 있다.

$$R_C = \sqrt{\mathbf{Z}_{in}(0)\,\mathbf{Z}_{in}(\infty)} \tag{8.76}$$

6 식 (8.62)에서 만약 $Z_L = \infty$이면 분모와 분자를 Z_L로 나누어 $Z_{in}(0) = R_C\frac{1+j\frac{R_C}{Z_L}\tan\beta L}{\frac{R_C}{Z_L}+j\tan\beta L} = \frac{R_C}{j\tan\beta L}$이 된다.

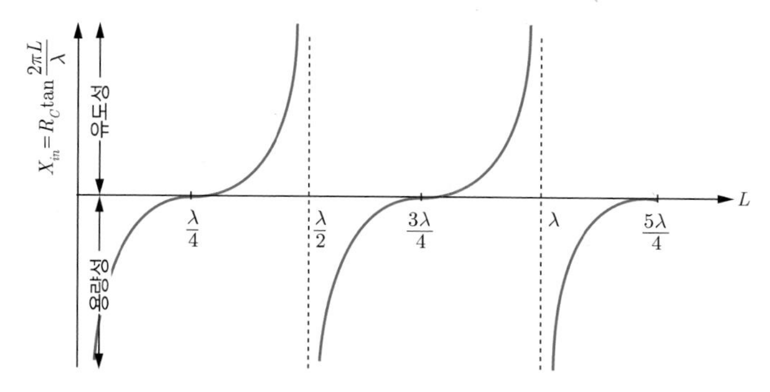

[그림 8-8] 무손실 전송선로에서 부하가 개방되었을 때의 입력임피던스

종단이 단락되었을 때, 전송선로의 길이가 $\lambda/4$보다 짧을 경우에는 용량성(capacitive) 리액턴스를 나타내고, 전송선로의 길이가 $\lambda/4 \sim \lambda/2$일 때에는 유도성(Inductive) 리액턴스를 나타낸다.

예제 8-8

특성저항 $R_C = 100[\Omega]$과 부하임피던스 $\mathbf{Z}_L = 0[\Omega]$의 무손실 전송선로 전압에 $\mathbf{V}_S = V_m e^{j\omega t}$이 인가되어 있다. 부하와 선로에서의 반사는 무시할 때, 다음을 구하라.

(a) 부하에서의 반사계수

(b) 시간함수로 표시한 선로에 형성되는 전압의 파동

풀이 **정답** (a) -1 (b) $2V_m \cos\beta z \cos\omega t$

(a) 부하임피던스가 $\mathbf{Z}_L = 0[\Omega]$이므로 부하단자가 단락되어 있음을 알 수 있다. 식 (8.46)을 이용하여 반사계수를 계산하면 다음과 같다.

$$\Gamma_L = \frac{\mathbf{Z}_L - R_C}{\mathbf{Z}_L + R_C} = \frac{0-100}{0+100} = -1$$

(b) 부하에서 반사계수가 $\Gamma_L = -1$이 되어 부하단자가 단락되어 있으므로 전압의 파동은 부하에서 전반사된다. 따라서 선로에는 크기와 주파수가 같은 두 전압의 파동이 서로 반대 방향으로 전파되고 있으며, 합성 전압은 식 (8.17)에 주어진 바와 같이 $\mathbf{V}(z) = \mathbf{V}_m^+ e^{-j\beta z} + \mathbf{V}_m^- e^{j\beta z}$에서 $\mathbf{V}_m^+ = \mathbf{V}_m^- = \mathbf{V}_m$이므로

$$\begin{aligned}\mathbf{V}(z) &= \mathbf{V}_m e^{-j\beta z} + \mathbf{V}_m e^{j\beta z} \\ &= \mathbf{V}_m(\cos\beta z - j\sin\beta z) + \mathbf{V}_m(\cos\beta z - j\sin\beta z) \\ &= 2\mathbf{V}_m \cos\beta z\end{aligned}$$

가 되고 이를 시간함수로 표현하면 다음과 같다.

$$V(z,\ t) = Re\left[2V_m \cos\beta z e^{j\omega t}\right] = 2V_m \cos\beta z \cos\omega t$$

예제 8-9

진폭이 400[V]인 신호 전압이 단위길이당 커패시턴스와 인덕턴스가 각각 100[pF/m] 및 0.64[μH/m]인 전송선로에 인가되고 있다. 신호원의 저항이 200[Ω]이고 부하단자가 개방되어 있을 때, 특성저항과 전파속도, 신호원과 부하에서의 반사계수를 구하라.

풀이 **정답** $R_C = 80[\Omega]$, $v = 125[\mathrm{m}/\mu\mathrm{s}]$, $\Gamma_S = 0.43[\Omega]$, $\Gamma_L = 1$

식 (8.19)와 식 (8.10)에 주어진 바와 같이 단위길이당 커패시턴스와 인덕턴스를 이용하여 특성저항과 전파속도를 구하면 다음과 같다.

$$R_C = \sqrt{\frac{l}{c}} = \sqrt{\frac{0.64 \times 10^{-6}}{100 \times 10^{-12}}} = 80[\Omega]$$

$$v = \frac{1}{\sqrt{lc}} = 125[\mathrm{m}/\mu\mathrm{s}]$$

신호원의 저항이 $R_S = 200[\Omega]$이고 선로의 특성저항이 $R_C = 80[\Omega]$이므로 식 (8.46)을 응용하여 신호원에서의 반사계수를 구하면 다음과 같다.

$$\Gamma_S = \frac{R_S - R_C}{R_S + R_C} = \frac{200 - 80}{200 + 80} = 0.43[\Omega]$$

이때 부하에서는 부하단자가 개방되어 있으므로 부하임피던스 $Z_L = \infty$ 이다. 따라서

$$\Gamma_L = \frac{Z_L - R_C}{Z_L + R_C} = \frac{\infty - 80}{\infty + 80} = 1$$

이 되어 부하에서 신호의 반사는 없다.

SECTION 07

정재파비

이 절에서는 정재파비를 공부하며, 이를 이용하여 반사계수와 부하임피던스를 구한다. 또한, 전송선로의 효율적 운영을 위한 임피던스의 정합 문제를 논의한다.

Keywords | 정재파비 | 부하의 정합과 부정합 |

정재파비와 반사계수의 관계

전송선로를 통하여 진행하는 신호는 부하에서 반사되기도 하고 투과하기도 한다. 투과는 신호가 부하에 전달된다는 의미이고, 반사는 신호가 되돌아 나온다는 의미이다. 이때 반사되는 신호를 줄이기 위하여 선로의 특성 임피던스 및 부하 임피던스를 정합시켜야 한다. 부하임피던스 Z_L이 특성저항 R_C와 같을 때, 식 (8.46)에서 반사계수가 0이 되므로 반사파는 발생하지 않는다. 이 경우 **임피던스가 정합되었다**라 한다. 임피던스의 정합은 선로를 따라 진행하는 신호가 부하에 잘 전달되기 위해 매우 중요하다. 임피던스가 정합되지 않으면 부하에서 신호의 반사가 커지게 되어 부하로의 신호의 전달이 어려우며, 반사된 신호가 전원에 나쁜 영향을 미치기도 한다.

[그림 8-6]에서처럼 부하가 단락 또는 개방된 경우 전압과 전류는 $\lambda/4$마다 최댓값과 최솟값이 다르지만 부하의 정합이 이루어지면 전압과 전류는 선로의 위치에 관계없이 일정하며, 특성저항에 의해 그 크기가 결정된다. 이를 [그림 8-9]에 나타낸다. 다만 전압과 전류파는 식 (8.63)와 (8.64)에서 $e^{-j\beta z}$의 항에 의해 z의 방향으로 전파하며 위상정수 β에 의해 위상지연이 발생할 뿐이다. 따라서 효율적 전송을 위해서 부하의 정합이 필요하지만 그렇지 못한 경우 부하의 부정합(mismatching)의 정도를 나타낸 것이 정재파비(voltage standing ratio, $VSWR$)이다. **정재파비는 전송선로에서 전압의 최솟값과 최댓값의 비를 나타내며**, 전송선로에서 신호의 이동 현상을 파악하는 데 중요한 수치이다.

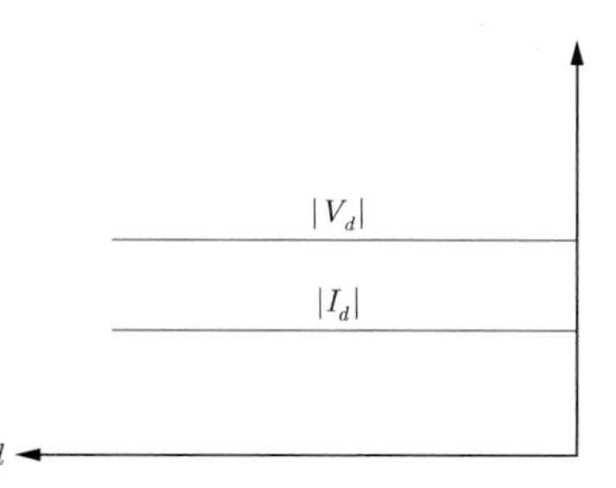

[그림 8-9] 부하의 정합이 이루어진 경우의 전압-전류 특성

★ 정재파비 ★

$$VSWR = \frac{|\mathbf{V}|_{\max}}{|\mathbf{V}|_{\min}} \tag{8.77}$$

한편 [그림 8-6]으로부터 알 수 있듯이 최댓값과 최솟값의 위치는 $\lambda/4$만큼 떨어져 있다. 전압의 최댓값은 입사전압의 진폭과 반사전압의 진폭의 합이고 최솟값은 두 값의 차이며, 부하가 정합된 경우 $\mathbf{Z}_L = R_C$로써 반사파가 없으므로 $VSWR = 1$이 된다. 부하가 단락된 경우와 개방회로인 경우, [그림 8-6]에서 보는 바와 같이 전압의 최솟값은 0이므로 $VSWR = \infty$이 된다. $VSWR$은 일반적으로 $1 \le VWSR \le \infty$의 범위이며, $VWSR$이 클수록 덜 정합된 회로이다. 일반적으로 $VWSR \le 1.2$이면 정합된 전송선로로 간주한다.

한편, 식 (8.77)에서 전압의 최댓값 $|\mathbf{V}|_{\max}$는 입사전압과 반사전압의 진폭의 합이고 최솟값 $|\mathbf{V}|_{\min}$은 두 값의 차이므로

$$|\mathbf{V}|_{\max} = V_m(1 + |\Gamma|) \tag{8.78}$$

$$|\mathbf{V}|_{\min} = V_m(1 - |\Gamma|) \tag{8.79}$$

이며, 따라서 $VWSR$은 다음과 같다.

★ 반사계수를 이용하여 나타낸 정재파비 ★

$$VWSR = \frac{1 + |\Gamma|}{1 - |\Gamma|} \tag{8.80}$$

이 식은 부하단자에서의 $VWSR$을 반사계수로 나타낸 것이다. 이 식을 이용하여 반사계수를 정의하면 다음과 같다.

★ 정재파비를 이용하여 나타낸 반사계수 ★

$$|\Gamma_L| = \frac{VWSR - 1}{VWSR + 1} \tag{8.81}$$

이 식을 통해서 전송선로의 임의의 지점에서의 정재파비를 측정하면 부하단자에서의 반사계수를 구할 수 있다. 실제로 전송선로의 부하단자에서의 반사계수를 측정하는 것은 쉽지 않으나 전송선로에서의 정재파비는 각종 계측장치를 이용하여 쉽게 측정할 수 있다.

또한, 무손실 전송선로에서의 전압과 전류는 식 (8.40)과 식 (8.41)에서

$$\mathbf{V}(z) = \mathbf{V}_m^+ e^{-j\beta z}[1 + \Gamma(z)]$$

$$\mathbf{I}(z) = \frac{\mathbf{V}_m^+}{R_C} e^{-j\beta z}[1 - \Gamma(z)]$$

로 주어졌다. 전압을 나타내는 위 식에 식 (8.47)의 $\Gamma(z) = \Gamma_L e^{j2\beta(z-L)}$ 및 식 (8.57)의 $\mathbf{V}_m^+ = \frac{1}{2}\mathbf{I}_L(\mathbf{Z}_L + R_C)e^{j\beta L}$을 대입하고 $\Gamma_L = |\Gamma|e^{j\theta}$라 하면, 전압은

$$\mathbf{V}(z) = \frac{1}{2}\mathbf{I}_L(\mathbf{Z}_L + R_C)e^{j\beta(L-z)}\left[1 + |\Gamma|e^{j\{\theta - 2\beta(L-z)\}}\right] \tag{8.82}$$

로 표현되어 위치에 따라 그 크기가 변하며, n을 정수라 할 때

$$|\mathbf{V}(z)|_{\max} : L - z = \frac{\theta + 2n\pi}{2\beta}$$

$$|\mathbf{V}(z)|_{\min} : L - z = \frac{\theta + (2n-1)\pi}{2\beta}$$

에서 최댓값과 최솟값이 발생한다. 같은 방법으로 전류는

$$\mathbf{I}(z) = \frac{1}{2}\frac{\mathbf{I}_L}{R_C}(\mathbf{Z}_L + R_C)e^{j\beta(L-z)}\left[1 - |\Gamma|e^{j\{\theta - 2\beta(L-z)\}}\right] \tag{8.83}$$

이 되어 전압과 전류의 식을 비교하면 $|\mathbf{V}(z)|$의 최대와 최소의 위치는 각각 $|\mathbf{I}(z)|$의 최소와 최댓값이 발생하는 위치와 일치한다. 만약 전송선로에서 신호의 감쇠를 극단적으로 줄여 무손실 전송선로가 되는 경우, 부하단자에서의 반사의 정도에 따라 전송선로에서의 전압과 전류는 입사전압과 반사전압의 합으로 정재파의 형태를 취할 수 있으므로 정재파비와 반사계수 그리고 이와 관련하여 전압과 전류의 최댓값과 최솟값이 발생하는 위치에 대한 해석은 전송선로의 해석에서 매우 중요하다.

Note 임피던스 정합을 위한 특성임피던스 Z_C'

신호를 전원에서 부하로 전달할 때, 부하에서 반사 없이 가능한 많은 양의 신호를 전달하고 싶어 한다. 즉, 부하에서의 반사계수 및 정재파비가 $\Gamma=0$ 또는 $VWSR=1$이 되어야 하는데 일반적으로 전송선로의 특성임피던스 Z_C와 부하임피던스 Z_L은 같지 않으며, 따라서 $\Gamma=0$의 조건이 충족되지 않는다. 이 경우, 우리는 부하단자에서의 반사를 줄이기 위하여 인위적으로 전송선로에 특성임피던스가 Z_C'이고 길이가 $(1/4)\lambda$인 전송선을 덧붙여 임피던스의 정합을 도모하기도 한다. 즉, 선로에

임피던스 정합기를 연결하는 것이다. 이 때, $L=\lambda/4$ 이므로 $\beta L=\frac{2\pi}{\lambda}L=\frac{2\pi}{\lambda}\frac{\lambda}{4}=\frac{\pi}{2}$가 되어 두 전송선의 연결점에서 부하단자를 바라 본 입력임피던스는 다음과 같다.

$$Z_{in}=Z_C'\frac{Z_L+jZ_C'\tan\frac{\pi}{2}}{Z_C'+jZ_L\tan\frac{\pi}{2}}=\frac{Z_C'^2}{Z_L}$$

입력임피던스는 정합을 위해 붙인 선로의 부하임피던스이므로 $Z_{in}=Z_C$가 되도록 Z_C'를 결정해야 하며, 위 식으로부터 임피던스 정합을 위한 Z_C'는 다음과 같다.

$$Z_C'=\sqrt{Z_CZ_L}$$

예제 8-10

특성저항이 60[Ω]인 무손실 전송선로의 정재파비는 $VSWR=4$이다. 전압의 크기가 최소가 되는 첫 번째 지점은 부하로부터 5[cm]이고, 두 번째 지점은 부하로부터 30[cm]일 때, 다음을 구하라.
(a) 위상상수
(b) 반사계수
(c) 부하임피던스

풀이 **정답** (a) 4π[rad/m] (b) $-j0.6$ (c) $28.2-j52.9$[Ω]

(a) 식 (8.82)의 논의에서 전압이 최소가 되는 위치는 $L-z=\frac{\theta+(2n-1)\pi}{2\beta}$에서 발생하므로 최소가 되는 인접한 두 지점 사이의 거리 Δz는 $n=1$ 및 $n=2$를 대입하여 차이를 구하면 다음과 같다.

$$\Delta z=L-z=\frac{(3\pi+\theta)-(\pi+\theta)}{2\beta}=\frac{\pi}{\beta}=0.3-0.05=0.25\,[\mathrm{m}]$$

따라서 위상상수는 다음과 같다.

$$\beta=\frac{\pi}{\Delta z}=\frac{\pi}{0.25}=4\pi\,[\mathrm{rad/m}]$$

(b) 식 (8.81)을 이용하여 반사계수의 크기는 구하면 다음과 같다.

$$|\Gamma_L|=\frac{VWSR-1}{VWSR+1}=\frac{4-1}{4+1}=0.6$$

또한 전압의 크기가 최초로 최소가 되는 지점은 $L-z=\dfrac{\theta+(2n-1)\pi}{2\beta}$ 에 $n=1$을 대입하면 $L-z=\dfrac{\theta+\pi}{2\beta}=0.05[\mathrm{m}]$ 이므로 θ는 다음과 같다.

$$\theta=2\beta(L-z)-\pi=2\times5\pi\times0.05-\pi=-0.5\pi[\mathrm{rad}]$$

따라서 복소량인 반사계수는 다음과 같다.

$$\Gamma_L=|\Gamma|e^{j\theta}=0.6e^{-j0.5\pi}=0.6\left(\cos\frac{\pi}{2}-j\sin\frac{\pi}{2}\right)=-j0.6$$

(c) 식 (8.46)의 $\Gamma_L=\dfrac{\mathbf{Z}_L-R_C}{\mathbf{Z}_L+R_C}$ 로부터 부하임피던스 $\mathbf{Z}_L$ 을 구하면 다음과 같다.

$$\mathbf{Z}_L=R_C\frac{1+\Gamma}{1-\Gamma}=60\frac{1-j0.6}{1+j0.6}=60\frac{(1-j0.6)(1-j0.6)}{(1+j0.6)(1-j0.6)}=28.2-j52.9[\Omega]$$

예제 8-11

특성임피던스가 $60[\Omega]$ 인 전송선로의 반사계수가 $\Gamma=\dfrac{1}{\sqrt{2}}e^{j90^\circ}$ 일 때, 다음을 구하라.

(a) 정재파비

(b) 부하임피던스

풀이 **정답** (a) $3+2\sqrt{2}$ (b) $20+j40\sqrt{2}[\Omega]$

(a) 정재파비는 식 (8.80)를 이용하여 다음과 같이 구할 수 있다.

$$VWSR=\frac{1+|\Gamma|}{1-|\Gamma|}=\frac{1+\dfrac{1}{\sqrt{2}}}{1-\dfrac{1}{\sqrt{2}}}=3+2\sqrt{2}$$

(b) $\Gamma=\dfrac{1}{\sqrt{2}}e^{j90^\circ}=\dfrac{1}{\sqrt{2}}\left(\cos\dfrac{\pi}{2}+j\sin\dfrac{\pi}{2}\right)=j\dfrac{1}{\sqrt{2}}$ 이며, 식 (8.46)을 응용하여 부하임피던스를 구하면 다음과 같다.

$$\mathbf{Z}_L=R_C\frac{1+\Gamma}{1-\Gamma}=60\frac{1+j\dfrac{1}{\sqrt{2}}}{1-j\dfrac{1}{\sqrt{2}}}=20+j40\sqrt{2}[\Omega]$$

CHAPTER

08 연습문제

8.1 주파수 500[MHz]에서 동작하는 무손실 전송선로의 길이가 1[m]이고, 단위길이당의 인덕턴스와 커패시턴스가 각각 $l=0.3[\mu\text{H/m}]$ 및 $c=200[\text{pF/m}]$이다. 특성저항과 위상상수 및 위상속도를 구하라.

8.2 길이 100[m]인 무손실 전송선로가 있다. 이 전송선로의 특성저항이 150[Ω]이고, 위상속도는 빛의 속도의 80%이다. 전송선로가 놓여 있는 매질의 비투자율이 1일 때 전송선로의 총 인덕턴스와 총 커패시턴스를 구하라.

8.3 무손실 전송선로에서 최댓값과 주파수가 같은 두 전압의 파동이 반대 방향으로 전파되고 있다. 합성 전압의 파동을 시간함수로 표현하라.

8.4 동축케이블의 단위길이당 커패시턴스와 인덕턴스를 구하라.

8.5 비유전율 $\epsilon_R=2.3$인 폴리에틸렌으로 절연된 내부 도체와 외부 도체의 반지름이 각각 2[mm], 4[mm]인 동축형의 전송선로의 단위길이당 커패시턴스와 인덕턴스를 구하라.

8.6 주파수 1[GHz]의 무손실 전송선로의 특성저항과 위상상수가 각각 50[Ω] 및 0.8π[rad/m]일 때 이 전송선로의 분포상수 c, l, g, r을 구하라.

8.7 주파수 500[MHz]에서 특성임피던스 $Z_C=80[\Omega]$과 전파정수 $\gamma=0.04+j1.5$인 매질을 가지는 전송선로에서 선로정수 r, l, g, c를 구하라.

8.8 주파수 100[MHz]의 무손실 동축형 전송선로의 단위길이당 인덕턴스는 $1.2[\mu\text{H/m}]$이고, 동축선로의 내·외부 도체 사이에는 비유전율과 비투자율이 각각 6 및 1인 유전체가 들어있다. 이 선로에서의 전파속도, 위상상수, 단위길이당 커패시턴스, 그리고 특성저항을 구하라.

8.9 특성임피던스 50[Ω]인 무손실 평행평판 선로의 폭을 구하라. 단, 기판을 구성하는 재료의 비유전율과 비투자율은 각각 $\epsilon_R = 4$와 $\mu_R = 1$이고, 기판의 두께는 1[mm]이다.

8.10 주파수 300[MHz]에서 특성저항 50[Ω]과 위상상수 2.5[rad/m]를 가지는 무손실 매질의 전송선로의 단위길이당 커패시턴스와 인덕턴스를 구하라.

8.11 전송선로의 위상속도가 $v = \dfrac{1}{\sqrt{lc}} = \dfrac{1}{\sqrt{\mu\epsilon}}$ [m/s]이 됨을 보여라.

8.12 선로정수 r, l, g, c에서 $rc = gl$의 관계가 성립할 때, 감쇠상수와 특성임피던스가 주파수와 무관함을 나타내어라.

8.13 단위길이당 인덕턴스 $l = 0.3$[μH/m], 커패시턴스 $c = 100$[pF/m], 저항 $r = 1.3$[Ω/m]이며, 컨덕턴스는 0인 전송선로에서 100[MHz]에서의 감쇠정수, 위상정수, 특성임피던스 및 전파속도를 구하라. 그리고 손실이 없는 경우와 비교하라.

8.14 진폭이 800[V]인 신호전압이 단위길이당 커패시턴스와 인덕턴스가 각각 200[pF/m] 및 1.28[μH/m]인 전송선로에 인가되고 있다. 신호원의 저항이 150[Ω]이고 부하단자가 단락되어 있을 때, 특성저항과 전파속도, 그리고 신호원과 부하에서의 반사계수를 구하라.

8.15 [연습문제 8.15]에서 부하단자가 개방되어 있을 때, 특성저항과 전파속도, 그리고 신호원과 부하에서의 반사계수를 구하라.

8.16 임피던스가 $\mathbf{Z}_L = 100 + j150$[Ω]인 부하가 특성저항이 $R_C = 50$[Ω]인 전송선로에 연결되어 있다. 부하에서의 반사계수를 구하라.

8.17 주파수 100[MHz]로 동작하는 길이 10[m]인 무손실 전송선로 A가 입력임피던스 $100 + j50$[Ω]인 다른 전송선로 B에 연결되어 있다고 하자. 전송선로 A의 시작점에서 본 입력임피던스는 얼마인가? 단, 전송선로 A의 커패시턴스와 인덕턴스는 각각 50[pF] 및 30[mH]이다.

8.18 선로의 특성임피던스가 $50[\Omega]$이며 비유전율과 비투자율이 각각 $\epsilon_R = 4$와 $\mu_R = 1$인 유전체로 채워진 길이 $1[\text{m}]$의 동축선로가 $1[\text{GHz}]$의 주파수로 동작할 때, 입력임피던스를 구하라. 단, 전송선로는 부하임피던스 $\mathbf{Z}_L = 50 + j50[\Omega]$으로 종단되어 있다.

8.19 길이가 $2.7[\text{m}]$인 전송선로에 $100[\text{MHz}]$의 신호가 연결되어 있다. 선로의 특성저항이 $R_C = 50[\Omega]$이고 위상속도 $v = 200[\text{m}/\mu\text{s}]$일 때, 입력단자의 전압과 부하 전압을 구하라. 단, 입력단자의 전압은 $\mathbf{V}_S = 10\angle 30°$이고, 신호원의 임피던스와 부하임피던스는 각각 $\boldsymbol{Z_S} = 100 - j50[\Omega]$ 및 $\mathbf{Z}_L = 100 + j200[\Omega]$이다.

8.20 위상상수 $\beta = \frac{\pi}{4}[\text{rad/m}]$ 이고 선로의 길이 $L = 2[\text{m}]$일 때, 입력임피던스 $\mathbf{Z}_{in} = \frac{R_C^2}{\mathbf{Z}_L}$이 됨을 보여라.

8.21 위상상수 및 특성어드미턴스가 β 및 Y_C이고 길이가 L인 전송선로에서 부하단자를 들여다 본 입력 어드미턴스 Y_{in}을 구하라.

8.22 선로의 길이가 $\lambda/4$인 손실이 없는 전송선로에 전압 $\mathbf{V}_S = 10e^{j30°}[V]$ 가 인가되었다. 전송선로의 특성저항이 $R_C = 50[\Omega]$이고 전원임피던스와 부하임피던스가 각각 $\mathbf{Z}_S = 25[\Omega]$ 및 $\mathbf{Z}_L = 100[\Omega]$ 일 때, 입력임피던스를 고려한 부하로의 입력전압을 구하라.

8.23 특성저항과 위상상수가 $R_C = 50[\Omega]$ 및 $\beta = \frac{\pi}{6}[\text{rad/m}]$인 무손실 전송선로의 입력단자에 전원전압과 전원의 내부임피던스가 $\mathbf{V}_S = 300[\text{V}]$, $\mathbf{Z}_S = 50[\Omega]$인 전원이, 그리고 $z = 3[\text{m}]$의 위치에 $Z_L = 100[\Omega]$의 부하임피던스가 연결되어 있다. 다음을 구하라.

(a) 입력임피던스 $\mathbf{Z}_{in}$

(b) 전원단자의 전류 I_{in}

(c) 전송선로의 중앙을 흐르는 전류 $I_{z=1.5}$

(d) 부하에 흐르는 전류 I_L

8.24 특성임피던스가 60[Ω]인 전송선로의 반사계수가 $\Gamma = \frac{1}{\sqrt{2}} e^{j45°}$일 때, 다음을 구하라.

(a) 정재파비

(b) 부하임피던스

8.25 특성저항이 $R_C = 50$[Ω]인 무손실 전송선로의 정재파비는 $VSWR = 3$이다. 전압의 크기가 최소가 되는 첫 번째 지점은 부하로부터 5[cm]이고, 두 번째 지점은 부하로부터 25[cm]일 때, 다음을 구하라.

(a) 위상상수

(b) 반사계수

(c) 부하임피던스

Index

Index